设计模式与游戏完美开发

蔡升达 著

清华大学出版社
北京

内 容 简 介

《设计模式与游戏完美开发》是作者"十年磨一剑"，将设计模式理论巧妙地融合到实践中的最佳教材。

全书采用了整合式的项目教学，即以一个游戏的范例来应用 23 种设计模式的实现贯穿全书，让读者学习到整个游戏开发的全过程和作者想要传承的经验，并以浅显易懂的比喻来解析难以理解的设计模式，让想深入了解此领域的读者更加容易上手。

本书既可以作为大学、专科和职业院校游戏程序设计专业的教材，也可以作为游戏从业人员提高游戏设计能力和规范运用设计模式的培训教材，还可以作为有这方面职业兴趣的读者学习和提高的自学参考书。

图书在版编目（CIP）数据

设计模式与游戏完美开发 / 蔡升达著. —北京：清华大学出版社，2017（2022.12重印）
ISBN 978-7-302-45598-1

Ⅰ.①设…　Ⅱ.①蔡…　Ⅲ.①游戏－程序设计　Ⅳ.①TS952.83

中国版本图书馆 CIP 数据核字（2016）第 283904 号

责任编辑：夏毓彦
封面设计：王　翔
责任校对：闫秀华
责任印制：刘海龙
出版发行：清华大学出版社
网　　址：http://www.tup.com.cn，http://www.wqbook.com
地　　址：北京清华大学学研大厦 A 座　　邮　　编：100084
社 总 机：010-83470000　　邮　　购：010-62786544
投稿与读者服务：010-62776969，c-service@tup.tsinghua.edu.cn
质 量 反 馈：010-62772015，zhiliang@tup.tsinghua.edu.cn
印 装 者：三河市龙大印装有限公司
经　　销：全国新华书店
开　　本：190mm×260mm　　印　张：31　　字　数：794 千字
版　　次：2017 年 1 月第 1 版　　印　次：2022 年 12 月第 6 次印刷
定　　价：89.00 元

产品编号：069504-01

推荐序

本书作者经过 10 年的游戏开发过程，将设计模式理论巧妙地融合到实践中，为了能让读者更容易地了解如何运用此理论，书中通过一个游戏的实现贯穿全书，呈现出设计模式的完整面貌，且以浅显易懂的比喻来解析难以理解的设计模式，以这种成书方式，相信能够让想深入了解此领域的读者更加容易上手，因此我在此推荐给有兴趣从事游戏开发的朋友们。

《轩辕剑》之父 —— 蔡明宏

昵称为“阿达”的蔡升达先生，在中国台湾地区的游戏研发领域，是位堪称天才的程序设计师，我在担任“仙剑 Online”制作人期间，他是我对项目推展最大的信心来源。阿达在经历了大型网络游戏研发与运营过程的“洗礼”后，升任为技术中心主管，并参与多款网页游戏与手机游戏的开发，充分展现出他多元技术的能力。在本书中，阿达除了分享了程序技术，更将他的实践经验化为情景式范例，相信对游戏设计有兴趣的读者，一定能获益良多！

《天使帝国》原创企划、《仙剑 Online》前制作人，现任“聚乐方块”公司 CEO

资深游戏制作人 —— 李佳泽

一个充满技术涵养的作品，有别于其他的游戏开发丛书，本书采用了整合式的项目教学，即一个项目包含了所有作者想要传承的经验，同时也能让读者学习到整个游戏开发的过程，非常适合走在程序设计师之路的开发者，作者以其深厚的开发经验深入探讨程序设计师该有的 GoF 开发思维，是一本无论游戏开发或项目开发人员都值得阅读和收藏的作品。

Product Evangelist at Unity Technologies —— *Kelvin Lo*

在多年教授设计模式的经验中，我常常遇到许多学员在听到设计模式时就觉得这是一座很难攀爬的高山，甚而裹足不前。为了让学员对于设计模式不再那么畏惧，我常常把设计模式比喻成“九阴真经下卷”，也就是说，当能体会“九阴真经上卷”中所说的“天之道，损有余而益不足……”这些基本道理后，这 23 种设计模式自然而然便可以随手可得。

在《设计模式与游戏完美开发》一书中，将软件的基本原理做了一个整合，并且利用一个游戏的范例来应用这 23 种设计模式，这在讲解设计模式的书籍中是比较少见的，作者的期望是将软件设计的领域扩展到所有与软件有关的产业中，相当令人欣赏。

信仁软件设计创办人—— 赖信仁

非常荣幸能与阿达这位老战友合作，参与这次 3D 角色的绘制。

游戏美术是一门应用艺术，如何能让各项美术组件达到预期甚至更好的表现，与程序人员的能力有绝对密切的关系，过去与阿达合作过多个项目，他总是能创造出让美术有充分发挥的开发环境与功能，也期望各位读者能和我一样，在阅读这本书后获益良多。

资深 3D 游戏美术

作品：TERA ONLINE / 仙剑 ONLINE

—— 刘明恺

序

初次接触设计模式（Design Patterns）是在求学阶段，第一次看 GoF 的《*Design Patterns: Elements of Reusable Object-Oriented Software*》时，感觉尤如天书一般，只能大概了解 Singleton、Strategy、Facade、Iterator 这几个 Pattern 的用法，至于为什么要使用、什么时候使用，完全没有概念。

进入职场后，先是跟着几个大型游戏项目一同开发和学习，到后来，自己可以主持技术项目、开发网络游戏引擎、游戏框架等。在这个过程中，时而拿起 GoF 的《*Design Patterns*》或是以设计模式为题的书籍，反复阅读，逐渐地了解了每一种模式的应用以及它们的设计分析原理，并通过不断地实践与应用，才将它们融入自己的知识体系中。

从 2004 年进入职场，一晃眼，在游戏业也超过了 10 的经历，这些年在游戏行业工作的付出，除了得以温饱之外，也从中吸收了不少的知识与经验。记得某天在一个项目开发会议中，我与同仁分享如何将设计模式应用在游戏的开发设计中时，我突然察觉，应该将这些内容写下来，并分享给更多的游戏设计师，于是就有了写这本书的想法。

通过写作将经验与大家分享，希望大家可以了解，在游戏行业中的工程师，不该只是进行着“无意义”程序代码输出的“码农”，而是一群从事高级软件分析实现的设计师。所以，整合多种领域知识于一身的游戏工程师，更需要以优雅的方式来呈现这些知识汇集的结果，设计模式（Design Patterns）是各种软件设计技巧的呈现方式，善用它们，更能表现出游戏设计工程师优雅的一面。

10 年的游戏从业过程，接受过许多人的协助及帮忙：Jimmy & Silent 兄弟——20 年的同学、朋友及合作伙伴们，有你们一路的协助与砥砺才能有今天；Justin Lee——谢谢你的信任，也感谢你的忍受功力，可以让我们一同完成不少作品；Mark Tsai——谢谢你一路的提拔与信任；Jazzdog——感谢你的支持，我一直知道程序与美术是可以同时存在于一个人身上的；Kai——合作伙伴，感谢你的支持。

最后谢谢我的家人，感谢老婆大人这 10 多年来忍受我在书房内不断地堆积书本、小说及收藏品。感谢我 3 岁的女儿，因为你的到来，让我知道没什么比你更重要了。

蔡升达

2016 年 10 月

改编说明

本书已经有很多“大腕级”的人物写了推荐序，而且原书作者也有自序，同时在后面“关于本书”的开篇中对整本书的概况和章节结构也做了详细说明，因此，本改编说明就不再重复这方面的内容了。下面只对本书适用的读者群以及如何更便捷地阅读和学习本书的内容做一些补充说明。

本书可以作为大学、专科和职业院校游戏程序设计专业的教材（本书的完整游戏设计范例可以作为上机实践内容），也可以作为游戏从业人员提高游戏设计能力和规范运用设计模式（Design Patterns）的培训教材，更可以作为有这方面职业兴趣的读者学习和提高的自学参考书，对于只想学习面向对象程序设计的 23 种设计模式的专业人员，本书也是一本不错的自修教材。适用的读者群建议为：

（1）游戏设计和开发方面的从业人员

（2）游戏程序设计专业的学生

（3）想转行或者有兴趣从事游戏开发和设计的个人

（4）想学习和提高设计模式的任何程序设计从业人员

本书贯穿始终以一款标准 3D 游戏《P 级阵地》的设计作为范例，完整的程序结构和源代码都可以从 GitHub 服务器上下载，读者可以自由测试、运行或尝试改写。GitHub 下载地址为：https://github.com/sttsai/PBaseDefense_Unity3D。下载后，再利用 Unity3D 游戏开发引擎打开项目。最新版本的 Unity 5 提供了“专业版”与“免费个人版”两个版本，按照此软件的使用协议，只要是独立开发者或者年营收低于 10 万美元的公司，都可以使用免费个人版。对于学生和个人学习，使用 Unity 免费个人版就更没有问题了。Unity 官网的下载地址为：http://unity3d.com/cn/get-unity。

最后说明一点，因为原书提供的游戏源代码是放在 GitHub 服务器上进行版本管理和控制的，所以源代码中的文字注释和部分中文显示应该都是繁体中文的，由于版本控制的原因，我们无法将其中的繁体替换成简体中文，请读者见谅。不过，读者下载之后可以根据需要自己替换为简体中文，文字注释和程序中的文字显示并不会影响程序的顺利运行。

赵军

2016 年 11 月

关于本书

本书利用一个完整的范例来呈现如何将 GoF 的设计模式（Design Patterns）全部应用在游戏设计中。一般设计模式（Design Patterns）的书籍，大多是针对每一种设计模式进行单独说明，本书则是将多种设计模式综合应用，来完成一个游戏的具体实现。通过这样的方式让读者了解设计模式不仅仅能单独使用，相互搭配使用更能发挥设计模式的力量。

本书游戏范例呈现的是各个游戏系统可以使用设计模式实现的情况。但是，这些系统在开发过程中，是需要不断地通过重构，才能让每一个功能都能朝向心目中想要设定的设计模式前进，而不是一开始就可以达成想要的模式来实现目标。本书各章节大多使用这样的概念进行介绍，从一个最初的实现版本进化到使用设计模式的版本，正如同《*Refactoring to Patterns*》一书提倡的设计方式，先写个版本，然后再慢慢向某种设计模式来调整。

笔者通过本书，将本身的经验与各位读者分享，也就是，当我需要决定一个游戏功能的设计方式时，我会采用的设计模式是哪些以及它们被实现的方式。本书在章节设计上，也会顺着实现游戏的进程来安排：

本书的主结构如下：

第 1 篇：设计模式与游戏设计

介绍设计模式的起源与本书范例的下载与执行。

第 2 篇：基础系统

着重于整个游戏的主架构设计，让后续的游戏开发能够在这个架构上进行，包含游戏系统的设计和沟通。说明游戏场景的转换、各个游戏子系统的整合与对内外的界面设计、游戏服务的取得以及游戏循环的设计。

第 3 篇：角色的设计

说明每一个游戏的重点——角色，如何在一个游戏项目中被设计和实现出来，包含角色的功能设计、武器系统的实现、属性的计算、互相攻击时的特效与击中时的反应、人工智能（AI）及角色管理系统。

第 4 篇：角色的产生

角色设定好之后，就需要被系统产生，这一篇将说明游戏角色的产生方式，说明每一个游戏角色的产生过程、各项功能的组装及游戏属性的管理系统。

第 5 篇：战争开始

游戏与玩家的互动方式是通过“用户界面（UI）”来实现的，在这一篇中将说明如何在 Unity3D 引擎的协助下，建立一个容易使用和组装的 UI 开发工具，并利用这个 UI 开发工具来实现游戏中所需的界面；然后通过这些游戏界面就可以完成兵营系统与玩家互动的功能，让它能接受玩家的指令来完成一个角色的训练；最后说明关卡系统是如何设计的。

第 6 篇：辅助系统

到此为止，游戏的主体已大致完成，此时需要一些辅助系统来让游戏变得更加有趣，如成就系统、 存盘功能与信息统计等。

第 7 篇：调整与优化

游戏制作接近完成阶段时，可能会有追加的功能，如何在这个阶段完成追加的功能，同时又要保持系统的稳定性则是一大考验。最后的系统优化阶段也是游戏上市前的关键时期，如何让优化测试和调校不影响项目的设计，将是本篇的重点。

第 8 篇：未明确使用的模式

随着软件工程的发展，多种设计模式已被“内化”成为程序设计语言及开发工具的一部分，针对未被明确说明的设计模式，都在这一篇进行说明，并且补充本书要介绍的最后一种设计模式，也就是抽象工厂模式。

本书的次结构如下：

本书在说明如何应用某种设计模式之前，会针对功能需求，以非设计模式的方式来介绍，紧接着则是寻找适当的设计模式，此时会先介绍及解释 GoF 的设计模式与实现，再将设计模式通过重构运用到需求上；然后我们会总结运用这种设计模式的优缺点，以及当遇到日后的需求变化时，如何通过设计模式来应对；最后则是简单介绍如何将此模式应用到其他地方，以及如何与其他设计模式搭配使用。

编 者

2016 年 10 月

目 录

第 1 篇 设计模式与游戏设计

第 2 篇 基础系统

第 3 篇 角色的设计

第4篇 角色的产生

第 5 篇 战争开始

第6篇　辅助系统

第7篇 调整与优化

第 8 篇 未明确使用的模式

第 1 篇
设计模式与游戏设计

在开始讲解本书范例之前，我们先来介绍设计模式的起源，以及它们对面向对象程序设计的影响，并说明为什么游戏程序设计师要使用设计模式来进行游戏开发。本篇的最后一个部分，讲解本书范例的下载及执行方式。

CHAPTER

第 1 章 游戏实现中的设计模式

1.1 设计模式的起源

在 1994 年由 4 位作者：Erich Gamma、Richard Helm、Ralph Johnson 和 John Vlissidesr 共同发表的著作——《设计模式(*Design Patterns*)》[1]，翻开了面向对象程序设计新的篇章。从此之后，设计模式（Design Patterns）一词，在软件设计行业内广为流传，而这最初的 4 位作者，也被人称为“4 人组”(GoF: Gang of Four)。

那什么是模式（Pattern）呢？模式（Pattern）一词最早源自于建筑业中（在“四人组”的设计模式一书中也提及了这一段[1,p-2]），Christopher Alexander 说：“每一种模式都在说明一个一再出现的问题，并描述解决方案的核心，让你能够据以变化，产生出各种招式，来解决上万个类似的问题”[8]。

设计模式（Design Patterns）的作者们，将使用在“硬件”建筑业中的设计概念，导入到纯脑力的“软件”设计业中，将软件程序设计引导到一个更为“系统性分析”的行业中。面向对象设计方法中强调的是，以类、对象、继承、组合来作为软件设计分析的方式。所以，程序设计师在实现的过程中，必须将软件功能拆分成不同的类/组件，之后再将这些不同的类/组件加以组装、堆砌来最终完成软件的开发。

随着时间的推移，面向对象程序设计已成为主流的软件开发方法，同时软件系统也越来越复杂及多元化，小至智能手机上的 App 应用程序，大至涵盖全球的社交网站，几乎融入到了每一个人的生活中。而多样性的软件功能应用，使得程序设计师在使用面向对象程序设计语言时也增加了许多挑战，例如如何将软件功能进行切分、减少功能之间的重复、有效地链接不同功能……，都在不断地考验着程序设计师的系统分析及实现能力。

所以，通过引入“模式”的概念，让软件设计也能像建筑设计一样，以经验累积的方式，将一些经常用来解决特定情况的“类设计”“对象组装”加以整理并定义成为一种“设计模式”。而这些“软件的设计模式”，让开发者在以后遇到相同的问题时，可以从中找出对应的解决方法直接使用，不必再思考如何分析和设计。这样一来，除了能够减少不必要的时间花费之外，也能加强软件系统的“稳定性”和“可维护性”。

1.2 软件的设计模式是什么？

我们可以将设计模式定义如下：

“每一种模式都在说明某种一再出现的问题，并描述解决方法的核心，之后让你能够据以变化出各种招式，来解决上万个类似的问题”。

每一种设计模式除了按照“面向对象设计的原则”加以分析设计之外，它们还满足以下几项要求：

解决一再出现的问题

软件开发就是使用某种程序设计语言，去完成软件系统中需要具备的功能，而这些功能可称之为“问题”，也就是软件工程师们必须去克服及实现的。这些功能/问题又可分为两类：一种是特定的问题，即该问题只会出现在某个软件系统中；另一种则是同构型较高的功能/问题，它会经常出现在不同的软件实现中，而设计模式所针对的就是这些“一再出现的问题”。因为是一再出现，所以可以归纳出相同的解决方案，让程序设计师在遇到相同的问题时，能够立刻使用，不必再花费时间去重新思考和设计解决方法。

解决问题的方案和问题核心的关键点

每一种软件设计模式都是针对一个经常出现的软件实现问题来提供解决方案，而每一个解决方案都会针对问题的核心加以分析和讨论，并从中找出问题的关键点以及形成原因，最后设计出能够解决该问题的类结构和组装方式。这些解决方案本身会先经过“一般化”的思考和归纳，之后让解决方案能适应更多的变化。

可以重复使用的解决方案

重复使用才是设计模式所要强调的，因为解决方案在设计时已经有过“一般化”的思考，所以它们能够被重复应用在所有类似的问题中，最后成为上万个类似问题的解决方案。

如果读者对于上面的说明还是没有具体概念的话，我们可以试着从非“软件开发”的一般例子来理解“模式”：就以玩家在玩游戏时，常会使用到的“游戏攻略”为例，攻略其实也可以算是模式的一种。

我们试着以大型多人在线角色扮演游戏（MMORPG）的“副本攻略”来解释，有些“副本攻略”是用来说明：当玩家想要打倒某个副本的王级怪（Boss，也简称称王怪）时，需要组织怎样的 40 人团队去攻打。这样的攻略可能包含了这 40 个游戏角色的职业占比是多少、每一种职业使用的装备是什么、职业技能要怎么设置、进入王怪的战斗场地时该怎么站位、王怪有什么动作时成员们要有什么相对的反应……。

这样的“副本攻略”也是“模式”的一种，它针对的是某一种副本（特定情况）分析设计出来的成果。也因为这个副本可以反复地去攻打（一再出现），所以这个攻略模式可以一再地被重复使用。而攻略设计的本身会针对王怪的特性进行分析（针对问题核心的关键点），故该攻略模式还可以再向外引申或重复使用，比如游戏中如果存在另一个有相同特性的副本时（一再出现），那么也可以使用相同的攻略去攻打。

当遇到问题时，如果能够马上提出对应的解决方案，那么那种解决方案就是“模式”，也可以说成是——解决问题的 SOP。而其他例如：

- 成功的商业模式（Business Mode），就是用来说明某一个行业在业务扩张时所使用的策略，并且成为其他有相同商业行为公司在拓展业务时的一个参考；
- 便利商店的“开设分店模式”，用来解决新开一家分店时，如何从店址挑选、店面大小设定、货架安排、动线安排……的所有规则，而且这样的“开设分店模式”是可以一再地被重复使用，加快便利商店扩张的速度。

因此，“模式”是各行业都能使用并用于解决问题的方法。GoF 归纳的则是在“软件设计”时常使用到的模式。本书的重点是利用这些设计模式来解决“游戏设计”时经常会遇到的问题，并且以实际范例来说明，如何将这些设计模式加以组合应用，实现 1+1 大于 2 的效果。

1.3 面向对象设计中常见的设计原则

上一小节中提到“设计模式都遵循面向对象设计的原则”来进行分析设计，那么什么是“面向对象设计的原则”呢？

20 世纪 90 年代，Java 语言的问世及应用，带动了使用面向对象程序设计语言（OOPL）进行软件设计的潮流。所以，在软件分析与设计领域中，陆续出现了针对使用 OOPL 进行软件设计时所需遵循的“设计原则”。这些原则指导着软件设计者，在进行软件实现时要注意的事项及应该避免的情况。

如果软件设计者能够充分了解这些原则并加以应用，就可以让自己实现出来的软件系统更加稳定、容易维护，并具有移植性。Robert Cecil Martin 在其著作《*Agile Software Development: Principles, Patterns, and Practices*》[9] 中，将常见的设计原则做了清楚的说明，包含以下 5 个设计原则：

单一职责原则（SRP：Single Responsibility Principle）

这个原则强调的是“当设计封装一个类时，该类应该只负责一件事”。当然，这与在类抽象化的过程中，对于该类应该负责哪些功能有关。一个类应该只负责系统中一个单独功能的实现，但是对于功能的切分和归属，通常也是开发过程中最困扰设计者的。程序设计师在一开始时不太容易遵循这个原则，会在项目开发过程中，不断地向同一类上增加功能，最后导致类过于庞大、接口过于复杂后才会发现问题：单个类负责太多的功能实现，会导致类难以维护，也不容易了解该类的主要功能，最后可能会让整个项目过度依赖于这个类，使得项目或这个类失去弹性。

但是，只要通过不断地进行“类重构”，将类中与实现相关功能的部分抽取出来，另外封装为新的类，之后再利用组合的方式将新增的类加入到原类中，慢慢地就能符合类单——职责化的要求——也就是项目中的每一个类只负责单一功能的实现。

开—闭原则（OCP：Open—Closed Principle）

一个类应该“对扩展开放、对修改关闭”。什么是对扩展开放，又如何对修改关闭呢？其实这里提到的类，指的是实现系统某项功能的类。而这个功能的类，除非是修正功能错误，否则，当软件的开发流程进入“完工测试期”或“上市维护期”时，对于已经测试完成或已经上线运行的功能，就应该“关闭对修改的需求”，也就是不能再修改这个类的任何接口或实现内容。

但是，当增加系统功能的需求发生时，又不能置之不理，所以也必须对“功能的增加保持开放”。为了满足这个原则的要求，系统分析时就要朝向“功能接口化”的方向进行设计，将系统功能的“操作方法”向上提升，抽象化为“接口”，将“功能的实现”向下移到子类中。因此，在面对增加系统功能的需求时，就可以使用“增加子类”的方式来满足。具体的实现方式是：重新实现一个新的子类，或者继承旧的实现类，并在新的子类中实现新增的系统功能。这样，对于旧的功能实现就可以保持不变（关闭），同时又能够对功能新增的需求保持开放。

里氏替换原则（LSP：Liskov Substitution Principle）

这个原则指的是“子类必须能够替换父类”。如果按照这个设计原则去实现一个有多层继承的类群组，那么其中的父类通常是“接口类”或“可被继承的类”。父类中一定包含了可被子类重新实现的方法，而客户端使用的操作接口也是由父类来定义的。客户端在使用的过程中，必须不能使用到“对象强制转型为子类”的语句，客户端也不应该知道，目前使用的对象是哪一个子类实现的。至于使用哪个子类的对象来替代父类对象，则是由类本身的对象产生机制来决定，外界无法得知。里氏替换原则基本上也是对于开—闭原则提供了一个实现的法则，说明如何设计才能保持正确的需求开放。

依赖倒置原则（DIP：Dependence Inversion Principle）

这个原则包含了两个主题：

- 高层模块不应该依赖于低层模块，两者都应该依赖于抽象概念；
- 抽象接口不应该依赖于实现，而实现应该依赖于抽象接口。

从生活中举例来解释第一个原则主题（高层模块不应该依赖于低层模块，两者都应该依赖于抽象概念），可能会比单纯使用软件设计来解释更为容易，所以下面就以汽车为例进行说明。

汽车与汽车的引擎就是一个很明显违反这个原则的例子：汽车就是所谓的高层模块，当要组装一台汽车时，需要有不同的低层模块进行配合才能完成，如引擎系统、传动系统、悬吊系统、车身骨架系统、电装系统等，有了这些低层模块的相互配合才能完成一辆汽车。但汽车却很容易被引擎系统给限定，也就是说，装载无铅汽油引擎的汽车不能使用柴油作为燃料；装载柴油引擎的汽车不能使用无铅汽油作为燃料。每当汽车要加油时，都必须按照引擎的种类选择对应的加油车道，这就是“高级模块依赖于低层模块”的例子，这个高级模块现在有了限制——汽车因为引擎而被限制了加油的品项。虽然这是一个很难去改变的例子，但是在软件系统的设计上，反倒有很多方法可以解除这个“高层依赖于低层”的问题，也就是将它们之间的关系反转，让低层模块按高层模块所定义的接口去实现。

以个人计算机（PC）的组成为例，位于高层的个人计算机中定义了 USB 接口，而这个接口定义了硬件所需的规格及软件驱动程序的编写规则。只要任何低层模块，如存储卡、U 盘、读卡器、相机、手机等符合 USB 接口规范的，都能加入个人计算机的模块中，成为计算机功能的一环共同为用户提供服务。

上述个人计算机的例子足以说明如何由“高层模块定义接口”再由“低层模块遵循这个接口实现”的过程，这个过程可以让它们之间的依赖关系反转。同时，这个反转的过程也说明了第二项原则主题的含义：“抽象接口不应该依赖于实现，而实现应该依赖于抽象接口”。当高层模块定义了沟通接口之后，与低层模块的沟通就应该只通过接口来进行，在具体实现上，这个接口可能是以一个类的变量或对象引用来表示的。请注意，在使用这个变量或对象引用的过程中，不能做任何的类型转换，因为这样就限定了高层模块只能使用某一个低层模块的特定实现。而且，子类在重新实现时，都要按照接口类所定义的方法进行实现，不应该再新增其他方法，让高层模块有利用类型转换的方式去调用的机会。

接口隔离原则（ISP：Interface Segregation Principle）

“客户端不应该被迫使用它们用不到的接口方法”，这个问题一般会随着项目开发的进行而越来越明显。当项目中出现了一个负责主要功能的类，而且这个类还必须负责跟其他子系统进行沟通时，针对每一个子系统的需求，主要类就必须增加对应的方式。但是，增加越多的方法就等同于增加类的接口复杂度。因此，每当要使用这个类的方法时，就要小心地从中选择正确的方法，无形之中增加了开发和维护的困难度。通过“功能的切分”和“接口的简化”可以减少这类问题的发生，或者运用设计模式来重新规划类，也可以减少不必要的操作接口出现在类中。

除了上述 5 个原则外，还有一些常被使用的设计原则，简介如下：

最少知识原则（LKP：Least Knowledge Principle）

当设计实现一个类时，这个类应该越少使用到其他类提供的功能越好。意思是，当这个类能够只靠其本身的“知识”去完成功能的话，那么就相对地减少与其他对象“知识”的依赖度。这样的好处是减少了这个类与其他类的耦合度（即依赖度），换个角度来看，就是增加了这个类被不同项目共享的可能性，这将会提高类的重用性。

少用继承多用组合原则

当子类继承一个“接口类”后，新的子类就要负责重新实现接口类中所定义的方法，而且不该额外扩充接口，以符合上述多个设计原则的要求。但是，当系统想要扩充或增加某一项功能时，让子类继承原有的实现类，却也是最容易实现的方式之一。新增的子类在继承父类后，在子类内增加想要扩充的“功能方法”并加以实现，客户端之后就能直接利用子类对象进行新增功能的调用。

但对于客户端或程序设计师而言，当下可能只是需要子类所提供的功能，并不想额外知道父类的功能，因为这样会增加程序设计师挑选方法时的难度。例如，“闹钟类”可以利用继承“时钟类”的方式，取得“时间功能”的实现，只要子类本身再另外加上“定时提醒”的功能，就能实现

“闹钟功能”的目标。当客户端使用“闹钟类”时，可能期待的只不过是设定闹钟时间的方法而已，对于取得当前时间的功能并没有迫切的需求。因此，从“时钟父类”继承而来的方法，对于闹钟的用户来说，可能是多余的。

如果将设计改为在闹钟的类定义中，声明一个类型为时钟类的“类成员”，那么就可以减少不必要的方法出现在闹钟接口上，也可以减少“闹钟类”的客户端对“时钟类”的依赖性。另外，在无法使用多重继承的程序设计语言（如 Java）中，使用组合的方式会比层层继承来得明白及容易维护，并且对于类的封装也有比较好的表现方式。

在了解了上述几个面向对象设计的原则之后，可以知道，面向对象设计的原则强调的是，在进行软件分析时所必须遵循的指导原则，而设计模式基本上都会秉持着这些原则来进行设计。也可以这样说，“设计模式”是在符合“面向对象设计原则”的前提下，解决软件设计问题的实践成果。

1.4 为什么要学习设计模式

学习面向对象程序设计的范本

对于程序设计的新手而言，或者是正在学习新程序设计语言的程序设计师来说，按照已知的范例来学习是最快的方式之一。学习面向对象程序设计时，也可以通过学习“设计模式”来了解，在某个特定的软件实现需求下，如何将功能切分到不同的类中，并将它们组装起来；同时也可以了解对象之间的组合及运行方式。简而言之，**“设计模式”就是学习面向对象程序设计的最佳模板**。除此之外，“设计模式”还具有以下特色：

学习先人的智慧

设计模式结合了许多实际应用于软件开发的经验，也是数以万计软件开发人员智慧的结晶，通过学习设计模式，也间接地学习到先人所累积的智慧及经验。

不必重新思考新的解决方案

对于需要解决的问题，如果实现人员能够了解问题核心的关键点，就可以从现有的设计模式中找到对应的解决方案，并且参考现有的解决方式来解决遇到的问题，这样做可省去许多自行思考解决方案的时间。

被验证过的模式

在 1994 年由 GoF 提出的软件设计模式已历时 20 年，而书中所提出的 23 种设计模式，许多都已成为软件设计的准则，有些甚至转化到程序设计语言中，直接由程序设计语言提供，并且后续许多书籍在讨论设计模式时，也多以这 23 种设计模式为主。所以，GoF 所提出的“设计模式”是被验证过的 ，且已经被广泛应用在软件设计领域中，成为标准解决方案的参考来源。

基于上述的理由，“设计模式”很自然地成为软件开发人员一定要了解的一门知识和学问。

1.5 游戏程序设计与设计模式

游戏软件产业一直是随着计算机硬件的发展而逐步进化，从 20 世纪 80 年代个人计算机进入家庭开始，到 20 世纪 90 年代广泛地普及开来，游戏软件产业也从车库中的小工作室进化到百人以上的中型企业。伴随着网络时代的降临，游戏产业也进化到提供多人同时游玩的网络服务能力。开发大型在线游戏的公司朝向大型跨国企业的规模发展，社交网站的兴起又带动了另一波游戏产业的高峰。近几年来，智能手机的爆发及 App 销售平台的建立，再加上开源社交的努力及平价游戏开发工具的支持，都让梦想进入游戏软件产业的开发者，不必再面对过去的高门槛，而纷纷投入游戏软件产业的行列。

直到现在，游戏软件产业中仍存在百亿等级的跨国公司，开发着以亿计费的高性能游戏，但与此同时，也存在以几个人就能开发游戏的独立工作室。所以，游戏开发在软件产业的普及是可想而知的。但无论是大型公司还是小型团队，在游戏开发上一样都面临着许多挑战，而我们又要如何面对这些挑战呢？

市场的多样性及变化

游戏产品的多样性从市面上流行的游戏种类可以看出：动作、射击、益智、经营养成、角色扮演、转珠、推图通关、多人在线角色扮演……。面对这么多的游戏种类，对每一个开发厂商来说，如果要使团队具备开发大部分游戏类型的能力，或者是更快速地转换开发出下一代产品，首当其冲的应该是针对每一种开发工具设计出一套属于自己团队的“游戏开发框架”（Game Framework），而这个游戏开发框架的主要工作，就是建造出能让游戏开发团队内的程序、企划、美术一起整合工作的环境。一旦开发团队有了自己专用的游戏开发框架，就能将这个游戏开发框架不断地运用在不同类型游戏的开发中，从而加速游戏开发的周期。

此外，团队的游戏开发框架在使用时，还必须具备够稳定、易扩张及便于使用等特色，这样的开发框架在设计上需要有相当的经验，并将众多设计方式融入其中。而“设计模式”往往也成为解决开发框架设计问题时的一个参考模板。

需求变化

面对市场产品的多样性，要让自己开发的游戏能在市场上获得更多玩家的青睐，就必须保持对市场的敏感度。除了能快速了解玩家的喜好，还必须能立即更改游戏的玩法和内容，让玩家对游戏保持高度的吸引力，这正是当前游戏产业中不变的法则。换句话说就是，游戏程序设计师最常面对的挑战就是，不断地增加游戏系统或修改现有的游戏功能来迎合玩家们的想法。所以，“变化”对于程序设计师来说，是最常需要面对的问题。

要如何让游戏系统能够适应如此高速变化的调整，并且能够在每一次的更改和版本发布之后，维持着稳定度，对游戏开发者来说一直是个很重要的课题，也是个难题。同样身为软件开发者的游戏程序设计师们，除了可以导入新的软件开发流程（敏捷开发）、定期发布、单元测试……之外，强化面向对象设计分析的能力是另一项可以加强的地方。在进行游戏系统的设计分析时，若能掌握每项设计原则背后的道理，并充分利用设计模式去解决经常重复出现的问题，让每一个系统都能保持着“对扩展开放、对修改关闭”的特性，那么势必能让游戏系统在身处变化如此频繁的产业中，适应环境并保持稳定度。

众多的应用平台

20 世纪 90 年代的游戏开发者，使用的开发技术比较单一，如 Windows 平台的 Win32 API、DirectX、OpenGL，或者是利用家用游戏主机开发商提供的工具来开发游戏。早期开发一款游戏时，也常常只需要针对一个应用平台进行优化和调整。

但随着智能手机及移动设备的多样化，现在的游戏或软件开发者，必须开发符合各种平台（iOS、Android、Windows Phone、Web）的游戏与软件，才能增加市场的占有率并满足每一位可能的用户。而游戏开发者除了可以利用如 Unity3D、Unreal(UDK)、Cocos2D-x 这样的开发工具来减少跨平台开发时会遇到的问题外，笔者认为，将“游戏核心”功能保持一定的独立性是有其必要性的。

这里的“独立性”指的是“游戏核心玩法”与“应用平台或开发工具”之间的关联度必须降到最低，让游戏核心玩法不被任何的开发工具或应用平台绑住是非常重要的。因为随着时间的推移，会有更多的平台、更好的开发工具上市，如果不能在这些平台或开发工具之间快速转换，终将失去早期进入市场的优势。而保持游戏核心良好的独立性，则有赖于游戏开发者在系统设计时，将“游戏核心接口”与“应用平台或开发工具”之间做良好的切割。有许多设计原则能够在这方面提供良好的指引方向，设计模式则提供了明确的设计指南。

使用技术多样化

早期游戏比较常出现在大型游戏机、专用主机、个人计算机等平台，其中需要应用到的信息技术较为单一。但随着网络的普及，多人在线游戏的面世，将网络程序设计、分布式系统、大型数据库、实时语音等技术也导入到了游戏设计的领域中。同时，为了满足玩家实时消费的需求，网络在线小额付费、网络信息安全、消费者行为分析等技术也被纳入游戏设计的范畴之内，目的是期望通过这些技术强化在线游戏运营者与玩家之间的互动。可想而知，想要完成一款受欢迎的游戏，必须使用非常多的技术，以下简单列出一款“实时在线型”网络游戏可能运用到的信息学科及技术：

- 客户端（Client）：3D 计算机图形学（Computer Graphic）、2D 图像处理（Image Processing）、游戏物理学（Game Physics）、人工智能（AI:Artifical Intelligence）、音效处理（Sound Processing）、数据压缩（Data Compression）。
- 服务器端（Server）：网络通信（Network Communication）、网络程序设计（Network Programming）、动态网页服务器程序设计（Dynamic Web Server Programming）、分布式系统（Distributed systems）、数据库系统（Database Systems）、信息安全（Information Security）。
- 游戏运营（Game Operating）：硬件服务架设、系统服务架设、网络系统规划、网络服务监控、虚拟技术、现金流串接、开放平台账号登录、消费者行为分析。

正因为应用到的技术非常多，所以在整合上更需要有良好的设计方法来作为各项技术之间的串接及融合。引用正确的面向对象分析方法，将各项技术之间进行接口的切割，并让每一个功能组件保持最少知识原则，或者直接引用设计模式的建议，并遵循先人累积的知识，将各项技术进行有效地串接组合。

设计模式已成为软件设计领域的共同语言，在与他人进行沟通时，若是可以直接讲解系统设计时使用的是什么设计模式，即可减少沟通之间的误解，避免浪费不必要的时间。不仅小型游戏开发团队应该使用设计模式来强化系统的稳定度及可扩充性，大型的开发团队更应该使用设计模式来强化成员之间的沟通，并建立稳固的游戏框架，让多个项目之间可以共享开发资源及成果。

1.6 模式的应用与学习方式

既然设计模式对于软件设计分析非常重要，那么，我们该如何学习设计模式呢？首先，可以从了解 GoF 提出的 23 种设计模式开始。

在 1994 年，当时软件分析设计领域内有 4 位非常有名的专家，他们通过交互讨论、同行审核的方式，分析出当时用来解决软件实现中的大部分设计方法，并提出了 23 种经常被使用到的设计模式。至于讨论出来的结果，为什么是 23 种而不是更多种，4 人之一的 John Vlissides 在其著作[6]中有明确地说明：当时 4 位专家之间，对于哪些设计方式能够成为一种设计模式展开了许多的辩论，并针对每一种设计模式的定义及应用方式都备有详细的规范和论述过程。这样讨论的过程和方式，渐渐引起许多软件设计领域的学者，纷纷加入分析和定义更多设计模式的行列。虽然后来有许多的设计模式也都针对了特定领域的问题加以分析和定义，但最广为使用的，还是 GoF 定义出来的 23 种设计模式。

GoF 的 23 种设计模式被分为 3 大类，分别对应到软件分析设计时需要面对的三个环节：

- 生成模式(Creational)：产生对象的过程及方式。
- 结构模式(Structural)：类或对象之间组合的方式。
- 行为模式 (Behavioral)：类或对象之间互动或责任分配的方式。

每个大类之下都有不同的设计模式可以应用。而在模式选择上，单纯就以解决问题为导向，设计者提出需要解决的问题，然后查询 23 种设计模式中，是否有可以解决问题的模式。当然也可以按照 GoF 的分类方式，先将问题本身进行归类，然后从中去寻找合适的设计模式。

在应用之前，读者必须先对 23 种设计模式有所了解。想要学习 23 种设计模式，除了研读 GoF 的名著《设计模式（*Design Patterns*）》之外，坊间也有不少书籍针对 23 种设计模式加以说明，并且大量使用范例来解释各种模式的应用方式，都是不错的学习参考范例。

本书的目的也是一样的，通过范例解说让读者了解 23 种设计模式中的 19 种设计模式应该如何被应用（未被使用到的 4 种模式可以参考第 27 章和 28 章的说明）。比较特别的是，本书使用的范例都是针对游戏设计领域实际会遇到的问题加以说明。除此之外，本书还有一个目的就是要展示设计模式另一个强大的功能，即不同设计模式之间的搭配组合可以产生更大的效果。所以本书将 19 种设计模式范例，全部应用在同一款游戏的设计中，并通过每一章节的说明，让读者能够看到这款游戏从开始实现到最后完成的过程中，所有可能遇到的问题，以及如何应用设计模式来解决这些问题。

过度设计

利用设计模式来进行软件设计无疑是个良策，但无限制地使用设计模式来进行软件设计，也会产生一种称为“过度设计（Over-Engineering）”的问题，就是当“程序代码的弹性或复杂度超过需求时，就会犯下过度设计的毛病”[2]。简单来说，就是程序设计师将原本不需要的设计需求加入到实现中，而这些预先做好的功能，直到项目上市的那一天都没有被使用过，这些设计就被称为“过度设计”。

在本书的范例中，可能存在过度设计的问题，不过那是笔者故意的。因为笔者想通过范例，将可能用得到的设计模式逐个加以呈现，所以对于本书的游戏范例而言，这些应用是专门设计出来的，它可能没有真正被扩展或等不到修改需求的那一天。

设计模式的应用

GoF 提出的 23 种设计模式并不是教条式的规则及框架，它们都是“解决问题的方法”的概念呈现。包含了 4 位作者之一的 John Vlissidesr 在其著作《*Pattern Hatching: Design Patterns Applied*》[6] 中都提及：

“没有规定一定要与书中有一模一样的架构图才能被称为某一种模式（Pattern）”

《设计模式》一书只是提出了一个规范及定义，并不代表那是唯一的表达方法，所以 23 种设计模式也可以有其他变形或架构图。所以只要是符合 GoF 所要表达的应用情景，就可以说是“以某某模式应用的设计方法”。

1.7 结论

从 1994 年至今，“设计模式”（Design Pattern）一词始终活跃在软件设计领域当中，许多作者纷纷以“某某语言的 Design Pattern”为题，向各程序设计语言的用户介绍这个好用的工具。而笔者在游戏开发 10 年的从业过程中，实际使用过的设计模式与应用方法众多，在此借助本书与读者们分享。在下一章中，笔者将说明书中范例的安装及使用方式。

CHAPTER

第2章 游戏范例说明

2.1 游戏范例

本书利用一个完整的游戏范例，说明如何应用《设计模式》一书提及的19种设计模式，并结合笔者多年来的开发经验，将游戏设计中经常遇到的设计问题进行系统性地介绍和说明。本书将该游戏范例称为《P级阵地》，简介如下：

“P级阵地是一款阵地防守游戏，任务是不让玩家的阵地被敌方单位攻击。玩家可通过位于地图上的兵营，产生不同的兵种单位来防守阵地，而这些由兵营产生的玩家作战单位，会在阵地附近留守，过程之中玩家不必操控每一个作战单位，他们会自动发现来袭的敌人并将其击退。敌方单位则是定期由阵地外围不断地朝阵地中央前行，并攻击阻挡在面前的玩家单位，当有3个敌方单位抵达阵地中央时，则玩家防守失败，游戏结束”。

打开游戏项目

读者可以从GitHub获取《P级阵地》的完整项目，并且可自由测试或尝试新的设计模式写法。GitHub下载地址如下：

https://github.com/sttsai/PBaseDefense_Unity3D

下载完成后，利用Unity3D游戏开发引擎打开项目，并找到位于\Assets\P-BaseDefenseAssets\Scenes中的StartScene，单击Unity的Play按钮即可启动《P级阵地》，结果如图2-1所示。

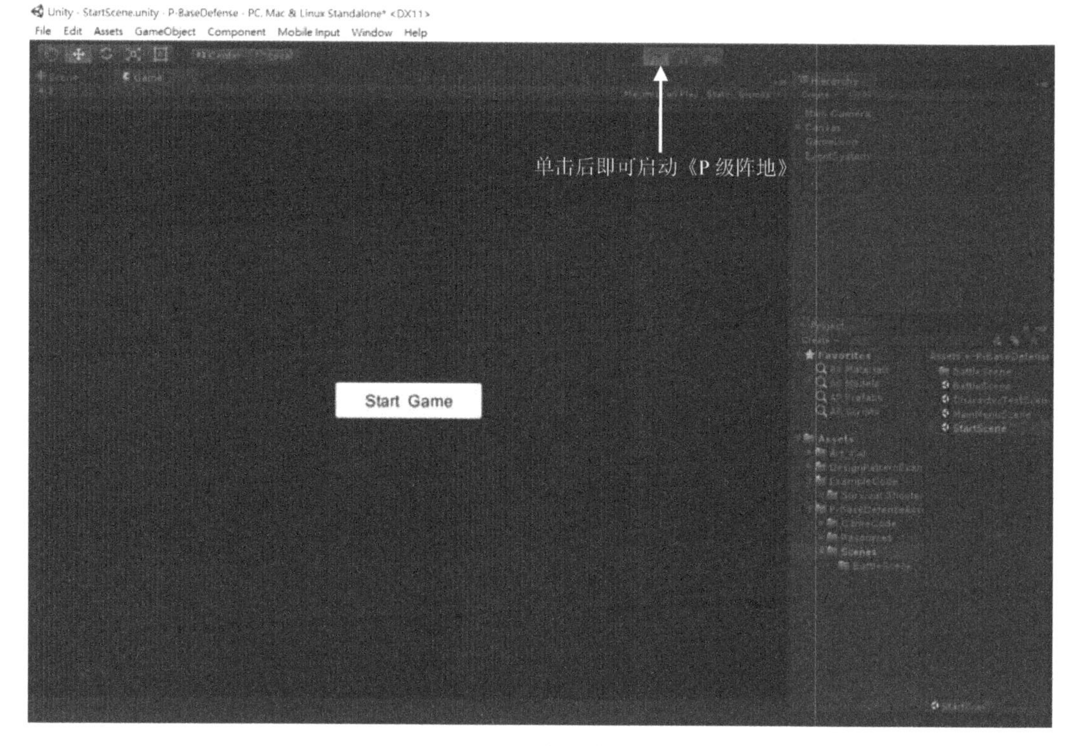

图 2-1　启动游戏

如果想要查看游戏的程序代码，可通过单击【Assets】→【Sync MonoDevelop Project】菜单（如图 2-2 所示），启动 Unity3D 内置的开发工具(IDE) MonoDevelop，如图 2-3 所示。

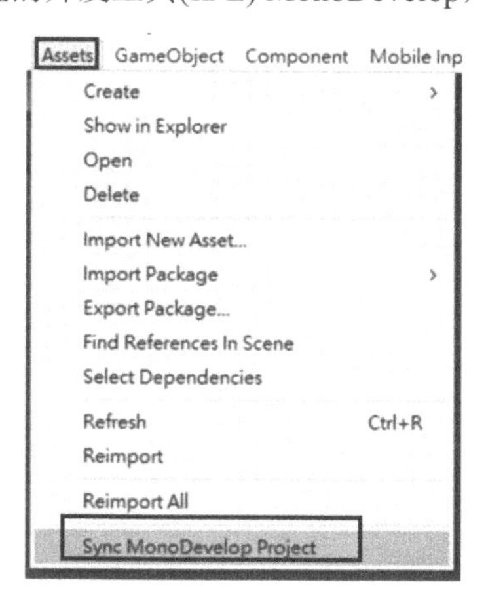

图 2-2　启动 MonoDevelop

利用左侧的 Solution 项目查看列表，可以找到范例程序的相关程序代码文件，打开后即可进行修改。

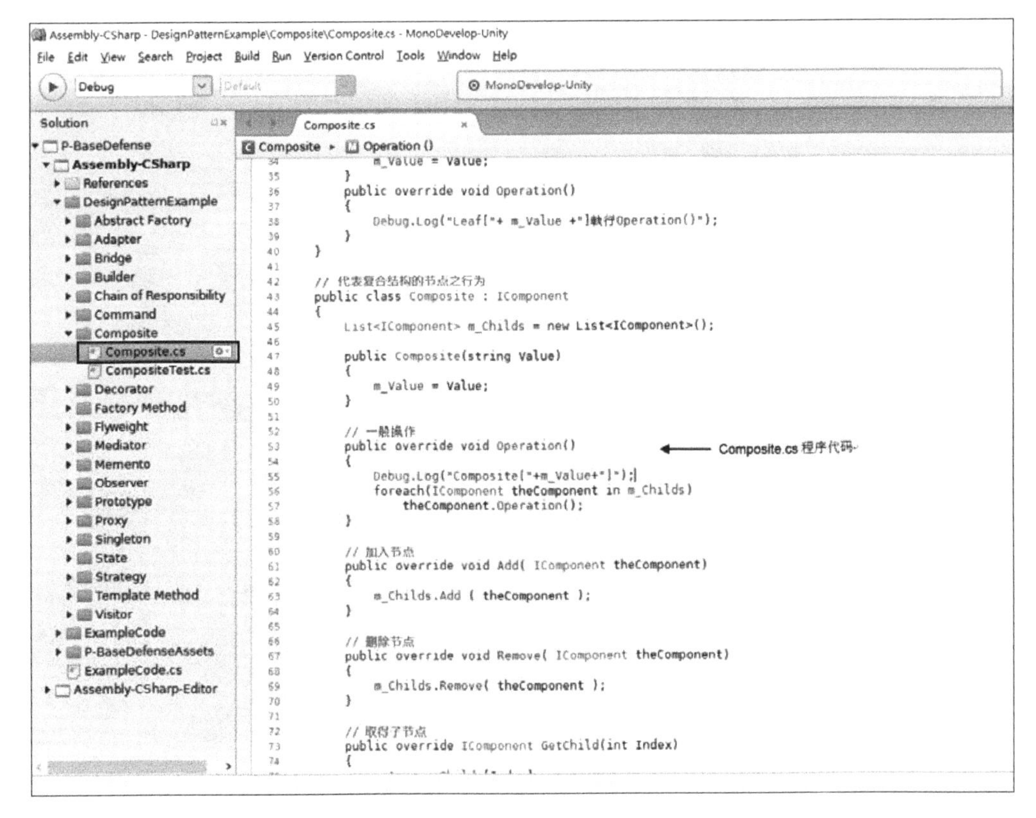

图 2-3　在 MonoDevelop 中编辑程序代码

游戏开发人员说明

介绍开发《P 级阵地》的过程中，本书将以对话方式为主轴，书中将不定时出现下面两位人物。

企划：

- 企划人员，多年游戏设计经验。
- 经过多年的学习之后，这次有机会主导设计这款游戏。
- 他认为在现在的游戏环境下，产品内容应该要跟得上市场的变化，快速反应玩家的需求，认为不断地变化是游戏设计中不变的道理。

小程：

- 程序人员，多年游戏开发经验。
- 熟悉 Server 和 Client 端游戏开发。
- 这次配合企划在 Unity3D 上开发一款游戏。
- 他推崇"敏捷开发"方式，认为程序人员必须具备"设计出灵活改变的产品"的能力与观念，以顺应玩家或市场的变化。

这两位角色将会出现在许多场合之中，通过他们的对话可以了解到，在一款游戏开发过程中经常会遇到的问题。这些问题可能是游戏功能的改变、系统的追加、游戏测试的需求，程序人员在面对这些问题时，如何通过良好的设计分析来重新调整系统功能，并且将之后可能出现的需求变化及新增功能都一并考虑在内。

2.2 GoF 的设计模式范例

本书的 Unity3D 项目中有一个“DesignPatternExample”目录，该目录收录了以 C#实现的 GoF 设计模式范例，共 23 个子目录。每个目录下都会有一个以模式名称为文件名的文件以及相对应的测试范例文件，如图 2-4 所示。

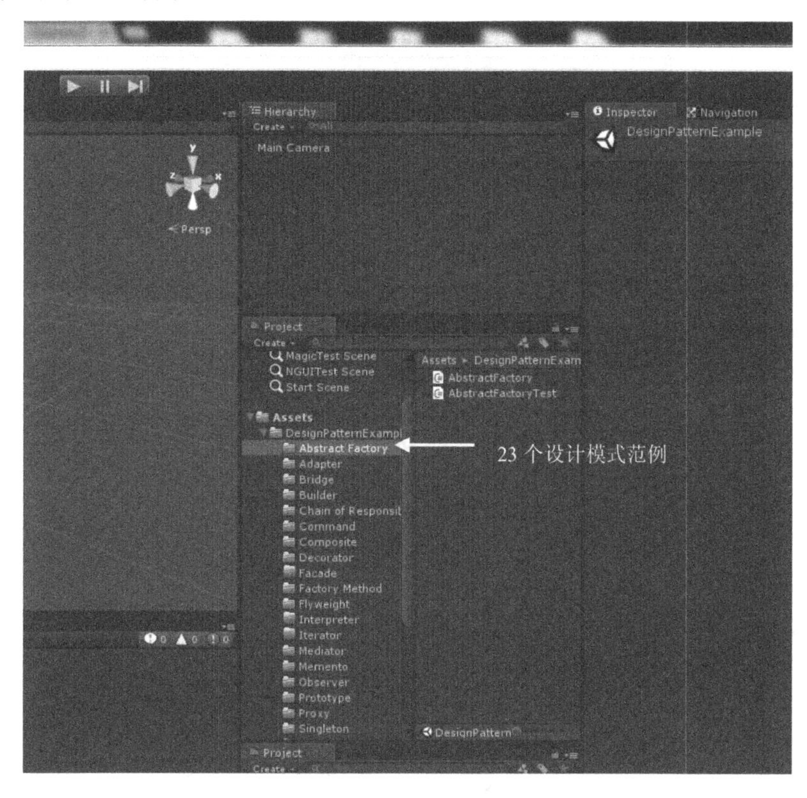

图 2-4　GoF 的实现范例

这些 C#实现范例是笔者在学习新的程序设计语言时使用的“练习程序”，目的是要找出以这个程序设计语言实现各种设计模式的最佳方式。不过，外观模式（Facade）、迭代器模式（Iterator）及解释器模式（Interpreter）这 3 种设计模式则没有实现范例，原因是：外观模式（Facade）是各子系统整合后的统一操作界面，可以当成是类成员的方法来调用；迭代器模式（Iterator）在 C#中可以使用 foreach 来表示；解释器模式（Interpreter）是在游戏项目中加入解释器的功能，而仅是解释器的编写与程序设计语言，就足以再写另一本专业书籍来介绍了。所以，以上 3 种模式在本书范例中并未多加笔墨。

想要在 Unity3D 环境下，执行这些范例程序并看到执行结果，可采用下面的步骤：

步骤01 从 Project 窗口中找到放在 DesignPatternExample 目录下的 DesignPattern Example 场景文件并进入场景，如图 2-5 所示。

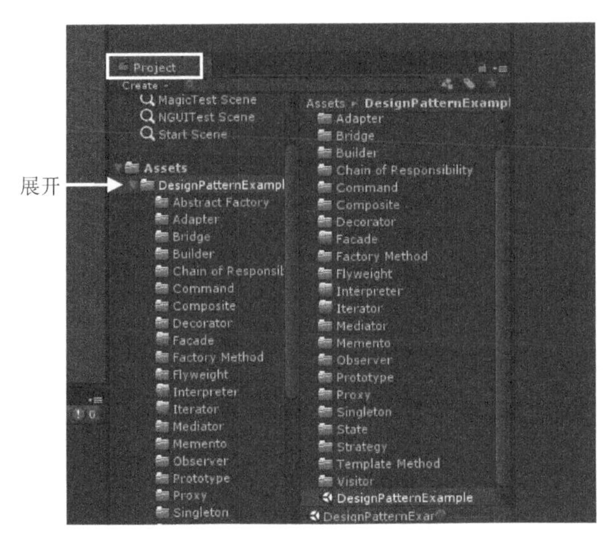

图 2-5　打开 GoF 的测试场景

步骤02 进入场景后，先单击在 Hierarchy 窗口中的 Main Camera 游戏对象，然后在 Inspector 窗口中就会看到该对象下有许多脚本组件，每一个脚本组件都代表了一种设计模式的测试范例，如图 2-6 所示。

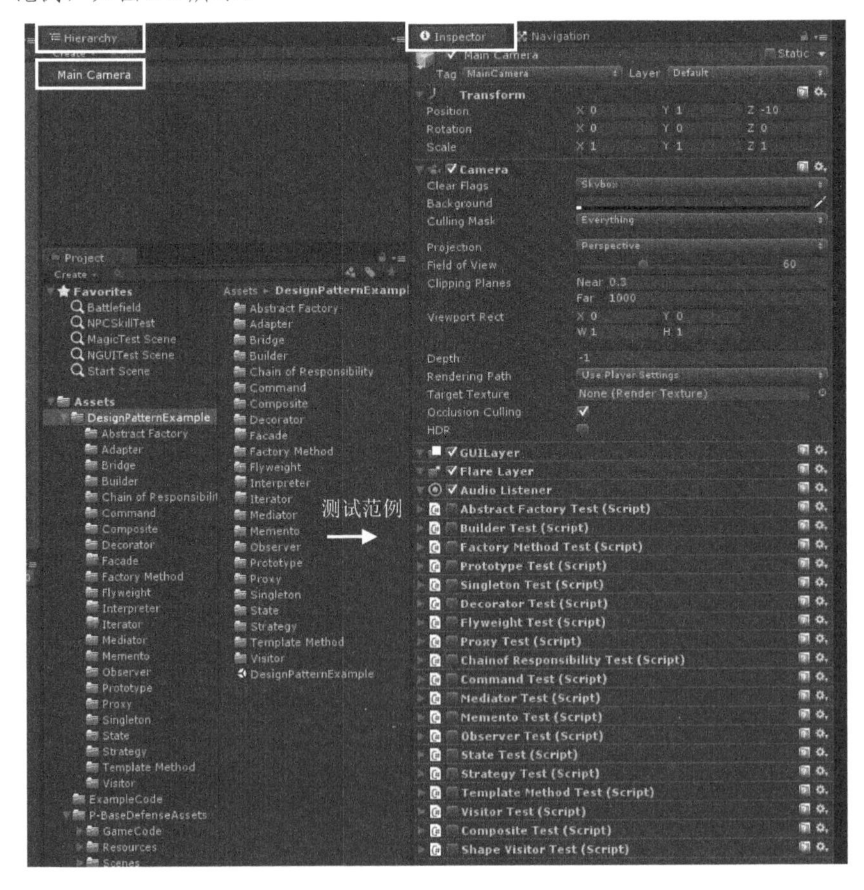

图 2-6　所有可测试的设计模式

步骤03 选中想要执行的测试范例，单击执行▶按钮，如图 2-7 所示。

图 2-7　执行任何一种设计模式

步骤04 然后就可以在 Console 窗口中看到范例在执行过程中产生的信息，如图 2-8 所示。

图 2-8　查看执行结果

第 2 篇

基础系统

从这一篇开始，我们将引导读者进入本书游戏范例之中。首先，我们先着重在整个游戏的主架构设计，让后续游戏功能的实现能够在这个架构上进行。这个主架构包含了游戏系统的设计及沟通、游戏场景的转换、各游戏子系统的整合与对内/外的界面设计、游戏服务的获取及游戏循环的设计。

CHAPTER

第3章 游戏场景的转换——状态模式（State）

3.1 游戏场景

本书使用Unity3D游戏引擎作为开发工具，而Unity3D是使用场景（Scene）作为游戏运行时的环境。开始制作游戏时，开发者会将游戏需要的素材（3D模型、游戏对象）放到一个场景中，然后编写对应的程序代码，之后只要单击Play按钮，就可以开始运行游戏。

除了Unity3D之外，笔者过去开发游戏时使用的游戏引擎（Game Engine）或开发框架（SDK、Framework），多数也都存在“场景”的概念，例如：

- 早期Java Phone的J2ME开发SDK中使用的Canvas类；
- Android的Java开发SDK中使用的Activity类；
- iOS上2D游戏开发工具Cocos2D中使用的CCScene类。

虽然各种工具不见得都使用场景（Scene）这个名词，但在实现上，一样可使用相同的方式来呈现。而上面所列的各个类，都可以被拿来作为游戏实现中“场景”转换的目标。

3.1.1 场景的转换

当游戏比较复杂时，通常会设计成多个场景，让玩家在几个场景之间转换，某一个场景可能是角色在一个大地图上行走，而另一个场景则是在地下洞穴探险。这样的设计方式其实很像是舞台剧的呈现方式，编剧们设计了一幕幕的场景让演员们在其间穿梭演出，而每幕之间的差异，可能是在布景摆设或参与演出角色的不同，但对于观众来说，同时间只会看到演员们在某一个场景中的演出。

要怎样才能真正应用“场景”来开发游戏呢？读者可以回想一下，当我们打开游戏 App 或开始运行游戏软件时，会遇到什么样的画面：出现游戏 Logo、播放游戏片头、加载游戏数据、出现游戏主画面、等待玩家登录游戏、进入游戏主画面，接下来玩家可能是在大地图上打怪或进入副本刷关卡……。游戏画面转换如图 3-1 所示。

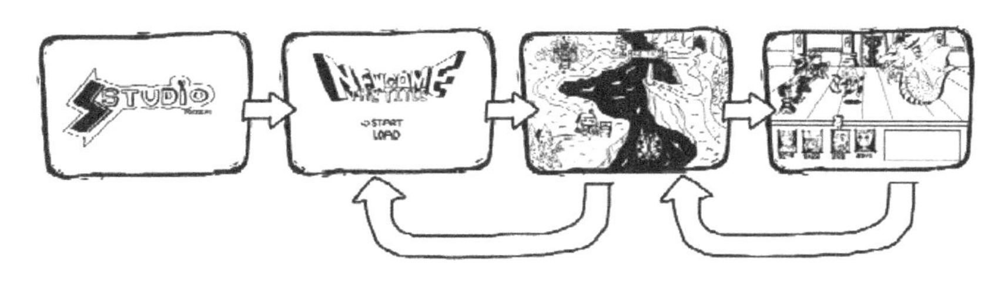

图 3-1　游戏画面转换

就以上面的说明为例，我们可规划出下面数个场景，每个场景分别负责多项功能的执行，如图 3-2 所示。

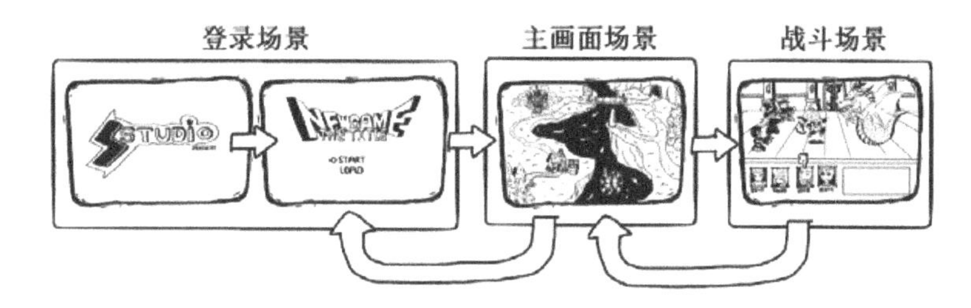

图 3-2　每个场景负责执行的游戏功能

- 登录场景：负责游戏片头、加载游戏数据、出现游戏主画面、等待玩家登录游戏。
- 主画面场景：负责进入游戏画面、玩家在主城/主画面中的操作、在地图上打怪打宝……
- 战斗场景：负责与玩家组队之后进入副本关卡、挑战王怪……

在游戏场景规划完成后，就可以利用“状态图”将各场景的关系连接起来，并且说明它们之间的转换条件以及状态转换的流程，如图 3-3 所示。

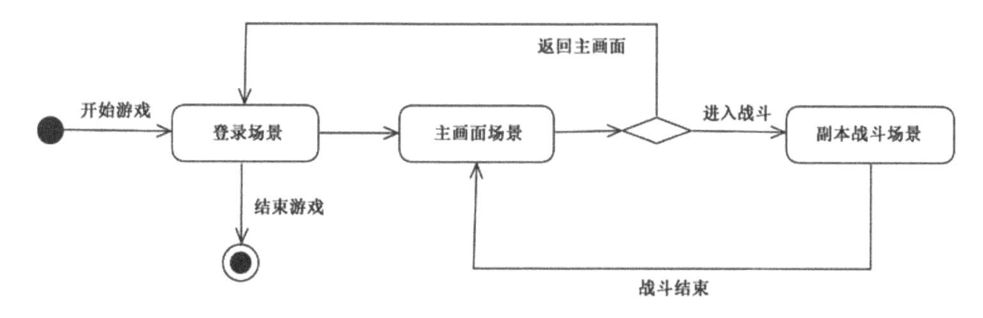

图 3-3　各场景转换条件以及状态转换的“状态图”

即便我们换了一个游戏类型来实现，一样可以使用相同的场景分类方式，将游戏功能进行归类，例如：

卡牌游戏可按如下分类：

- 登录场景：负责游戏片头、加载游戏数据、出现游戏主画面、等待玩家登录游戏。
- 主画面场景：玩家抽卡片、合成卡牌、查看卡牌……
- 战斗场景：挑战关卡、卡片对战……

转珠游戏可按如下分类：

- 登录场景：负责游戏片头、加载游戏数据、出现游戏主画面、等待玩家登录游戏。
- 主画面场景：查看关卡进度、关卡信息、商城、抽转珠……
- 战斗场景：挑战关卡、转珠对战……

当然，如果是更复杂的单机版游戏或大型多人在线游戏（MMORPG），还可以再细分出多个场景来负责对应的游戏功能。

切分场景的好处

将游戏中不同的功能分类在不同的场景中来执行，除了可以将游戏功能执行时需要的环境明确分类之外，“重复使用”也是使用场景转换的好处之一。

从上面几个例子中可以看出，“登录场景”几乎是每款游戏必备的场景之一。而一般在登录场景中，会实现游戏初始化功能或玩家登录游戏时需要执行的功能，例如：

- 单机游戏：登录场景可以有加载游戏数据、让玩家选择存盘、进入游戏等步骤。
- 在线游戏：登录场景包含了许多复杂的在线登录流程，比如使用第三方认证系统、使用玩家自定义账号、与服务器连接、数据验证……

对于大多数的游戏开发公司来说，登录场景实现的功能，会希望通用于不同的游戏开发项目，使其保持流程的一致性。尤其对于在线游戏这种类型的项目而言，由于登录流程较为复杂，若能将各项目共同的部分（场景）独立出来，由专人负责开发维护并同步更新给各个项目，那么效率就能获得提升，也是比较安全的方式。在项目开发时，若是能重复使用这些已经设计良好的场景，将会减少许多开发时间。更多的优点将在后续章节中说明。

本书范例场景的规划

在本书范例中，《P 级阵地》规划了 3 个场景，如图 3-4 所示。

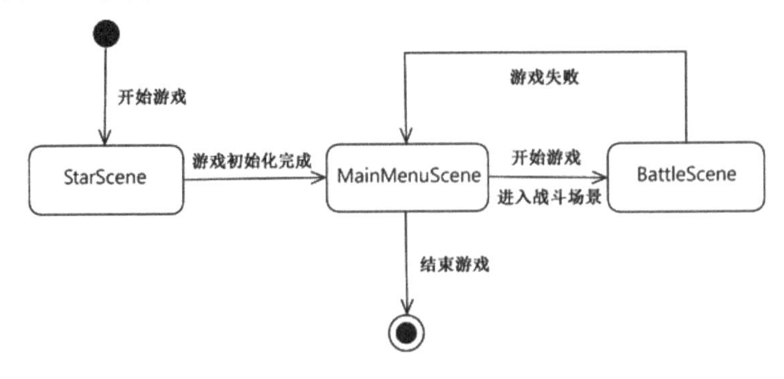

图 3-4 《P 级阵地》规划的 3 个场景

- 开始场景（StarScene）：GameLoop 游戏对象（GameObject）的所在，游戏启动及相关游戏设置的加载。
- 主画面场景（MainMenuScene）：显示游戏名称和“开始”按钮。
- 战斗场景（BattleScene）：游戏主要执行的场景。

3.1.2　游戏场景可能的实现方式

实现 Unity3D 的场景转换较为直接的方式如下：

Listing 3-1　一般场景控制的写法

```
public class SceneManager
{
    private string m_state = "开始";
    // 改换场景
    public void ChangeScene(string StateName) {
        m_state = StateName;

        switch(m_state)
        {
            case "菜单":
                Application.LoadLevel("MainMenuScene");
                break;
            case "主场景":
                Application.LoadLevel("GameScene");
                break;
        }
    }

    // 更新
    public void Update() {
        switch(m_state)
        {
            case "开始":
                //...
                break;
            case "菜单":
                //...
                break;
            case "主场景":
                //...
                break;
        }
    }
}
```

上述的实现方式会有以下缺点：

只要增加一个状态，则所有 switch(m_state)的程序代码都需要增加对应的程序代码。

与每一个状态有关的对象，都必须在SceneManager类中被保留，当这些对象被多个状态共享时，可能会产生混淆，不太容易识别是由哪个状态设置的，造成游戏程序调试上的困难。

每一个状态可能使用不同的类对象，容易造成SceneManager类过度依赖其他类，让SceneManager类不容易移植到其他项目中。

为了避免出现上述缺点，修正的目标会希望使用一个“场景类”来负责维护一个场景，让与此场景相关的程序代码和对象能整合在一起。这个负责维护的“场景类”，其主要工作如下：

- 场景初始化；
- 场景结束后，负责清除资源；
- 定时更新游戏逻辑单元；
- 转换到其他场景；
- 其他与该场景有关的游戏实现。

由于在范例程序中我们规划了3个场景，所以会产生对应的3个“场景类”，但如何让这3个“场景类”相互合作、彼此转换呢？我们可以使用GoF的状态模式（State）来解决这些问题。

3.2 状态模式（State）

状态模式（State），在多数的设计模式书籍中都会提及，它也是游戏程序设计中应用最频繁的一种模式。主要是因为“状态”经常被应用在游戏设计的许多环节中，包含AI人工智能状态、账号登录状态、角色状态……

3.2.1 状态模式（State）的定义

状态模式（State），在GoF中的解释是：

“让一个对象的行为随着内部状态的改变而变化，而该对象也像是换了类一样”。

如果将GoF对状态模式（State）的定义改以游戏的方式来解释，就会像下面这样：

“当德鲁伊（对象）由人形变化为兽形状态（内部状态改变）时，他所施展的技能（对象的行为）也会有所变化，玩家此时就像是在操作另一个不同的角色（像是换了类）”。

“德鲁伊“是一种经常出现在角色扮演游戏（RPG）中的角色名称。变化外形是他们常使用的能力，通过外形的变化，使德鲁伊具备了转换为其他形体的能力，而变化为“兽形”是比较常见的游戏设计。当玩家决定施展外形转换能力时，德鲁伊会进入“兽形状态”，这时候的德鲁伊会以“兽形”来表现其行为，包含移动和攻击施展的方式；当玩家决定转换回人形时，德鲁伊会复原为一般形态，继续与游戏世界互动。

所以，变化外形的能力可以看成是德鲁伊的一种“内部状态的转换”。通过变化外形的结果，角色表现出另外一种行为模式，而这一切的转化过程都可以由德鲁伊的内部控制功能来完成，玩家不必理解这个转化过程。但无论怎么变化，玩家操作的角色都是德鲁伊，并不会因为他内部状态的转变而有所差异。

当某个对象状态改变时，虽然它“表现的行为”会有所变化，但是对于客户端来说，并不会因为这样的变化，而改变对它的“操作方法”或“信息沟通”的方式。也就是说，这个对象与外界的对应方式不会有任何改变。但是，对象的内部确实是会通过“更换状态类对象”的方式来进行状态的转换。当状态对象更换到另一个类时，对象就会通过新的状态类，表现出它在这个状态下该有的行为。但这一切只会发生在对象内部，对客户端来说，完全不需要了解这些状态转换的过程及对应的方式。

3.2.2　状态模式（State）的说明

状态模式（State）的结构如图 3-5 所示。

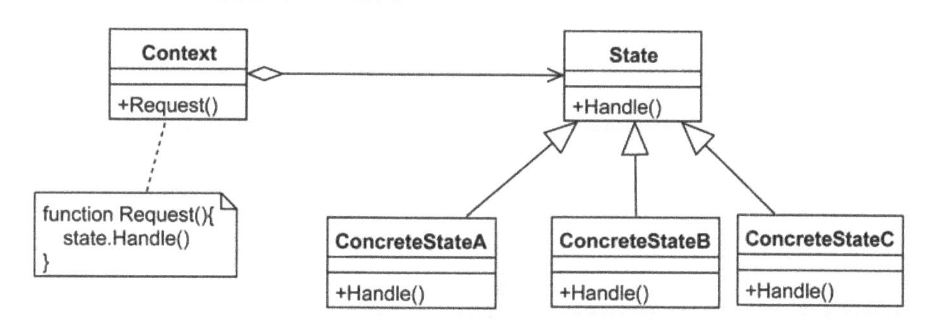

图 3-5　状态模式的结构图

参与者的说明如下：

- Context（状态拥有者）
  - 是一个具有“状态”属性的类，可以制定相关的接口，让外界能够得知状态的改变或通过操作让状态改变。
  - 有状态属性的类，例如：游戏角色有潜行、攻击、施法等状态；好友上线、脱机、忙碌等状态；GoF 使用 TCP 联网为例，有已连接、等待连接、断线等状态。这些类中会有一个 ConcreteState[X]子类的对象为其成员，用来代表当前的状态。
- State（状态接口类）：制定状态的接口，负责规范 Context（状态拥有者）在特定状态下要表现的行为。
- ConcreteState（具体状态类）
  - 继承自 State（状态接口类）。
  - 实现 Context（状态拥有者）在特定状态下该有的行为。例如，实现角色在潜行状态时该有的行动变缓、3D 模型变半透明、不能被敌方角色察觉等行为。

3.2.3　状态模式（State）的实现范例

首先定义 Context 类：

Listing 3-2　定义 Context 类(State.cs)

```
public class Context
{
```

```
    State  m_State = null;

    public void Request(int Value) {
        m_State.Handle(Value);
    }

    public void SetState(State theState ) {
        Debug.Log ("Context.SetState:" + theState);
        m_State = theState;
    }
}
```

Context 类中，拥有一个 State 属性用来代表当前的状态，外界可以通过 Request 方法，让 Context 类呈现当前状态下的行为。SetState 方法可以指定 Context 类当前的状态，而 State 状态接口类则用来定义每一个状态该有的行为：

Listing 3-3　State 类(State.cs)

```
public abstract class State
{
    protected Context m_Context = null;
    public State(Context theContext) {
        m_Context = theContext;
    }
    public abstract void Handle(int Value);
}
```

在产生 State 类对象时，可以传入 Context 类对象，并将其指定给 State 的类成员 m_Context，让 State 类在后续的操作中，可以获取 Context 对象的信息或操作 Context 对象。然后定义 Handle 抽象方法，让继承的子类可以重新定义该方法，来呈现各自不同的状态行为。

最后定义 3 个继承自 State 类的子类：

Listing 3-4　定义 3 个状态(State.cs)

```
// 状态 A
public class ConcreteStateA : State
{
    public ConcreteStateA(Context theContext):base(theContext)
    {}

    public override void Handle (int Value) {
        Debug.Log ("ConcreteStateA.Handle");
        if( Value > 10)
            m_Context.SetState( new ConcreteStateB(m_Context));
    }
}

// 状态 B
public class ConcreteStateB : State
{
```

```
    public ConcreteStateB(Context theContext):base(theContext)
    {}

    public override void Handle (int Value) {
        Debug.Log ("ConcreteStateB.Handle");
        if( Value > 20)
            m_Context.SetState( new ConcreteStateC(m_Context));
    }
}

// 状态 C
public class ConcreteStateC : State
{
    public ConcreteStateC(Context theContext):base(theContext)
    {}

    public override void Handle (int Value) {
        Debug.Log ("ConcreteStateC.Handle");
        if( Value > 30)
            m_Context.SetState( new ConcreteStateA(m_Context));
    }
}
```

上述 3 个子类，都要重新定义父类 State 的 Handle 抽象方法，用来表示在各自状态下的行为。在范例中，我们先让它们各自显示不同的信息（代表当前的状态行为），再按照本身状态的行为定义来判断是否要通知 Context 对象转换到另一个状态。

Context 类中提供了一个 SetState 方法，让外界能够设置 Context 对象当前的状态，而所谓的“外界”，也可以是由另一个 State 状态来调用。所以实现上，状态的转换可以有下列两种方式：

- 交由 Context 类本身，按条件在各状态之间转换；
- 产生 Context 类对象时，马上指定初始状态给 Context 对象，而在后续执行过程中的状态转换则交由 State 对象负责，Context 对象不再介入。

笔者在实现时，大部分情况下会选择第 2 种方式，原因在于：

状态对象本身比较清楚“在什么条件下，可以让 Context 对象转移到另一个 State 状态”。所以在每个 ConcreteState 类的程序代码中，可以看到“状态转换条件”的判断，以及设置哪一个 ConcreteState 对象成为新的状态。

每个 ConcreteState 状态都可以保持自己的属性值，作为状态转换或展现状态行为的依据，不会与其他的 ConcreteState 状态混用，在维护时比较容易理解。

因为判断条件及状态属性都被转换到 ConcreteState 类中，故而可缩减 Context 类的大小。

4 个类定义好之后，我们可以通过测试范例来看看客户端程序会怎样利用这个设计：

Listing 3-5　State 的测试范例(StateTest.cs)

```
    void UnitTest() {
        Context theContext = new Context();
        theContext.SetState( new ConcreteStatA(theContext ));
```

```
        theContext.Request( 5 );
        theContext.Request( 15 );
        theContext.Request( 25 );
        theContext.Request( 35 );
    }
```

首先产生 Context 对象 theContext，并立即设置为 ConcreteStateA 状态；然后调用 Context 类的 Request 方法，并传入作为“状态转换判断”用途的参数，让当前状态(ConcreteStateA)判断是否要转移到 ConcreteStateB；最后调用几次 Request 方法，并传入不同的参数。

从输出的信息中可以看到，Context 对象的状态由 ConcreteStateA 按序转换到 ConcreteStateB、ConcreteStateC 状态，最后回到 ConcreteStateA 状态。

State 测试范例产生的信息

```
Context.SetState:DesignPattern_State.ConcreteStateA
ConcreteStateA.Handle
ConcreteStateA.Handle
Context.SetState:DesignPattern_State.ConcreteStateB
Context.SetState:DesignPattern_State.ConcreteStateC
Context.SetState:DesignPattern_State.ConcreteStateA
```

3.3 使用状态模式（State）实现游戏场景的转换

在 Unity3D 的环境中，游戏只会在一个场景中运行，所以我们可以让每个场景都由一个“场景类”来负责维护。此时，如果将场景类当成“状态”来比喻的话，那么就可以利用状态模式（State）的转换原理，来完成场景转换的功能。

由于每个场景所负责执行的功能不同，通过状态模式（State）的状态转移，除了可以实现游戏内部功能的转换外，对于客户端来说，也不必根据不同的游戏状态来编写不同的程代码，同时也减少了外界对于不同游戏状态的依赖性。

而原本的 Unity3D 场景转换判断功能，可以在各自的场景类中完成，并且状态模式（State）同时间也只会让一个状态存在（同时间只会有一个状态在运行），因此可以满足 Unity3D 执行时只能有一个场景（状态）存在的要求。

3.3.1 SceneState 的实现

《P 级阵地》的场景分成 3 个：开始场景（StarScene）、主画面场景（MainMenu Scene）和战斗场景(BattleScene)，所以声明 3 个场景类负责对应这 3 个场景。这 3 个场景类都继承自 ISceneState，而 SceneStateController 则是作为这些状态的拥有者（Context），最后将 SceneStateController 对象放入 GameLoop 类下，作为与 Unity3D 运行的互动接口，上述结构如图 3-6 所示。

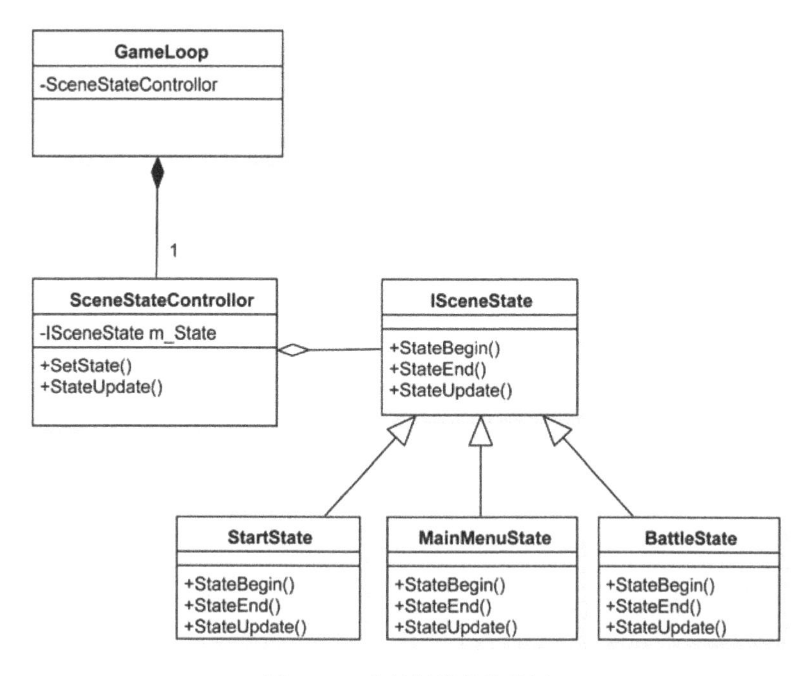

图 3-6　3 个场景类的结构图

其中的参与者如下说明：

- ISceneState：场景类的接口，定义《P 级阵地》中场景转换和执行时需要调用的方法。
- StartState、MainMenuState、BattleState：分别对应范例中的开始场景（StarScene）、主画面场景（MainMenuScene）及战斗场景（BattleScene），作为这些场景执行时的操作类。
- SceneStateController：场景状态的拥有者（Context），保持当前游戏场景状态，并作为与 GameLoop 类互动的接口。除此之外，也是执行“Unity3D 场景转换”的地方。
- GameLoop：游戏主循环类作为 Unity3D 与《P 级阵地》的互动接口，包含了初始化游戏和定期调用更新操作。

3.3.2　实现说明

首先，定义 ISceneState 接口如下：

Listing 3-6　定义 ISceneState 类(ISceneState.cs)

```
public class ISceneState
{
    // 状态名称
    private string m_StateName = "ISceneState";
    public string StateName {
        get{ return m_StateName; }
        set{ m_StateName = value; }
    }

    // 控制者
```

```
    protected SceneStateController m_Controller = null;

    // 建造者
    public ISceneState(SceneStateController Controller) {
        m_Controller = Controller;
    }

    // 开始
    public virtual void StateBegin()
    {}

    // 结束
    public virtual void StateEnd()
    {}

    // 更新
    public virtual void StateUpdate()
    {}

    public override string ToString() {
        return string.Format ("[I_SceneState: StateName={0}]",
                            StateName);
    }
}
```

ISceneState 定义了在《P 级阵地》中，场景转换执行时需要被 Unity3D 通知的操作，包含：

- StateBegin 方法：场景转换成功后会利用这个方法通知类对象。其中可以实现在该场景执行时需要加载的资源及游戏参数的设置。SceneState Controller 在此时才传入（不像前一节范例那样在建造者中传入），因为 Unity3D 在转换场景时会花费一些时间，所以必须先等到场景完全加载成功后才能继续执行。
- StateEnd 方法：场景将要被释放时会利用这个方法通知类对象。其中可以释放游戏不再使用的资源，或者重新设置游戏场景状态。
- StateUpdate 方法："游戏定时更新"时会利用这个方法通知类对象。该方法可以让 Unity3D 的"定时更新功能"被调用，并通过这个方法让其他游戏系统也定期更新。这个方法可以让游戏系统类不必继承 Unity3D 的 MonoBehaviour 类，也可以拥有定时更新功能，第 7 章会对此进行更详细地说明。
- m_StateName 属性：可以在调试（Debug）时使用。

StateBegin、StateEnd 及 StateUpdate 这 3 个方法，虽然是定义为 ISceneState 中的接口方法，但是由于不强迫子类重新实现它，所以并没有被定义为抽象方法。

共有 3 个子类继承自 ISceneState，分别用来负责各 Unity3D Scene 的运行和转换。首先是负责开始场景（StarScene）的类，程序代码如下：

Listing 3-7　定义开始状态类(StartState.cs)

```
public class StartState : ISceneState
```

```
{
    public StartState(SceneStateController Controller):
                                          base(Controller) {
        this.StateName = "StartState";
    }

    // 开始
    public override void StateBegin() {
        // 可在此进行游戏数据加载和初始化等
    }

    // 更新
    public override void StateUpdate() {
        // 更换为
        m_Controller.SetState(new MainMenuState(m_Controller),
                          "MainMenuScene");
    }
}
```

《P 级阵地》的运行，必须在开始场景（StarScene）中单击“开始”按钮才能运行，所以游戏最开始的场景状态会被设置为 StartState。因此在实现上，可在 StateBeing 方法中，将游戏启动时所需要的资源加载，这些资源可以是游戏属性数据、角色组件预载、游戏系统初始化、版本信息等。当 StartState 的 StateUpdate 第一次被调用时，会马上将游戏场景状态转换为 MainMenuState，完成 StartState/StartScene 初始化游戏的任务。

主画面场景（MainMenuScene）负责显示游戏的开始画面，并且提供简单的界面让玩家可以开始进入游戏，程序代码如下：

Listing 3-8　定义主菜单状态(MainMenuState.cs)

```
public class MainMenuState : ISceneState
{
    public MainMenuState(SceneStateController Controller):
                                          base(Controller) {
        this.StateName = "MainMenuState";
    }

    // 开始
    public override void StateBegin() {
        // 获取开始按钮
        Button tmpBtn = UITool.GetUIComponent<Button>("StartGameBtn");
        if(tmpBtn!=null)
            tmpBtn.onClick.AddListener(
                                 ()=>OnStartGameBtnClick(tmpBtn)
                         );
    }

    // 开始游戏
    private void OnStartGameBtnClick(Button theButton) {
        //Debug.Log ("OnStartBtnClick:"+theButton.gameObject.name);
```

```
        m_Controller.SetState(new BattleState(m_Controller),
                                  "BattleScene");
    }
}
```

《P级阵地》的开始画面上只有一个“开始”按钮，这个按钮是使用Unity3D的UI工具增加的。从原本Unity3D的UI设置界面上，可直接设置当按钮被鼠标单击时，需要由哪一个脚本组件（Script Compoment）的方法来执行；这个设置动作也可以改由程序代码来指定。至于《P级阵地》与Unity3D的UI设计工具的整合，在第17章中有进一步的说明。

因此，在MainMenuState的StateBegin方法中，获取MainMenuScene的“开始”按钮（StartGameBtn）后，将其onClick事件的监听者设置为OnStartGameBtnClick方法，而该方法也将直接实现在MainMenuState类中。所以，当玩家单击“开始”按钮时，OnStartGameBtnClick会被调用，并将游戏场景状态通过SceneStateController转换到战斗场景（BattleScene）。

战斗场景（BattleScene）为《P级阵地》真正游戏玩法（阵地防守）运行的场景，程序代码如下：

Listing 3-9　定义战斗状态（BattleState.cs）

```
public class BattleState : ISceneState
{
    public BattleState(SceneStateController Controller):
                                            base(Controller) {
        this.StateName = "BattleState";
    }

    // 开始
    public override void StateBegin() {
        PBaseDefenseGame.Instance.Initinal();
    }

    // 结束
    public override void StateEnd() {
        PBaseDefenseGame.Instance.Release();
    }

    // 更新
    public override void StateUpdate() {
        // 输入
        InputProcess();

        // 游戏逻辑
        PBaseDefenseGame.Instance.Update();

        // Render 由 Unity 负责

        // 游戏是否结束
        if( PBaseDefenseGame.Instance.ThisGameIsOver())
            m_Controller.SetState(new MainMenuState(m_Controller),
```

```
                                        "MainMenuScene");
    }

        // 输入
        private void InputProcess() {
            // 玩家输入判断程序代码……
        }
}
```

负责战斗场景（BattleScene）的 BattleState 状态类在 StateBegin 方法中，首先调用了游戏主程序 PBaseDefenseGame 的初始化方法：

```
        public override void StateBegin() {
            PBaseDefenseGame.Instance.Initinal();
        }
```

当《P 级阵地》在一场战斗结束或放弃战斗时，玩家可以回到主菜单场景（MainMenuState）。所以，当战斗场景（BattleScene）即将结束时，StateEnd 方法就会被调用，实现上，会在此调用释放游戏主程序的操作：

```
        public override void StateEnd() {
            PBaseDefenseGame.Instance.Release();
        }
```

BattleState 的 StateUpdate 方法扮演着“游戏循环”的角色（GameLoop 将在第 7 章中说明）。先获取玩家的“输入操作”后，再执行“游戏逻辑”（调用 PBase DefenseGame 的 Update 方法），并且不断地定时重复调用，直到游戏结束转换为主菜单场景（MainMenuState）为止：

```
        public override void StateUpdate() {
            // 输入
            InputProcess();

            // 游戏逻辑
            PBaseDefenseGame.Instance.Update();

            // Render 由 Unity 负责

            // 游戏是否结束
            if( PBaseDefenseGame.Instance.ThisGameIsOver())
                m_Controller.SetState(new MainMenuState(m_Controller),
                                        "MainMenuScene");
    }
```

3 个主要的游戏状态类都定义完成后，接下来就是实现这些场景转换和控制的功能：

Listing 3-10　定义场景状态控制者（SceneStateController.cs）

```
public class SceneStateController
{
    private ISceneState m_State;
    private bool m_bRunBegin = false;
```

```
    public SceneStateController(){}

    // 设置状态
    public void SetState(ISceneState State, string LoadSceneName) {
        //Debug.Log ("SetState:"+State.ToString());
        m_bRunBegin = false;

        // 载入场景
        LoadScene( LoadSceneName );

        // 通知前一个State结束
        if( m_State != null )
            m_State.StateEnd();

        // 设置
        m_State=State;
    }

    // 载入场景
    private void LoadScene(string LoadSceneName) {
        if( LoadSceneName==null || LoadSceneName.Length == 0 )
            return ;
        Application.LoadLevel( LoadSceneName );
    }

    // 更新
    public void StateUpdate() {
        // 是否还在加载
        if( Application.isLoadingLevel)
            return ;

        // 通知新的State开始
        if( m_State != null && m_bRunBegin==false)
        {
            m_State.StateBegin();
            m_bRunBegin = true;
        }

        if( m_State != null)
            m_State.StateUpdate();
    }
}
```

SceneStateController 类中有一个 ISceneState 成员，用来代表当前的游戏场景状态。在 SetState 方法中，实现了转换场景状态的功能，该方法先使用 Application.LoadLevel 方法来加载场景；然后通知前一个状态的 StateEnd 方法来释放前一个状态；最后将传入的参数设置为当前状态。

至于 SceneUpdate 方法，则是会先判断场景是否载入成功，成功之后才会调用当前游戏场景状态的 StateBeing 方法来初始化游戏场景状态。

最后，将 SceneStateController 与 GameLoop 脚本组件结合如下：

Listing 3-11　与游戏主循环的结合(GameLoop.cs)

```
public class GameLoop : MonoBehaviour
{
    // 场景状态
    SceneStateController m_SceneStateController =
                                new SceneStateController();

    void Awake() {
        // 转换场景不会被删除
        GameObject.DontDestroyOnLoad( this.gameObject );

        // 随机数种子
        UnityEngine.Random.seed =(int)DateTime.Now.Ticks;
    }

    // Use this for initialization
    void Start() {
        // 设置起始的场景
        m_SceneStateController.SetState(
                        new StartState(m_SceneStateController), "");
    }

    // Update is called once per frame
    void Update() {
        m_SceneStateController.StateUpdate();
    }
}
```

在 GameLoop 脚本组件中，定义并初始化 SceneStateController 类对象，并在 Start 方法中设置第一个游戏场景状态： StartState。之后在 GameLoop 脚本组件每次的 Update 更新方法中，调用 SceneStateController 对象的 StateUpdate 方法，让当前的场景状态类能够被定时更新。

3.3.3　使用状态模式（State）的优点

使用状态模式（State）来实现游戏场景转换，有下列优点：

减少错误的发生并降低维护难度

不再使用 switch(m_state)来判断当前的状态，这样可以减少新增游戏状态时，因未能检查到所有 switch(m_state)程序代码而造成的错误。

状态执行环境单一化

与每一个状态有关的对象及操作都被实现在一个场景状态类下，对程师设计师来说，这样可以清楚地了解每一个状态执行时所需要的对象及配合的类。

项目之间可以共享场景

本章开始时就提到，有些场景可以在不同项目之间共享。以当前《P 级阵地》使用的 3 个场景及状态类为例，其中的开始场景（StartScene）和开始状态类（Start State）都可以在不同项目之间共享。

例如：可以在开始状态类（StartState）的 StateBegin 方法中，明确定义出游戏初始化时的步骤，并将这些步骤搭配“模版方法模式（Template Method）”或“策略模式（Strategy）”，就能让各项目自行定义符合各个游戏需求的具体实现，达到各项目共享场景的目的。

这种做法对于网络在线型的游戏项目特别有用，在此类型的项目中，玩家的上线、登录、验证、数据同步等过程，实现上存在一定的复杂度。若将这些复杂的操作放在共享的场景中，共享使用与维护，就可以节省许多的开发时间及成本。

3.3.4 游戏执行流程及场景转换说明

从 Unity 游戏开始执行的流程来看，《P 级阵地》通过 StartScene 场景中唯一的 GameLoop 游戏对象（GameObject），以及挂在其上的 GameLoop 脚本组件（Script Component），将整个游戏运行起来。所以，在 GameLoop 的 Start 方法中设置好第一个游戏场景状态后，GameLoop 的 Update 方法就将游戏的控制权交给 SceneStateController。而 SceneStateController 内部则会记录当前的游戏场景状态类，之后再通过调用游戏场景状态的 StateUpdate 方法，就能够完成更新当前游戏场景状态的需求。上述流程可以参考下面的流程图，如图 3-7 所示。

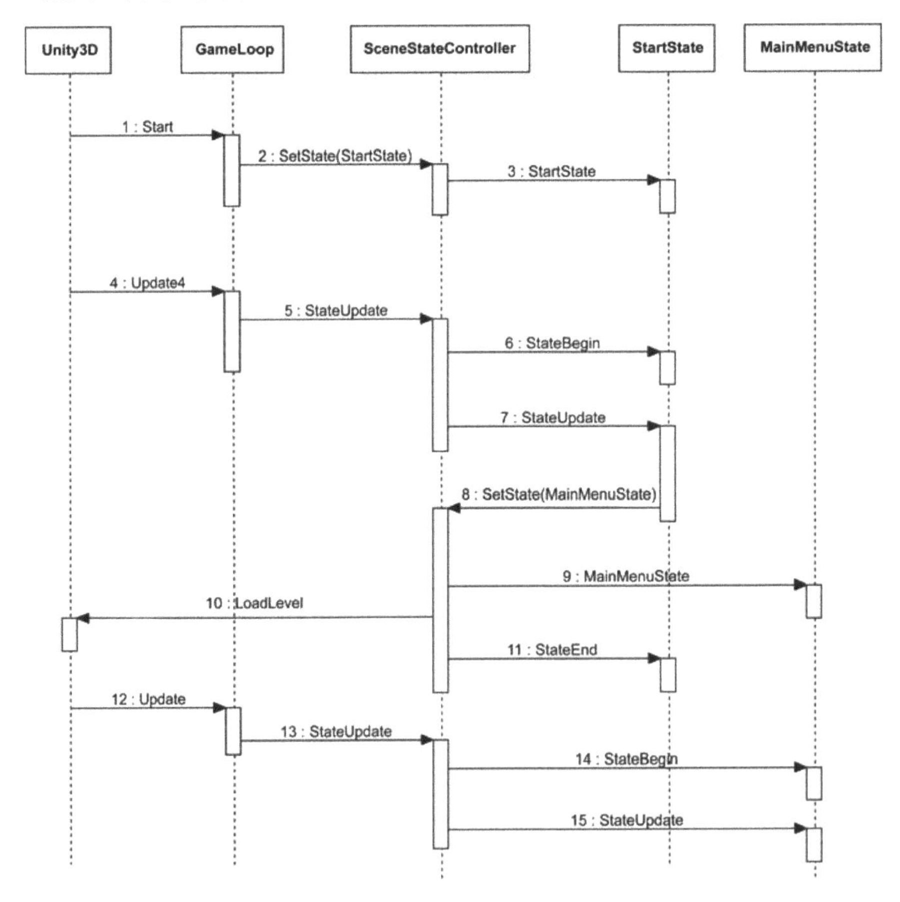

图 3-7 流程图

3.4 状态模式（State）面对变化时

随着项目开发进度进入中后期，游戏企划可能会提出新的系统功能来增加游戏内容。这些提案可能是增加小游戏关卡、提供查看角色信息图鉴、玩家排行等功能。当程序人员在分析这些新增的系统需求后，如果觉得无法在现有的场景（Scene）下实现，就必须使用新的场景来完成。而在现有的架构下，程序人员只需要完成下列几项工作：

- 在 Unity3D 编辑模式下新增场景。
- 加入一个新的场景状态类对应到新的场景，并在其中实现相关功能。
- 决定要从哪个现有场景转换到新的场景。
- 决定新的场景结束后要转换到哪一个场景。

上述流程，就程序代码的修改而言，只会新增一个程序文件（.cs）用来实现新的场景状态类，并修改一个现有的游戏状态，让游戏能按照需求转换到新的场景状态。除此之外，不需要修改其他任何的程序代码。

3.5 结论

在本章中，我们利用状态模式（State）实现了游戏场景的切换，这种做法并非全然都是优点，但与传统的 switch(state_code)相比，已经算是更好的设计。此外，正如前面章节所介绍的，设计模式并非只能单独使用，在实际开发中，若多种设计模式搭配得宜，将会是更好的设计。因此，本章结尾，我们将讨论，本章所做的设计还有哪些应该注意的地方，以及还可以将状态模式（State）应用在游戏设计的哪些地方。

状态模式（State）的优缺点

使用状态模式（State）可以清楚地了解某个场景状态执行时所需要配合使用的类对象，并且减少因新增状态而需要大量修改现有程序代码的维护成本。

《P 级阵地》只规划了 3 个场景来完成整个游戏，算是“产出较少状态类”的应用。但如果状态模式（State）是应用在有大量状态的系统时，就会遇到“产生过多状态类”的情况，此时会伴随着类爆炸的问题，这算是一个缺点。不过与传统使用 switch(state_code)的实现方式相比，使用状态模式（State）对于项目后续的长期维护效益上，仍然具有优势。

在本书后面（第 12 章）讲解到 AI 实现时，还会再次使用状态模式（State）来实现，届时，读者可看到其他利用状态模式（State）的应用。

与其他模式（Pattern）的合作

在《P 级阵地》的 BattleState 类实现中，分别调用了 PBaseDefenseGame 类的不同方法，此时的 PBaseDefenseGame 使用的是“单例模式（Singleton）”，这是一种让 BattleState 类方法中的程序代码，可以取得唯一对象的方式。而 PBaseDefenseGame 也使用了“外观模式（Facade）”来整合

PBaseDefenseGame 内部的复杂系统，因此 BattleState 类不必了解太多关于 PBaseDefenseGame 内部的实现方式。

状态模式（State）的其他应用方式：

- 角色 AI：使用状态模式（State）来控制角色在不同状态下的 AI 行为。
- 游戏服务器连线状态：网络游戏的客户端，需要处理与游戏服务器的连线状态，一般包含开始连线、连线中、断线等状态，而在不同的状态下，会有不同的封包信息处理方式，需要分别实现。
- 关卡进行状态：如果是通关型游戏，进入关卡时通常会分成不同的阶段，包含加载数据、显示关卡信息、倒数通知开始、关卡进行、关卡结束和分数计算，这些不同的阶段可以使用不同的状态类来负责实现。

CHAPTER

第4章 游戏主要类——外观模式（Facade）

4.1 游戏子功能的整合

一款游戏要能顺利运行，必须同时由内部数个不同的子系统一起合作完成。在这些子系统中，有些是在早期游戏分析时规划出来的，有些则是实现过程中，将相同功能重构整合之后才完成的。以《P级阵地》为例，它是由下列游戏系统所组成：

- 游戏事件系统（GameEventSystem）；
- 兵营系统（CampSystem）；
- 关卡系统（StageSystem）；
- 角色管理系统（CharacterSystem）；
- 行动力系统（APSystem）；
- 成就系统（AchievementSystem）。

这些系统在游戏运行时会彼此使用对方的功能，并且通知相关信息或传送玩家的指令。另外，有些子系统必须在游戏开始运行前，按照一定的步骤将它们初始化并设置参数，或者游戏在完成一个关卡时，也要按照一定的流程替它们释放资源。

可以理解的是，上面这些子系统的沟通及初始化过程都发生在“内部”会比较恰当，因为对于外界或客户端来说，大可不必去了解它们之间的相关运行过程。如果客户端了解太多系统内部的沟通方式及流程，那么对于客户端来说，就必须与每一个游戏系统绑定，并且调用每一个游戏系统的功能。这样的做法对客户端来说并不是一件好事，因为客户端可能只是单纯地想使用某一项游戏功能而已，但它却必须经过一连串的子系统调用之后才能使用，对于客户端来说，压力太大，并且让客户端与每个子系统都产生了依赖性，增加了游戏系统与客户端的耦合度。

如果要在我们的游戏范例中举一个例子，那么上一章所提到的“战斗状态类（BattleState）”就是一个必须使用到游戏系统功能的客户端。

根据上一章的说明，战斗状态类（BattleState）主要负责游戏战斗的运行，而《P 级阵地》在进行一场战斗时，需要大部分的子系统一起合作完成。在实现时，可以先把这些子系统及相关的执行流程全都放在 BattleState 类之中一起完成：

Listing 4-1 在战斗状态类中实现所有子系统相关的操作

```
public class BattleState : ISceneState
{
    // 游戏系统
    private GameEventSystem m_GameEventSystem = null;    // 游戏事件系统
    private CampSystem m_CampSystem = null;              // 兵营系统
    private StageSystem m_StageSystem = null;            // 关卡系统
    private CharacterSystem m_CharacterSystem = null;    // 角色管理系统
    private APSystem m_ApSystem = null;                  // 行动力系统
    private AchievementSystem m_AchievementSystem = null;   // 成就系统

    public GameState(SceneStateController Controller):
                                        base(Controller) {
        this.StateName = "GameState";
        // 初始化游戏子系统
        InitGameSystem();
    }

    // 初始化游戏子系统
    private void InitGameSystem() {
        m_GameEventSystem  = new GameEventSystem ();
        m_CampSystem = CampSystem ;
        ...
        m_GameEventSystem.Init();
        m_CampSystem.Init();
    }

    // 更新游戏子系统
    private void UpdateGameSystem() {
        m_GameEventSystem.Update();
        m_CampSystem.Update();
        m_CharacterSystem.Update();
        ...
    }
}
```

虽然这样的实现方式很简单，但就如本章一开始所说明的，让战斗状态类（BattleState）这个客户端去负责调用所有与游戏玩法相关的系统功能，是不好的实现方式，原因是：

- 从让事情单一化（单一职责原则）这一点来看，BattleState 类负责的是游戏在“战斗状态”下的功能执行及状态切换，所以不应该负责游戏子系统的初始化、执行操作及相关的整合工作。
- 以“可重用性”来看，这种设计方式会使得 BattleState 类不容易转换给其他项目使用，因为 BattleState 类与太多特定的子系统类产生关联，必须将它们删除才能转换给其他项目，因此丧失可重用性。

综合上述两个原因，将这些子系统从 BattleState 类中移出，整合在单一类之下，会是比较好的做法。所以，在《P 级阵地》中应用了外观模式（Facade）来整合这些子系统，使它们成为单一界面并提供外界使用。

4.2 外观模式（Facade）

其实，外观模式（Facade）是在生活中最容易碰到的模式。当我们能够利用简单的行为来操作一个复杂的系统时，当下所使用的接口，就是以外观模式（Facade）来定义的高级接口。

4.2.1 外观模式（Facade）的定义

外观模式（Facade）在 GoF 的解释是：

“为子系统定义一组统一的接口，这个高级的接口会让子系统更容易被使用”。

以驾驶汽车为例，当驾驶者能够开着一辆汽车在路上行走，汽车内部还必须由许多的子系统一起配合才能完成汽车行走这项功能，这些子系统包含引擎系统、传动系统、悬吊系统、车身骨架系统、电装系统等，如图 4-1 所示。但对客户端（驾驶者）而言，并不需要了解这些子系统是如何协调工作的，驾驶者只需要通过高级接口（方向盘、踏板、仪表盘）就可以轻易操控汽车。

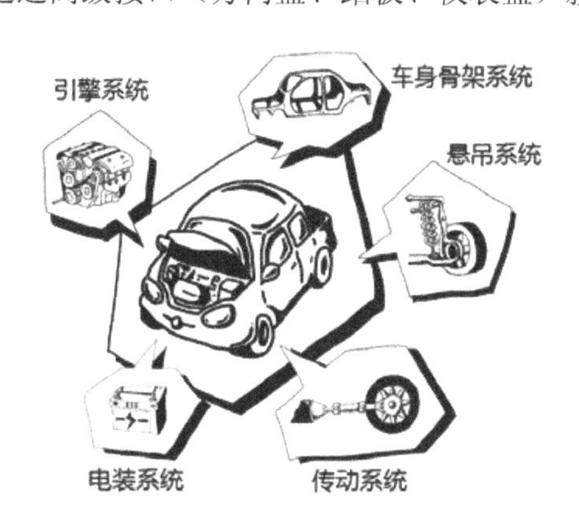

图 4-1　汽车与 5 大系统的透视图

再以生活中常用的微波炉为例，微波炉内部包含了电源供应系统、微波加热系统、冷却系统、外装防护等，如图 4-2 所示。当我们想要使用微波炉加热食物时，只需要使用微波炉上的面板调整火力和时间，按下启动键后，微波炉的子系统就会立即交互合作将食物加热。

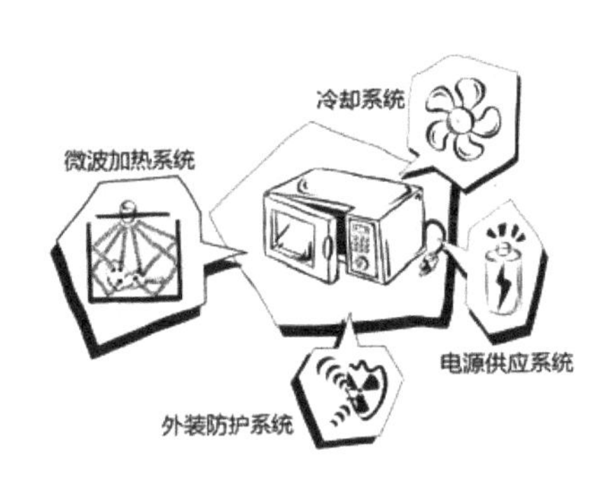

图 4-2　微波炉的透视图

所以，外观模式（Facade）的重点在于，它能将系统内部的互动细节隐藏起来，并提供一个简单方便的接口。之后客户端只需要通过这个接口，就可以操作一个复杂系统并让它们顺利运行。

4.2.2　外观模式（Facade）的说明

整合子系统并提供一个高级的界面让客户端使用，可以由图 4-3 表示。

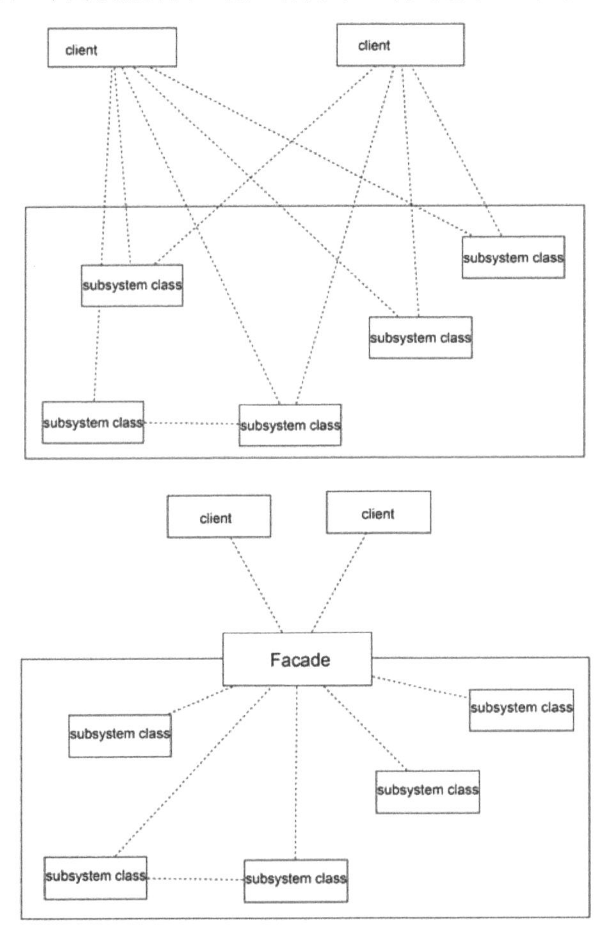

图 4-3　外观模式的整合作用示意图

参与者的说明如下：

- client（客户端、用户）
  从原本需要操作多个子系统的情况，改为只需要面对一个整合后的界面。
- subSystem（子系统）
  原本会由不同的客户端（非同一系统相关）来操作，改为只会由内部系统之间交互使用。
- Facade（统一对外的界面）
  - 整合所有子系统的接口及功能，并提供高级界面（或接口）供客户端使用。
  - 接收客户端的信息后，将信息传送给负责的子系统。

4.2.3　外观模式（Facade）的实现说明

从之前提到的一些实例来看，驾驶座位前的方向盘、仪表板，以及微波炉上的面板，都是制造商提供给用户使用的 Facade 界面，如图 4-4 和图 4-5 所示。

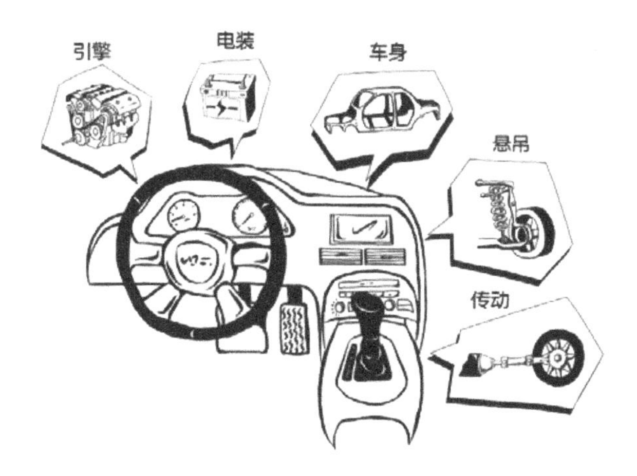

图 4-4　驾驶座上的方向盘、踏板、仪表板

图 4-5　微波炉与用户

外观模式（Facade）可以让客户端使用简单的界面来操作一个复杂的系统，并且减少客户端要与之互动的系统数量，让客户端能够专心处理与本身有关的事情。所以，驾驶员不需要了解汽车引擎系统是否已完成调校，只需要注意行车速度及仪表板上是否有红灯亮起；用户在使用微波炉时，也不用了解此时的微波功率是多少瓦，只需要知道放入的容器是否正确、食物是否过熟即可。

4.3 使用外观模式（Facade）实现游戏主程序

游戏开始实现时，就如同本章第一节中的范例一样，先将几个游戏系统写在一个直接使用它们的类中，但随着游戏系统越加越多，会发现这些游戏系统的程序代码占据了整个类。这些游戏系统的初始化设置和流程串接，与使用它们的类完全没有关系，此时就需要将它们移出，并以一个类重新组织。

4.3.1 游戏主程序架构设计

在《P 级阵地》中，PBaseDefenseGame 就是“整合所有子系统，并提供高级界面的外观模式类”。重新规划后的类结构图如图 4-6 所示。

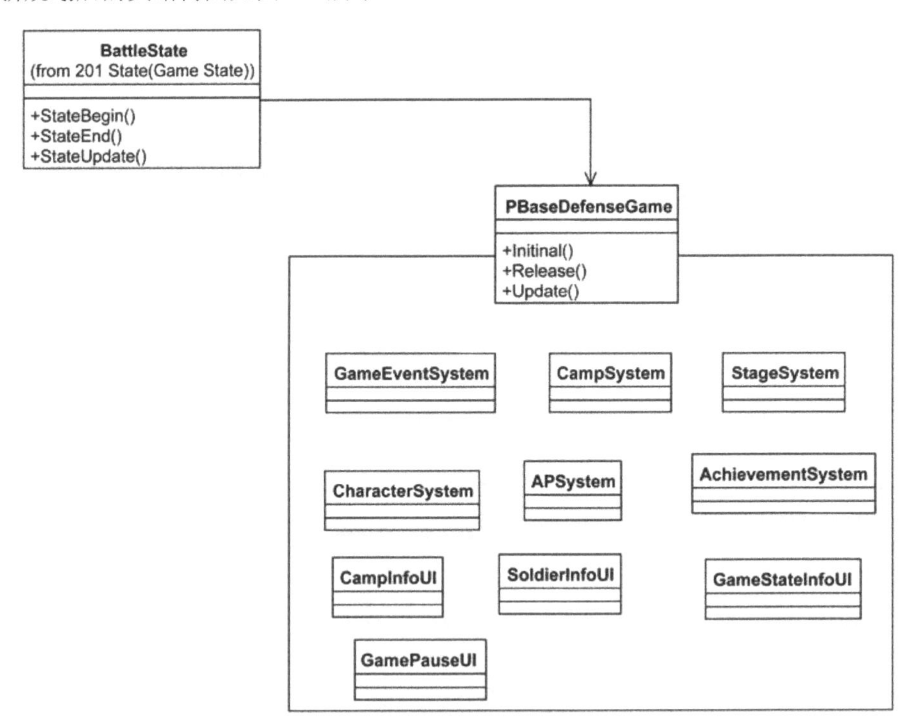

图 4-6　外观模式类的结构图

参与者的说明如下：

- GameEventSystem、CampSystem……：分别为游戏的子系统，每个系统负责各自应该实现的功能并提供接口。

- PBaseDefenseGame：包含了和游戏相关的子系统对象，并提供了界面让客户端使用。
- BattleState：战斗状态类，即是《P 级阵地》中与 PBaseDefenseGame 互动的客户端之一。

4.3.2　实现说明

在 PBaseDefenseGame 类中，将子系统定义为类的私有成员，如下：

Listing 4-2　游戏主要类的实现，将子系统定义为类成员(PBaseDefenseGame.cs)

```
public class PBaseDefenseGame
{
    ...
    // 游戏系统
    private GameEventSystem m_GameEventSystem = null;   // 游戏事件系统
    private CampSystem m_CampSystem = null;            // 兵营系统
    private StageSystem m_StageSystem = null;          // 关卡系统
    private CharacterSystem m_CharacterSystem = null;   // 角色管理系统
    private APSystem m_ApSystem = null;                // 行动力系统
    private AchievementSystem m_AchievementSystem = null; // 成就系统
    ...
}
```

并提供初始化方法，供游戏开始时调用。初始化方法被调用时，各个子系统的对象才会被产生出来：

Listing 4-3　初始化 P-BaseDefense 游戏相关设置(PBaseDefenseGame.cs)

```
    public void Initinal() {
        // 场景状态控制
        m_bGameOver = false;
        // 游戏系统
        m_GameEventSystem = new GameEventSystem(this);   // 游戏事件系统
        m_CampSystem = new CampSystem(this);            // 兵营系统
        m_StageSystem = new StageSystem(this);          // 关卡系统
        m_CharacterSystem = new CharacterSystem(this);   // 角色管理系统
        m_ApSystem = new APSystem(this);
        m_AchievementSystem = new AchievementSystem(this); // 成就系统
        ...
    }
```

再定义出相关的高级界面供客户端使用。而这些 PBaseDefenseGame 类方法，多数会把接收到的信息或请求转发给相对应的子系统负责。

Listing 4-4　P-BaseDefense 更新(PBaseDefenseGame.cs)

```
    public void Update() {
        // 游戏系统更新
        m_GameEventSystem.Update();
        m_CampSystem.Update();
        m_StageSystem.Update();
        m_CharacterSystem.Update();
```

```
        m_ApSystem.Update();
        m_AchievementSystem.Update();
        ...
    }
    ...
    // 游戏状态
    public bool ThisGameIsOver() {
        return m_bGameOver;
    }
    ...
    // 当前敌人数量
    public int GetEnemyCount() {
        if( m_CharacterSystem !=null)
            return m_CharacterSystem.GetEnemyCount();
        return 0;
    }
    ...
    // 获取各单位数量
    public int GetUnitCount(ENUM_Soldier emSolider) {
        return m_CharacterSystem.GetUnitCount( emSolider );
    }
    public int GetUnitCount(ENUM_Enemy emEnemy) {
        return m_CharacterSystem.GetUnitCount( emEnemy );
    }
```

在战斗状态类（BattelState）中，通过 PBaseDefenseGame 类提供的界面来操作《P 级阵地》的系统运行：

Listing 4-5　使用 PBaseDefenseGame Facade 界面沟通的战斗状态类(BattleState.cs)

```
public class BattleState : ISceneState
{
    ....
    // 开始
    public override void StateBegin() {
        PBaseDefenseGame.Instance.Initinal();
    }

    // 结束
    public override void StateEnd() {
        PBaseDefenseGame.Instance.Release();
    }

    // 更新
    public override void StateUpdate() {
        ...
        // 游戏逻辑
        PBaseDefenseGame.Instance.Update();
        ...
        // 游戏是否结束
        if( PBaseDefenseGame.Instance.ThisGameIsOver())
```

```
            m_Controller.SetState(
                new MainMenuState(m_Controller),"MainMenuScene");
        }
    }
```

4.3.3　使用外观模式（Facade）的优点

将游戏相关的系统整合在一个类下，并提供单一操作界面供客户端使用，与当初将所有功能都直接实现在 BattleState 类中的方式相比，具有以下几项优点：

- 使用外观模式（Facade）可将战斗状态类 BattleState 单一化，让该类只负责游戏在“战斗状态”下的功能执行及状态切换，不用负责串接各个游戏系统的初始化和功能调用。
- 使用外观模式（Facade）使得战斗状态类 BattleState 减少了不必要的类引用及功能整合，因此增加了 BattleState 类被重复使用的机会。

除了上述优点之外，外观模式（Facade）如果应用得当，还具有下列优点：

节省时间

对某些程序设计语言而言，减少系统之间的耦合度，有助于减少系统构建的时间。以 C/C++为例，头文件(.h)代表了某一个类所提供的接口，当接口中的方法有所改变时，任何引用到的该头文件(.h)的单元都必须重新编译。以笔者过去的开发经验来说，即便现代的计算机设备越来越进步，仍须花费许多时间在等待编译程序进行编译。

虽然使用 C#在 Unity3D 开发上，不至于发生修改一个文件就让系统重建时间变长的情况，但良好的设计习惯还是有助于其他程序设计语言的使用。

事实上，Unity3D 本身提供了不少系统的 Facade 接口，例如物理引擎、渲染系统、动作系统、粒子系统等。当在 Unity3D 中使用物理引擎时，只需要在 GameObject 挂上碰撞组件（Collider）或刚体组件（Rigidbody），并在面板上设置好相关参数之后，GameObject 即可与其他物理组件产生反应。另外，通过面板上的材质设置及相关参数调整，也可以轻易得到 Unity3D 渲染系统反馈的效果。所以，开发者只需要专心在游戏效果和可玩性上，不必再自行开发对象引擎及渲染功能。

易于分工开发

对于一个既庞大又复杂的子系统而言，若应用外观模式（Facade），即可成为另一个 Facade 接口。所以，在工作的分工配合上，开发者只需要了解对方负责系统的 Facade 接口类，不必深入了解其中的运行方式。例如，今天有一位程序员 A 告诉你，要使用他写的“关卡系统”时，必须①先初始化一个关卡数据 List、②将关卡信息加入、③设置排序规则、④最后才能获得关卡信息；但另一位程序员 B 也告诉你，使用他写的“关卡系统”时，只要初始化关卡系统后，就可以马上获得关卡信息……。自然，与程序员 B 合作时是比较愉快的，因为在使用程序员 B 的关卡系统时，不必了解每一步的流程是什么，而且也不必编写太多的程序代码与对方的系统连接，进而也会让自己编写的功能更容易维护。所以，为了让系统能够顺利分工开发，将单一系统功能内部所需要的操作流程全部隐藏，不让客户端去操作，可协助开发团队在分工上的任务划分。

增加系统的安全性

隔离客户端对子系统的接触，除了能减少耦合度之外，安全性也是重点之一。这里所说的安全性，指的是系统执行时“意外宕机或出错”的情况。因为有时候子系统之间的沟通和构建程序上会有一定的步骤，例如：某一个功能一定要先通知子系统 A 将内部功能设置完成后，才能通知子系统 B 接手完成后续的设置，顺序的错误会让系统初始化失败或导致宕机，所以像这样的程序构建顺序，应该由 Facade 接口类来完成，而不应该由客户端去实现。

4.3.4 实现外观模式（Facade）时的注意事项

由于将所有子系统集中在 Facade 接口类中，最终会导致 Facade 接口类过于庞大且难以维护。当发生这种情况时，可以重构 Facade 接口类，将功能相近的子系统进行整合，以减少内部系统的依赖性，或是整合其他设计模式来减少 Facade 接口类过度膨胀。

例如在本章的实现上，PBaseDefenseGame 类虽然隔离了战斗状态类（BattleState）和各游戏子系统之间的操作，但还需要注意的是，PBaseDefenseGame 内部子系统之间要如何减少耦合度的问题，在下一章（第 5 章）中，将说明如何减少子系统之间的耦合度。

4.4 外观模式（Facade）面对变化时

随着开发需求的变更，任何游戏子系统的修改及更换，都被限制在 PBaseDefenseGame 这个 Facade 接口类内。所以，当有新的系统需要增加时，也只会影响 PBaseDefenseGame 类的定义及增加对外开放的方法，这样就能使项目的变动范围减到最小。

4.5 结论

将复杂的子系统沟通交给单一的一个类负责，并提供单一界面给客户端使用，使客户减少对系统的耦合度是外观模式（Facade）的优点。在本章中，我们利用外观模式（Facade）实现了 PBaseDefenseGame 类，所以战斗状态类（BattleState）与各游戏子系统被隔离开了，这样做的好处是显而易见的。除此之外，本章所实现的设计还有哪些应该注意的地方，以及还可以将外观模式（Facade）应用在游戏设计的哪些地方，分述如下。

与其他模式（Pattern）的合作

在《P 级阵地》中，PBaseDefenseGame 类使用单例模式（Singleton）来产生唯一的类对象，内部子系统之间则使用中介者模式（Mediator）作为互相沟通的方式，而游戏事件系统（GameEventSystem）是观察者模式（Observer）的实现，主要目的就是要减少 PBaseDefenseGame 类接口过于庞大而加入的设计。

其他应用方式

- 网络引擎：网络通信是一项复杂的工作，通常包含连线管理系统、信息事件系统、网络数据封包管理系统等，所以一般会用外观模式（Facade）将上述子系统整合为一个系统。

- 数据库引擎：在游戏服务器的实现中，可以将与“关系数据库”（MySQL、MSSQL 等）相关的操作，以一种较为高级的接口隔离，这个接口可以将数据库系统中所需的连线、数据表修改、新增、删除、更新、查询等的操作加以封装，让不是很了解关系数据库原理的设计人员也能使用。

CHAPTER

第 5 章 获取游戏服务的唯一对象——单例模式（Singleton）

5.1 游戏实现中的唯一对象

生活中的许多物品都是唯一的，地球是唯一的、太阳是唯一的等。软件设计上也会有唯一对象的需求，例如：服务器端的程序只能连接到一个数据库、只能有一个日志产生器；游戏世界也是一样的，同时间只能有一个关卡正在进行、只能连线到一台游戏服务器、只能同时操作一个角色等。

在《P 级阵地》中，也存在唯一的对象，例如上一章提到的，用来包含所有游戏子系统的 PBaseDefenseGame 类，它负责游戏中几个主要功能之间的串接，外界通过它的接口就能存取《P 级阵地》的主要游戏服务，可以称这个 PBaseDefenseGame 类为"游戏服务"的提供者。因为它提供了运行这个游戏所需要的功能，所以 PBaseDefenseGame 类的对象只需要一个，并且由这个唯一的对象来负责游戏的运行。另外，PBaseDefenseGame 类实现了外观模式（Facade），包含了游戏中大部分的操作接口。因此，在实际应用上，会希望有一种方法能够快速获取这个唯一的对象。

在实现上，程序设计师会希望这个 PBaseDefenseGame 类具备两项特质：

（1）同时间只存在一个对象；

（2）提供一个快速获取这个对象的方法。

如果使用比较直接的方式来实现，可能会使用程序设计语言中的"全局静态变量"功能来满足上述两项需求。若以 C#来编写的话，可能会是如下这样：

Listing 5-1　使用全局静态对象的实现方式

```
public static class GlobalObject
{
  public static PBaseDefenseGame GameInstance = new PBaseDefenseGame();
}

GlobalObject.GameInstance.Update(); // 使用方法
```

在一个静态类中，声明类对象为一个静态成员，这样实现的方式虽然可以满足“容易获取对象”的需求，但无法避免刻意或无意地产生第二个对象，而且像这种使用全局变量的实现方式，也容易产生全局变量命名重复的问题。

所以，最好的实现方式是，让 PBaseDefenseGame 类只产生一个对象，并提供便利的方法来获取这唯一的对象。GoF 中的单例模式（Singleton）讲述的就是如何满足上述需求的模式。

5.2 单例模式（Singleton）

单例模式是笔者过去常使用的设计模式，单例模式（Singleton）确实令人“着迷”，因为它能够让程序设计师快速获取提供某项服务或功能的对象，可以省去层层传递对象的困扰。

5.2.1　单例模式（Singleton）的定义

单例模式（Singleton）在 GoF 中的定义是：

“确认类只有一个对象，并提供一个全局的方法来获取这个对象”。

单例模式（Singleton）在实现时，需要程序设计语言的支持。只要具有静态类属性、静态类方法和重新定义类建造者存取层级。

3 项语句功能的程序设计语言，就可以实现出单例模式（Singleton）。本书使用的 C#具备这 3 项条件，可以用来实现单例模式（Singleton）。

不过单例模式（Singleton）也是许多设计模式推广人士不建议大量使用的模式，详细的原因会在本章后面加以说明。

5.2.2　单例模式（Singleton）的说明

单例模式（Singleton）的结构如图 5-1 所示。

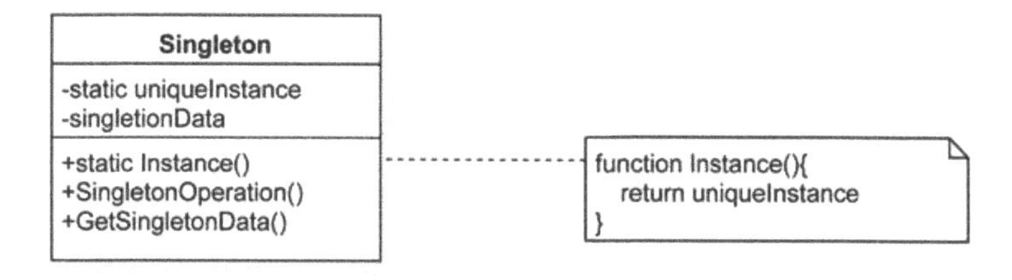

图 5-1　单例模式的结构示意图

Singleton 参与的角色说明如下：

- 能产生唯一对象的类，并且提供“全局方法”让外界可以方便获取唯一的对象。
- 通常会把唯一的类对象设置为“静态类属性”。
- 习惯上会使用 Instance 作为全局静态方法的名称，通过这个静态函数可能获取“静态类属性”。

5.2.3 单例模式（Singleton）的实现范例

C#支持实现单例模式（Singleton Pattern）的特性，以下是使用 C#实现的方式之一：

Listing 5-2 单例模式的实现范例(Singleton.cs)

```
public class Singleton
{
    public string Name {get; set;}

    private static Singleton _instance;
    public static Singleton Instance
    {
        get {
            if (_instance == null)
            {
                Debug.Log("产生 Singleton");
                _instance = new Singleton();
            }
            return _instance;
        }
    }

    private Singleton(){}
}
```

在类内定义一个 Singleton 类的“静态属性成员”_instance，并定义一个“静态成员方法”Instance，用来获取_instance 属性。这里也应用了 C#的 getter 存取运算符功能来实现 Instance 方法，让原本 Singleton.Instance()的调用方式可以改为 Singleton.Instance 方式，虽然只是少了对小括号()，但以笔者的开发经验来说，少打一对小括号对于程序编写及后续维护上仍有不少的帮助。

Instance 的 getter 存取运算符中，先判断_instance 是否已被产生过，如果没有，才继续下面的 new Singleton()，之后再返回_instance。

最后，将建造者 Singleton()声明为私有成员，这个声明主要是让建造者 Singletion()无法被外界调用。一般来说，有了这个声明就可以确保该类只能产生一个对象，因为建造者是私有成员无法被调用，因此可以防止其他客户端有意或无意地产生其他类对象。

打开测试类 SingletonTest，测试程序代码如下：

Listing 5-3 单例模式测试方法(SingletonTest.cs)

```
    void UnitTest() {
```

```
        Singleton.Instance.Name = "Hello";
        Singleton.Instance.Name = "World";
        Debug.Log (Singleton.Instance.Name);

        //Singleton TempSingleton = new Singleton();
        /* 错误  error CS0122:
        'DesignPattern_Singleton.Singleton.Singleton()' is
        inaccessible due to its protection level */
    }
```

在范例中，分别使用 Singleton.Instance 来获取类属性 Name，从输出信息中可以看到：

产生 Singleton 测试范例产生的信息

```
World
```

使用两次 Singleton.Instacne 只会产生一个对象，从 Name 属性最后显示的是 World 也可以证实存取的是同一个对象。

测试程序代码，最后试着再产生另一个 Singleton 对象：

再产生另一个 Singleton 对象时，产生的错误信息

```
error CS0122: 'DesignPattern_Singleton.Singleton.Singleton()' is
          inaccessible due to its protection level,
```

但从 C#编译报错的信息可以看出，构建式 Singleton()是在保护阶段，无法被调用，所以无法产生对象。

5.3 使用单例模式（Singleton）获取唯一的游戏服务对象

游戏系统中哪些类适合以单例模式（Singleton）实现，必须经过挑选，至少要确认的是，它只能产生一个对象且不能够被继承。笔者过去的许多经验中，都会遇到必须将原本是单例模式（Singleton）的类改回非单例模式，而且还必须开放继承的情况。强制修改之下会使得程序代码变得不易维护，所以分析上需要多加注意。

5.3.1 游戏服务类的单例模式实现

在《P 级阵地》中，因为 PBaseDefenseGame 类包含了游戏大部分的功能和操作，因此希望只产生一个对象，并提供方便的方法来取用 PBaseDefenseGame 功能，所以将该类运用单例模式（Singleton），设计如图 5-2 所示。

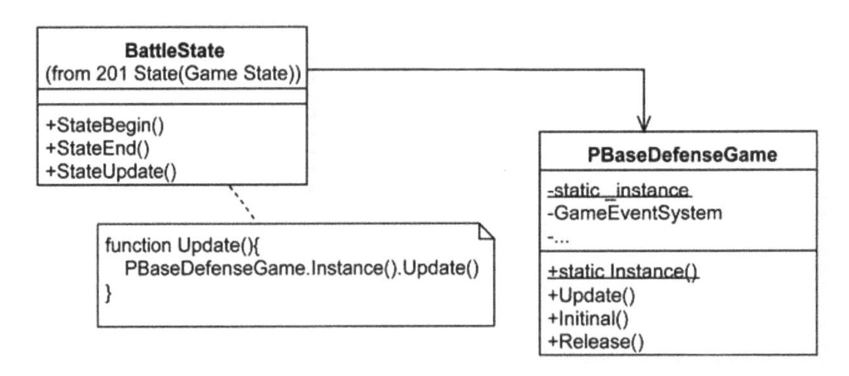

图 5-2　游戏服务类的单例模式实现示例

参与者的说明如下：

- PBaseDefenseGame
  - 游戏主程序，内部包含了类型为 PBaseDefenseGame 的静态成员属性_instance，作为该类唯一的对象。
  - 提供使用 C# getter 实现的静态成员方法 Instance，用它来获取唯一的静态成员属性_instance。
- BattleState
  - PBaseDefenseGame 类的客户端，使用 PBaseDefenseGame.Instance 来获取唯一的对象。

5.3.2　实现说明

在《P 级阵地》范例中，只针对 PBaseDefenseGame 类运用单例模式（Singleton），实现方式如下：

Listing 5-4　将游戏服务类以单例模式实现（PBaseDefenseGame.cs）

```
public class PBaseDefenseGame
{
   // Singleton 模式
   private static PBaseDefenseGame _instance;
   public static PBaseDefenseGame Instance
   {
      get {
         if (_instance == null)
            _instance = new PBaseDefenseGame();
         return _instance;
      }
   }
   ...
   private PBaseDefenseGame()
   {}
}
```

按照之前说明的步骤，实现时先声明一个 PBaseDefenseGame 类的静态成员属性_instance，同时提供一个用来存取这个静态成员属性的“静态成员方法”Instance。在静态成员方法中，实现时必须确保只会有一个 PBaseDefenseGame 类对象被产生出来。最后，将建造者 PBaseDefenseGame() 设置为私有成员。

在实际应用中，直接通过 PBaseDefenseGame.Instnace 获取对象，立即可以使用类功能：

Listing 5-5　战斗状态中以单例的方式使用 PBaseDefenseGame 对象(BattleState.cs)

```
public class BattleState : ISceneState
{
    ...
    // 开始
    public override void StateBegin() {
        PBaseDefenseGame.Instance.Initinal();
    }
    ...
}
```

在《P 级阵地》中，除了 BattleState 类会使用到 PBaseDefenseGame 对象之外，在后续的说明中也会看到其他类的使用情况。以下是另一个使用的例子：

Listing 5-6　兵营用户界面中以单例的方式使用 PBaseDefenseGame 对象(SoldierClickScript.cs)

```
public class SoldierOnClick : MonoBehaviour
{
    ...
    public void OnClick() {
        //Debug.Log ("CharacterOnClick.OnClick:" + gameObject.name);
        PBaseDefenseGame.Instance.ShowSoldierInfo( Solder );
    }
}
```

在 SoliderOnClick 中完全不需要设置 PBaseDefenseGame 对象的引用来源，直接调用 PBaseDefenseGame.Instance 就可以马上获取对象并调用类方法。

5.3.3　使用单例模式（Singleton）后的比较

对于需要特别注意“对象产生数量”的类，单例模式（Singleton）通过将“类建造者私有化”，让类对象只能在“类成员方法”中产生，再配合“静态成员属性”在每一个类中只会存在一个的限制，让系统可以有效地限制产生数量（有需要时可以放宽一个的限制）。在两者配合下，单例模式（Singleton）可以有效地限制类对象产生的地点和时间，也可以防止类对象被任意产生而造成系统错误。

5.3.4　反对使用单例模式（Singleton）的原因

按照笔者过去的开发经验，单例模式（Singleton）好用的原因之一是：可以马上获取类对象，不必为了“安排对象传递”或“设置引用”而伤脑筋，想使用类对象时，调用类的 Instance 方法就可以马上获取对象，非常方便。

如果不想使用单例模式（Singleton）或全局变量，最简单的对象引用方式就是：将对象当成“方法参数”，一路传递到最后需要使用该对象的方法中。但此时若存在设计不当的程序代码，那么方法的参数数量就会容易失控而变多，造成难以维护的情况。

而程序设计师一旦发现这个“马上获取”的好处时，就很容易在整个项目中看到许多单例模式（Singleton）的应用（包含实现与调用），这种情况就如同 Joshua Kerievsky 在《*Refactoring to Patterns*》一书中提到的，开发者得了“单例癖（Singletonitis）”，意思就是“过于沉迷于使用单例模式（Singleton）”。

很不幸，笔者在过去的开发经验中也有过这个“症状”，大多是为了想“省略参数传递”及“能够快速获取唯一对象”等原因。所以在实现上，只要发现“游戏子系统类”或“用户界面类”的对象，在整个游戏运行中是唯一时，就会将单例模式（Singleton）运用在该类上，因此项目内处处可见标示为 Singleton 的类。

当笔者看到 Joshua Kerievsky 提出的“单例癖（Singletonitis）”一词时，马上就对他的说明和建议进行了研究和探讨。当然，他也请出开发领域中大师级的开发者——Ward Cunningham 和 Kent Beck 共同提供看法。他们认为单例模式（Singleton）之所以被滥用，是开发时过度使用“全局变量”及不仔细思考对象的“适当可视性”所造成的产物，因此这是可以避免的。Martin Fowler 则提供了另一种模型来避开使用单例模式（Singleton）。

归咎滥用单例模式（Singleton）的主要原因，多数还是认为是在设计上出现了问题。Joshua Kerievsky 认为，大多数情况是不需要使用单例模式（Singleton）的，开发者只需要再多花点时间重新思考、更改设计，就可避免使用。

再深入探讨的话，单例模式（Singleton）还违反了“开—闭原则（OCP）”。因为，通过 Instance 方法获取对象是“实现类”而不是“接口类”，该方法返回的对象包含了实现细节的实体类。因此，当设计变更或需求增加时，程序设计师无法将其替代为其他类，只能更改原有实现类内的程序代码，所以无法满足“对修改关闭”的要求。

当然，如果真的要让单例模式（Singleton）返回接口类——即父类为单例模式（Singleton）类型，并让子类继承实现，并不是没有办法，有以下两种方式可以实现：

- 子类向父类注册实体对象，让父类的 Instance 方法返回对象时，按条件查表返回对应的子类对象。
- 每个子类都实现单例模式（Singleton），再由父类的 Instance 去获取这些子类。(《P 级阵地》采用类似的方式来实现)。

不过“返回子类的单例模式的对象”有时会引发“白马非马”的逻辑诡辩问题——返回的对象是否就能代表父类呢？举一个实例来说明会发生逻辑诡辩的设计方式：

今天服务器端的系统有项设计需求，需要连线到某一个数据库服务，并要求同时只能存在一个连接。程序设计师们经过设计分析后，决定使用单例模式（Singleton）只能产生唯一对象的特性，来满足只能存在一条连接的需求。接着定义数据库连接操作的接口，并运用单例模式（Singleton），如图 5-3 所示。

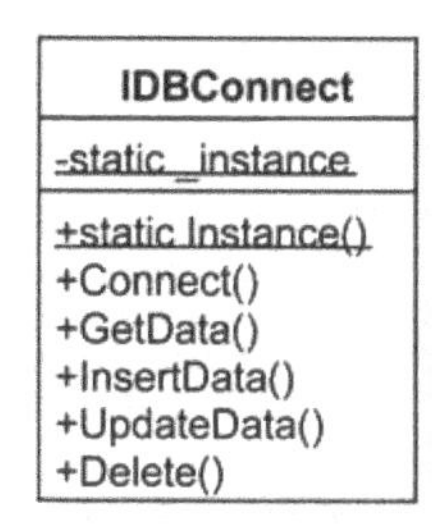

图 5-3　实现数据库服务唯一连接的单例模式示例

又因为服务器端可以支持 MySQL 和 Oracle 这两种数据库连接，所以定义两个子类，并实现“子类向父类注册实体对象”的方式，让 IDBConnect.Instance()方法可以返回对应的子类，如图 5-4 所示。

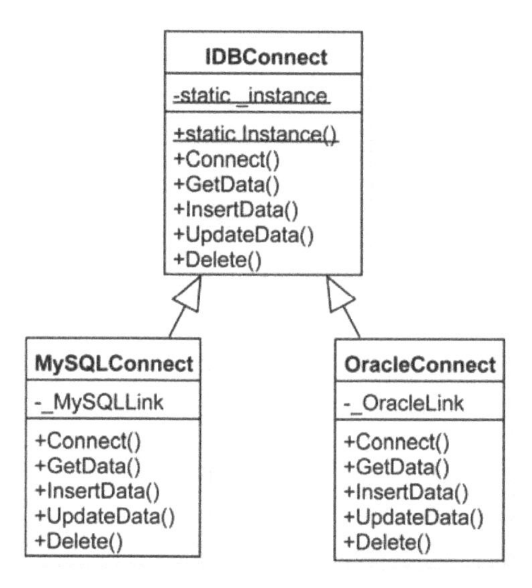

图 5-4　实现“子类向父类注册实体对象”的方式

客户端现在可以按当前的设计结果，获取某一种数据库的连接对象，并同时确保只存在一条连接。

经过多次需求追加后，服务器数据库功能的操作需求也增加了，这次希望的需求是：每次的数据库操作能够被记录下来，即当数据库完成操作后必须将操作记录写入“日志数据库”中。但由于“日志数据库”具有“只写不读”的特性，在实现上会选择再启用另一条连接，连接到另一组数据库（有针对“只写不读”特性进行优化的数据库），这样除了可以减少每次操作记录写入时的延迟，也不会增加主数据库的负担。

所以，如果要在不更改原有接口的要求下实现新的功能，最简单的方式就是再从 MySQLConnect 和 OracleConnect 各自继承一个子类，并在子类中增加另一条“日志数据连接”和日志操作方法，类结构如图 5-5 所示。

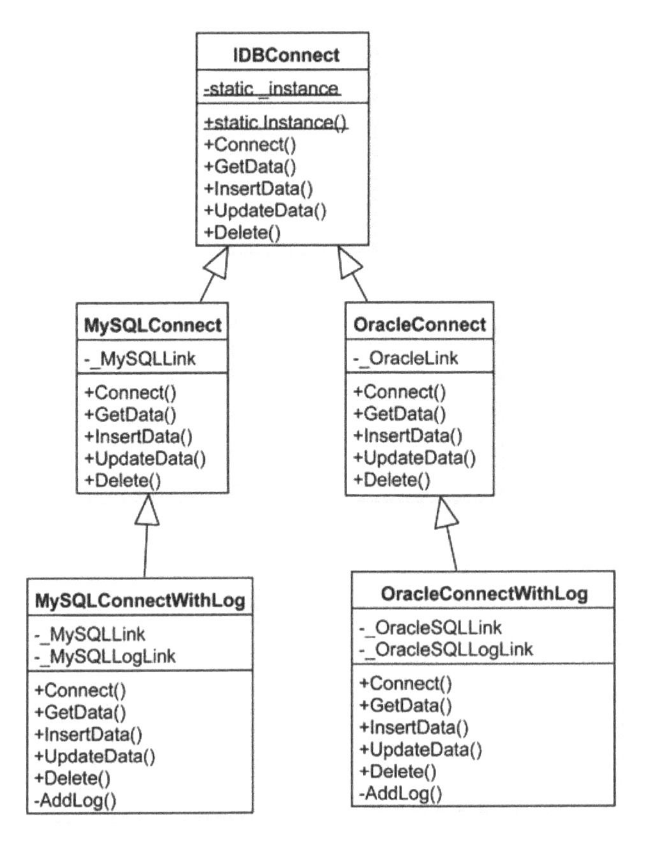

图 5-5　从 MySQLConnect 和 OracleConnect 各自继承一个子类后的类结构图

现在获取的 MySQLConnectWithLog 或 OracleConnect WithLog 对象，是否还是 IDBConnect 对象？从 IDBConnect 的设计需求来看：

- 数据库连接——有；
- 只能有一个对象——有；
- 一个对象代表一条连接——没有。

因为有两条连接存在……，所以 MySQLConnectWithLog 还是 IDBConnect 对象吗？

赞同方会说："因为单例模式（Singleton）负责产生的对象只有一个，不会去管数据库的连接数量，所以还是单例对象"；反对方则会说："当初就是希望利用单例模式（Singleton）只能产生唯一对象的特性，来限制数据库的同时连接数，现在子类却有两条连接，所以当然不是"……，白马是不是马的辩论就这样产生了。而笔者认为，花点时间修改原有的设计，让这种辩论消失才是真正解决的方式。

5.4 少用单例模式（Singleton）时如何方便地引用到单一对象

单例模式（Singleton）包含两个重要特性：唯一的对象和容易获取对象。那么要如何减少单例模式（Singleton）的使用呢？可以从分析类的"使用需求"开始，先确认程序设计师在使用这个类时，是希望同时获得上述两个好处还是只需要其中一个。若是只需要其中一个，那么下面几种方式可以用来设计系统。

让类具有计数功能来限制对象数量

在有数量限制的类中加上“计数器”（静态成员属性）。每当类建造者被调用时，就让计数器增加 1，然后判断有没有超过限制的数量，如果超过使用上限，那么该对象就会被标记为无法使用，后续的对象功能也不可以被执行。适当地在类建造者中加入警告或 Assert，也有助于调试分析，范例程序如下：

Listing 5-7　有计数功能的类(ClassWithCounter.cs)

```
public class ClassWithCounter
{
    protected static int m_ObjCounter = 0;
    protected bool m_bEnable=false;

    public ClassWithCounter() {
        m_ObjCounter++;
        m_bEnable = ( m_ObjCounter ==1 )? true:false ;

        if( m_bEnable==false)
            Debug.LogError("当前对象数["+m_ObjCounter+"]超过 1 个!!");
    }

    public void Operator() {
        if( m_bEnable ==false)
            return ;
        Debug.Log ("可以执行");
    }
}
```

Listing 5-8　有计数功能类的测试方法(SingletonTest.cs)

```
    void UnitTest_ClassWithCounter() {
        // 有计数功能的类
        ClassWithCounter pObj1 = new ClassWithCounter();
        pObj1.Operator();

        ClassWithCounter pObj2 = new ClassWithCounter();
        pObj2.Operator();

        pObj1.Operator();
    }
```

设置成为类的引用，让对象可以被取用

某个类的功能被大量使用时，可以将这个类对象设置为其他类中的成员，方便直接引用这些类。而这种实现方法是“依赖性注入”的方式之一，可以让被引用的对象不必通过参数传递的方式，就能被类的其他方法引用。按照设置的方式又可以分为“分别设置”和“指定类静态成员”两种。

1. 分别设置

在《P级阵地》中，PBaseDefenseGame是最常被引用的。虽然已经运用了单例模式（Singleton），但笔者还是以此来示范如何通过设置它成为其他类引用的方式，来减少对单例模式的使用。

由于在《P级阵地》中，每个游戏子系统都会使用PBaseDefenseGame类的功能，所以在各个游戏系统初始化设置时，就将PBaseDefenseGame对象指定给每一个游戏系统，并让游戏系统设置为类成员。那么，后面若有游戏系统的方法需要使用PBaseDefenseGame的功能时，就可以直接使用这个类成员来调用PBase DefenseGame的方法：

Listing 5-9　将PBaseDefenseGame设置为其他类中的对象引用

```
public class PBaseDefenseGame
{
    ...
    // 初始化 P-BaseDefense 游戏相关设置
    public void Initinal() {
        ...
        // 游戏系统
        m_GameEventSystem = new GameEventSystem(this);  // 游戏事件系统
        m_CampSystem = new CampSystem(this);            // 兵营系统
        m_StageSystem = new StageSystem(this);          // 关卡系统
        ...
    }
    ...
} // PbaseDefenseGame.cs


// 游戏子系统共享接口
public abstract class IGameSystem
{
    protected PBaseDefenseGame m_PBDGame = null;
    public IGameSystem( PBaseDefenseGame PBDGame ) {
        m_PBDGame = PBDGame;
    }

    public virtual void Initialize(){}
    public virtual void Release(){}
    public virtual void Update(){}
} // IGameSystem.cs


// 兵营系统
public class CampSystem : IGameSystem
{
    ...
    public CampSystem(PBaseDefenseGame PBDGame):base(PBDGame) {
        Initialize();
    }
```

```
    ...
    // 显示场景中的俘兵营
    public void ShowCaptiveCamp() {
        m_CaptiveCamps[ENUM_Enemy.Elf].SetVisible(true);
        m_PBDGame.ShowGameMsg("获得俘兵营");
    }
    ...
} // CampSystem.cs
```

在上面的范例中，兵营系统的建造者将传入的 PBaseDefenseGame 对象设置类成员 m_PBDGame，并在有需求时（ShowCaptiveCamp）通过 m_PBDGame 来调用 PBaseDefenseGame 的方法。

2. 指定类的静态成员

A 类的功能中若需要使用到 B 类的方法，并且 A 类在产生其对象时具有下列几种情况：

- 产生对象的位置不确定;
- 有多个地方可以产生对象;
- 生成的位置无法引用到;
- 有众多子类。

当满足上述情况之一时，可以直接将 B 类对象设置为 A 类中的“静态成员属性”，让该类的对象都可以直接使用：

Listing 5-10　将 PBaseDefenseGame 设置为类的静态引用成员

```
public class PBaseDefenseGame
{
    ...
    // 初始 P-BaseDefense 游戏相关设置
    public void Initinal() {
        m_StageSystem = new StageSystem(this);// 关卡系统
        ...
        // 注入其他系统
        EnemyAI.SetStageSystem( m_StageSystem );
        ...
    }
    ...
} // PBaseDefenseGame.cs
```

举例来说，敌方单位 AI 类（EnemyAI），在运行时需要使用关卡系统（StageSystem）的信息，但 EnemyAI 对象产生的位置是在敌方单位建造者（EnemyBuilder）之下：

Listing 5-11　Enemy 各部位的建立

```
public class EnemyBuilder : ICharacterBuilder
{
    ...
    // 加入 AI
```

```
    public override void AddAI() {
        EnemyAI theAI = new EnemyAI( m_BuildParam.NewCharacter,
                                     m_BuildParam.AttackPosition );
        m_BuildParam.NewCharacter.SetAI( theAI);
    }

    ...
} // EnemyBuilder.cs
```

按照“最少知识原则（LKP）”，会希望敌方单位的建造者（EnemyBuilder）减少对其他无关类的引用。因此，在产生敌方单位 AI（EnemyAI）对象时，敌方单位建造者（EnemyBuilder）无法将关卡系统（StageSystem）对象设置给敌方单位 AI，这是属于上述“生成的位置无法引用到”的情况。所以，可以在敌方单位 AI（EnemyAI）类中，提供一个静态成员属性和静态方法，让关卡系统（StageSystem）对象产生的当下，就设置给敌方单位 AI（EnemyAI）类：

Listing 5-12　敌方 AI 的类（EnemyAI.cs）

```
public class EnemyAI : ICharacterAI
{
    private static StageSystem m_StageSystem = null;
    ...
    // 将关卡系统直接注入给 EnemyAI 类使用
    public static void SetStageSystem(StageSystem StageSystem) {
        m_StageSystem = StageSystem;
    }
    ...
    // 是否可以攻击 Heart
    public override bool CanAttackHeart() {
        // 通知少一个 Heart
        m_StageSystem.LoseHeart();
        return true;
    }
    ...
}
```

使用类的静态方法

每当增加一个类名称就等同于又少了一个可以使用的全局名称，但如果是在类下增加“静态方法”就不会减少可使用的全局名称数量，而且还能马上增加这个静态类方法的“可视性”——也就是全局都可以引用这个静态类方法。如果在项目开发时，不存在限制全局引用的规则，或者已经没有更好的设计方法时，使用“类静态方法”来获取某一系统功能的接口，应该就是最佳的方式了。它有着单例模式（Singleton）的第二个特性：方便获取对象。

举例来说，在《P 级阵地》中，有一个静态类 PBDFactory 就是按照这个概念去设计的。由于它在《P 级阵地》中负责的是所有资源的产生，所以将其定义为“全局引用的类”并不违反这个游戏项目的设计原则。它的每一个静态方法都负责返回一个“资源生成工厂接口”，注意，是“接口”，所以在以后的系统维护更新中，是可以按照需求的改变来替换子类而不影响其他客户端：

Listing 5-13　获取 P-BaseDefenseGame 中所使用的工厂(PBDFactory.cs)

```
public static class PBDFactory
{
    private static IAssetFactory m_AssetFactory = null;

    // 获取将 Unity Asset 实现化的工厂
    public static IAssetFactory GetAssetFactory() {
        if( m_AssetFactory == null)
        {
            if( m_bLoadFromResource)
                m_AssetFactory = new ResourceAssetFactory();
            else
                m_AssetFactory = new RemoteAssetFactory();
        }
        return m_AssetFactory;
    }
}
```

但如果在系统设计的需求上，又要求每个游戏资源工厂都“必须是唯一的”，那么此时可以在各个子类中运用单例模式（Singleton），或者采取前面提到的“让类具有计数功能来限制对象数量”的方式来满足需求。

5.5 结论

单例模式（Singleton）的优点是：可以限制对象的产生数量；提供方便获取唯一对象的方法。单例模式（Singleton）的缺点是容易造成设计思考不周和过度使用的问题，但并不是要求设计者完全不使用这个模式，而是应该在仔细设计和特定的前提之下，适当地采用单例模式（Singleton）。

在《P 级阵地》中，只有少数地方引用到单例类 PBaseDefenseGame，而引用点可以视为单例模式（Singleton）优点的呈现。

其他应用方式

- 网络在线游戏的客户端，可以使用单例模式（Singleton）来限制连接数，以预防误用而产生过多连接，避免服务器端因此失效。
- 日志工具是比较不受项目类型影响的功能之一，所以可以设计为跨项目共享使用。此外，日志工具大多使用在调试或重要信息的输出上，而单例模式（Singleton）能让程序设计师方便快速地获取日志工具，所以是个不错的设计方式。

CHAPTER

第6章 游戏内各系统的整合——中介者模式(Mediator)

6.1 游戏系统之间的沟通

在第4章曾提到过，《P级阵地》将整个游戏需要执行的系统切分成好几个，包含的游戏系统如下：

- 游戏事件系统（GameEventSystem）；
- 兵营系统（CampSystem）；
- 关卡系统（StageSystem）；
- 角色管理系统（CharacterSystem）；
- 行动力系统（APSystem）；
- 成就系统（AchievementSystem）。

另外，还有之前没提到过的，用来与玩家互动的界面：

- 兵营界面（CampInfoUI）；
- 战士信息界面（SoldierInfoUI）；
- 游戏状态界面（GameStateInfoUI）；
- 游戏暂停界面（GamePauseUI）。

回顾单一职责原则（SRP）强调的是，将系统功能细分、封装，让每一个类都能各司其职，负责系统中的某一项功能。因此，一个分析设计良好的软件或游戏，都是由一群子功能或子系统一起组合起来运行的。

整个游戏系统在面对客户端时，可以使用第 4 章提到的外观模式（Facade）整合出一个高级界面供客户端使用，减少它们接触游戏系统的运行，并加强安全性及减少耦合度。但对于内部子系统之间的沟通，又该如何处理呢？

在《P 级阵地》规划的游戏系统中，有些系统在运行时，需要其他系统的协助或将信息传递给其他系统。例如，玩家想要产生战士：①兵营界面（CampInfoUI）接收到玩家的指令后，②向兵营系统（CampSystem）发出要训练一名战士的需求。③兵营系统（CampSystem）接收到通知后，向行动力系统（APSystem）询问是否有足够的行动力可以生产。④行动力系统（APSystem）回复有足够的行动力后，⑤兵营系统（CampSystem）便执行产生战士的功能，⑥然后通知行动力系统（APSystem）扣除行动力，⑦接着通知游戏状态界面（GameStateInfoUI）显示当前的行动力。⑧最后则是将产生的战士交给角色管理系统（CharacterSystem）来管理。

上述的 8 个流程中，一共有 3 个游戏系统及 2 个玩家界面参与其中运行，如图 6-1 所示。

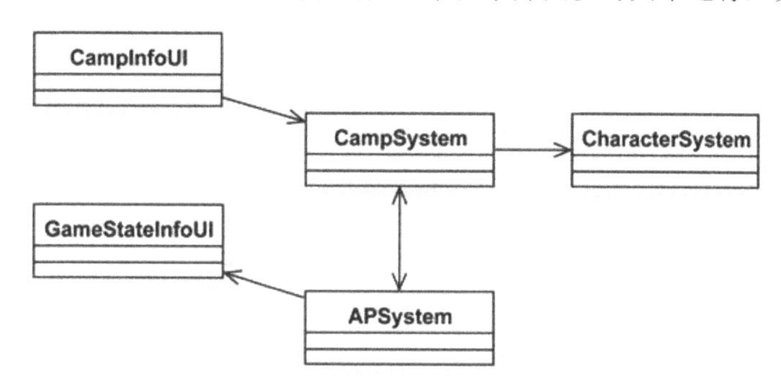

图 6-1　游戏运行流程中游戏系统参与运行的示例图

因为项目一开始时，各系统是慢慢构建起来的，所以可能会实现下列程序代码：

Listing 6-1　内部系统交错使用的情况

```
// 兵营界面
public class CampInfoUI
{
    CampSystem m_CampSystem; // 兵营系统

    // 训练战士
    public void TrainSoldier(int SoldierID) {
        m_CampSystem.TrainSoldier(SoldierID);
    }
}

// 兵营系统
public class CampSystem
{
    APSystem m_ApSystem; // 行动力系统
    CharacterSystem m_CharacterSystem;// 角色管理系统

    // 训练战士
```

```
    public void TrainSoldier(int SoldierID) {
        //向行动力系统(APSystem)询问是否有足够的行动力可以生产
        if( m_ApSystem.CheckTrainSoldier( SoldierID )==false)
            return ;

        // 有足够的行动力，执行训练战士功能
        ISoldier NewSoldier = CreateSoldier(SoldierID);
        if( NewSoldier == null)
            return ;

        // 再通知行动力系统(APSystem)扣除行动力
        m_ApSystem.DescAP( 10 );

        // 最后将产生的战士交给角色管理系统(CharacterSystem)管理
        m_CharacterSystem.AddSoldier( NewSoldier );
    }

    // 执行训练战士
    private ISoldier CreateSoldier(int SoldierID) {
        ...
    }
}

// 行动力系统
public class APSystem
{
    GameStateInfoUI m_StateInfoUI; // 游戏状态界面
    int m_AP;

    // 是否可以训练战士
    public bool CheckTrainSoldier(int SoldierID) {
        ...
    }

    // 扣除 AP
    public void DescAP(int Value) {
        m_AP -= Value;
        m_StateInfoUI.UpdateUI();
    }

    // 获取 AP
    public int GetAP() {
        return m_AP;
    }
}

// 游戏状态界面
public class GameStateInfoUI
{
    APSystem m_ApSystem; // 行动力系统
```

```
    // 更新界面
    public void UpdateUI() {
        int NowAP = m_ApSystem.GetAP();
    }
}

// 角色管理系统
public class CharacterSystem
{
    // 加入战士
    public void AddSoldier(ISoldier NewSoldier) {
        ...
    }
}
```

从上面的程序代码可以看出，所有系统在实现上都必须引用其他系统的对象，而这些被引用的对象都必须在功能执行前设置好，或者在调用方法时通过参数传入。但这些方式都会增加系统之间的依赖程度，也与最少知识原则（LKP）有所抵触。

上面的流程只呈现了《P 级阵地》众多功能中的一个。如果将各个功能执行时所需要连接的系统，都绘制成关联图的话，最后可能如图 6-2 所示。如果我们运用计算多边形各个顶点连线条数（或者连接数）的公式，应该能获知系统间的复杂度是多少。

系统切分越细，则意味着系统之间的沟通越复杂，如果系统内部持续存在这样的连接，就会产生以下缺点：

- 单一系统引入太多其他系统的功能，不利于单一系统的转换和维护；
- 单一系统被过多的系统所依赖，不利于接口的更改，容易牵一发而动全身；
- 因为需提供给其他系统操作，系统的接口可能会过于庞大，不容易维护。

要解决上述问题，可以使用中介者模式（Mediator）的设计方式。

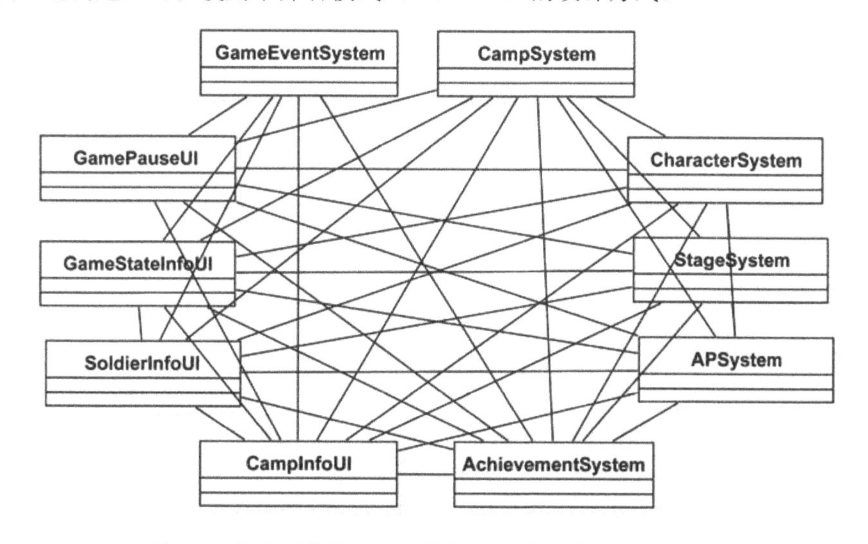

图 6-2　各个系统设计时依赖性或关联性过大的极端情况

中介者模式（Mediator）简单解释的话，比较类似于中央管理的概念。建立一个信息集中的中心，任何子系统要与它的子系统沟通时，都必须先将请求交给中央单位，再由中央单位分派给对应的子系统。这种交给中央单位统一分配的方式，在物流业中已证明是最有效率的方式，如图 6-3 所示。

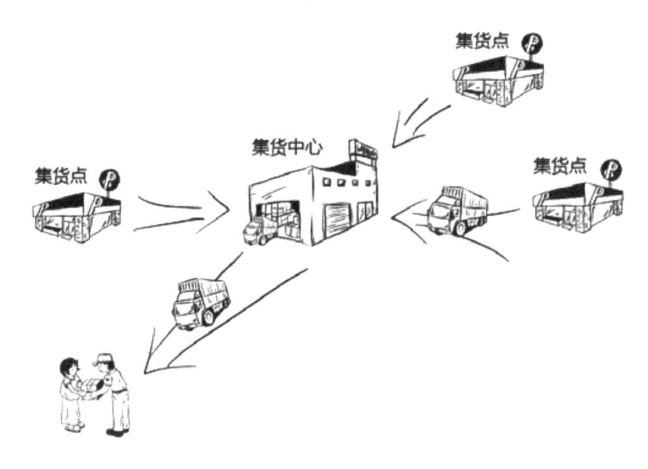

图 6-3　物流业的货物流动示意图

同样地，《P 级阵地》的子系统也希望在运用中介者模式（Mediator）后，能够由统一的接口来进行接收和转发信息，如图 6-4 所示。

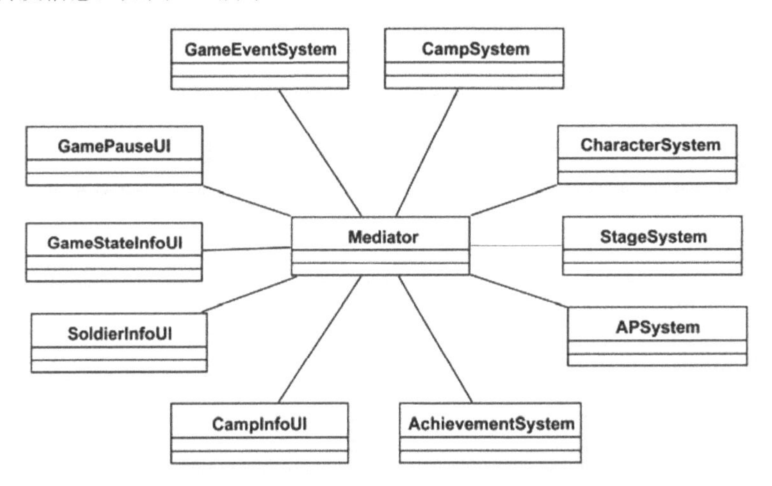

图 6-4　《P 级阵地》运用中介者模式（Mediator）后系统间关联性的示意图

6.2 中介者模式（Mediator）

刚开始学习中介者模式（Mediator）时，会觉得为什么要如此麻烦，让两个功能直接调用就好了。但随着经验的累积，接触过许多项目，并且想要跨项目转换某个功能时就会知道，减少类之间的耦合度是一项很重要的设计原则。中介者模式（Mediator）在内部系统的整合上，扮演着重要的角色。

6.2.1　中介者模式（Mediator）的定义

中介者模式（Mediator）在 GoF 中的说明是：

“定义一个接口用来封装一群对象的互动行为。中介者通过移除对象之间的引用，来减少它们之间的耦合度，并且能改变它们之间的互动独立性。”

以运输业的运营方式来说明中介者模式（Mediator），可以解释为：

“设置一个物品集货中心，让所有收货点的物品都必须先集中到集货中心后，再分配出去，各集货点之间不必知道其他集货点的位置，省去各自在货物运送上的浪费”。

以一个拥有上百个集货点的货运行来说，各集货点不必自行运送到其他点，统一送到中央集货中心（或物流中心）后再分送出去，才是比较有效率的方式。

6.2.2　中介者模式（Mediator）的说明

中介者模式（Mediator）的结构如图 6-5 所示。

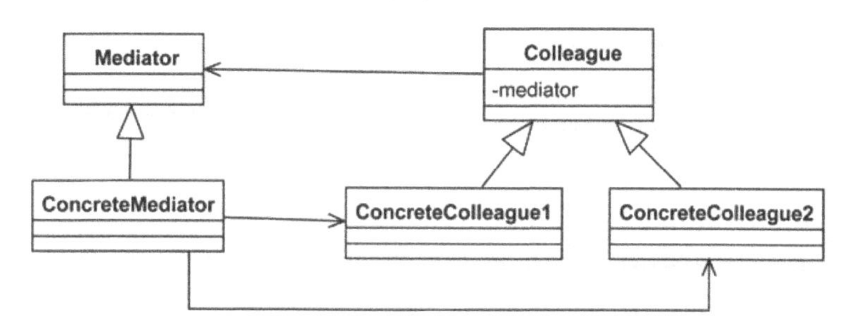

图 6-5　中介者模式（Mediator）的结构示意图

参与者的说明如下：

- Colleague（同事接口）
  - 拥有一个 Mediator 属性成员，可以通过它来调用中介者的功能。
- ConcreteColleagueX（同事接口实现类）
  - 实现 Colleague 界面的类，对于单一实现类而言，只会依赖一个 Mediator 接口。
- Mediator（中介者接口）、ConcreteMediator（中介者接口实现类）
  - 由 Mediator 定义让 Colleague 类操作的接口。
  - ConcreteMediator 实现类中包含所有 ConcreteColleague 的对象引用。
  - ConcreteMediator 类之间的互动会在 ConcreteMediator 中发生。

6.2.3　中介者模式（Mediator）的实现范例

在 GoF 范例程序中，Colleague（同事接口）如下：

Listing 6-2　Mediator 所控管的 Colleague(Mediator.cs)

```
public abstract class Colleague
{
    protected Mediator m_Mediator = null; // 通过 Mediator 对外沟通

    public Colleague( Mediator theMediator) {
        m_Mediator = theMediator;
    }

    // Mediator 通知请求
    public abstract void Request(string Message);
}
```

Colleague 为抽象类，拥有一个类型为 Mediator 的属性成员 m_Mediator，用来指向中介者，而这个中介者会在建造者中被指定。

ConcreateColleague1、ConcreateColleague2 继承了 Colleague 类，并重新定义父类中的抽象方法：

Listing 6-3　实现各 Colleage 类(Mediator.cs)

```
// 实现 Colleague 的类 1
public class ConcreateColleague1 : Colleague
{
    public ConcreateColleague1( Mediator theMediator) :
                                base(theMediator)
    {}

    // 执行动作
    public void Action() {
        // 执行后需要通知其他 Colleague
        m_Mediator.SendMessage(this,"Colleage1 发出通知");
    }

    // Mediator 通知请求
    public override void Request(string Message) {
        Debug.Log("ConcreateColleague1.Request:" + Message);
    }
}

// 实现 Colleague 的类 2
public class ConcreateColleague2 : Colleague
{
    public ConcreateColleague2( Mediator theMediator) :
                                base(theMediator)
    {}

    // 执行动作
    public void Action() {
        // 执行后需要通知其他 Colleague
```

```
        m_Mediator.SendMessage(this,"Colleage2 发出通知");
    }

    // Mediator 通知请求
    public override void Request(string Message) {
        Debug.Log("ConcreateColleague2.Request:" + Message);
    }
}
```

每一个继承自 Colleague 的 ConcreteColleagueX 类，需要对外界沟通时，都会通过 m_Mediator 来传递信息。而来自 Mediator 的请求也会通过父类的抽象方法 Request()来进行通知。

以下是 Mediator 的接口：

Listing 6-4　用来管理 Colleague 对象的接口(Mediator.cs)

```
public abstract class Mediator
{
    public abstract void SendMessage(Colleague theColleague, string Message);
}
```

Mediator 定义了一个抽象方法 SendMessage()，主要用于从外界传递信息给 Colleague。

最后实现 ConcreteMediator 类，该类拥有所有“要在内部进行沟通的 Colleague 子类的引用”：

Listing 6-5　实现 Mediator 接口，并集合管理 Colleague 对象(Mediator.cs)

```
public class ConcreteMediator : Mediator
{
    ConcreateColleague1 m_Colleague1 = null;
    ConcreateColleague2 m_Colleague2 = null;

    public void SetColleageu1( ConcreateColleague1 theColleague ) {
        m_Colleague1 = theColleague;
    }

    public void SetColleageu2( ConcreateColleague2 theColleague ) {
        m_Colleague2 = theColleague;
    }

    // 收到来自 Colleague 的通知请求
    public override void SendMessage(Colleague theColleague,
                                     string Message) {
        // 收到 Colleague1 通知 Colleague2
        if( m_Colleague1 == theColleague)
            m_Colleague2.Request( Message);

        // 收到 Colleague2 通知 Colleague1
        if( m_Colleague2 == theColleague)
            m_Colleague1.Request( Message);
    }
}
```

因为测试程序只实现两个子类，所以在 SendMessage 中只是进行简单地判断，然后就转发给另一个 Colleague。但在实际应用时，Colleague 类会有许多个，必须使用别的转发方式才能提升效率，在后面的章节中会有相关的说明。以下是测试程序：

Listing 6-6　中介者模式的测试(MediatorTest.cs)

```
void UnitTest() {
    // 产生中介者
    ConcreteMediator pMediator = new ConcreteMediator();

    // 产生两个 Colleague
    ConcreateColleague1 pColleague1 =
                          new ConcreateColleague1(pMediator);
    ConcreateColleague2 pColleague2 =
                          new ConcreateColleague2(pMediator);

    // 设置给中介者
    pMediator.SetColleageu1( pColleague1 );
    pMediator.SetColleageu2( pColleague2 );

    // 执行
    pColleague1.Action();
    pColleague2.Action();
}
```

先产生中介者 ConcreteMediator 的对象之后，接着产生两个 Colleague 对象，并将其设置给中介者。分别调用两个 Colleague 对象的 Action 方法，查看信息是否通过 Mediator 传递给另一个 Colleague 类：

中介者模式的测试执行结果

```
ConcreateColleague2.Request:Colleage1 发出通知
ConcreateColleague1.Request:Colleage2 发出通知
```

Console 窗口上会显示两个 Colleague 类发出的信息，表示都已正确地接收了另一个类传送过来的信息。

6.3 中介者模式（Mediator）作为系统之间的沟通接口

在第 4 章外观模式（Facade）的介绍中，说明了如何将 PBaseDefenseGame 类运用外观模式（Facade）让游戏系统整合在单一界面之下，“对外”作为对客户端的操作界面时使用。而在本章中，则是将 PBaseDefenseGame 类运用中介者模式（Mediator）让其“对内”也成为游戏系统之间的沟通接口。

6.3.1　使用中介者模式（Mediator）的系统架构

经过重新分析设计之后，PBaseDefenseGame 类的中介者模式（Mediator）将串接《P 级阵地》中的两个主要的类群组："游戏系统"与"玩家界面"，如图 6-6 所示。

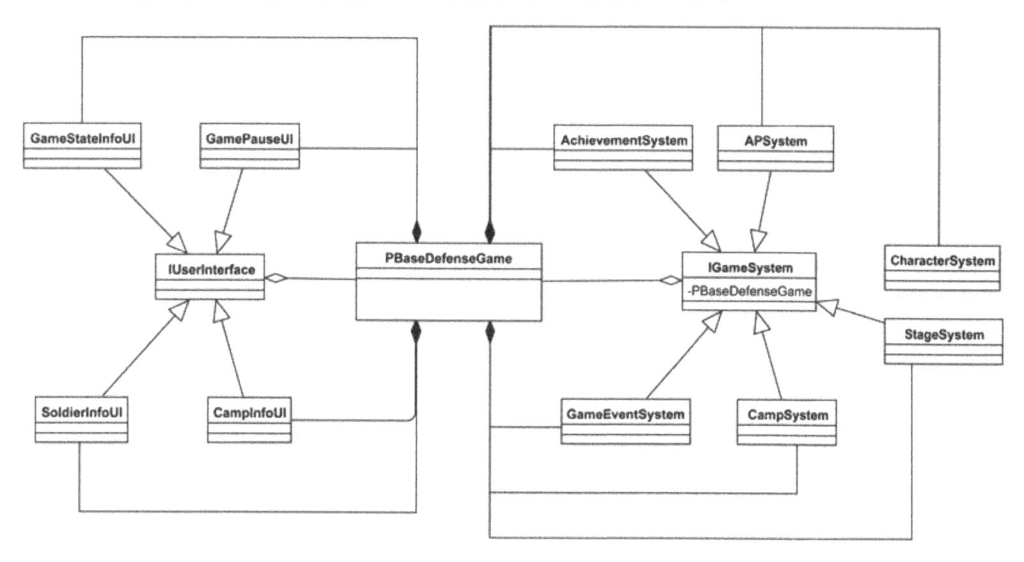

图 6-6　PBaseDefenseGame 类的中介者模式（Mediator）
串接《P 级阵地》中的两个主要的类群组："游戏系统"与"玩家界面"。

参与者的说明如下：

- PBaseDefenseGame：担任中介者角色，定义相关的操作界面给所有游戏系统与玩家界面来使用，并包含这些游戏系统和玩家界面的对象，同时负责相关的初始化流程。
- IGameSystem：游戏系统的共同父类，包含一个指向 PBaseDefenseGame 对象的类成员，在其下的子类都能通过这个成员向 PBaseDefenseGame 发出需求 。
- GameEventSystem、CampSystem、……：负责游戏内的系统实现，这些系统之间不会互相引用及操作，必须通过 PBaseDefenseGame 来完成。
- IUserInterface：玩家界面的共同父类，包含一个指向 PBaseDefenseGame 对象的类成员，在其下的子类都能通过这个成员向 PBaseDefenseGame 发出需求 。
- SoldierInfoUI、GampInfoUI、……：负责各玩家界面的实现，这些玩家界面与游戏系统之间不会互相引用及操作，必须通过 PBaseDefenseGame 来完成。

6.3.2　实现说明

以下是 PBaseDefenseGame 类在实现中介者模式（Mediator）后的程序代码：

```
public class PBaseDefenseGame
{
    // 游戏系统
```

```
    private GameEventSystem m_GameEventSystem  = null;   // 游戏事件系统
    private CampSystem m_CampSystem = null;              // 兵营系统
    private StageSystem m_StageSystem = null;            // 关卡系统
    private CharacterSystem m_CharacterSystem = null;    // 角色管理系统
    private APSystem m_ApSystem = null;                  // 行动力系统
    private AchievementSystem m_AchievementSystem = null;// 成就系统

  //界面
    private CampInfoUI m_CampInfoUI = null;              // 兵营界面
    private SoldierInfoUI m_SoldierInfoUI = null;        // 战士信息界面
    private GameStateInfoUI m_GameStateInfoUI = null;    // 游戏状态界面
    private GamePauseUI m_GamePauseUI = null;            // 游戏暂停界面

    // 初始化 P-BaseDefense 游戏的相关设置
    public void Initinal() {
        // 场景状态控制
        m_bGameOver = false;

        // 游戏系统
        m_GameEventSystem = new GameEventSystem(this);// 游戏事件系统
        m_CampSystem = new CampSystem(this);                    // 兵营系统
        m_StageSystem = new StageSystem(this);         // 关卡系统
        m_CharacterSystem = new CharacterSystem(this);// 角色管理系统
        m_ApSystem = new APSystem(this);                // 行动力系统
        m_AchievementSystem = new AchievementSystem(this); //成就系统

        // 界面
        m_CampInfoUI = new CampInfoUI(this);                 // 兵营信息
        m_SoldierInfoUI = new SoldierInfoUI(this);      // Soldier 信息
        m_GameStateInfoUI = new GameStateInfoUI(this);    // 游戏数据
        m_GamePauseUI = new GamePauseUI (this);            // 游戏暂停

        // 注入到其他系统
        EnemyAI.SetStageSystem( m_StageSystem );
        ...
    }
    ...
```

类内包含所有游戏系统及玩家界面等对象，并负责它们的产生和初始化，另外也提供了游戏系统之间相互沟通时的方法：

```
    ...
    // 升级 Soldier
    public void UpgateSoldier() {
        if( m_CharacterSystem !=null)
        m_CharacterSystem.UpgateSoldier();
    }

    // 增加 Soldier
    public void AddSoldier( ISoldier theSoldier) {
        if( m_CharacterSystem !=null)
```

```
        m_CharacterSystem.AddSoldier( theSoldier );
    }

    // 删除 Soldier
    public void RemoveSoldier( ISoldier theSoldier) {
        if( m_CharacterSystem !=null)
            m_CharacterSystem.RemoveSoldier( theSoldier );
    }

    // 增加 Enemy
    public void AddEnemy( IEnemy theEnemy) {
        if( m_CharacterSystem !=null)
            m_CharacterSystem.AddEnemy( theEnemy );
    }

    // 删除 Enemy
    public void RemoveEnemy( IEnemy theEnemy) {
        if( m_CharacterSystem !=null)
            m_CharacterSystem.RemoveEnemy( theEnemy );
    }
    ...
```

上面几个是游戏玩家单位 Soldier 和敌方单位 Enemy 相关操作的方法。从实现中可以看到，这几个方法主要是转发给角色管理系统（CharacterSystem）做后续的处理，而这些方法都可以由其他游戏系统或玩家界面调用。

在操作游戏系统或玩家界面时，可以同时转发给不止一个的系统或界面。为了满足游戏设计的需求，可以同时通知不同的子系统和玩家界面：

```
    // 显示兵营信息
    public void ShowCampInfo( ICamp Camp ) {
        m_CampInfoUI.ShowInfo( Camp );
        m_SoldierInfoUI.Hide();
    }

    // 显示 Soldier 信息
    public void ShowSoldierInfo( ISoldier Soldier ) {
        m_SoldierInfoUI.ShowInfo( Soldier );
        m_CampInfoUI.Hide();
    }
    ...
```

为了能够更灵活地处理游戏系统之间的沟通，《P 级阵地》也实现了观察者模式（Observer）（第 21 章介绍），游戏事件系统（GameEventSystem）即观察者模式（Observer）的类。通过它能减少在 PBaseDefenseGame 中增加接口方法，并且让信息的通知更有效率。而它的相关操作也是通过 PBaseDefenseGame 提供的方法来完成的：

```
    // 注册游戏事件
    public void RegisterGameEvent( ENUM_GameEvent emGameEvent,
                                   IGameEventObserver Observer) {
```

```
        m_GameEventSystem.RegisterObserver( emGameEvent , Observer );
    }

    // 通知游戏事件
    public void NotifyGameEvent( ENUM_GameEvent emGameEvent,
                                System.Object Param ) {
        m_GameEventSystem.NotifySubject( emGameEvent, Param);
    }
    // PBaseDefenseGame.cs
```

IGameSystem 类和 IUserInterface 类，分别作为“游戏系统类”和“玩家界面类”的共同接口：

Listing 6-7　游戏系统共享接口(IGameSystem.cs)

```
public abstract class IGameSystem
{
    protected PBaseDefenseGame m_PBDGame = null;
    public IGameSystem( PBaseDefenseGame PBDGame ) {
        m_PBDGame = PBDGame;
    }

    public virtual void Initialize(){}
    public virtual void Release(){}
    public virtual void Update(){}
}
```

Listing 6-8　玩家界面的操作接口定义(IUserInterface.cs)

```
public abstract class IUserInterface
{
    protected PBaseDefenseGame m_PBDGame = null;
    protected GameObject m_RootUI = null;
    private bool m_bActive = true;
    public IUserInterface( PBaseDefenseGame PBDGame ) {
        m_PBDGame = PBDGame;
    }

    public bool IsVisible() {
        return m_bActive;
    }

    public virtual void Show() {
        m_RootUI.SetActive(true);
        m_bActive = true;
    }

    public virtual void Hide() {
        m_RootUI.SetActive(false);
        m_bActive = false;
    }

    public virtual void Initialize(){}
```

```
    public virtual void Release(){}
    public virtual void Update(){}
}
```

在这两个类中，都包含一个指向 PBaseDefenseGame 对象的类成员 m_PBDGame，在各个子类对象产生的同时就必须完成设置。这两个类也都定义了提供客户端使用的方法，部分方法必须由子类继承后重新定义。

下面是继承自 IGameSystem 类的关卡控制系统（StageSystem）：

Listing 6-9　关卡控制系统的实现(StageSystem.cs)

```
public class StageSystem : IGameSystem
{
    ...
    public StageSystem(PBaseDefenseGame PBDGame):base(PBDGame) {
        Initialize();
    }

    public override void Initialize() {
        ...
        // 注册游戏事件
        m_PBDGame.RegisterGameEvent( ENUM_GameEvent.EnemyKilled,
                             new EnemyKilledObserverStageScore(this));
    }

    // 更新
    public override void Update() {
        // 更新当前的关卡
        m_NowStageData.Update();

        // 是否要切换到下一个关卡
        if(m_PBDGame.GetEnemyCount() ==  0 )
        {
            IStageHandler NewStageData = m_NowStageData.CheckStage();

            // 是否为新的关卡
            if( m_NowStageData != NewStageData)
            {
                m_NowStageData = NewStageData;
                NotiyfNewStage();
            }
        }
    }

    // 通知新的关卡
    private void NotifyNewStage() {
        m_PBDGame.ShowGameMsg("新的关卡");
        m_NowStageLv++;

        //  显示
```

```
        m_PBDGame.ShowNowStageLv(m_NowStageLv);

        // 通知 Soldier 升级
        m_PBDGame.UpgateSoldier();

        // 事件
        m_PBDGame.NotifyGameEvent( ENUM_GameEvent.NewStage , null );
    }

    // 通知关卡更新
    public void LoseHeart() {
        m_NowHeart--;
        m_PBDGame.ShowHeart( m_NowHeart );
    }
    ...
}
```

在关卡系统初始化的过程中（在 Initialize 方法中），通过在父类中指向 Pbase DefenseGame 的属性成员 m_PBDGame，来调用游戏事件注册功能：

```
    public override void Initialize() {
        ...
        // 注册游戏事件
        m_PBDGame.RegisterGameEvent( ENUM_GameEvent.EnemyKilled,
                    new EnemyKilledObserverStageScore(this));
    }
```

关卡系统在《P 级阵地》中是负责战斗场景关卡的更新功能（第 20 章中介绍）。所以，在每次关卡系统“定时更新”时，会判断是否需要产生新的关卡。除了通过 m_PBDGame 获取当前敌方单位的数量外，当系统决定要转换到下一个关卡时（在 Notify NewStage 方法中），也会利用 m_PBDGame 来通知当前关卡已经更新，并通知其他相关的系统。

每个游戏系统都有一个定期更新的方法，Update 可以重新定义。这个机制是在《P 级阵地》中特别设计的，主要是提供“单一的游戏系统”更新使用。其中一部分的说明，我们将在第 7 章中进行介绍。

类似地，在玩家界面中，游戏状态信息（GameStateInfoUI）负责游戏相关信息的呈现：

```
// 游戏状态信息
public class GameStateInfoUI : IUserInterface
{
    // 定时更新
    public override void Update() {
        base.Update ();
        ...
        // 双方数量
        m_SoldierCountText.text = string.Format("我方单位数:{0}",
                    m_PBDGame.GetUnitCount( ENUM_Soldier.Null ));
            m_EnemyCountText.text = string.Format("敌方单位数:{0}",
                    m_PBDGame.GetUnitCount( ENUM_Enemy.Null ));
    }
```

```
    ...
    // Continue
    private void OnContinueBtnClick() {
        Time.timeScale = 1;
        // 换回开始 State
        m_PBDGame.ChangeToMainMenu();
    }

    // Pause
    private void OnPauseBtnClick() {
        // 显示暂停
        m_PBDGame.GamePause();
    }
    ...
} // GameStateInfoUI.cs
```

运行上也是通过父类的属性成员 m_PBDGame 向 PBaseDefenseGame 类获取游戏相关信息或发出转换接口的请求。除此之外，并没有直接与其他游戏系统或玩家界面类相关的互动。

6.3.3　使用中介者模式（Mediator）的优点

在本章中，将 PBaseDefenseGame 类运用中介者模式（Mediator），具备以下优点：

不会引入太多其他的系统

从上面《P 级阵地》的实现来看，每一个游戏系统和玩家界面除了会引用与本身功能相关的类外，无论是对外的信息获取还是信息的传递，都只通过 Pbase DefenseGame 类对象来完成。这使得每一个游戏系统、玩家界面对外的依赖度缩小到只有一个类（PBaseDefenseGame）。

系统被依赖的程度也降低

每一个游戏系统或玩家界面，也只在 PBaseDefenseGame 类的方法中被调用。所以，当游戏系统或玩家界面有所更动时，受影响的也仅仅局限于 PBaseDefenseGame 类，因此可以减少系统维护的难度。

6.3.4　实现中介者模式（Mediator）时的注意事项

由于 PBaseDefenseGame 类担任中介者（Mediator）的角色，再加上各个游戏系统和玩家界面都必须通过它来进行信息交换及沟通，所以要注意的是，PBaseDefenseGame 类会因为担任过多中介者的角色而容易出现“操作接口爆炸”的情况。因此，在实现上，我们可以搭配其他设计模式来避免发生这种情况。在前面的说明中，我们提及的游戏事件系统（GameEventSystem），其作用就是用来提供更好的信息传递方式，以减轻 PBaseDefenseGame 类的负担。

在 GoF 的实现结构图上，存在一个中介者（Mediator）接口类，但 Pbase DefenseGame 类却没有继承任何一个中介者（Mediator）接口，这是为什么呢？请读者回顾第 5 章中所提到的：为了呈现单例模式（Singleton）在《P 级阵地》中的使用情形，将 PBaseDefenseGame 类运用单例模式

（Singleton），而单例模式（Singleton）的特性之一是“返回实现类”，因此 PBaseDefenseGame 没有继承任何接口类。不过，如果能删除单例模式（Singleton）的应用，将 PBaseDefenseGame 转化成一个接口类，那么对于所有的游戏系统和玩家界面而言，它们所依赖的将是“接口”而不是“实现”，这样会更符合开—闭原则（OCP），从而提高游戏系统和玩家界面的可移植性。

6.4 中介者模式（Mediator）面对变化时

任何软件系统都会面临需求的变化，采用中介者模式（Mediator）设计的软件同样会面对这些变化。在本节中，我们将探讨中介者模式（Mediator）如何面对变化，以及如何面对更常见的“新增子类”这种变化。

如何应对变化

当游戏系统或玩家界面需要新增功能，且该功能需要由外界提供信息才能完成时，可以先在 PBaseDefenseGame 类中增加获取信息的方法，之后再通过 PBaseDefenseGame 类来获取信息完成新的功能。这样一来，项目的修改可以保持在两个类或最多 3 个类的更改，而不会影响任何类的“依赖性”。

如何面对新增

当需要新增加游戏系统或玩家界面时，只要是继承自 IGameSystem 或 IUserInterface 的游戏系统和玩家界面，都可以直接加入 PBaseDefenseGame 的类成员中，并通过现有的接口进行实现或增加功能。这时候项目更改的幅度，可能只是新增一个程序文件和修改一个 PBaseDefenseGame 类而已，不太容易影响到其他系统或接口。

6.5 结论

中介者模式（Mediator）的优点是能让系统之间的耦合度降低，提升系统的可维护性。但身为模式中的中介者角色类，也会存在着接口过大的风险，此时必须再配合其他模式来进行优化。

与其他模式（Pattern）的合作

PBaseDefenseGame 类在《P 级阵地》中，除了是中介者模式（Mediator）中的中介者（Mediator）之外，也是外观模式（Facade）中对外系统整合接口的主要类，并且还运用单例模式（Singleton）来产生唯一的类对象。

此外，为了降低 PBaseDefenseGame 类有接口过大的问题，其子系统“游戏事件系统”（GameEventSystem）专门运用观察者模式（Observer）来解决游戏系统之间，对于信息的产生和通知的需求，减少这些信息和通知的方法充满在 PBaseDefenseGame 类之中。

在进行分析设计时，集合多种设计模式是良好设计常见的方式，如何将所学设计模式融合并适当地运用，才是设计模式之道。

其他应用方式

- 网络引擎：连线管理系统与网络数据封包管理系统之间，如果可以通过中介者模式（Mediator）进行沟通，那么就能轻松地针对连线管理系统抽换所使用的通信方式（TCP 或 UDP）。
- 数据库引擎：内部可以分成数个子系统，有专门负责数据库连接的功能与产生数据库操作语句的功能，两个子功能之间的沟通可以通过中介者模式（Mediator）来进行，让两者之间不相互依赖，方便抽换另一个子系统。

CHAPTER

第 7 章 游戏的主循环——Game Loop

7.1 GameLoop 由此开始

本章我们先跳脱 GoF 的设计模式，来讲解一个在游戏开发时特有的设计模式——游戏循环（Game Loop）。

游戏循环（Game Loop）是“游戏软件”与“一般应用软件”在执行时，有不一样的运行方式而特别设计的一种“程序运行流程”。“一般应用软件”是以台式计算机的操作系统（Windows、MacOS、Linux 的 X-Windows……）为例，这些“一般应用软件”指的就是 Word、Excel、记事本等类的应用软件。它们的特色是：程序启动后会等待用户去操作它，给它命令，以被动的方式等待用户决定要执行的功能。所以，这类软件大多数都是以“事件驱动”的方式来设计的，屏幕显示画面上会有不少的“按钮”“菜单”等组件，等待用户对其单击或选择产生“事件”，从而让应用软件执行后续的功能，如图 7-1 所示。

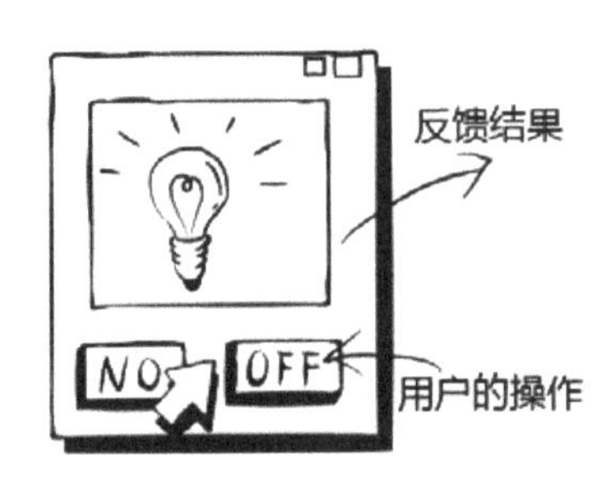

图 7-1 “一般应用软件”的接口示意图

但游戏软件有着完全不同的运行方式，我们可以试着想象，游戏执行之后就产生了一个虚拟世界，这个虚拟世界会“自己”运行，并且有自己的游戏规则。在这个世界中，玩家可能只是扮演其中一个会移动的角色，并且通过游戏杆或键盘与这个游戏世界互动。它不必等待玩家的反应，可能就会从某处出现一只怪物攻击玩家，或是跳出任务要求玩家去完成它。所以，游戏软件在设计时，必须提供一个机制让这个游戏世界能不断地更新，让其能自动产生各种情景与玩家互动，一般将这个更新机制称为“游戏逻辑更新”，如图 7-2 所示的示意图。

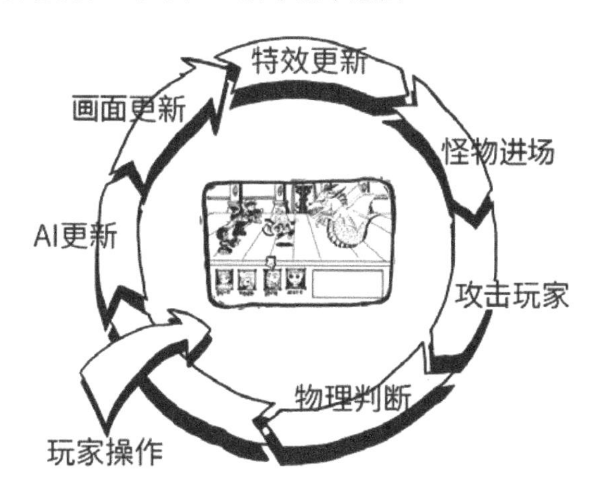

图 7-2　“游戏逻辑更新”示意图

“游戏软件”与“一般应用软件”另外一个不同点是，游戏软件需要不断地进行“画面更新”，当玩家进入游戏世界赞叹画面美丽、动态逼真时，它正在不断地进行“画面更新”以产生动画的效果。而一般用于游戏性能评测值中的“每秒帧数”(FPS，Frame Per Second)，通常指的是游戏系统在一秒钟之内能执行多少次“画面更新”，这个数值越高代表游戏的性能越好。

所谓的“游戏循环（Game Loop)”，就是将上述提到的玩家操作、游戏逻辑更新和画面更新 3 项操作整合在一起的执行流程，如图 7-3 所示。

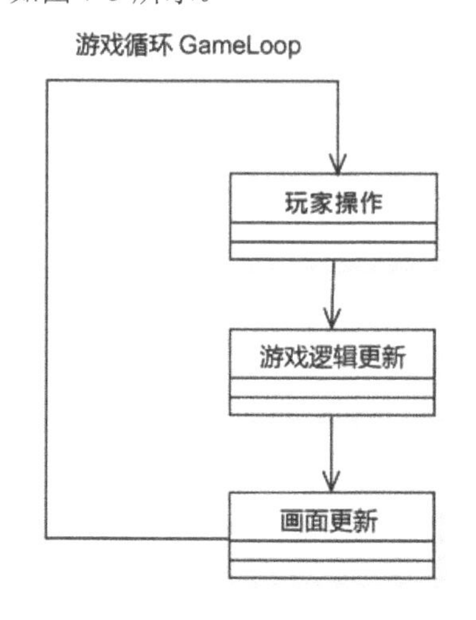

图 7-3　游戏更新示意图

7.2 怎么实现游戏循环（Game Loop）

如果游戏软件是从命令模式（Console）开始执行的话，那么游戏循环（Game Loop）可以如下实现：

Listing 7-1 Game Loop 的简单写法

```
void main() {
    // 初始
    GameInit();

    // 游戏循环 GameLoop
    while(  IsGameOver()==false   )
    {
        // 玩家控制
        UserInput();

        // 游戏逻辑更新
        UpdateGameLogic();

        // 画面更新
        Render();
    }

    // 释放
    GameRelease();
}
```

在早期使用 Win32 API + DirectX 来开发 2D 游戏时，如果配合 Windows 系统的消息机制，那就必须使用不同于一般应用程序的消息分配方式来完成。实现方式举例如下：

Listing 7-2 在 Win32API 下写 Game Loop

```
int WINAPI WinMain(HINSTANCE hInstance,HINSTANCE hPrevInstace,
                   LPSTR szCmdLine,int iCmdShow) {
    ...
    while(TRUE)
    {
        if(PeekMessage(&msg,NULL,0,0,PM_REMOVE))
        {
            if(msg.message==WM_QUIT)
                break;      //break 出 while
            TranslateMessage(&msg);
            DispatchMessage(&msg);
        }
        else
        {
            // 玩家控制
            UserInput();
```

```
                // 游戏逻辑更新
                UpdateGameLogic();

                // 画面更新
                Render();
            }
        }
    }
```

在执行 UserInput()时，应调用 DirectInput 来获取玩家的输入；在执行 Render()时，则应调用 DirectDraw 来绘制游戏画面。

随着时代的演进，游戏界开始使用 3D 游戏引擎（RenderWare、Gamebryo、Ogre……）来开发游戏，这些游戏引擎也会提供回调函数（Callback Function），让开发者可以指定“在内定游戏循环（Game Loop）”之外还要执行的游戏功能。

无论是早期的 J2ME，还是近期的 Android 及 iOS 提供的 SDK，游戏程序设计师都可以使用特定的实现方式，来实现游戏循环（Game Loop）。

由于笔者从早期就开始接触游戏程序设计，已经习惯使用游戏循环（Game Loop）的设计方式。从游戏初始化、数据加载、游戏系统设置、更新资源、加载存盘……，再到进入游戏、打怪……直到游戏结束等，我会让各个游戏系统按照一定的顺序来完成，所以在第一次接触新的开发平台工具时，总会在其中寻找最佳的游戏循环（Game Loop）实现方式，Unity3D 也不例外。因此，在本章剩余的内容中，我们将重点讲解如何在 Unity3D 中实现游戏循环（Game Loop）及《P 级阵地》的游戏循环（Game Loop）设计方式。

7.3 在 Unity3D 中实现游戏循环

每一个放在 Unity3D 场景中的游戏对象（GameObject），都可以加上一个“脚本组件”（Script Component）。在这个脚本组件中定义的类，必须继承 MonoBehaviour，并且在类中加入特定的方法（Awake、Start、Update、……）。而这些方法在游戏运行时，就会按照 Unity3D 内部的运行流程按序被调用。

提示

Unity3D 内部的 Game Loop，在 Unity3D 的官方文件 http://docs.unity3d.com/Manual/ExecutionOrder.html 中，说明了一个继承 MonoBehaviour 的 Unity3D 脚本，会按照一定的顺序被调用，如图 7-4 所示。

利用 Unity3D 脚本组件的这个特性，我们可以在其中加入游戏循环（Game Loop）的机制。实现时可以先在开始场景（Start Scene）中加入一个空的 GameObject 并更名为 GameLoop，如图 7-5 所示。

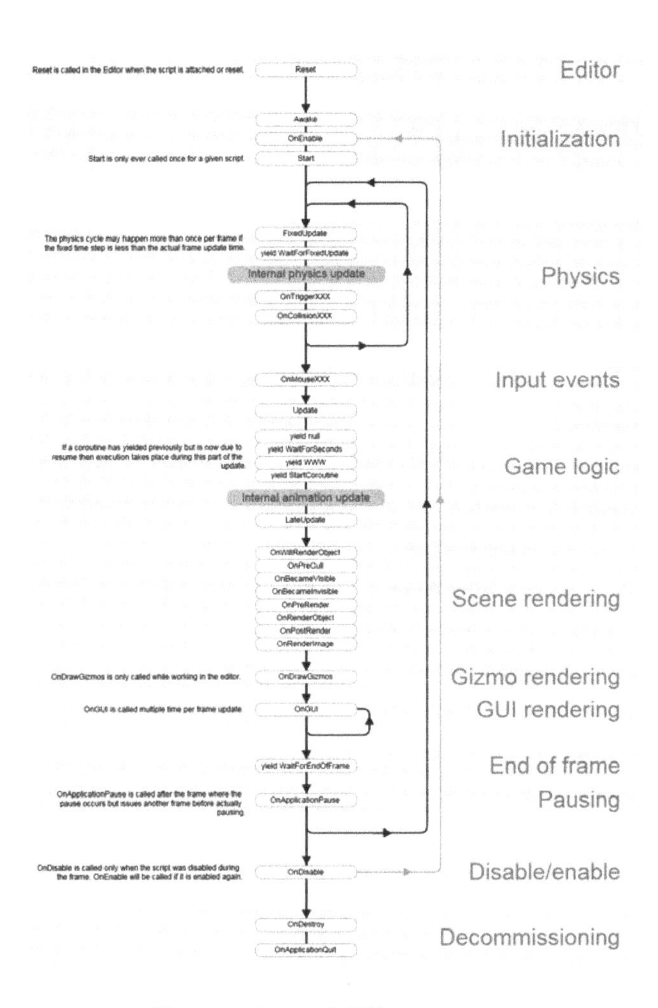

图 7-4　Unity3D 内部的 Game Loop

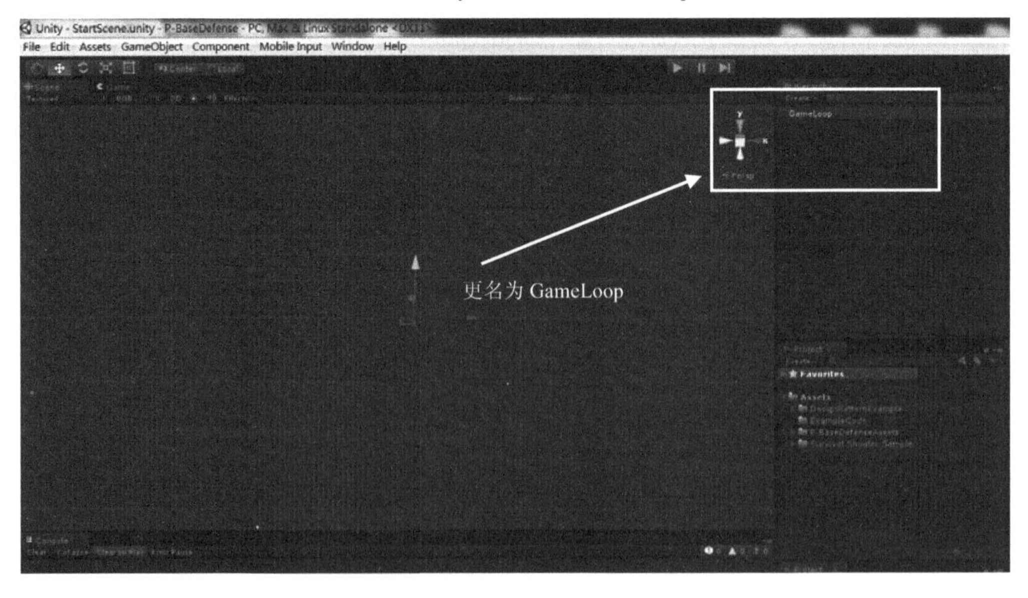

图 7-5　在开始场景（Start Scene）中加入一个空的 GameObject 并更名为 GameLoop

产生一个 C#脚本组件，命名为 GameLoop.cs，并将其挂在 GameLoop 的游戏对象上，如图 7-6 所示。

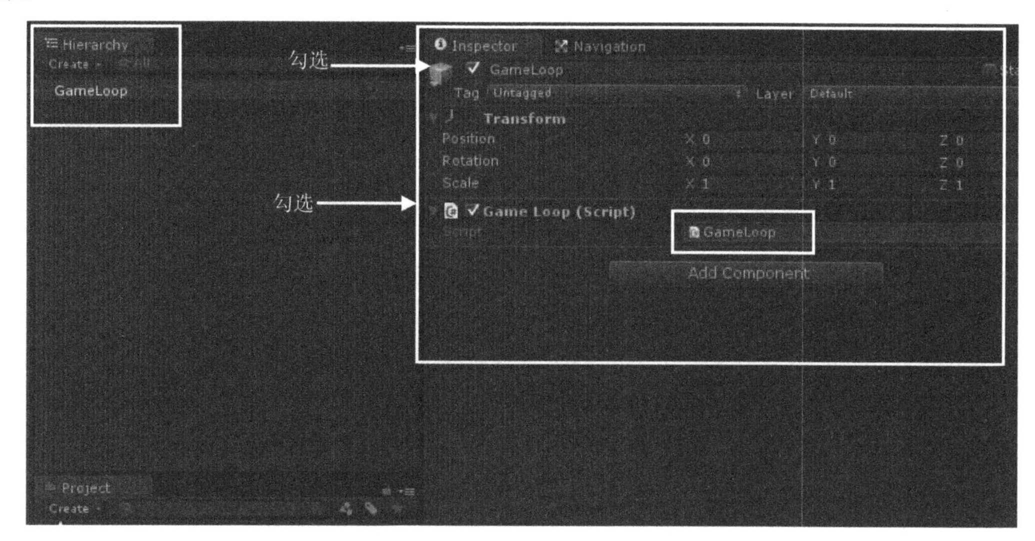

图 7-6　将产生的 C#脚本组件命名为 GameLoop.cs，并将其挂在 GameLoop 的游戏对象上

之后在 GameLoop.cs 中完成下列程序代码：

Listing 7-3　游戏主循环(GameLoop.cs)

```
public class GameLoop : MonoBehaviour
{
    void Awake() {
        // 切换场景不会被删除
        GameObject.DontDestroyOnLoad( this.gameObject );
    }

    // Use this for initialization
    void Start() {
        // 游戏初始化
        GameInit();
    }

    // Update is called once per frame
    void Update() {
        // 玩家控制
        UserInput();

        // 游戏逻辑更新
        UpdateGameLogic();

        // 画面更新，由 Unity3D 负责
    }
    ...
}
```

在 GameLoop 类的 Start 方法中编写游戏初始化的工作，而继承 MonoBehaviour 的子类，只要在类定义中增加一个 Update 方法，这个 Update 方法就会在每次 Unity3D 进行更新的时候被自动调用。这样的定期更新机制，刚好可以被应用在需要固定执行的功能上。因此，我们可以在 Update 方法中实现游戏所需要的“玩家控制功能”和“游戏逻辑更新”。至于画面更新的部分是最不用担心的，因为这一部分全部都由 Unity3D 引擎来帮开发者完成了。完成上述的步骤后，我们就可以在 Unity3D 中实现游戏循环（Game Loop）。

将需要定时更新的游戏功能与 Unity3D 解耦（解除依赖关系）

在第 6 章介绍游戏系统时曾提到：开发者可以为“单一的游戏系统”加入定期更新功能。而所谓“单一的游戏系统”指的是一个游戏系统类被定义在一个.cs 文件，但这个游戏系统类不想通过继承 MonoBehaviour 并挂入某一个 Unity3D 游戏对象（GameObject）的方式，来拥有定期更新的功能，它们希望能够使用另一种方式被定时更新。

虽然挂在游戏对象（GameObject）上的脚本类也可以达到定期更新的目的，但这样一来，这个“单一的游戏功能”类就与 Unity3D 引擎有了依赖关系。

所以解决的方案是，程序设计师可以只单纯地增加一个类，并且在其中声明一个需要被定期调用的函数 Update，然后将这个类对象置于 GameLoop.cs 的 Update()中，让 GameLoop 的 Update 随着每次 Unity3D 定期更新的机制，一同调用这个对象的更新函数。这样就可以达到类不用继承 MonoBehaviour 也能具有定期更新的功能：

Listing 7-4　需要定时更新的游戏功能(GameFunction.cs)

```
public class GameFunction
{
    public void Update(){
        // 更新游戏功能
    }
}
```

Listing 7-5　游戏主循环(GameLoop.cs)

```
public class GameLoop : MonoBehaviour
{
    GameFunction m_GameFunction = new GameFunction();
 void Awake() {
        // 切换场景不会被删除
        GameObject.DontDestroyOnLoad( this.gameObject );
    }

    // Use this for initialization
    void Start() {
        // 游戏初始化
        GameInit();
    }

    // Update is called once per frame
    void Update() {
```

```
        // 玩家控制
        UserInput();

        // 游戏逻辑更新
        m_GameFunction.Update();

        // 画面更新，由 Unity3D 负责
    }
    ...
}
```

7.4 P 级阵地的游戏循环

《P 级阵地》中的游戏系统（IGameSystem）都属于“单一的游戏系统”，因为笔者在实现上希望能自己来掌控这些游戏功能被更新的时间点和方式，所以并未让它们继承 Unity3D 的 MonoBehaviour 类，而是将这些游戏系统对象都一起放在 PBaseDefenseGame 的 Update()更新方法中一起被调用执行。而要让 PBase DefenseGame 的 Update()更新方法被定期调用，就必须利用本章介绍的 GameLoop 机制来实现这个目的。

所以，对于《P 级阵地》中结合数种设计模式的结果，包含游戏循环中的“玩家操作”和“游戏逻辑更新”，都被从原本的 GameLoop.cs 中调整到 PBaseDefenseGame 的更新方法 Update()内：

Listing 7-6　游戏功能类中的 Game Loop(PBaseDefenseGame.cs)

```
public class GameLoop : MonoBehaviour
public class PBaseDefenseGame
{
    ...
    // 更新
    public void Update() {
        // 玩家输入
        InputProcess();

        // 游戏系统更新
        m_GameEventSystem.Update();
        m_CampSystem.Update();
        m_StageSystem.Update();
        m_CharacterSystem.Update();
        m_ApSystem.Update();
        m_AchievementSystem.Update();

        // 界面更新
        m_CampInfoUI.Update();
        m_SoldierInfoUI.Update();
        m_GameStateInfoUI.Update();
        m_GamePauseUI.Update();
    }
```

```
    // 玩家输入
    private void InputProcess() {
        //  Mouse 左键
        if(Input.GetMouseButtonUp( 0 ) ==false)
            return ;

        //由摄像机产生一条射线
        Ray ray = Camera.main.ScreenPointToRay(Input.mousePosition);
        RaycastHit[] hits = Physics.RaycastAll(ray);

        // 遍历每一个被 Hit 到的 GameObject
        foreach (RaycastHit hit in hits)
        {
            // 是否有兵营被鼠标单击
            CampOnClick CampClickScript =
                hit.transform.gameObject.GetComponent<CampOnClick>();
            if( CampClickScript!=null )
            {
                CampClickScript.OnClick();
                return;
            }

            // 是否有角色被鼠标单击
            SoldierOnClick SoldierClickScript =
             hit.transform.gameObject.GetComponent<SoldierOnClick>();
            if( SoldierClickScript!=null )
            {
                SoldierClickScript.OnClick();
                return ;
            }
        }
    }
    ...
}
```

而 PBaseDefenseGame 类的 Update 方法，则是由战斗状态类（BattleState）负责调用 ：

Listing 7-7　战斗状态类配合 Game Loop 更新(BattleState.cs)

```
public class BattleState : ISceneState
{
    public BattleState(SceneStateController Controller) :
                                            base(Controller) {
        this.StateName = "BattleState";
    }

    // 开始
    public override void StateBegin() {
        PBaseDefenseGame.Instance.Initinal();
    }
```

```
    // 结束
    public override void StateEnd() {
        PBaseDefenseGame.Instance.Release();
    }

    // 更新
    public override void StateUpdate() {
        // 游戏逻辑
        PBaseDefenseGame.Instance.Update();
        // Render 由 Unity3D 负责

        // 游戏是否结束
        if( PBaseDefenseGame.Instance.ThisGameIsOver())
            m_Controller.SetState(new MainMenuState(m_Controller),
                                  "MainMenuScene" );
    }
}
```

当游戏进入战斗状态（BattleState）时，位于 PBaseDefenseGame 类内的“游戏循环”就能从 GameLoop.cs 中的 Update()方法，通过 BattleState 类不断地被调用，那么位于 PBaseDefenseGame 类内的游戏逻辑（各个游戏系统）也就能不断地被更新：

Listing 7-8　游戏主循环(GameLoop.cs)

```
public class GameLoop : MonoBehaviour
{
    // 场景状态
    SceneStateController m_SceneStateController =
                                        new SceneStateController();


    void Awake() {
        // 切换场景不会被删除
        GameObject.DontDestroyOnLoad( this.gameObject );

        // 随机数种子
        UnityEngine.Random.seed =(int)DateTime.Now.Ticks;
    }

    // Use this for initialization
    void Start() {
        // 设置起始的场景
        m_SceneStateController.SetState( new
                        StartState(m_SceneStateController), "");
    }

    // Update is called once per frame
    void Update() {
        m_SceneStateController.StateUpdate();
    }
}
```

各对象的流程图如图 7-7 所示。

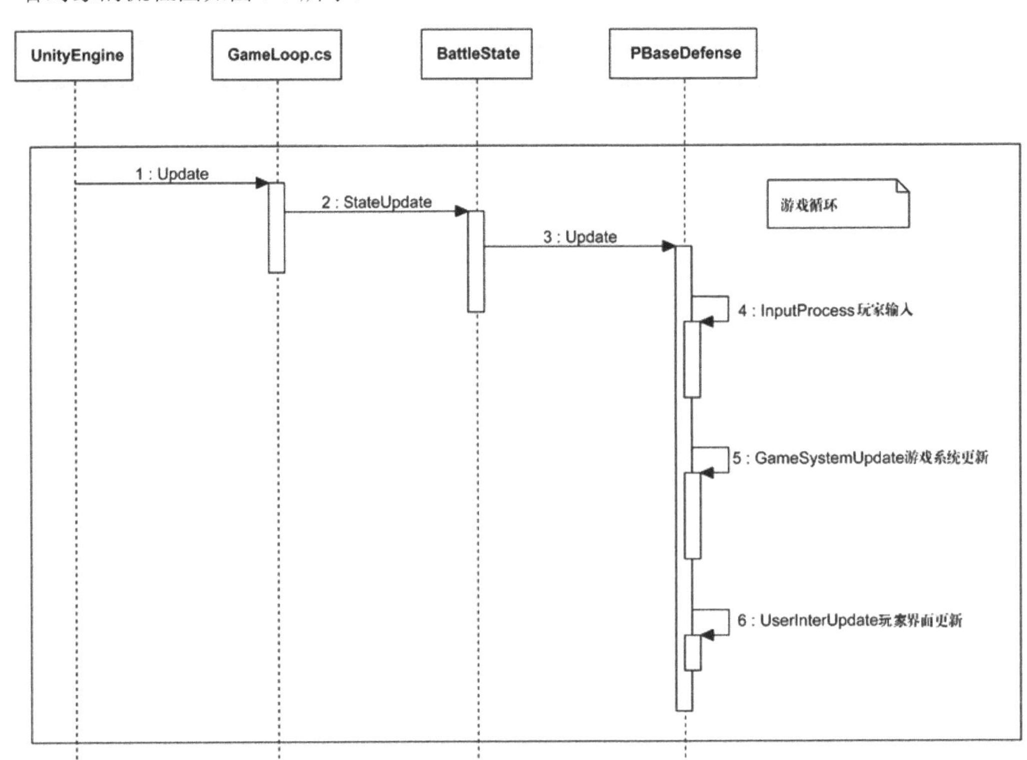

图 7-7　各对象的流程图

7.5 结论

每一款游戏在实现时，都会有专用于这款游戏的“玩家操作”和“游戏逻辑更新”这两项特殊需求。因此，在 PBaseDefenseGame 类内实现“游戏循环”是比较好的设计方式，这样可以提高 PBaseDefenseGame 类整个移植到其他项目的可能性。

虽然《P 级阵地》中大部分的游戏功能和用户界面类，都采用“不”继承 MonoBehaviour 的方式来运行，但对于会出现在场景中的每个游戏 3D 角色上，还是会搭配使用脚本组件（继承 MonoBehaviour），所以每一个脚本组件还是会按照 Unity3D 引擎的流程去操作每一个游戏对象（GameObject）。

第3篇 角色的设计

在第2篇中，我们介绍了《P级阵地》的主要架构、状态转换、游戏系统对外接口和对内整合沟通的方式。在第3篇将探讨游戏角色的组成和实现方式。在本部分中，将介绍下列4种模式，其中状态模式（State）也将再一次使用于《P级阵地》的架构中。

- 桥接模式（Bridge）
- 策略模式（Strategy）
- 模板方法模式（Template Method）
- 状态模式（State）

CHAPTER

第 8 章 角色系统的设计分析

8.1 游戏角色的架构

《P 级阵地》的世界中包含两个阵营："玩家阵营"和"敌方阵营"。玩家阵营的角色必须通过训练的方式从兵营中产生；而敌方阵营的角色，则是不断地从地图上的某个地点自动出现，一次一队自玩家守护的营地前进。

双方阵营的角色也有一些共享的部分：

- 角色属性：每个角色都有"生命力"和"移动速度"两个属性，不同角色单位之间利用不同的属性进行区分。
- 装备武器：每个角色能装备一把武器用来攻击对手，每把武器利用"攻击力"和"攻击距离"来区分不同的武器。
- 人工智能（AI）：由于玩家只决定玩家阵营要训练哪一个兵种出来防守阵营（玩家不负责如何防守攻击），而敌方阵营的角色则是会自动攻击的作战单位，所以双方角色都通过人工智能（AI）来协助移动和攻击。

在角色的表现上，《P 级阵地》使用 3D 模型来呈现每一个角色，而每个角色也都有代表的 2D 图标（Icon）显示于玩家界面上，如图 8-1 和图 8-2 所示。

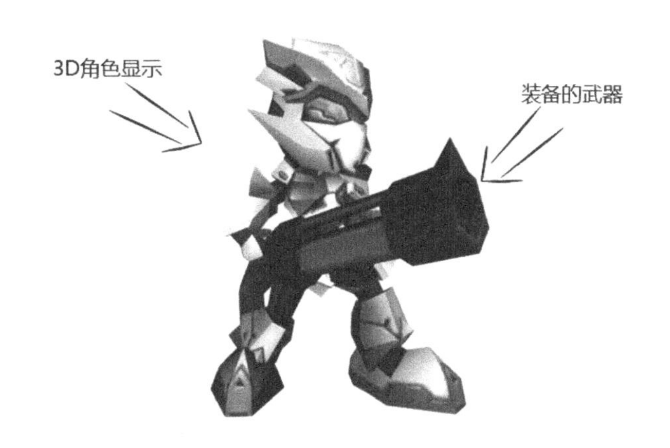

图 8-1　使用 Unity3D 角色

图 8-2　双方游戏角色

两方阵营不同之处在于：

- 产生方式：玩家阵营的角色必须经由训练的方式，从兵营中产生；敌方阵营的角色，则是会不断地从场景上产生。
- 等级：玩家阵营的单位可以通过“兵营升级”的方式，提高角色的等级来增加防守优势；敌方阵营的角色则没有等级的设置。
- 爆击能力：敌方阵营的角色有一定的概率会以“爆击”来增加攻击优势；玩家阵营的单位则没有爆击能力。

8.2 角色类的规划

按上述的需求说明，在 Unity3D 进行实现时，可以先抽象化双方阵营“角色”的属性和操作，成为一个角色接口（ICharacter）来定义双方阵营角色的共享操作接口，如图 8-3 所示。

ICharacter
#GameObject
#NavMeshAgent
#AudioSource
#IconSpriteName
#...
+SetGameObject()
+Relase()
+...()

图 8-3　角色接口 ICharacter

Listing 8-1　角色接口(ICharacter.cs)

```
public abstract class ICharacter
{
    protected string m_Name = "";                      // 名称
    protected GameObject m_GameObject = null;           // 显示的 Unity 模型
    protected NavMeshAgent m_NavAgent = null;           // 用于控制角色移动
    protected AudioSource m_Audio = null;
    protected string m_IconSpriteName = "";             // 显示 Icon

    protected bool m_bKilled = false;                   // 是否阵亡
    protected bool m_bCheckKilled = false;              // 是否确认过阵亡事件
    protected float m_RemoveTimer = 1.5f;               // 阵亡后多久删除
    protected bool m_bCanRemove = false;                // 是否可以删除

    // 建造者
    public ICharacter(){}
    // 设置 Unity 模型
    public void SetGameObject( GameObject theGameObject ) {
        m_GameObject = theGameObject ;
        m_NavAgent = m_GameObject.GetComponent<NavMeshAgent>();
        m_Audio = m_GameObject.GetComponent<AudioSource>();
    }

    // 获取 Unity 模型
    public GameObject GetGameObject() {
        return m_GameObject;
    }

    // 释放
    public void Release() {
        if( m_GameObject != null)
            GameObject.Destroy( m_GameObject);
    }

    // 名称
    public string GetName() {
        return m_Name;
    }
```

```
    // 设置 Icon 名称
    public void SetIconSpriteName(string SpriteName) {
        m_IconSpriteName = SpriteName;
    }

    // 获取 Icon 名称
    public string  GetIconSpriteName() {
        return m_IconSpriteName ;
    }
}
```

由于游戏玩法中设计了两个阵营角色，并且存在差异，所以在此阶段中，先规划出两个子类来继承 ICharacter 类。一个为代表玩家阵营的 ISoldier 类，另一个则是代表敌方阵营的 IEnemy 类，如图 8-4 所示。

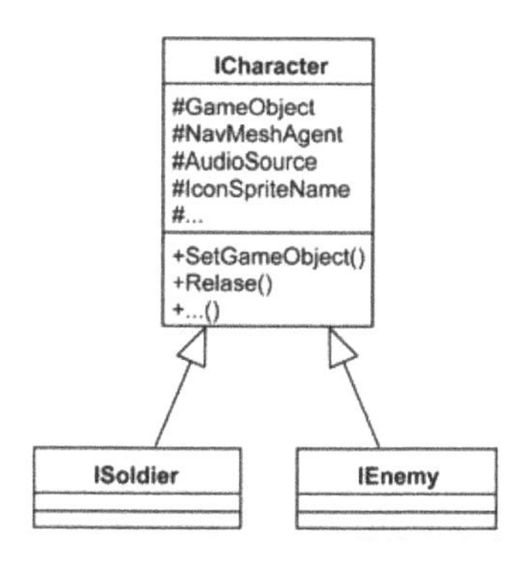

图 8-4　代表玩家阵营和敌方阵营的两个子类

Listing 8-2　Soldier 角色接口(ISoldier.cs)

```
public abstract class ISoldier : ICharacter
{
    ...
    public ISoldier() {}
    ...
}
```

Listing 8-3　Enemy 角色接口(IEnemy.cs)

```
public abstract class IEnemy : ICharacter
{
    ...
    public IEnemy() {}
    ...
}
```

在后续的章节中，我们将进行角色接口（ICharacter）中各项属性和功能的说明，并说明运用各种设计模式后所新增的子类。

CHAPTER

第9章 角色与武器的实现——桥接模式（Bridge）

9.1 角色与武器的关系

在《P级阵地》中设计了3种武器类型：手枪、散弹枪及火箭，并以“攻击力”和“攻击距离”来区分它们的威力。此外，“武器发射”和“击中目标”时也会有不同的音效和视觉效果。双方阵营都可以装备这3种武器，但敌方角色使用武器攻击时，会有额外的加成效果来增加攻击时的优势，而玩家角色则没有额外的加成效果。

综上所述，这些游戏设计需求给程序设计人员的第一个印象是：这是两个群组类要一起合作完成的功能，如图9-1所示。

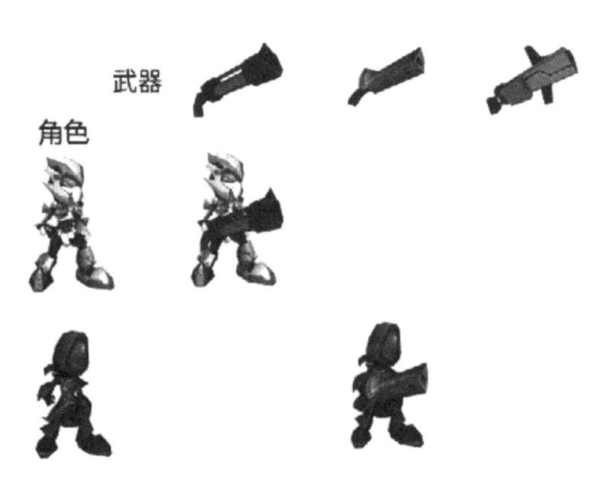

图9-1　角色与武器

图 9-1 中的每一个行列的交叉点都是可能的组合，所以刚开始实现时，最容易想到的方法就是将所有可能组合的程序代码都写出来，例如先将武器声明为一个类，并声明一个枚举类型来定义 3 种武器：

Listing 9-1　第一次实现可能采用的方式

```
// 武器类
public enum ENUM_Weapon
{
    Null   = 0,
    Gun    = 1,
    Rifle  = 2,
    Rocket = 3,
    Max ,
}

// 武器接口
public class Weapon
{
    // 属性
    protected ENUM_Weapon m_emWeapon = ENUM_Weapon.Null;  // 类型
    protected int        m_AtkValue =0;              // 攻击力
    protected int        m_AtkRange =0;              // 攻击距离
    protected int        m_AtkPlusValue = 0;         // 额外加成值

    public Weapon(ENUM_Weapon Type,int AtkValue, int AtkRange) {
        m_emWeapon = Type;
        m_AtkValue = AtkValue;
        m_AtkRange = AtkRange;
    }

    public ENUM_Weapon GetWeaponType() {
        return m_emWeapon;
    }

    // 攻击目标
    public void Fire( ICharacter theTarget ) {
        ...
    }

    // 设置额外攻击力
    public void SetAtkPlusValue(int AtkPlusValue) {
        m_AtkPlusValue = AtkPlusValue;
    }

    // 显示子弹特效
    public void ShowBulletEffect(Vector3 TargetPosition,
                        float LineWidth,float DisplayTime) {
        ...
    }
```

```
    // 显示枪口特效
    public void ShowShootEffect() {
        ...
    }

    // 播放音效
    public void ShowSoundEffect(string ClipName) {
        ...
    }
}
```

在 Weapon 类中，将攻击力、攻击距离和额外加成的值都声明为类属性，并提供相关的操作方法。然后在角色类中增加一个“记录当前使用武器”的类成员：

```
// 角色接口
public abstract class ICharacter
{
    // 拥有一把武器
    protected Weapon m_Weapon = null;

    // 攻击目标
    public abstract void Attack( ICharacter theTarget);
}
```

声明一个抽象方法 Attack()，让持有武器的角色利用这把武器去攻击另一个角色。因为不同武器在发射时，会产生不同的音效和特效，所以将此方法声明为抽象方法，以便让武器子类能够针对不同的需求重新定义这个方法。另一项需求则是：敌方阵营使用武器攻击时有额外的加成效果，所以在实现上，代表玩家阵营的角色 ISoldier，以及代表敌方阵营的 IEmeny 在重新定义 Attack()方法时，自然也会有不一样的实现内容：

Listing 9-2 Enemy 使用武器攻击

```
// Enemy 角色接口
public class IEnemy : ICharacter
{
    public IEnemy()
    {}

    // 攻击目标
    public override void Attack( ICharacter theTarget) {
        // 发射特效
        m_Weapon.ShowShootEffect();
        int AtkPlusValue = 0;

        // 按当前武器决定攻击方式
        switch(m_Weapon.GetWeaponType())
        {
            case ENUM_Weapon.Gun:
                // 显示武器特效和音效
```

```
                m_Weapon.ShowBulletEffect(theTarget.GetPosition(),
                                          0.03f,0.2f);
                m_Weapon.ShowSoundEffect("GunShot");

                // 有概率增加额外加成
                AtkPlusValue = GetAtkPlusValue(5,20);
                break;

            case ENUM_Weapon.Rifle:
                // 显示武器特效和音效
                m_Weapon.ShowBulletEffect(theTarget.GetPosition(),
                                          0.5f,0.2f);
                m_Weapon.ShowSoundEffect("RifleShot");

                // 有概率增加额外加成
                AtkPlusValue = GetAtkPlusValue(10,25);
                break;

            case ENUM_Weapon.Rocket:
                // 显示武器特效和音效
                m_Weapon.ShowBulletEffect(theTarget.GetPosition(),
                                          0.8f,0.5f);
                m_Weapon.ShowSoundEffect("RocketShot");

                // 有概率增加额外加成
                AtkPlusValue = GetAtkPlusValue(15,30);
                break;
        }

        // 设置额外加成值
        m_Weapon.SetAtkPlusValue( AtkPlusValue );

        // 攻击
        m_Weapon.Fire( theTarget );
    }

    // 获取额外的加成值
    private int GetAtkPlusValue(int Rate, int AtkValue) {
        int RandValue = UnityEngine.Random.Range(0,100);
        if( Rate > RandValue )
            return AtkValue;
        return 0;
    }
}
```

Listing 9-3　Soldier 使用武器攻击

```
// Soldier 角色接口
public class ISoldier : ICharacter
{
    public ISoldier()
```

```
    {}

    // 攻击目标
    public override void Attack( ICharacter theTarget) {
        // 发射特效
        m_Weapon.ShowShootEffect();

        // 按当前武器决定攻击方式
        switch(m_Weapon.GetWeaponType())
        {
            case ENUM_Weapon.Gun:
                // 显示武器特效和音效
                m_Weapon.ShowBulletEffect(theTarget.GetPosition(),
                                          0.03f,0.2f);
                m_Weapon.ShowSoundEffect("GunShot");
                break;

            case ENUM_Weapon.Rifle:
                // 显示武器特效和音效
                m_Weapon.ShowBulletEffect(theTarget.GetPosition(),
                                          0.5f,0.2f);
                m_Weapon.ShowSoundEffect("RifleShot");
                break;

            case ENUM_Weapon.Rocket:
                // 显示武器特效和音效
                m_Weapon.ShowBulletEffect(theTarget.GetPosition(),
                                          0.8f,0.5f);
                m_Weapon.ShowSoundEffect("RocketShot");
                break;
        }

        // 攻击
        m_Weapon.Fire( theTarget );
    }
}
```

两个类在重新定义 Attack()方法时，都先获取武器的类型，再按照类型播放不同的音效和特效。另外，IEmeny 还实现了“获取额外的加成值”的功能。

将两种角色与 3 种武器交叉组合，然后以上述方式实现，会存在以下两个缺点：

（1）每个继承自 ICharacter 角色接口的类，在重新定义 Attack 方式时，都必须针对每一种武器来实现（显示特效和播放音效），或者进行额外的公式计算。所以当要新增角色类时，也要在新的子类中重复编写相同的程序代码，如图 9-2 所示。

（2）当要新增武器类型时，所有角色子类中的 Attack 方法，都必须修改，针对新的武器类型编写新的对应程序代码。这样会增加维护的难度，使得武器类型不容易增加。

一般来说，上述的情况可以视为两个类群组交互使用所引发的问题。

GoF 的设计模式中，桥接模式（Bridge）可以用来解决上述实现方式的缺点。

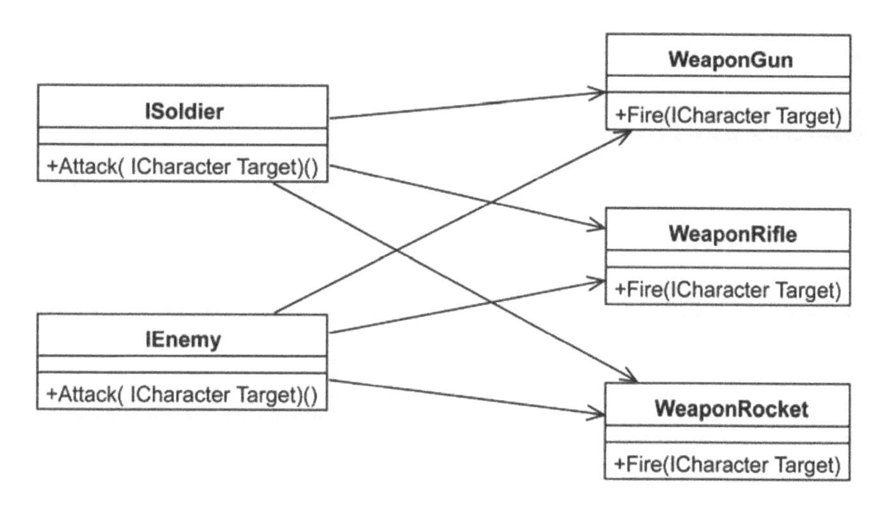

图 9-2　两种角色与 3 种武器交叉组合编程的示意图

9.2 桥接模式（Bridge）

笔者认为，在 GoF 的 23 种设计模式中，桥接模式是最好应用但也是最难理解的，尤其是它的定义不长，其中关键的“抽象与实现分离（Decouple an abstraction from its implementation）”，常让程序设计师花费许多时间，才能慢慢了解它背后所代表的原则。

9.2.1 桥接模式（Bridge）的定义

桥接模式（Bridge），在 GoF 中的解释是：

“将抽象与实现分离，使二者可以独立地变化”。

多数人会以为这是“只依赖接口而不依赖实现”原则的另外一个解释：

“定义一个接口类，然后将实现的部分在子类中完成”。

客户端只需要知道“接口类”的存在，不必知道是由哪一个实现类来完成功能的。而实现类则可以有好几个，至于使用哪一个实现类，可能会按照当前系统设置的情况来决定。程序设计师大多都可以按照这个原则进行系统实现，假设我们先按这个原则实现下面的案例，来看看会出现什么问题。

假设：我们要实现一个“3D 绘画工具”，并且要支持当前最常见的 OpenGL 和 DirectX 两种 3D 绘图 API。

首先，定义“球体”这个类和两个绘图引擎，如图 9-3 所示。

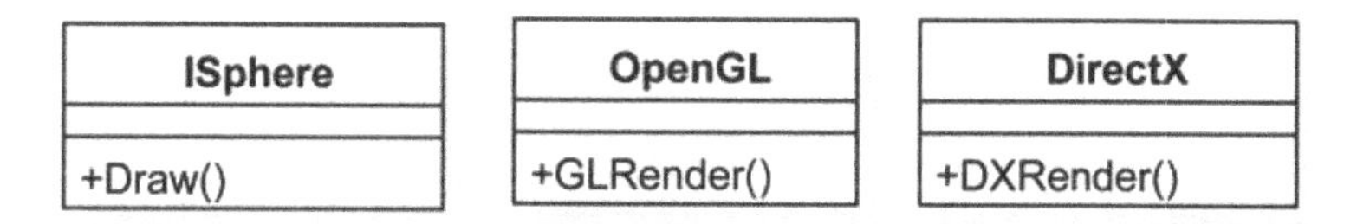

图 9-3　定义“球体”类和两个绘图引擎

```
// DirectX 引擎
public class DirectX
{
    public void DXRender(string ObjName) {
        Debug.Log ("DXRender:"+ObjName);
    }
}

// OpenGL 引擎
public class OpenGL
{
    public void GLRender(string ObjName) {
        Debug.Log ("OpenGL:"+ObjName);
    }
}

// 球体
public abstract class ISphere
{
    public abstract void Draw();
}
```

ISphere 是一个抽象类（接口），在其中声明了一个 Draw()方法，让子类可以重新实现要如何绘制这个球体。因为要支持两种 3D 绘图 API，所以要再定义继承 IShaper 的两个子类，由这两个子类分别实现，以支持不同的 3D 绘图 API，结构图如图 9-4 所示。

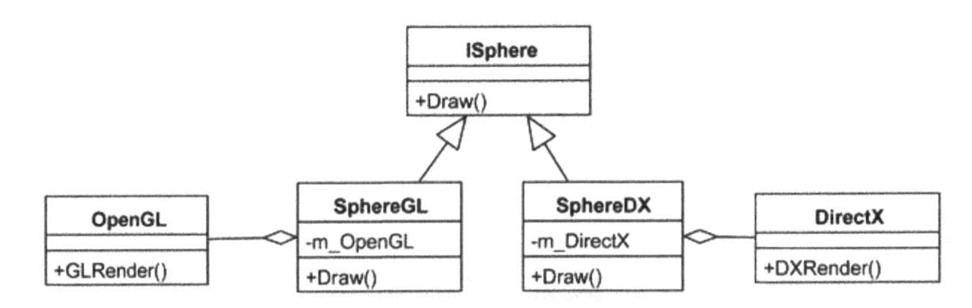

图 9-4　定义继承 IShaper 的两个子类以支持 OpenGL 和 DirectX 两种 3D 绘图 API

```
// 球体使用 Direct 绘出
public class SphereDX : ISphere
{
    DirectX m_DirectX;

    public override void Draw() {
        m_DirectX.DXRender("Sphere");
    }
}

// 球体使用 Direct 绘出
public class SphereGL : ISphere
{
    OpenGL m_OpenGL;
```

```
    public override void Draw() {
        m_OpenGL.GLRender("Sphere");
    }
}
```

SphererDX 代表使用 DirectX 绘制球体；SphereGL 代表使用 OpenGL 绘制球体。因为满足“只依赖接口而不依赖实现”的原则，所以客户端只需要知道 ISphere 接口，至于由哪一个实现类负责完成所需功能，则交给系统决定。如果系统判断客户端当前在 Windows 操作系统下，那么就会选择使用 DirectX 绘制，即会指定 SphererDX 这个实现类；如果是处于 Mac 操作系统环境下，则会选择使用 OpenGL 绘制，即指定 SphereGL 这个实现类。

现在再增加一个“立方体”类，且因为“球体”与“立方体”可以再一般化为一个“形状”父类，类结构图如图 9-5 所示。

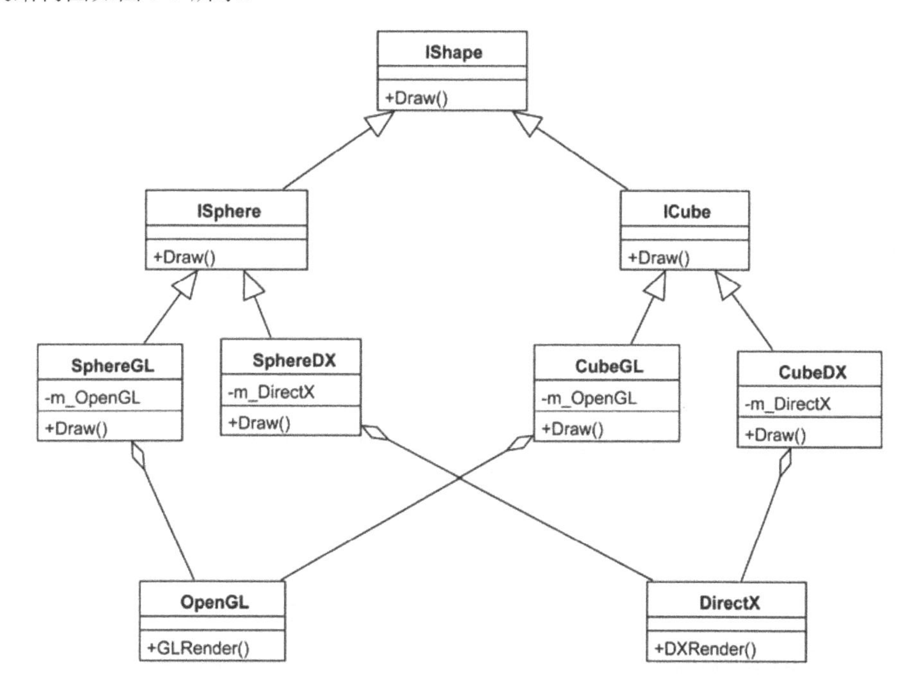

图 9-5　定义“形状”父类后的类结构图

接下来，若系统再继续开发，继续增加“圆柱体”时，会变成如图 9-6 所示的设计。

发现了吗？我们每增加一个“形状”的子类，都必须为新的子类再实现两个孙类，两个孙类中再以 DirectX 和 OpenGL 实现 Draw()方法。为什么会这样呢？原因是，每一个形状的 Draw 方法要在不同的引擎上绘制时，都必须先用“继承”的方式产生新的子类后，才能在各自的 Draw()方式中调用对应的“绘图工具”来绘制该形状，例如：

- 想要在 OpenGL 上绘制一个球体，就先要“继承”球体类来产生一个子类，之后在子类的 Draw()方法中调用“OpenGL 引擎”函数来绘制球体;
- 想要在 DirectX 上绘制一个球体，就先要“继承”球体类来产生一个子类，之后在子类的 Draw()方法中调用“DirectX 引擎”函数来绘制球体。

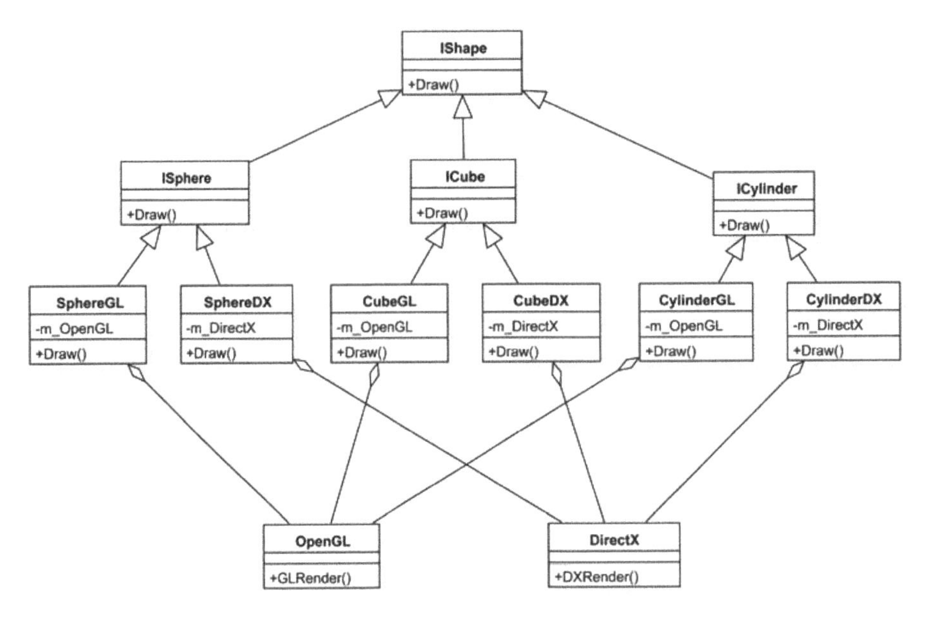

图 9-6　增加“圆柱体”子类后的设计图

我们将实现“不同功能”交给“不同的子类”来完成，也就是利用“继承的方式”来完成“不同功能的实现”，这种方式看似直截了当，但在某些应用上并不是那么聪明。就以上述的“3D 绘画工具”为例，这样利用“继承实现”的解法，反而增加系统维护的难度：也就是每增加一个“形状”子类，就必须连带增加“两个实现类”。

最麻烦的是，如果这个“3D 绘画工具”想要在移动设备上运行，就必须支持“OpenGL ES”引擎，意思就是得再增加第 3 个绘图引擎作为实现的方法，所以设计会变成如图 9-7 所示。

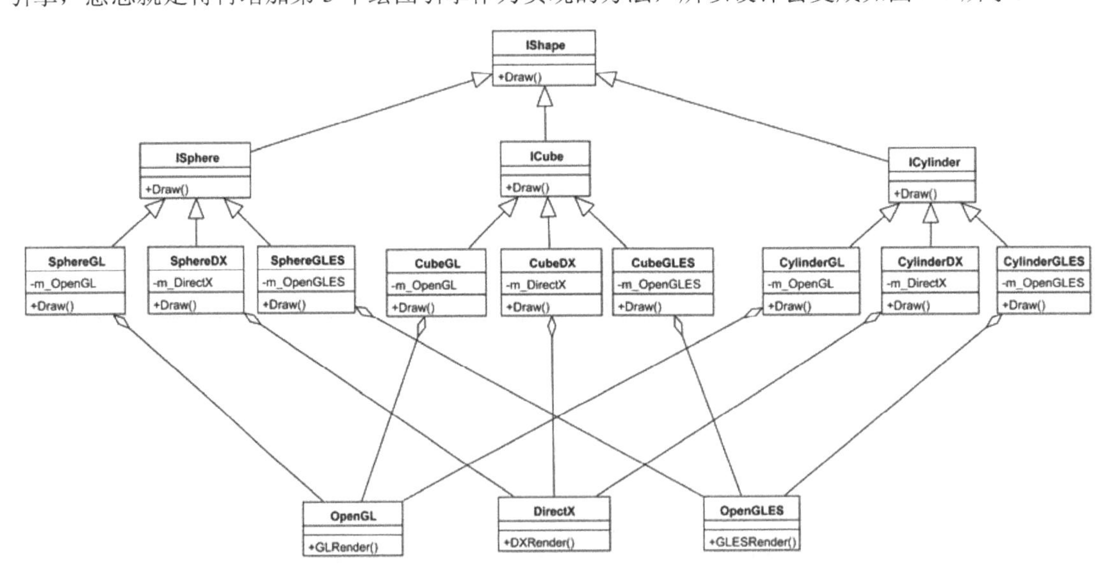

图 9-7　增加第 3 个绘图引擎后的设计图

更糟糕的是，“OpenGL ES”还会因为移动设备支持的程度，又分为 OpenGL ES 1、OpenGL ES 2、OpenGL ES3……。此时，所有的“形状”子类都要加上 GLES：ShaperGLES1、CubeGLES1……。

这会造成非常难维护的情况，因为系统扩充时会连带修改或新增许多类，而且每个绘图工具类还会不断地增加与其他形状类的耦合度（即依赖度）。

但在当前的架构下，不同功能的实现，当前仅采用“继承实现”这个方式。“继承”是“功能实现”的方式之一，但如果“功能实现”被限制在只能使用“继承”方式来达成，则是不乐观的。

9.2.2 桥接模式（Bridge）的说明

如果要避免被限制在只能以“继承实现”来完成功能实现，可考虑使用桥接模式（Bridge）。桥接模式（Bridge）是有别于上述解法的另一种解决方式。从先前的例子中可以看出，基本上这是两个类组群之间，关系呈现“交叉组合汇编”的情况：

- 群组一的“抽象类”指的是将对象或功能经“抽象”之后所定义出来的类接口，并通过子类继承的方式产生多个不同的对象或功能。例如上述的“形状”类，其用途是用来描述一个有“形状”的对象应该具备的功能和操作方式。所以，这个群组只负责增加“抽象类”，不负责实现“接口定义的功能”。
- 群组二的“实现类”指的是这些类可以用来实现“抽象类”中所定义的功能。例如上述例子中的 OpenGL 引擎类和 DirectX 引擎类，它们可以用来实现“形状”类中所定义的“绘出”功能，能将形状绘制到屏幕上。所以，这个群组只负责增加“实现类”。

“群组一类”中的每一个类，可以使用“群组二类”中的每一个类来实现所定义的功能。

在重新设计后，我们将绘图工具当作群组二中的“实现类”，所以先要一般化出一个接口类（“抽象类”），再分别继承不同的实现类，如图 9-8 所示。

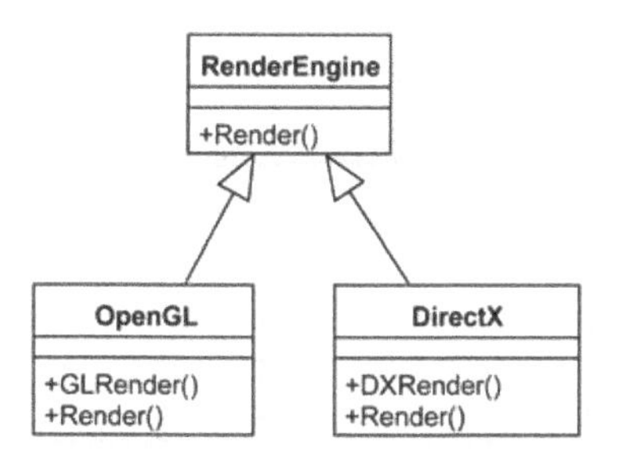

图 9-8　群组二中的“实现类”一般化出一个接口类

在“抽象类”中包含一个“实现类”的对象引用 m_RenderEngine，如图 9-9 所示。

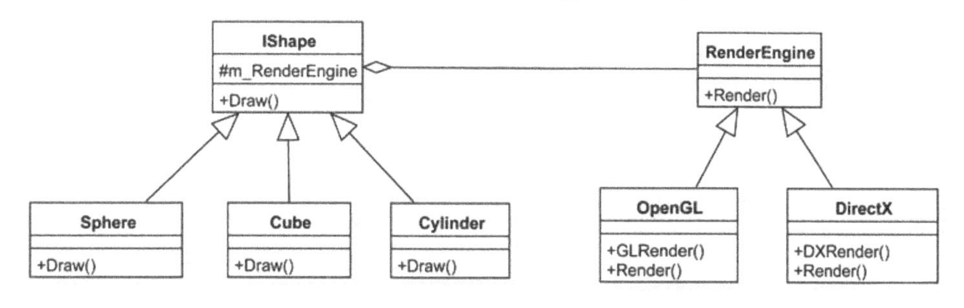

图 9-9　“抽象类”中包含一个“实现类”的对象，引用 m_RenderEngine

继承“抽象类”的子类需要实现功能时，只要通过“实现类”的对象引用 m_RenderEngine 来调用实现功能即可。这样一来，就真正让“抽象与实现分离”，也就是“抽象不与实现绑定”，让“球体”或“立方体”这种抽象概念的类，不再通过产生不同子类的方式去完成特定的“实现方式”（OpenGL 或 DirectX），将“抽象类群组”与“实现类群组”彻底分开。

运用桥接模式（Bridge）后的“形状”类，不必再考虑要使用 OpenGL 还是 DirectX 进行绘制，因为 RenderEngenr 类接口，已经真正实现与客户端（IShaper）分开了。

如图 9-10 所示为 GoF 定义的桥接模式（Bridge）的结构图。

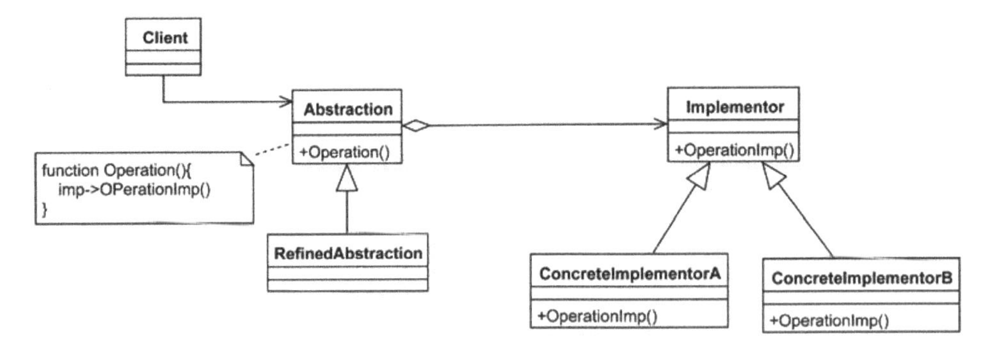

图 9-10　GoF 定义的桥接模式（Bridge）的结构图

参与者的说明如下：

- Abstraction（抽象体接口）
  - 拥有指向 Implementor 的对象引用。
  - 定义抽象功能的接口，也可作为子类调用实现功能的接口。
- RefinedAbstraction（抽象体实现、扩充）
  - 继承抽象体并调用 Implementor 完成实现功能。
  - 扩充抽象体的接口，增加额外的功能。
- Implementor（实现体接口）
  - 定义实现功能的接口，提供给 Abstraction（抽象体）使用。
  - 接口功能可以只有单一的功能，真正的选择则再由 Abstraction（抽象体）的需求加以组合应用。
- ConcreteImplementorA/B（实现体）

  实际完成实现体接口上所定义的方法。

9.2.3　桥接模式（Bridge）的实现范例

以下为“3D 绘图工具”运用桥接模式（Bridge）后的范例。首先定义绘图引擎使用的接口：

Listing 9-4　绘图引擎使用桥接模式的具体实现（实现体接口和实现体）

```
// 绘图引擎
public abstract class RenderEngine
{
```

```
    public abstract void Render(string ObjName);
}

// DirectX 引擎
public class DirectX : RenderEngine
{
    public override void Render(string ObjName) {
        DXRender(ObjName);
    }

    public void DXRender(string ObjName) {
        Debug.Log ("DXRender:"+ObjName);
    }
}

// OpenGL 引擎
public class OpenGL : RenderEngine
{
    public override void Render(string ObjName) {
        GLRender(ObjName);
    }

    public void GLRender(string ObjName) {
        Debug.Log ("OpenGL:"+ObjName);
    }
}
```

将绘图引擎定义为 RenderEngine 后，再分别继承出两个子类：DirectX 和 OpenGL。在两个子类中将父类定义的接口功能重新实现，然后在 IShaper 类中增加一个 RenderEngine 的类成员，并提供一个 SetRanderEngine()方法，让系统能指定当前使用的绘图引擎：

Listing 9-5　绘图引擎使用桥接模式的具体实现（抽象体接口）

```
// 形状
public abstract class IShape
{
    protected RenderEngine m_RenderEngine = null;

    public void SetRenderEngine( RenderEngine theRenderEngine ) {
        m_RenderEngine = theRenderEngine;
    }

    public abstract void Draw();
}
```

抽象体接口定义之后，其下所有的子类都可以通过 m_RenderEngine 对象来调用当前指定的绘图引擎：

Listing 9-6　绘图引擎使用桥接模式的具体实现（抽象体接口的子类）

```
// 球体
```

```
public class Sphere : IShape
{
    public override void Draw() {
        m_RenderEngine.Render("Sphere");
    }
}

// 立方体
public class Cube : IShape
{
    public override void Draw() {
        m_RenderEngine.Render("Cube");
    }
}

// 圆柱体
public class Cylinder : IShape
{
    public override void Draw() {
        m_RenderEngine.Render("Cylinder");
    }
}
```

由于 RenderEngine 将绘图引擎的功能与使用接口类分离，让原本依赖实现的程度降到最低。

新的范例同样是在“只依赖接口而不依赖实现”的原则下实现的。只不过，重构后的 3D 绘图引擎工具中，同时存在着“抽象接口”与“实现接口”，而“抽象接口”中的实现类现在依赖“实现接口”的接口，不再依赖它的实现类了。

9.3 使用桥接模式（Bridge）实现角色与武器接口

定义哪个群组类是“抽象类”，哪个又是“实现类”并不容易。不过，如果从两个类群组的交叉合作开始分析，那么对于桥接模式（Bridge）的运用就不会那么困难了。

9.3.1 角色与武器接口设计

桥接模式（Bridge）除了能够应用在“抽象与实现”的分离之外，还可以应用在：

“当两个群组因为功能上的需求，想要连接合作，但又希望两组类可以各自发展不受彼此影响时”。

本章开始所描述的角色与武器的游戏功能需求满足上述的情况：“角色类群组”想要使用“武器类群组”的功能（攻击），并且希望避免游戏开发后期，因为新增角色或新增武器而影响到另一个类群组，所以采用了桥接模式（Bridge）来实现，设计后的类结构如图 9-11 所示。

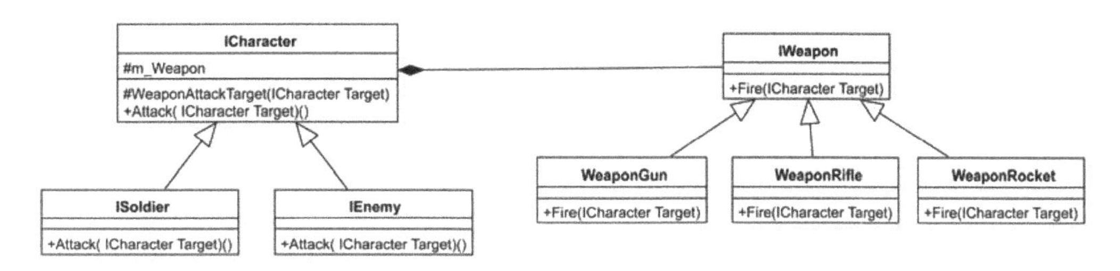

图 9-11　采用桥接模式（Bridge）实现"角色类群组"和"武器类群组"的情况

参与者的说明如下：

- ICharacter：角色的抽象接口拥有一个 IWeapon 对象引用，并且在接口中声明了一个武器攻击目标 WeaponAttackTarget()方法让子类可以调用，同时要求继承的子类必须在 Attack()中重新实现攻击目标的功能。
- ISoldier、IEnemy：双方阵营单位，实现攻击目标 Attack()时，只需要调用父类的 WeaponAttackTarget()方法，就可以使用当前装备的武器攻击对手。
- IWeapon：武器接口，定义游戏中对于武器的操作和使用方法。
- WeaponGun、WeaponRifle、WeaponRocket：游戏中可以使用的 3 种武器类型的实现。

9.3.2　实现说明

将原先的武器类重新定义为 IWeapon 武器接口：

Listing 9-7　桥接模式中的武器接口(IWeapon.cs)

```
// 武器接口
public abstract class IWeapon
{
    // 属性
    protected int m_AtkPlusValue = 0;               // 额外增加的攻击力
    protected int m_Atk = 0;                    // 攻击力
    protected float m_Range= 0.0f;              // 攻击距离

    //
    protected GameObject m_GameObject = null;     // 显示的 Unity 模型
    protected ICharacter m_WeaponOwner = null;    // 武器的拥有者

    // 发射特效
    protected float m_EffectDisplayTime = 0;
    protected ParticleSystem m_Particles;
    protected LineRenderer m_Line;
    protected AudioSource m_Audio;
    protected Light m_Light;

    ...

    // 显示子弹特效
```

```
    protected void ShowBulletEffect(Vector3 TargetPosition,
                                    float LineWidth,float DisplayTime) {
        if( m_Line ==null)
            return ;
        m_Line.enabled = true;
        m_Line.SetWidth( LineWidth,LineWidth);
        m_Line.SetPosition(0,m_GameObject.transform.position);
        m_Line.SetPosition(1,TargetPosition);
        m_EffectDisplayTime = DisplayTime;
    }

    // 显示枪口特效
    protected void ShowShootEffect() {
        if( m_Particles != null)
        {
            m_Particles.Stop ();
            m_Particles.Play ();
        }

        if( m_Light !=null)
            m_Line.enabled = true;
    }

    // 播放音效
    protected void ShowSoundEffect(string ClipName) {
        if(m_Audio==null)
            return ;

        //  获取音效
        IAssetFactory Factory = PBDFactory.GetAssetFactory();
        AudioClip theClip = Factory.LoadAudioClip( ClipName);
        if(theClip == null)
            return ;
        m_Audio.clip = theClip;
        m_Audio.Play();
    }

    ...

    // 攻击目标
    public abstract void Fire( ICharacter theTarget );
    ...
}
```

除了定义武器的相关属性外，也将与特效有关的程序代码实现在父类中，供继承的子类调用。最后则是声明一个“攻击目标 Fire()”抽象方法，让每个子类重新实现该武器在攻击对手时所需的功能：

Listing 9-8　桥接模式中的武器实现

```
// Gun
public class WeaponGun : IWeapon
```

```
{
    public WeaponGun()
    {}

    // 攻击目标
    public override void Fire( ICharacter theTarget ) {
        // 显示武器特效和音效
        ShowShootEffect();
        ShowBulletEffect(theTarget.GetPosition(),0.03f,0.2f);
        ShowSoundEffect("GunShot");

        // 攻击直接命中
        theTarget.UnderAttack( m_WeaponOwner );
    }
} // WeaponGun.cs

// Rifle
public class WeaponRifle : IWeapon
{
    public WeaponRifle()
    {}

    // 攻击目标
    public override void Fire( ICharacter theTarget ) {
        // 显示武器特效和音效
        ShowShootEffect();
        ShowBulletEffect(theTarget.GetPosition(),0.5f,0.2f);
        ShowSoundEffect("RifleShot");

        // 直接命中攻击
        theTarget.UnderAttack( m_WeaponOwner );
    }
} // WeaponRifle.cs

// Rifle
public class WeaponRocket : IWeapon
{
    public WeaponRocket()
    {}

    // 攻击目标
    public override void Fire( ICharacter theTarget ) {
        // 显示武器特效和音效
        ShowShootEffect();
        ShowBulletEffect(theTarget.GetPosition(),0.8f,0.5f);
        ShowSoundEffect("RocketShot");

        // 直接命中攻击
        theTarget.UnderAttack( m_WeaponOwner );
    }
```

```
} // WeaponRocket.cs
```

每一种武器都重新实现了“攻击目标 Fire()”这个方法。客户端（拥有武器的角色）调用该方法后，武器会对目标发动攻击，过程包含了显示特效和音效，最后则是通知目标受到攻击，并把攻击它的武器以参数方式传递过去。但是，在当前实现的程序代码中，每一种武器的实现内容仍相同，而且重复了 3 次，这里还有改进的空间，这一部分的改进方式将留在第 11 章中说明。

最后，在角色接口 ICharacter 的定义中增加一个类型为 IWeapon 的成员属性，用来记录当前装备的武器：

Listing 9-9　桥接模式中的角色接口(ICharacter.cs)

```
// 角色接口
public abstract class ICharacter
{
    private IWeapon m_Weapon = null;                    // 使用的武器

    // 设置使用的武器
    public void SetWeapon(IWeapon Weapon) {
        if( m_Weapon != null)
            m_Weapon.Release();
        m_Weapon = Weapon;

        // 设置武器拥有者
        m_Weapon.SetOwner(this);

        // 设置 Unity GameObject 的层级
        UnityTool.Attach( m_GameObject, m_Weapon.GetGameObject(),
                                    Vector3.zero);
        }

        // 获取武器
        public IWeapon GetWeapon()
        {
            return m_Weapon;
        }

        // 设置额外攻击力
        protected void SetWeaponAtkPlusValue(int Value)
        {
            m_Weapon.SetAtkPlusValue( Value );
        }

        // 武器攻击目标
        protected void WeaponAttackTarget( ICharacter Target)
        {
            m_Weapon.Fire( Target );
        }

        // 计算攻击力
        public int GetAtkValue()
```

```
        {
            // 武器攻击力 + 角色属性的加成
            return m_Weapon.GetAtkValue();
        }

        // 获取攻击距离
        public float GetAttackRange()
        {
            return m_Weapon.GetAtkRange();
        }

        // 攻击目标
        public abstract void Attack( ICharacter Target);

        // 被其他角色攻击
        public abstract void UnderAttack( ICharacter Attacker);
    }
}
```

除了增加一个 IWeapon 类成员 m_Weapon 外，也定义了和武器相关的方法，让客户端可以调用，并且声明了两个抽象方法，让继承的子类重新定义：

Listing 9-10　桥接模式中的角色实现

```
// Soldier 角色接口
public class ISoldier : ICharacter
{
    ...
    // 攻击目标
    public override void Attack( ICharacter Target) {
        // 武器攻击
        WeaponAttackTarget( Target );
    }

    // 被武器攻击
    public override void UnderAttack( ICharacter Attacker )
    {
        ...
    }
} // ISoldier.cs}

// Enemy 角色接口
public class IEnemy : ICharacter
{
    ...
    // 攻击目标
    public override void Attack( ICharacter Target) {
        // 设置武器的额外攻击加成
        SetWeaponAtkPlusValue( m_Value.GetAtkPlusValue() );

        // 武器攻击
```

```
        WeaponAttackTarget( Target );
    }

    // 被武器攻击
    public override void UnderAttack( ICharacter Attacker) {
        ...
    }
} // IEnemy.cs
```

在玩家阵营 ISoldier 类重新实现 Attack 方法时，直接调用父类的 WeaponAttackTarget 方法，要求以当前装备的武器去攻击对手。但在敌方阵营 IEnemy 类中，重新实现的 Attack 方法在调用 WeaponAttackTarget 之前，会先将角色本身能造成的“额外加成效果”设置给装备的武器，以便后续“攻击效果计算”时，能使用到加成的属性。利用这样的方式，IEnemy 类就可以达到游戏需求中提到的“敌方阵营使用武器攻击时，会有额外的加成效果，用来增加攻击时的优势”。

9.3.3 使用桥接模式（Bridge）的优点

运用桥接模式（Bridge）后的 ICharacter（角色接口）就是群组一“抽象类”，它定义了“攻击目标”功能，但真正实现“攻击目标”功能的类，则是群组二 IWeapon（武器接口）“实现类”。对于 ICharacter 及其继承类都不必理会 IWeapon 群组的变化，尤其是游戏开发后期可能增加的武器类型。而对于 ICharacter 来说，它面对的只有 IWeapon 这个接口类，相对地，IWeapon 类群组也不必理会角色类群组内的新增或修改，让两个群组之间的耦合度降到最低。

9.3.4 实现桥接模式（Bridge）的注意事项

在实现角色接口 ICharacter 时，《P 级阵地》将武器类 IWeapon 的变量定义为“私有成员”并提供一组操作函数。这些操作函数除了提供给外界的客户端操作使用外，另一层用意则是不让角色子类直接使用 IWeapon 成员。这项设计的好处在于，让武器系统的功能调用只限制在 ICharacter 类中，因此，武器类 IWeapon 只会和角色接口 ICharacter 产生耦合。这么做是因为当游戏制作进入后期时，下面几种情况是预期会出现的：

1. ICharacter 类群组会产生变化，可能是增加角色类，也可能是增加角色的功能。
2. 武器系统可能更复杂，攻击一个目标时可能需要设置更多的参数，而这些参数无法由角色子类提供。
3. 可能将武器全部更换，换成另一种武器系统（如近战武器），所以需要引入另一组武器群组。

因为武器系统是《P 级阵地》的核心系统之一，一旦产生变化很容易影响到其他系统，所以有必要在实现的初期，就将武器类 IWeapon 的操作与角色群组的子类加以解耦（解除依赖性）。

9.4 桥接模式（Bridge）面对变化时

应用了桥接模式（Bridge）的角色与武器系统，在后续的游戏系统设计上，增加了不少的弹性和灵活度。当需要新增武器类型时，继承 IWeapon 类并重新实现抽象方法后，就可让角色系统装备使用：

Listing 9-11　新增一个武器类 Cannon

```
public class WeaponCannon : IWeapon
{
    public WeaponCannon()
    {}

    // 攻击目标
    public override void Fire( ICharacter theTarget ) {
        // 显示武器特效和音效
        ShowShootEffect();
        ShowBulletEffect(theTarget.GetPosition(),0.1f,0.5f);
        ShowSoundEffect("CannonShot");

        // 直接命中攻击
        theTarget.UnderAttack( m_WeaponOwner );
    }
}
```

而在角色群组的扩充上，也完全不必受到武器系统的限制。后续章节（第 25 章）将会说明在《P 级阵地》中角色群组顺应游戏需求而做的类扩充。

9.5 结论

桥接模式（Bridge）可以将两个群组有效地分离，让两个群组彼此互相不受影响。这两个群组可以是“抽象定义”与“功能实现”，也可以是两个需要交叉合作后才能完成某项任务的类。

与其他模式（Pattern）的合作

在第 15 章中，《P 级阵地》将使用建造者模式（Builder）负责产生游戏中的角色对象，当角色产生时会设置需要装备的武器，而设置武器的操作则是由角色接口中的方法来完成。

其他应用方式

两组类群组需要搭配使用的实现方式，常见于游戏设计中，例如：

- 游戏角色可以驾驶不同的行动载具，如汽车、飞机、水上摩托车……。
- 奇幻类型游戏的角色可以施展法术，除了多样的角色之外，“法术”本身也是另一个复杂的系统，火系法术、冰系法术……，远程法术、近战法术、补血法术……，想额外加上使用限制的话，就必须使用桥接模式（Bridge）让角色与法术类群组妥善结合。

CHAPTER

第 10 章 角色属性的计算——策略模式（Strategy）

10.1 角色属性的计算需求

在《P 级阵地》中，双方阵营的角色都有基本的属性："生命力"和"移动速度"。角色之间可以利用不同的属性作为能力区分（如图 10-1 所示），但双方阵营也会有不同点：

- 玩家阵营的角色有等级属性，等级可通过"兵营升级"的方式来提升，等级提升可以增加防守优势，这些优势包含：角色等级越高，"生命力"就越高，生命力会按照等级加成；被攻击时，角色等级越高，可以抵御更多的攻击力。
- 敌方阵营的角色攻击时，有一定的概率会产生爆击，当爆击发生时，会将"爆击值"作为武器的额外攻击力，让敌方阵营角色增加攻击优势。

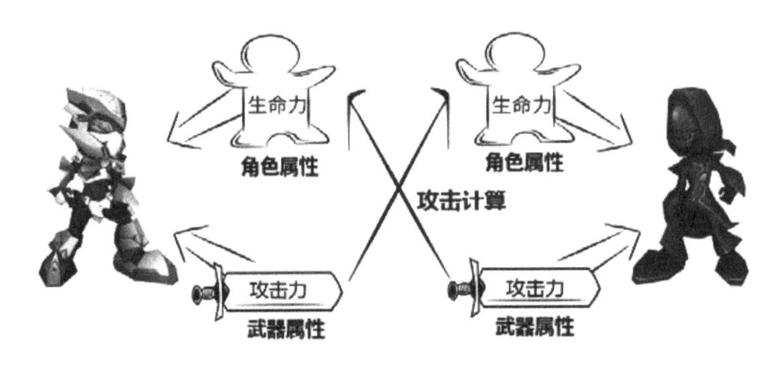

图 10-1　攻击属性的计算

双方角色属性主要是使用在某单位受到攻击时，受攻击的角色需要计算这次攻击所产生的伤害值，然后利用这个伤害值去扣除角色的生命力。所以《P 级阵地》针对攻击后的属性计算，需求如下：

“当单位 A 攻击单位 B 时，A 单位使用当前装备上的武器属性扣除 B 单位角色属性中的生命力，当 B 单位的生命力扣除到 0 以下，B 单位即阵亡，必须从战场上消失”。

综合上述游戏需求的分析，在不考虑单位 A、B 所属阵营的情况下，当一个攻击事件发生时，其流程如下：

1. 单位 A 决定攻击单位 B；
2. 将单位 A 可以产生的“额外攻击加成值”设置给武器；
3. 单位 A 使用当前装备的武器攻击单位 B；
4. 单位 B 受到攻击后，获取“单位 A 的武器攻击力”；
5. 获取“单位 B 的生命力”；
6. “单位 B 的生命力”减去“单位 A 的武器攻击力”，并考虑单位 B 是否有“等级抵御攻击”；
7. 如果“单位 B 的生命力”小于 0，则单位 B 死亡。

但上述流程中，有些步骤的属性计算会因为单位所属的阵营而有不同的计算策略：

- 第 2 步骤中的“额外攻击加成值”，只有敌方阵营会产生，玩家阵营没有这个值。
- 第 6 步骤中的“等级抵御攻击”，只有玩家阵营具备，敌方阵营没有。
- 另外，双方阵营单位在初始化角色时，“单位的生命力”上限也是不同的，玩家阵营有等级加成，敌方阵营没有。

所以，要让一次攻击能够产生正确的计算，在 3 个事件点上会因为不同单位阵营而有不同的计算策略。将角色属性在角色类 Character 中声明是最直截了当的方法：

```
// 角色类型
public enum ENUM_Character
{
    Soldier = 0,
    Enemy,
}

// 角色接口
public class Character
{
    // 拥有一种武器
    protected Weapon m_Weapon = null;

    // 角色属性
    ENUM_Character m_CharacterType;    // 角色类型
    int   m_MaxHP = 0;                 // 最高生命力值
    int   m_NowHP = 0;                 // 当前生命力值
    float m_MoveSpeed = 1.0f;          // 当前移动速度
    int   m_SoldierLv = 0;             // Soldier 等级
    int   m_CritRate = 0;              // 爆击概率
    ...
```

```
}
```

之后，针对“初始化设置”和“攻击流程”，在角色类 Character 中定义所需的操作方法：

```
// 角色接口
public class Character
{
    ...
    // 初始化角色
    public void InitCharacter() {
        // 按角色类型判断最高生命力值的计算方式
        switch(m_CharacterType)
        {
            case ENUM_Character.Soldier:
                // 最大生命力有等级加成
                if(m_SoldierLv > 0 )
                    m_MaxHP += (m_SoldierLv-1)*2;
                break;
            case ENUM_Character.Enemy:
                // 不需要
                break;
        }

        // 重设当前的生命力
        m_NowHP = m_MaxHP;
    }

    // 攻击目标
    public void Attack( ICharacter theTarget) {
        // 设置武器额外攻击加成
        int AtkPlusValue = 0;

        // 按角色类型判断是否加成额外攻击力
        switch(m_CharacterType)
        {
            case ENUM_Character.Soldier:
                // 不需要
                break;
            case ENUM_Character.Enemy:
                // 按爆击概率返回攻击加成值
                int RandValue =  UnityEngine.Random.Range(0,100);
                if( m_CritRate >= RandValue )
                    AtkPlusValue = m_MaxHP*5; // 血量的 5 倍值
                break;
        }

        // 设置额外攻击力
        m_Weapon.SetAtkPlusValue( AtkPlusValue );

        // 使用武器攻击目标
        m_Weapon.Fire( theTarget );
    }
```

```
    // 被攻击
    public void UnderAttack( ICharacter Attacker) {
        // 获取攻击力(会包含加成值)
        int AtkValue = Attacker.GetWeapon().GetAtkValue();

        // 按角色类型计算减伤害值
        switch(m_CharacterType)
        {
            case ENUM_Character.Soldier:
                // 会按照 Soldier 等级减少伤害
                AtkValue -= (m_SoldierLv-1)*2;
                break;
            case ENUM_Character.Enemy:
                // 不需要
                break;
        }

        // 当前生命力减去攻击值
        m_NowHP -= AtkValue;

        // 是否阵亡
        if( m_NowHP <= 0 )
            Debug.Log ("角色阵亡");
    }
    ...
}
```

在这 3 个操作方法中，都针对不同的角色类型进行了相对应的属性计算，但这样的实现方式有以下缺点：

- 每个方法都针对“角色类型”进行属性计算，所以这 3 个方法依赖“角色类型”，当新增“角色类型”时，必须修改这 3 个方法，因此会增加维护的难度。
- 同一类型的计算规则分散在角色类 Character 中，不易阅读和了解。

对于这些因角色不同而有差异的计算公式，该如何重新设计才能解决上述问题呢？GoF 的策略模式（Strategy）为我们提供了解答。

10.2 策略模式（Strategy）

因条件的不同而需要有所选择时，刚入门的程序设计师会使用 if else 或多组的 if elseif else 来完成需求，或者使用 switch case 语句来完成。当然，这是因为入门的程序书籍大多是这样建议的，而且也是最快完成实现的方式。对于小型项目或快速开发验证用的项目而言，或许可以使用比较快速的条件判断方式来实现。但若遇到具有规模或产品化（需要长期维护）项目时，最好还是选择策略模式（Strategy）来完成，因为这将有利于项目的维护。

10.2.1 策略模式（Strategy）的定义

GoF 对策略模式（Strategy）的解释是：

“定义一组算法，并封装每个算法，让它们可以彼此交换使用。策略模式让这些算法在客户端使用它们时能更加独立”。

就“策略（Strategy）”一词来看，有当发生“某情况”时要做出什么“反应”的含义。从生活中可以举出许多在相同的环境下针对不同条件，要进行不同计算方式的例子：

当“购买商品满 399”时，要加送“100 元折价券”；

当“购买商品满 699”时，要加送“200 元折价券”。

当“客人是日本人”时，要“使用日元计价并加手续费 1.5%”；

当“客人是美国人”时，要“使用美元计价并加手续费 1%”。

当“超速未达 10 公里”时，“罚金 3600 元”；

当“超速 10 公里以上”时，“罚金 3600 元外，每公里再加罚 1000 元”。

当“选择换美金”时，“将输入的金额乘以美金汇率”；

当“选择换日元”时，“将输入的金额乘以日币汇率”；

……

在策略模式（Strategy）中，这些不同的计算方式就是所谓的“算法”，而这些算法中的每一个都应该独立出来，将“计算细节”加以封装隐藏，并让它们成为一个“算法”类群组。客户端只需要根据情况来选择对应的“算法”类即可，至于计算方式及规则，客户端不需要去理会。

10.2.2 策略模式（Strategy）的说明

将每一个算法封装并组成一个类群组，让客户端可以选择使用，其基本架构如图 10-2 所示。

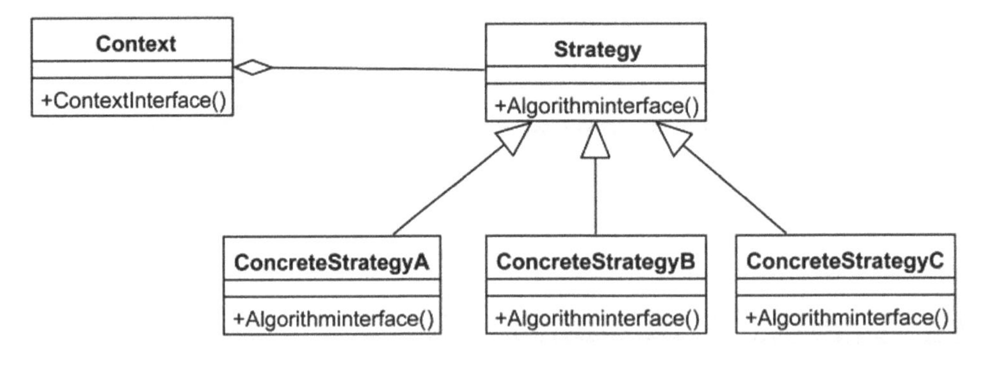

图 10-2 基本架构的示意图

参与者的说明如下：

- Strategy（策略接口类）：提供“策略客户端”可以使用的方法。
- ConcreteStretegyA~ConcreteStretegyC（策略实现类）：不同算法的实现。
- Context（策略客户端）：拥有一个 Strategy 类的对象引用，并通过对象引用获取想要的计算结果。

10.2.3　策略模式（Strategy）的实现范例

首先定义 Strategy 的操作接口：

Listing 10-1　算法的共享接口(Strategy.cs)

- // Context 通过此接口调用 ConcreteStrategy 实现的算法
- public abstract class Strategy
- {
-     public abstract void AlgorithmInterface();
- }

接口中只定义一个计算方法 AlgorithmInterface()，按设计的需要，可以将同一个领域下的演算方法都定义在同一个接口下。之后将真正要实现算法的部分写在 Strategy 的子类中：

Listing 10-2　实现各种算法(Strategy.cs)

```
// 算法 A
public class ConcreteStrategyA : Strategy
{
    public override void AlgorithmInterface() {
        Debug.Log ("ConcreteStrategyA.AlgorithmInterface");
    }
}

// 算法 B
public class ConcreteStrategyB : Strategy
{
    public override void AlgorithmInterface() {
        Debug.Log ("ConcreteStrategyB.AlgorithmInterface");
    }
}

// 算法 C
public class ConcreteStrategyC : Strategy
{
    public override void AlgorithmInterface() {
        Debug.Log ("ConcreteStrategyC.AlgorithmInterface");
    }
}
```

最后声明一个拥有 Strategy 对象引用的 Context 类：

Listing 10-3　拥有 Strategy 对象的客户端(Strategy.cs)

```
public class Context
{
    Strategy m_Strategy = null;
```

```
    // 设置算法
    public void SetStrategy( Strategy theStrategy ) {
        m_Strategy = theStrategy;
    }

    // 执行当前的算法
    public void ContextInterface() {
        m_Strategy.AlgorithmInterface();
    }
}
```

Context 类提供了两个方法：SetStrategy 可以用来提示要使用的算法；ContextInterface 则用来测试当前算法的执行结果。测试程序如下：

Listing 10-4 策略模式测试(StrategyTest.cs)

```
    void UnitTest() {
        Context theContext = new Context();

        // 设置算法
        theContext.SetStrategy( new ConcreteStrategyA());
        theContext.ContextInterface();

        theContext.SetStrategy( new ConcreteStrategyB());
        theContext.ContextInterface();

        theContext.SetStrategy( new ConcreteStrategyC());
        theContext.ContextInterface();
    }
```

在测试程序中，将不同算法的类对象设置给 Context 对象，让 Context 对象去执行各种算法，得出不同的结果：

```
ConcreteStrategyA.AlgorithmInterface
ConcreteStrategyB.AlgorithmInterface
ConcreteStrategyC.AlgorithmInterface
```

10.3 使用策略模式（Strategy）实现攻击计算

许多人在想到要应用策略模式（Strategy）时，常常会遇到不知从何切入的情况。究其原因，通常是不知道如何在不使用 if else 或 switch case 语句的情况下，将这些计算策略配对调用。其实，有时候处理方式是必须利用重构方法或搭配其他的设计模式来完成的，也就是先利用重构方法或搭配其他的设计模式将这些条件判断语句从程序代码中删除，再将策略模式（Strategy）加入到项目的设计方案中。否则，最常见的策略模式（Strategy）应用方式，还是会在 if else 或 switch case 语句中调用对应的策略类对象。

10.3.1　攻击流程的实现

根据本章开始时的说明可以得知，《P 级阵地》的攻击计算中有 3 个事件点需要按条件（单位所属的阵营）来决定所使用的计算公式，这些公式当前共有 6 个（玩家阵营 3 个、敌方阵营 3 个），而这些计算公式可以利用策略模式（Strategy）加以封装。

在重新实现前，《P 级阵地》先将角色属性（生命力、移动速度……）从角色类 ICharacter 中移出，放入专门存储角色属性的 ICharacterAttr 类中。使用专门的类，是因为要符合“单一职责原则（SRP）”的要求，让角色属性能够集中管理，同时也能减少角色类 ICharacter 的复杂度。而在 ICharacterAttr 中，拥有的是负责计算角色属性的“策略类对象”，并能在攻击流程中扮演属性计算的功能，如图 10-3 所示。

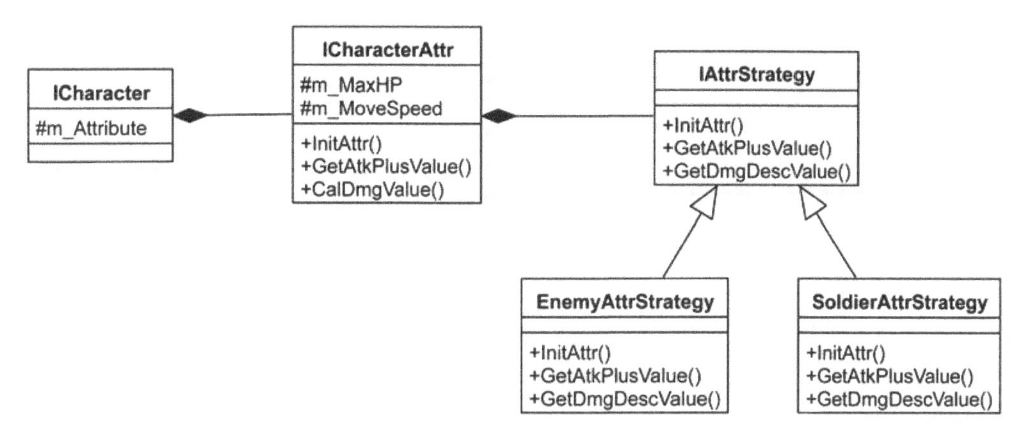

图 10-3　角色属性放入专门存储角色属性的 ICharacterAttr 类

参与者的说明如下：

- ICharacterAttr：声明游戏内使用的角色属性、访问方法和声明攻击流程中所需要的方法，并拥有一个 IAttrStrategy 对象，通过该对象来调用真正的计算公式。
- IAttrStrategy：声明角色属性计算的接口方法，用来把 ICharacterAttr 与计算方法分离，让 ICharacterAttr 可轻易地更换计算策略。
- EnemyAttrStrategy：实现敌方阵营单位在攻击流程中所需的各项公式的计算。
- SoldierAttrStrategy：实现玩家阵营单位在攻击流程中所需的各项公式的计算。

10.3.2　实现说明

将角色属性从 ICharacter 类中独立出来，放入 ICharacterAttr 角色属性类中：

Listing 10-5　定义角色属性接口(ICharacterAttr.cs)

```
public abstract class ICharacterAttr
{
    protected int     m_MaxHP = 0;            // 最高 HP 值
    protected int     m_NowHP = 0;            // 当前 HP 值
```

```
    protected float  m_MoveSpeed = 1.0f;     // 当前移动速度
    protected string m_AttrName = "";        // 属性的名称
    ...

    // 当前 HP
    public int GetNowHP() {
        return m_NowHP;
    }

    // 最大 HP
    public virtual int GetMaxHP() {
        return m_MaxHP;
    }

    // 移动速度累计
    public virtual float GetMoveSpeed() {
        return m_MoveSpeed;
    }
    ...
}
```

在 ICharacterAttr 中，声明游戏角色需要使用的属性，并提供各个属性的访问方法，而声明 ICharacterAttr 为抽象类，是因为两个阵营有各自专用的属性类，必须在子类中加以定义：

Listing 10-6　Soldier 属性(SoldierAttr.cs)

```
public class SoldierAttr : ICharacterAttr
{
    protected int m_SoldierLv = 0;        // Soldier 等级
    protected int    m_AddMaxHP;          //等级新增的 HP 值

    public SoldierAttr()
    {}

    public SoldierAttr(int MaxHP, float MoveSpeed, string AttrName) {
        m_MaxHP = MaxHP;
        m_NowHP = MaxHP;
        m_MoveSpeed = MoveSpeed;
        m_AttrName = AttrName;
    }

    // 设置等级
    public void SetSoldierLv(int Lv) {
        m_SoldierLv = Lv;
    }

    // 获取等级
    public int GetSoldierLv() {
        return m_SoldierLv ;
    }
```

```
    // 设置新增的最大生命力
    public void AddMaxHP(int AddMaxHP) {
        m_AddMaxHP = AddMaxHP;
    }

    // 最大 HP
    public override int GetMaxHP() {
        return base.GetMaxHP() + m_AddMaxHP;
    }
}
```

Listing 10-7　Enemy 属性(EnemyAttr.cs)

```
public class EnemyAttr : ICharacterAttr
{
    protected int m_CritRate = 0; // 爆击概率

    public EnemyAttr()
    {}

    public EnemyAttr(int MaxHP, float MoveSpeed,int CritRate ,
                    string AttrName) {
        m_MaxHP = MaxHP;
        m_NowHP = MaxHP;
        m_MoveSpeed = MoveSpeed;
        m_CritRate = CritRate;
        m_AttrName = AttrName;
    }

    // 爆击率
    public int GetCritRate() {
        return m_CritRate;
    }

    // 减少爆击率
    public void CutdownCritRate() {
        m_CritRate -= m_CritRate/2;
    }
}
```

IAttrStrategy 类则定义了与攻击有关的计算方法：

Listing 10-8　角色属性计算接口(IAttrStrategy.cs)

```
public abstract class IAttrStrategy
{
    // 初始的属性
    public abstract void InitAttr( ICharacterAttr CharacterAttr );

    // 攻击加成
    public abstract int GetAtkPlusValue( ICharacterAttr CharacterAttr );
```

```
    // 获取减少伤害值
    public abstract int GetDmgDescValue( ICharacterAttr CharacterAttr );
}
```

IAttrStrategy 类包含属性的初始化 InitAttr、获取攻击加成值 GetAtkPlusValue 和获取减少伤害值 GetDmgDescValue 3 个方法，这 3 个方法都和角色在攻击流程中计算属性数值有关，所以被定义在同一个类下，可以减少产生过多类的问题。

IAttrStrategy 被 SoldierAttrStrategy 和 EnemyAttr Strategy 两个子类继承，分别用来实现玩家阵营和敌方阵营角色的属性计算：

Listing 10-9 玩家单位（士兵）的属性计算策略(SoldierAttrStrategy.cs)

```
public class SoldierAttrStrategy : IAttrStrategy
{
    // 初始的属性
    public override void InitAttr( ICharacterAttr CharacterAttr ) {
        // 是否为士兵类
        SoldierAttr theSoldierAttr = CharacterAttr as SoldierAttr;
        if(theSoldierAttr==null)
            return ;

        // 最大生命力有等级加成
        int AddMaxHP = 0;
        int Lv = theSoldierAttr.GetSoldierLv();
        if(Lv > 0 )
            AddMaxHP = (Lv-1)*2;

        // 设置最高 HP
        theSoldierAttr.AddMaxHP( AddMaxHP );

    }

    // 攻击加成
    public override int GetAtkPlusValue(ICharacterAttr CharacterAttr) {
        return 0; // 没有攻击加成
    }

    // 获取减少伤害值
    public override int GetDmgDescValue(ICharacterAttr CharacterAttr)  {
        // 是否为士兵类
        SoldierAttr theSoldierAttr = CharacterAttr as SoldierAttr;
        if(theSoldierAttr==null)
            return 0;

        // 返回减少伤害值
        return (theSoldierAttr.GetSoldierLv()-1)*2;;
    }
}
```

在 SoldierAttrStrategy 类中，实现初始化属性 InitAttr 和获取减少伤害值 GetDmgDescValue 应

有的计算公式，让玩家阵营角色可以计算有防守优势的属性。

Listing 10-10　敌方单位的属性计算策略(EnemyAttrStrategy.cs)

```
public class EnemyAttrStrategy : IAttrStrategy
{
    // 初始的属性
    public override void InitAttr( ICharacterAttr CharacterAttr )
    { // 不用计算}

    // 攻击加成
    public override int GetAtkPlusValue(ICharacterAttr CharacterAttr) {
        // 是否为敌方属性
        EnemyAttr theEnemyAttr = CharacterAttr as EnemyAttr;
        if(theEnemyAttr==null)
            return 0;

        // 按爆击概率返回攻击加成值
        int RandValue =  UnityEngine.Random.Range(0,100);
        if( theEnemyAttr.GetCritRate()  >= RandValue )
        {
            theEnemyAttr.CutdownCritRate();    // 减少爆击概率
            return theEnemyAttr.GetMaxHP()*5; // 血量的 5 倍值
        }
        return 0;
    }

    // 获取减少伤害值
    public override int GetDmgDescValue( ICharacterAttr CharacterAttr )
    { return 0; // 没有减少伤害值      }
}
```

在 EnemyAttrStrategy 类中，只针对获取攻击加成值 GetAtkPlusValue，实现所需的计算公式。其中利用 UnityEngine.Random 类产生的概率值，将决定是否发生爆击。如果发生爆击，则按游戏设计的需求，返回攻击加成值，并减少爆击概率（**这是一种游戏平衡的调整**）。

当角色属性计算的相关算法类都封装好了之后，在 ICharacterAttr 类中，就可以加入 IAttrStrategy 的对象引用和相关操作方法，使其成为类成员：

Listing 10-11　角色属性接口(ICharacterAttr.cs)

```
public abstract class ICharacterAttr
{
    protected int    m_MaxHP = 0;                    // 最高 HP 值
    protected int    m_NowHP = 0;                    // 当前 HP 值
    protected float  m_MoveSpeed = 1.0f;              // 当前移动速度
    protected string m_AttrName = "";                 // 属性的名称

    protected IAttrStrategy m_AttrStrategy = null;  // 属性的计算策略

    // 设置属性的计算策略
```

```
    public void SetAttStrategy(IAttrStrategy theAttrStrategy) {
        m_AttrStrategy = theAttrStrategy;
    }

    // 获取属性的计算策略
    public IAttrStrategy GetAttStrategy() {
        return m_AttrStrategy;
    }

    // 初始化角色属性
    public virtual void InitAttr() {
        m_AttrStrategy.InitAttr( this );
        FullNowHP();
    }

    // 攻击加成
    public int GetAtkPlusValue() {
        return m_AttrStrategy.GetAtkPlusValue( this );
    }

    // 获取被武器攻击后的伤害值
    public void CalDmgValue( ICharacter Attacker ) {
        // 获取武器功击力
        int AtkValue = Attacker.GetAtkValue();

        // 减少伤害值
        AtkValue -= m_AttrStrategy.GetDmgDescValue(this);

        // 扣去伤害值
        m_NowHP -= AtkValue;
    }
}
```

在 ICharacterAttr 类中，初始化角色属性时调用 InitAttr，GetAtk PlusValue 和 CalDmgValue 则是在攻击流程中被调用。从上面 3 个方法实现中可以发现，ICharacterAttr 类不用理会当前记录的属性是属于玩家阵营还是敌方阵营，只需要通过 IAttrStrategy 的对象引用 m_AttrStrategy 来执行即可。而 m_AttrStrategy 对象是在 SetAttStrategy 方法中，被设置为“角色构建流程”中对应的计算策略类对象——SoldierAttrStrategy 对象或 Enemy AttrStrategy 对象。随着游戏的开发进度，若有其他相关的计算策略类产生时，也可以使用相同的方式来设置新的计算策略，这一点将稍后说明。

ICharacterAttr 类完成后，就可将其放入角色类 ICharacter 中，并修改攻击流程中的实现程序代码：

Listing 10-12　角色接口(ICharacter.cs)

```
public abstract class ICharacter
{
    ...
    private IWeapon m_Weapon = null;                    // 使用的武器
    protected ICharacterAttr m_Attribute = null;      // 角色属性
```

```
    // 设置角色属性
    public virtual void SetCharacterAttr(ICharacterAttr CharacterAttr){
        // 设置
        m_Attribute = CharacterAttr;
        m_Attribute.InitAttr ();

        // 设置移动速度
        m_NavAgent.speed = m_Attribute.GetMoveSpeed();
        //Debug.Log ("设置移动速度:"+m_NavAgent.speed);

        // 名称
        m_Name = m_Attribute.GetAttrName();
    }

    // 攻击目标
    public void Attack( ICharacter Target) {
        // 设置武器额外攻击加成
        SetWeaponAtkPlusValue( m_Attribute.GetAtkPlusValue() );

        // 攻击
        WeaponAttackTarget( Target);
    }

    // 攻击目标
    public void Attack( ICharacter theTarget) {
        // 设置额外攻击力
        m_Weapon.SetAtkPlusValue(  m_Attribute.GetAtkPlusValue() );

        // 使用武器攻击目标
        m_Weapon.Fire( theTarget );
    }

    // 被攻击
    public void UnderAttack( ICharacter Attacker) {
        // 计算伤害值
        m_Attribute.CalDmgValue( Attacker );

        // 是否阵亡
        if( m_Attribute.GetNowHP() <= 0 )
            Debug.Log ("角色阵亡");
    }
}
```

运用策略模式（Strategy）的角色类 ICharacter，以 ICharacterAttr 类对象来记录角色属性，并提供 SetCharacterAttr 方法，使得在角色构建流程中，可以设置该角色对应的属性（因为每个角色单位都有对应的生命力、移动速度），并且在其中调用 ICharacterAttr 类的 InitAttr 方法来进行第一次的角色属性初始化。

两个配合攻击流程的方法：Attack 和 UnderAttack，在修改后，将原本的角色阵营判断及公式计算都通过 ICharacterAttr 类来执行，而在 ICharacterAttr 类的方法中，会再通过 IAttrStrategy 类对象来调用对应的公式计算算法。

流程图可以让我们了解对象之间的互动流程。如图 10-4 所示为敌方阵营 IEnemy 攻击玩家阵营 ISoldier 时的攻击流程。

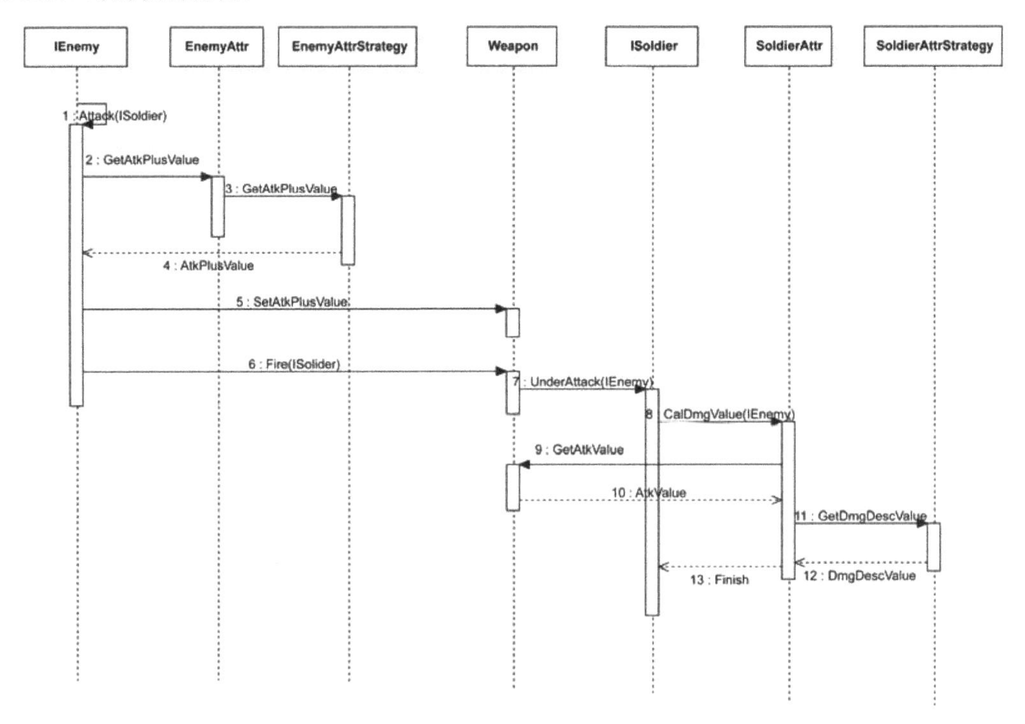

图 10-4　敌方阵营 IEnemy 攻击玩家阵营 ISoldier 时的攻击流程

10.3.3　使用策略模式（Strategy）的优点

将角色属性计算运用策略模式（Strategy）有下列优点：

让角色属性变得好维护

对于改进后的角色类 ICharacter 来说，将角色属性有关的属性以专属类 ICharacterAttr 来取代，可以使以后角色属性变动时，不会影响到角色类 ICharacter。此外，随着游戏需求的复杂化，加入更多的角色属性是可预期的，所以让角色属性集中在同一个类下管理，将有助于后续游戏项目的维护，也可以减少角色类 ICharacter 的更改及降低复杂度。

不必再针对角色类型编写程序代码

通过 ICharacterAttr 与其子类的分工，将双方阵营的属性放置于不同的类中。对于角色类 ICharacter 而言，使用 ICharacterAttr 的对象引用时，完全不用考虑将使用哪一个子类对象，避免了使用 switch case 语句的编写方式及后续可能产生的维护问题。当有新的阵营类产生时，角色类 ICharacter 并不需要有任何改动。

计算公式的替换更为方便

在游戏开发的过程中，属性计算公式是最常变换的。运用策略模式（Strategy）后的 ICharacterAttr，更容易替换公式，除了可以保留原来的计算公式外，还可以让所有公式同时并存，并且能自由切换，关于这一点的详细说明，将在第 10.4 节呈现。

10.3.4　实现策略模式（Strategy）时的注意事项

利用策略模式（Strategy）来管理算法群组，是一种有助于日后维护的好方法，但在使用时，仍有些需要注意的地方：

计算公式时的参数设置

当实现每一个策略类的计算公式时，可能需要外界提供相关的信息作为计算依据，所以 IAttrStrategy 中的每个方法都要求传入计算对象来作为依据，以《P 级阵地》为例，SoldierAttrStrategy 在计算角色初始化时，最高生命力（MaxHP）就是利用传入参数的 ICharacterAttr 对象转型为 SoldierAttr 类后来获取的。主要是因为玩家阵营角色的等级信息，是声明在 SoldierAttr 类而非其父类 ICharacterAttr 中。在当前的类设计规则下，唯有通过转换才能获取所需的等级信息，这其实违反了里氏替换原则（LSP），因此，这里留下了一个修改题目，让读者思考如何重构以符合里氏替换原则（LSP）。由于当前的实现存在转型失败的情况，所以在转型之后需要马上判断转型是否成功，必要的话可以加上警告信息。

与状态模式（State）的差别

如果读者仔细分析状态模式（State）与策略模式（Strategy）的类结构图，可能会发现两者看起来非常相似，如图 10-5 和图 10-6 所示。

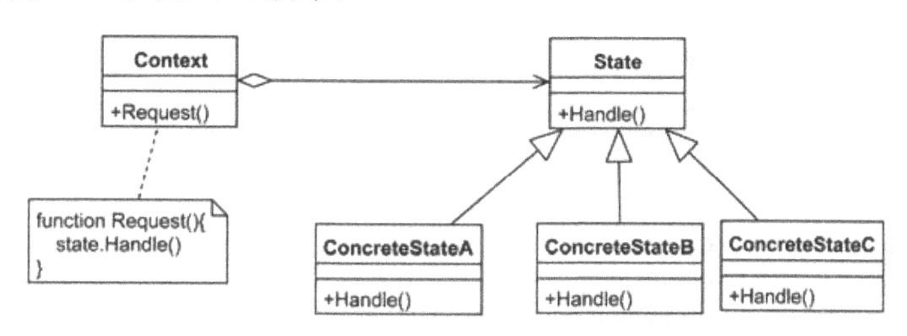

图 10-5　Gof 的状态模式

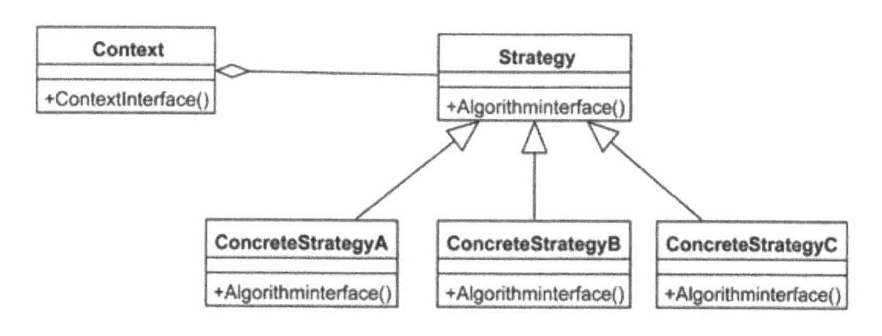

图 10-6　Gof 的策略模式

两者都被 GoF 归类在行为模式（Behavioral Patterns）分类下，都是由一个 Context 类来维护对象引用，并借此调用提供功能的方法。就笔者过去的实践经验，对于这两种模式，可归类出下面几点差异，供读者作为以后选择时的引用依据：

- State 是在一群状态中进行切换，状态之间有对应和连接的关系；Strategy 则是由一群没有任何关系的类所组成，不知彼此的存在。
- State 受限于状态机的切换规则，在设计初期就会定义所有可能的状态，就算后期追加也需要和现有的状态有所关联，而不是想加入就加入；Strategy 是由封装计算算法而形成的一种设计模式，算法之间不存在任何依赖关系，有新增的算法就可以马上加入或替换。

10.4 策略模式（Strategy）面对变化时

当策略模式（Strategy）日后遇到需求变化时，会如何呢？让我们来看一个可能的场景：

《P 级阵地》开发中的某一天…

企划：“小程，可不可以帮我改一下，设置玩家阵营角色在受到攻击时，先不要受等级的影响，我想先测试平衡。”

小程：“可以啊！不过你是说‘先’改成，意思是你有可能再改回来吗？”

企划：“先测试再说。”

小程：“……好”。

这时的小程想了一下这个 “先” 字，因为按照过去的经验，“先”这个字有时候隐含着“改回来”的高度可能。不过所幸的是，现在的角色属性类 ICharacterAttr 已经运用了策略模式（Strategy），可以保留现在的公式（SoldierAttrStrategy 类）以便“改回来”时使用，新的公式只要再声明一个继承自 SoldierAttrStrategy 的子类，将获取减少伤害值的 GetDmgDescValue 方法，修正如下即可：

Listing 10-13 玩家单位（士兵）的属性计算策略（应企划要求更改，没有减伤害值）

```
public class SoldierAttrStrategy_NoDmgDescValue : SoldierAttrStrategy
{
    // 获取减少伤害值
    public override int GetDmgDescValue( ICharacterAttr CharacterAttr )
    {  return 0;// 没有减少伤害值 }
}
```

然后将原本设置给玩家阵营角色的 SoldierAttrStrategy 对象改成新的 SoldierAttrStrategy_NoDmgDescValue 对象就完成了。此时，小程心想“如果哪天企划测试完成又想要改回来，再将设置的对象改回 SoldierAttrStrategy 就可以了”。

又过了几天…

企划：“小程啊，前几天改的，玩家阵营角色在受到攻击时，不要受等级影响，我测试过了……但是好像效果不是很好，你可不可以再帮我改一下”。

小程笑了一下

小程：“改回来吗？”

企划：“不是耶，原先的是乘以 2，现在我想要改乘以 1.5”企划歪着头说。

小程：“好的。”

小程马上按上次的修改方式又改好了，新增的程序代码如下：

```
// 获取减少伤害值
public override int SoldierAttrStrategy_PlusOneAndHalf(
                        ICharacterAttr CharacterAttr ) {
    // 是否为士兵类
    SoldierAttr theSoldierAttr = CharacterAttr as SoldierAttr;
    if(theSoldierAttr==null)
        return 0;

    // 返回减少伤值
    return (theSoldierAttr.GetSoldierLv()-1)*1.5;
}
```

小程：“好了，请更新项目。”

企划：“这么快，那这样好了，上次改的两种公式都留着了吗？”

小程：“你是指原先乘以 2 和不要受等级影响的公式吗？”

企划：“是的，有吗？”

小程：“有，都有。”

企划：“那这样好了，你可不可以做一个配置文件，让我可以选择这 3 个公式，我想做一下比较，但又不想每次都要请你改程序。”

小程：“这样也好，那再等一下，我修改一下。”

此时，小程在项目配置文件中增加了一个“玩家阵营公式选项”的设置参数，并在角色构建流程中增加了选择功能，该功能可以按照“玩家阵营公式选项”的参数设置值，从 SoldierAttrStrategy、SoldierAttrStrategy_NoDmgDescValue、SoldierAttrStrategy_PlusOneAndHalf 3 个类中选择一个设置给玩家阵营角色。

看到了吗？类似的情节中，笔者亲身体验过，也就是在那时，深切体会到“策略模式（Strategy）”的好用之处。

10.5 结论

将复杂的公式计算从客户端中独立出来成为一个群组，之后客户端可以按情况来决定使用的计算公式策略，既提高了系统应用的灵活程度，也强化了系统中对所有计算策略的维护方式。让后续开发人员很容易找出相关计算公式的差异，同时修改点也会缩小到计算公式本身，也不会影响到使用的客户端。

与其他模式（Pattern）的合作

在第 15 章中，《P 级阵地》将使用建造者模式（Builder）负责产生游戏中的角色对象。当角色产生时，会需要设置该角色要使用的“角色属性”，这部分将由各阵营的建造者（Builder）来完成。在 10.3 节曾经提及：若策略模式（Strategy）搭配其他设计模式一起应用的话，就可以不必使用 if else

或 switch case 来选择要使用的策略类。读者将在第 15 章中看到实际的案例。

其他应用方式

- 有些角色扮演型游戏（RPG）的属性系统，会使用“转换计算”的方式来获取角色最终要使用的属性。例如：玩家看到角色界面上只会显示“体力”“力量”“敏捷”……，但实际在运用攻击计算时，这些属性会被再转换为“生命力”“攻击力”“闪避率”……。而之所以会这样设计的原因在于，该游戏有“职业”的设置，对于不同的“职业”，在计算转换时会有不同的转换方式，利用策略模式（Strategy）将这些转换公式独立出来是比较好的。
- 游戏角色操作载具时，会引用角色当前对该类型载具的累积时间，并将之转换为“操控性”，操控性越好，就越能控制该载具。而获取操控性的计算公式，也可以利用策略模式（Strategy）将其独立出来。
- 网络在线型游戏往往需要玩家注册账号，注册账号有多种方式，例如 OpenID（Facebook、Google+）、自建账号、随机产生等。通过策略模式（Strategy）可以将不同账号的注册方式独立为不同的登录策略。这样做，除了可以强化项目的维护，也可以方便转换到不同的游戏项目上，增加重复利用的价值。

CHAPTER

第 11 章 攻击特效与击中反应——模板方法模式（Template Method）

11.1 武器的攻击流程

在“第 9 章角色与武器的实现”中，《P 级阵地》的武器系统在运用桥接模式（Bridge）之后，产生了一系列的武器类（WeaponGun、WeaponRifle、WeaponRocket），而这些类都重新实现了父类 IWeapon 的“攻击目标 Fire()”方法：

Listing 11-1 每一武器类实现的攻击目标方法

```
public class WeaponGun : IWeapon
{
    public WeaponGun()
    {}

    // 攻击目标
    public override void Fire( ICharacter theTarget ) {
        // 显示武器特效和音效
        ShowShootEffect();
        ShowBulletEffect(theTarget.GetPosition(),0.03f,0.2f);
        ShowSoundEffect("GunShot");

        // 直接命中攻击
        theTarget.UnderAttack( m_WeaponOwner );
```

```
    }
}

public class WeaponRifle : IWeapon
{
    public WeaponRifle(){}

    // 攻击目标
    public override void Fire( ICharacter theTarget ) {
        // 显示武器特效和音效
        ShowShootEffect();
        ShowBulletEffect(theTarget.GetPosition(),0.5f,0.2f);
        ShowSoundEffect("RifleShot");

        // 直接命中攻击
        theTarget.UnderAttack( m_WeaponOwner );
    }
}

public class WeaponRocket : IWeapon
{
    public WeaponRocket()
    {}

    // 攻击目标
    public override void Fire( ICharacter theTarget ) {
        // 显示武器特效和音效
        ShowShootEffect();
        ShowBulletEffect(theTarget.GetPosition(),0.8f,0.5f);
        ShowSoundEffect("RocketShot");

        // 直接命中攻击
        theTarget.UnderAttack( m_WeaponOwner );
    }
}
```

因为游戏的需求，每一次武器攻击目标时，都要先进行 ：①开火/枪口特效；②子弹特效；③武器音效，之后再通知目标被击中了。所以在现有的实现方式下可以看到，每种武器类的攻击目标Fire方法中的实现方式都“非常类似”，差别仅在于每种武器所需要的特效不一样而已。

在上面的范例程序中可以看出“重复”是最大的缺点，虽然IWeapon类已经将大部分的重复功能：ShowShootEffect、ShowBulletEffect……，写成了类方法并提供参数让子类调用，但从中仍可以看到，攻击目标时的“流程”重复了。

重复的缺点在于，如果面临“演算流程需要改动”，那么势必要将所有相同演算流程的程序代码一起修正，但有些演算流程动辄数十行以上，实在不容易分别将其找出来修改。

所以，改进的关键在于如何让这些流程（或称为算法）只需要编写一遍，当需要变化时，就由实现的类来负责变化。遇到这样的需求，可以使用GoF中的模板方法模式（Template Method）来解决。

11.2 模板方法模式（Template Method）

程序代码中的“流程”，有时候不太容易观察出来，尤其是当原有的程序代码还没有经过适当重构。有个很好的判断技巧，如果程序设计师发现更新一段程序代码之后，还有另一段程序代码也使用相同的“演算流程”，且实现的内容不太一样，那么这两段程序代码就可以用模板方法模式（Template Method）加以重写。

11.2.1 模板方法模式（Template Method）的定义

GoF 对于模板方法模式（Template Method）的定义是：

“在一个操作方法中定义算法的流程，其中某些步骤由子类完成。模板方法模式让子类在不变更原有算法流程的情况下，还能够重新定义其中的步骤。”

从上述的定义来看，模板方法模式（Template Method）包含以下两个概念：

1. 定义一个算法的流程，即是很明确地定义算法的每一个步骤，并写在父类的方法中，而每一个步骤都可以是一个方法的调用。

2. 某些步骤由子类完成，为什么父类不自己完成，却要由子类去实现呢？

- 定义算法的流程中，某些步骤需要由执行时“当下的环境”来决定。
- 定义算法时，针对每一个步骤都提供了预设的解决方案，但有时候会出现“更好的解决方法”，此时就需要让这个更好的解决方法，能够在原有的架构中被使用。

以下提供几个例子跟大家说明：

以面包的配方和制作方法为例，大概是这样写的：

食材：A1.xxx、A2.xxx、A3.xxxx … B1.yyy、B2.yyy

步骤：

（1）将材料 A1~A5 混合在一起搅拌至光滑；

（2）置于密闭空间醒面 30~50 分钟；

（3）分成 5 等份，整形滚圆再静置约 10~20 分钟；

（4）包入 B1~B3 内餡，整形成长条形状；

（5）置于密闭空间做二次发酵，约 30~50 分钟；

（6）烤焙：预热 180° ，进炉降温至 165℃（或上火 150℃/下火 180℃），烘烤 15~20 分钟至表面上色即可。

如果将面包配方和制作方法看成是“算法的流程”，那么其中的 1~6 就是每一个步骤，而且每一个步骤遵循着一定的先后顺序。做过面包的读者应该可以了解，面包要好吃，发酵的时间长度是关键，而温度、湿度等都会影响发酵所需的时间。所以，上述制作面包的步骤中，第 2、3、5 项是需要实现面包的人按照当天的环境情况来决定发酵的时间，这也是为什么食谱上常出现 xx~xx 分钟，而不是明确告诉你一定要多少分钟，也就是 GoF 定义中所提示的“定义算法的流程中，某些步骤需要由执行时‘当下的环境’来决定”。

3D 渲染技术（Shader）是现代 3D 计算机绘图重要的功能之一。它在整个 3D 成像的过程中，开放出两个步骤：Vertices Shader 和 Pixels Shader，让开发者能够加入自己编写的 Shader Code，来优化游戏所需要呈现的视觉效果，如图 11-1 所示。

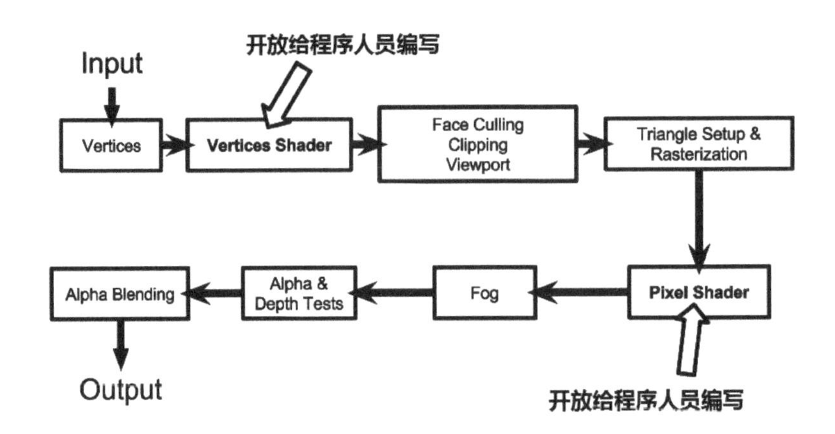

图 11-1 3D 计算机绘图中的 Shader 技术流程图

所以绘图引擎（DirectX、OpenGL）中，都事先定义了所有的绘图流程，并且开放两个步骤给程序设计师进行优化设计，让更好的成像效果能在原有的架构中被使用。近十年来，电玩游戏的视觉效果越来越好，其原因之一是除了绘图引擎（DirectX、OpenGL）本身不断强化之外，也从原有的成像流程中（Rendering Pipeline）开放出两个步骤，让实现者进行优化，以达到最佳效果。

Unity3D 除了提供默认的材质功能外，也提供了让开发者自行编写渲染程序（Shader Code）的功能，而这些渲染程序（Shader Code）会在上述两个步骤中扮演重要的角色，如图 11-2 所示。

Assembly-CSharp - Survival Shooter Sample\Shaders\Rim Lit Bumped Specular.shader - MonoDevelop-Unity

File Edit View Search Project Build Run Version Control Tools Window Help

Debug   Solution loaded

Rim Lit Bumped Specular.sha   Composite.cs

```
Shader "Custom/Rim Lit Bumped Specular" {
    Properties {
      _Color ("Main Color", Color) = (1,1,1,1)
      _SpecColor ("Specular Color", Color) = (0.5,0.5,0.5,1)
      _Shininess ("Shininess", Range(0.03,1)) = 0.078125
      _MainTex ("Base (RGB) Gloss (A)", 2D) = "white" {}
      _BumpMap ("Normal Map", 2D) = "bump" {}
      _RimColor ("Rim Color", Color) = (0.2,0.2,0.2,0.0)
      _RimPower ("Rim Power", Range(0.5,8.0)) = 3.0
    }
    SubShader {
      Tags { "RenderType" = "Opaque" }
      CGPROGRAM
      #pragma surface surf BlinnPhong

      fixed4 _Color, SpecColor;
      half _Shininess;

      struct Input {
          float2 uv_MainTex;
          float2 uv_BumpMap;
          float3 viewDir;
      };
      sampler2D _MainTex;
      sampler2D _BumpMap;
      float4 _RimColor;
      float _RimPower;
      void surf (Input IN, inout SurfaceOutput o) {
          fixed4 tex = tex2D(_MainTex, IN.uv_MainTex);
          o.Albedo = tex2D (_MainTex, IN.uv_MainTex).rgb;
          o.Gloss = tex.a;
          o.Alpha = tex.a * _Color.a;
          o.Specular = _Shininess;
          o.Normal = UnpackNormal (tex2D (_BumpMap, IN.uv_BumpMap));
          half rim = 1.0 - saturate(dot (normalize(IN.viewDir), o.Normal));
          o.Emission = _RimColor.rgb * pow (rim, _RimPower);
      }
      ENDCG
    }
    Fallback "Specular"
}
```

Toolbox Properties Document Outline Unit Tests

Errors Tasks

图 11-2 Unity3D 的 Shader 编辑环境

11.2.2　模板方法模式（Template Method）的说明

模板方法模式（Template Method）的类结构如图 11-3 所示。

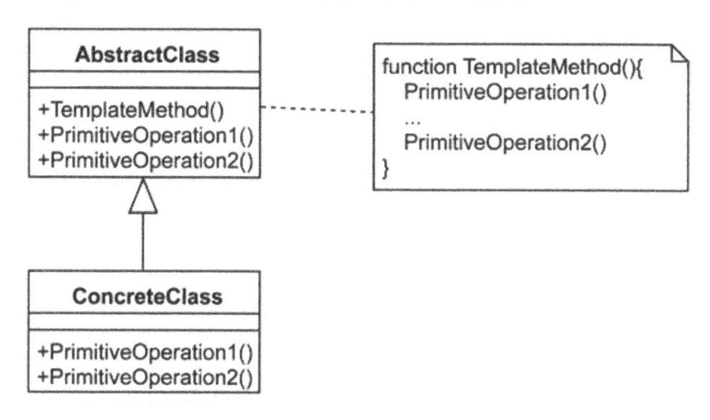

图 11-3　模板方法模式（Template Method）的类结构图

参与者的说明如下：

- AbstractClass（算法定义类）
  - 定义算法架构的类。
  - 可以在某个操作方法（TemplateMethod）中定义完整的流程。
  - 定义流程中会调用到方法（PrimitiveOperation），这些方法将由子类重新实现。
- ConcreteClass（算法步骤的实现类）
  - 重新实现父类中定义的方法，并可按照子类的执行情况反应步骤实际的内容。

11.2.3　模板方法模式（Template Method）的实现范例

模板方法模式（Template Method）在实现上并不复杂，首先将算法架构定义于 AbstractClass 中：

Listing 11-2　定义完整算法的各个步骤及执行顺序(TemplateMethod.cs)

```
public abstract class AbstractClass
{
    public void TemplateMethod() {
        PrimitiveOperation1();
        PrimitiveOperation2();
    }
    protected abstract void PrimitiveOperation1();
    protected abstract void PrimitiveOperation2();
}
```

类中定义了一个方法 TemplateMethod，其中将算法流程定义为两个步骤：PrimitiveOperation1 和 PrimitiveOperation2，这两个方法也接着被声明为抽象方法，让继承的子类重新实现这两个方法。

声明有两个子类来实现 AbstractClass 类中的各个步骤：

Listing 11-3 实现算法的各个步骤

```
public class ConcreteClassA : AbstractClass
{
    protected override void PrimitiveOperation1() {
        Debug.Log("ConcreteClassA.PrimitiveOperation1");
    }

    protected override void PrimitiveOperation2() {
        Debug.Log("ConcreteClassA.PrimitiveOperation2");
    }
} // TemplateMethod.cs

public class ConcreteClassB : AbstractClass
{
    protected override void PrimitiveOperation1() {
        Debug.Log("ConcreteClassB.PrimitiveOperation1");
    }

    protected override void PrimitiveOperation2() {
        Debug.Log("ConcreteClassB.PrimitiveOperation2");
    }
} // TemplateMethod.cs
```

每个子类都重新实现了 AbstractClass 类中的两个抽象方法。测试程序简单地产生对象，并且通过调用父类的 TemplateMethod 来让子类重新实现的方法能够被执行：

Listing 11-4 测试模板方法模式（TemplateMethodTest.cs）

```
    void UnitTest(){
        AbstractClass theClass = new ConcreteClassA();
        theClass.TemplateMethod();

        theClass = new ConcreteClassB();
        theClass.TemplateMethod();
    }
```

```
ConcreteClassA.PrimitiveOperation1
ConcreteClassA.PrimitiveOperation2
ConcreteClassB.PrimitiveOperation1
ConcreteClassB.PrimitiveOperation2
```

11.3 使用模板方法模式实现攻击与击中流程

很难找出程序代码中相同的演算流程，是程序设计放弃使用模板方法模式（Template Method）的原因之一；另一种更常见的情况是，有时这些演算流程中会有一些小变化，也是因为这些小变化，导致程序设计放弃使用模板方法模式（Template Method）。而那个小变化可能是，A 流程中有一个

if 判断语句用以决定是否执行某项功能，但在 B 流程中却没有这个 if 判断语句。当笔者在遇到这种情况时，会连同这个 if 判断语句一起设置为步骤的一部分，只是重构后的 B 类（B 流程）不去重新定义这一步骤所调用的方法。

11.3.1　攻击与击中流程的实现

在《P 级阵地》中，我们先将 IWeapon 类中原本一定要由子类重新实现的“攻击目标 Fire”方法，设计为将原本在子类中实现的代码移到 IWeapon 类中，并找出需要由子类去执行的步骤，将这些步骤声明为“抽象方法”。而原本继承的子类（WeaponGun、WeaponRifle、WeaponRocket）则改成重新实现这些新的步骤方法。运用模板方法模式（Template Method）后的结构图并无改变，但是多了一些必须重新实现的抽象方法，如图 11-4 所示。

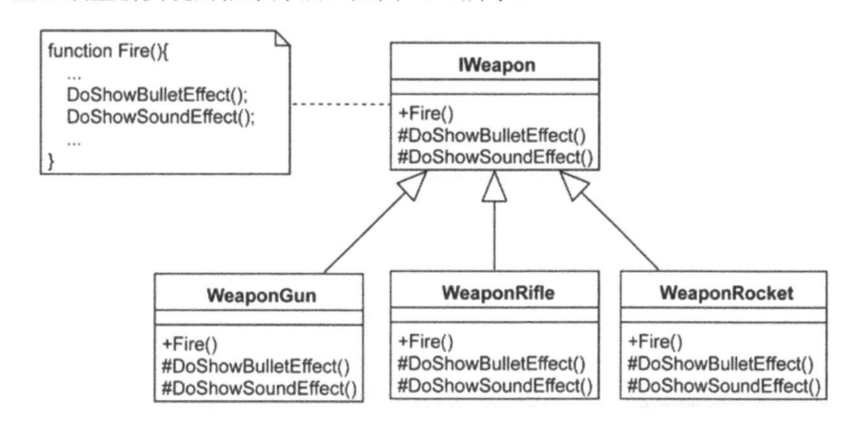

图 11-4　多了重新实现的抽象方法的模板方法模式（Template Method）类结构图

参与者的说明如下：

- IWeapon：在攻击目标 Fire 方法中定义流程，也就是要执行的各个步骤，并将这些步骤声明为抽象方法。
- WeaponGun、WeaponRifle、WeaponRocket：实现 IWeapon 类中需要重新实现的抽象方法。

11.3.2　实现说明

运用模板方法模式（Template Method）后，IWeapon 类如下：

Listing 11-5　使用模板方法模式的武器接口(IWeapon.cs)

```
public abstract class IWeapon
{
    // 属性
    protected int   m_AtkPlusValue = 0; // 额外增加的攻击力
    protected int   m_Atk = 0;                  // 攻击力
    protected float m_Range= 0.0f;      // 攻击距离

    // 攻击目标
```

```
    public void Fire( ICharacter theTarget ) {
        // 显示武器发射/枪口特效
        ShowShootEffect();

        // 显示武器子弹特效(子类实现)
        DoShowBulletEffect( theTarget );

        // 播放音效(子类实现)
        DoShowSoundEffect();

        // 直接命中攻击
        theTarget.UnderAttack( m_WeaponOwner );
    }

    // 显示武器子弹特效
    protected abstract void DoShowBulletEffect( ICharacter theTarget );

    // 播放音效
    protected abstract void DoShowSoundEffect();
}
```

攻击目标 Fire 方法将武器攻击目标分为 4 个执行步骤。这 4 个步骤都以“方法调用”的方式来完成，其中显示武器子弹特效 DoShowBulletEffect 和播放音效 DoShowSoundEffect 两个方法需要由子类来重新实现，所以声明为抽象方法。而原本继承 IWeapon 的 3 个武器类，也都要重新实现这两个方法，并且删除攻击目标 Fire 的程序代码：

Listing 11-6 使用模板方法模式的武器子类

```
public class WeaponGun : IWeapon
{
    public WeaponGun()
    {}

    // 显示武器子弹特效
    protected override void DoShowBulletEffect(ICharacter theTarget) {
        ShowBulletEffect(theTarget.GetPosition(),0.03f,0.2f);
    }

    // 播放音效
    protected override void DoShowSoundEffect(){
        ShowSoundEffect("GunShot");
    }
} // WeaponGun.cs

public class WeaponRifle : IWeapon
{
    public WeaponRifle()
    {}

    // 显示武器子弹特效
```

```
    protected override void DoShowBulletEffect( ICharacter theTarget ){
        ShowBulletEffect(theTarget.GetPosition(),0.5f,0.2f);
    }

    // 播放音效
    protected override void DoShowSoundEffect() {
        ShowSoundEffect("RifleShot");
    }
} // WeaponRifle.cs

public class WeaponRocket : IWeapon
{
    public WeaponRocket()
    {}

    // 显示武器子弹特效
    protected override void DoShowBulletEffect(ICharacter theTarget) {
        ShowBulletEffect(theTarget.GetPosition(),0.8f,0.5f);
    }

    // 播放音效
    protected override void DoShowSoundEffect() {
        ShowSoundEffect("RocketShot");
    }
} // WeaponRocket.cs
```

11.3.3　运用模板方法模式（Template Method）的优点

在 IWeapon 类中，将“攻击目标 Fire 方法”重新修改后，攻击目标的“算法”只被编写了一次，需要变化的部分，则由实现的子类负责，这样一来，原本需要在子类中“重复实现算法”的缺点就不会再出现了。

11.3.4　修改击中流程的实现

在《P 级阵地》中，除了 IWeapon 及其子类采用模板方法模式（Template Method）来设计之外，原本实现在角色类 ICharacter 中的角色受击方法 UnderAttack 也同时一起修改，并实现几项游戏设计的需求：

- 受到攻击时反应。
  - 当玩家阵营角色（ISoldier）受到攻击后，只有阵亡时才产生特效和音效，以提示玩家有我方角色阵亡；
  - 敌方阵营角色（IEnemy）受到攻击时，必定产生特效和音效，以提示玩家有敌方角色受到有效攻击。
- 不同类型的单位产生的特效和音效是不同的。

关于第一点的实现，只要将范例中角色类 ICharacter 中的角色受击方法 UnderAttack 改为抽象方法，并要求两个子类重新定义各自的受击流程即可：

Listing 11-7　使用模板方法模式的角色接口(ICharacter.cs)

```
public abstract class ICharacter
{
    ...
    // 被武器攻击
    public abstract void UnderAttack( ICharacter Attacker);
    ...
} // ICharacter.cs

// Soldier 角色接口
public abstract class ISoldier : ICharacter
{
    // 被武器攻击
    public override void UnderAttack( ICharacter Attacker ) {
        // 计算伤害值
        m_Attribute.CalDmgValue( Attacker );

        // 是否阵亡
        if( m_Attribute.GetNowHP() <= 0 )
        {
            DoPlayKilledSound();          // 音效
            DoShowKilledEffect();         // 特效
            Killed();                     // 阵亡
        }
    }

    // 播放音效
    public abstract void DoPlayKilledSound();

    // 显示特效
    public abstract void DoShowKilledEffect();
} // ISoldier.cs

// Enemy 角色接口
public abstract class IEnemy : ICharacter
{
    // 被武器攻击
    public override void UnderAttack( ICharacter Attacker) {
        // 计算伤害值
        m_Attribute.CalDmgValue( Attacker );

        DoPlayHitSound(); // 音效
        DoShowHitEffect();// 特效

        // 是否阵亡
        if( m_Attribute.GetNowHP() <= 0 )
            Killed();
    }
```

```
        // 播放音效
        public abstract void DoPlayHitSound();

        // 显示特效
        public abstract void DoShowHitEffect();
    } // IEnemy.cs
```

ISoldier 类和 IEnemy 类都重新实现了 UnderAttack 方法，且两个方法都运用了模板方法模式（Template Method），各自要求继承的子类必须重新实现相关的抽象方法。这些抽象方法将满足新增的第二项需求："不同类型的单位所产生的特效和音效是不同的"。

另外，由于游戏设计的需要，让双方阵营各自拥有 3 种角色类型：

- ISoldier 阵营：Captain、Rookie、Sergeant;
- IEnemy 阵营：Elf、Ogre、Troll。

重新实现后的结构如图 11-5 所示。

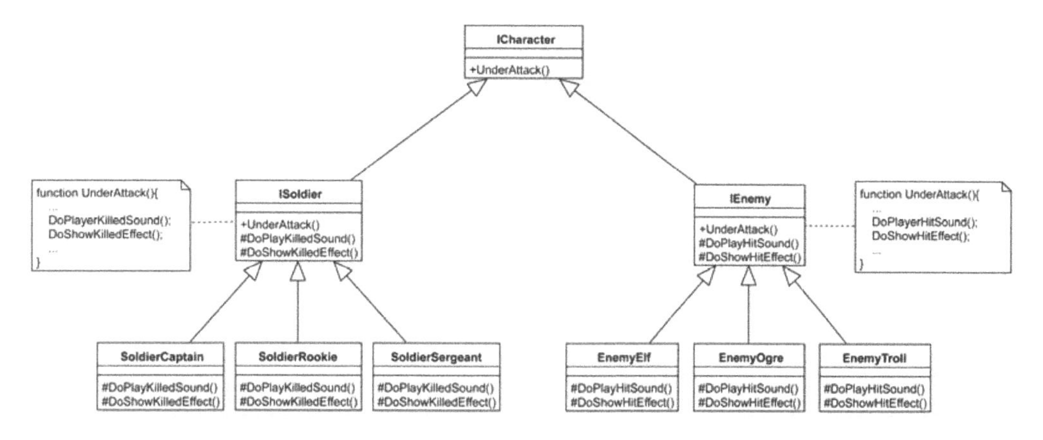

图 11-5　用模板方法模式（Template Method）重新实现后的类结构图

11.4 模板方法模式（Template Method）面对变化时

小程将游戏架构修正完成，过了几天之后……

企划："小程啊……"

小程头抬了一下，这个语调听起来像是有什么麻烦事了……，

小程："什么事？"

企划："你会不会觉得攻击时的枪口特效太明显了，不容易看到子弹从武器发出去的位置？"

小程："嗯……是有点"

企划："那可以先关掉吗？我现在只能一个个地调，这样做很慢，等看完后再调回来。"

小程此时心想："还好我先将武器的攻击目标方法用模板方法模式（Template Method）重构过了，只要将方法中的 ShowShootEffect()先注释起来就好了，这样所有的武器都不会发出枪口特效了。"

```
    // 攻击目标
    public void Fire( ICharacter theTarget ) {
        // 显示武器发射/枪口特效
        // ShowShootEffect();

        // 显示武器子弹特效(子类实现)
        DoShowBulletEffect( theTarget );

        // 播放音效(子类实现)
        DoShowSoundEffect();

        // 直接命中攻击
        theTarget.UnderAttack( m_WeaponOwner );
    }
```

修改好之后，签入上传更新给企划去测试了。

又过了没多久……

企划：“小程。”

小程：“测试完要改回来了吗 ？”

企划：“差不多了，但是我发现新的问题。”

小程：“是 Bug 吗？！”

企划：“不是，不用那么紧张，我是觉得武器的音效好像慢了一点，怎么好像是特效出来后，音效延迟了一下才出来。”

小程：“哦~因为流程上，是先显示特效再播放音效，所以有可能是因为加载延迟的关系。”

企划：“那可以改一下流程，让我测试看看吗？”

小程：“那是要……”

企划：“就是先播放音效再显示特效，可以吗？”

小程：“哈~ 还好我前阵子重构过了，如果你更早之前找我，这个修改大概要变动 3 个类的程序代码，现在只要改一个就可以了。”

小程指的是，只要在 IWeapon 的攻击方法 Fire 中将 DoShowSoundEffect 的执行位置往前移至最前面，就可以一次性完成所有武器的攻击流程的修改：

```
    // 攻击目标
    public void Fire( ICharacter theTarget ) {
        // 播放音效(子类实现)
        DoShowSoundEffect();

        // 显示武器发射/枪口特效
        // ShowShootEffect();

        // 显示武器子弹特效(子类实现)
        DoShowBulletEffect( theTarget );

        // 直接命中攻击
        theTarget.UnderAttack( m_WeaponOwner );
    }
```

如果是在之前，那么所有的子类（WeaponGun、WeaponRifle、WeaponRocket）都要一起修改，而重新设计后的架构，还可以因为测试结果没有新的变化，再更改回原本的流程。所以，只需要修改算法的结构而不必更改子类的程序代码，这是减少“重复流程”程序代码后带来的好处。

11.5 结论

运用模板方法模式（Template Method）的优点是，将可能出现重复的“算法流程”，从子类提升到父类中，减少重复的发生，并且也开放子类参与算法中各个步骤的执行或优化。但如果“算法流程”开放太多的步骤，并要求子类必须全部重新实现的话，反而会造成实现的困难，也不容易维护。

其他应用方式

- 奇幻类角色扮演游戏（RPG），对于游戏角色要施展一个法术时，会有许多特定的检查条件，如魔力是否足够、是否还在冷却时间内、对象是否在法术施展范围内等。如果这些检查条件会按照施展法术的类型而有所不同，那么就可以使用模板方法模式（Template Method）将检查流程固定下来，真正检查的功能则交给各法术子类去实现。另外，一个法术的施展流程和击中计算也可以如同本章范例一样，将流程固定下来，细节交给各法术子类去实现。
- 在线游戏的角色登录，也可以使用模板方法模式（Template Method）将登录流程固定下来，例如：显示登录画面、选择登录方法、输入账号密码、向 Server 请求登录等，然后让登录功能的子类去重新实现其中的步骤。另外，也可以实现不同的登录流程样板来对应不同的登录方式（OpenID、自动创建、快速登录等）。

CHAPTER

第12章 角色AI——状态模式（State）

12.1 角色的AI

在前面几个章节中，我们将《P级阵地》的角色属性、装备武器、武器攻击流程进行了说明。本章我们将把重点放在如何能让角色在场景上“根据战场情况来移动或攻击”。

游戏开始时，玩家会先决定由哪一个兵营产生角色，而角色在经过一段时间的训练后，就会出现在战场上，负责守护阵地防止被敌方角色占领。同时，画面的右方会出现敌方角色，并且不断地朝玩家阵地前进，他们的目的是“占领玩家阵地”。当双方角色在地图上遭遇时会相互攻击，这时候，玩家角色要击退敌人，而敌人角色则是努力突破防线。在过程中，玩家无法参与指挥任何一只角色，任由他们自动决定要如何行动。

在玩家不能参与操作角色的情况下，双方角色要如何自动攻击和防守呢？一般会使用所谓的“人工智能”（A.I.：Artifical Intelligence）来实现这一目标。或许读者会认为“人工智能”是一门很高深的技术，其实不然，它不像字义表面那么复杂，有时候它也可以用很简单的方式来实现。

在实现前先分析一下游戏需求，列出双方阵营的行为模式：

- 玩家阵营角色出现在战场时，原地不动，之后：
  - 当侦测到敌方阵营角色在“侦测范围”内时，往敌方角色移动。
  - 当角色抵达“武器可攻击的距离”时，使用武器攻击对手。
  - 当对手阵亡时，寻找下一个目标。

  - 当没有敌方阵营角色可以被找到，就停在原地不动。
- 敌方阵营角色出现在战场时，往阵地中央前进，之后：
  - 当侦测到玩家阵营角色在“侦测范围”内时，往玩家角色移动。
  - 当角色到达“武器可攻击的距离”时，使用武器攻击对手。
  - 当对手阵亡时，寻找下一个目标。
  - 当没有玩家阵营角色可以被找到，就往阵地中央目标前进。

通过上述的分析，可以得知，双方阵营的角色都有 4 个条件作为判断的依据，而这些条件都可以改变角色的行为（状态）。

例如，原本一出现在场景上的玩家角色 A，其状态为“闲置状态（Idle）”。而进入闲置（Idle）状态的单位 A，会不断地侦测它的“视野范围”内是否有可攻击的目标（敌方阵营单位）。此时，敌方角色 B 出现在场景中，并且会往阵地中央前进，如图 12-1 所示。

图 12-1 闲置状态

当角色 B 进入单位 A 的“视野范围”内时，单位 A 即进入“追击状态（Chase）”并往单位 B 方向移动，如图 12-2 所示。

图 12-2 追击状态

当单位 A 追击 B 到达武器的“射程距离”内时，即进入“攻击状态（Attack）”并使用武器攻击单位 B，如图 12-3 所示。

图 12-3　攻击状态

在经过一番交火之后，当单位 B 阵亡时，且单位 A 又回到“闲置状态（Idle）”，则寻找下一个可攻击的单位，如图 12-4 所示。

图 12-4　恢复闲置状态

所以单位 A 是在不同的状态之间进行切换，因此，实现时可以使用“有限状态机”来完成上述的需求。“有限状态机”通常用来说明系统在几个“状态”之间进行转换，可以用图 12-5 来表示。

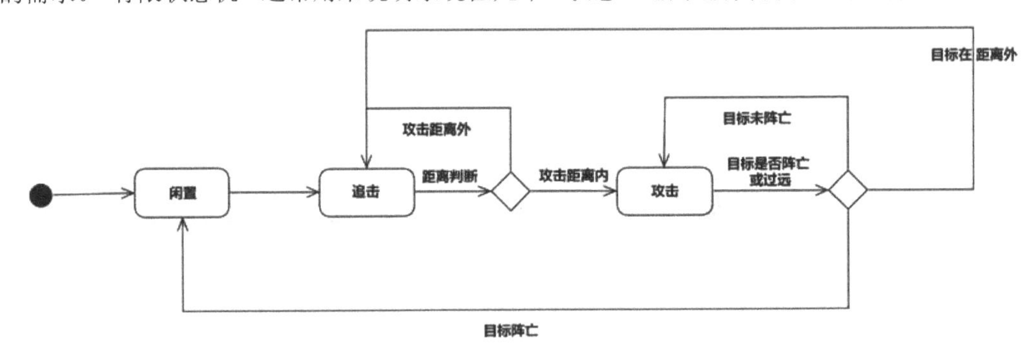

图 12-5　玩家阵营角色的 AI 转换状态机

敌方阵营角色的 AI 转换则可用如图 12-6 所示的状态图来表示。

“有限状态机”用于游戏的 AI 开发时，并不是特别复杂的技术或理论，只需要应用者定义好几个“状态”，并且将每个状态的“转换规则”定义好，就可以使用“有限状态机”来完成 AI 的功能。

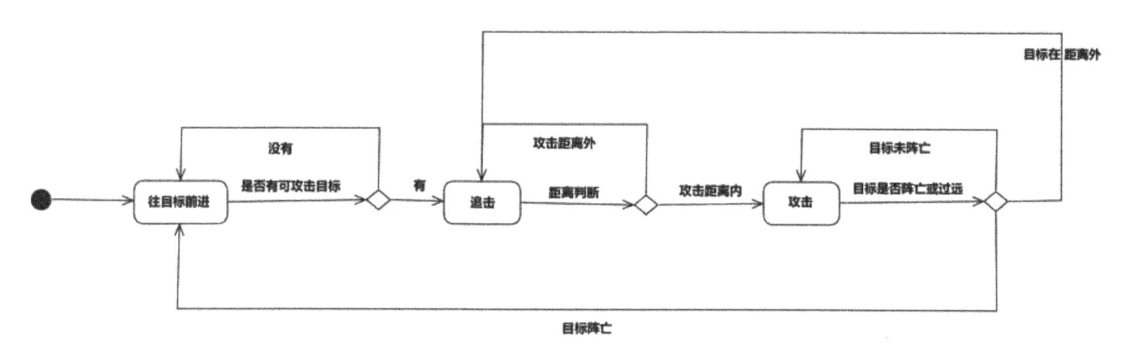

图 12-6　敌对阵营角色的 AI 转换状态机

在《P 级阵地》开始实现时，可以使用 C#的枚举（enum）功能，将所有可能的状态列举出来，并且在角色类 ICharacter 中增加一个 AI 状态的属性。另外，也将在各状态下使用到的参数一并定义进去：

Listing 12-1　角色 AI 的第一次实现

```
// AI 状态
public enum ENUM_AI_State
{
    Idle = 0,    // 闲置
    Chase,       // 追击
    Attack,      // 攻击
    Move,        // 移动
}

//角色
public abstract class ICharacter
{
    // 状态
    protected ENUM_AI_State m_AiState =  ENUM_AI_State.Idle;

    // 移动相关
    protected const float MOVE_CHECK_DIST = 1.5f;
    protected bool m_bOnMove = false;

    // 是否有攻击的地点
    protected bool m_bSetAttackPosition = false;
    protected Vector3 m_AttackPosition;

    // 追击的对象
    protected bool m_bOnChase = false;
    protected ICharacter m_ChaseTarget = null;
    protected const float  CHASE_CHECK_DIST = 2.0f;

    // 攻击的对象
    protected ICharacter m_AttackTarget = null;

    // 更新 AI
```

```
    public abstract void UpdateAI(List<ICharacter> Targets);
    ...
}
```

因为游戏的需求，两个阵营角色的行为有如下差异：

- 玩家阵营：没有目标时，设为闲置状态（Idle），并留在原地。
- 敌方阵营：没有目标时，设为移动状态（Move），并向攻击的目标前进。

所以，将 AI 更新方法 UpdateAI 声明为抽象方法，分别由玩家阵营类 ISoldier 和敌方阵营类 IEnemy 两个子类重新实现。以下是 ISoldier 的实现：

Listing 12-2　Soldier 实现 AI 状态转换

```
public class ISoldier : ICharacter
{
    // 更新AI
    public override void UpdateAI(List<ICharacter> Targets) {
        switch( m_AiState )
        {
            case ENUM_AI_State.Idle: // 闲置
                // 找出最近的目标
                ICharacter theNearTarget = GetNearTarget(Targets);
                if( theNearTarget==null)
                    return;

                // 是否在距离内
                if( TargetInAttackRange( theNearTarget ))
                {
                    m_AttackTarget = theNearTarget;
                    m_AiState = ENUM_AI_State.Attack; // 攻击状态
                }
                else
                {
                    m_ChaseTarget = theNearTarget;
                    m_AiState = ENUM_AI_State.Chase;  // 追击状态                }
                break;

            case ENUM_AI_State.Chase:     // 追击
                // 没有目标时,改为闲置
                if(m_ChaseTarget == null || m_ChaseTarget.IsKilled() )
                {
                    m_AiState = ENUM_AI_State.Idle;
                    return ;
                }

                // 在攻击目标内,改为攻击
                if( TargetInAttackRange( m_ChaseTarget ))
                {
                    StopMove();
                    m_AiState = ENUM_AI_State.Attack;
```

```
                return ;
            }

            // 已经在追击
            if( m_bOnChase)
            {
                // 超出追击的距离
                float dist = GetTargetDist( m_ChaseTarget );
                if( dist < CHASE_CHECK_DIST )
                    m_AiState = ENUM_AI_State.Idle;
                return ;
            }

            // 往目标移动
            m_bOnChase = true;
            MoveTo( m_ChaseTarget.GetPosition() );
            break;

        case ENUM_AI_State.Attack:    // 攻击
            // 没有目标时,改为 Idle
            if(m_AttackTarget == null || m_AttackTarget.IsKilled()
                          || Targets == null || Targets.Count==0 )
            {
                m_AiState = ENUM_AI_State.Idle;
                return ;
            }

            // 不在攻击目标内,改为追击
            if( TargetInAttackRange( m_AttackTarget) ==false)
            {
                m_ChaseTarget = m_AttackTarget;
                m_AiState = ENUM_AI_State.Chase;  // 追击状态
                return ;
            }

            // 攻击
            Attack( m_AttackTarget );
            break;

        case ENUM_AI_State.Move: // 移动
            break;
        }
    }
}
```

以下是 IEnemy 的实现：

Listing 12-3　Enemy 角色实现 AI 状态转换

```
public class IEnemy : ICharacter
{
```

```
    // 更新 AI
    public override void UpdateAI(List<ICharacter> Targets) {
        switch( m_AiState )
        {
            case ENUM_AI_State.Idle: // 闲置
                // 没有目标时
                if(Targets == null ||  Targets.Count==0)
                {
                    // 有设置目标时,往目标移动
                    if( base.m_bSetAttackPosition )
                        m_AiState = ENUM_AI_State.Move;
                    return ;
                }

                // 找出最近的目标
                ICharacter theNearTarget = GetNearTarget(Targets);
                if( theNearTarget==null)
                    return;

                // 是否在距离内
                if( TargetInAttackRange( theNearTarget ))
                {
                    m_AttackTarget = theNearTarget;
                    m_AiState = ENUM_AI_State.Attack; // 攻击状态
                }
                else
                {
                    m_ChaseTarget = theNearTarget;
                    m_AiState = ENUM_AI_State.Chase;  // 追击状态
                }
                break;

            case ENUM_AI_State.Chase:     // 追击
                // 没有目标时,改为闲置
                if(m_ChaseTarget == null || m_ChaseTarget.IsKilled() )
                {
                    m_AiState = ENUM_AI_State.Idle;
                    return ;
                }

                // 在攻击目标内,改为攻击
                if( TargetInAttackRange( m_ChaseTarget ))
                {
                    StopMove();
                    m_AiState = ENUM_AI_State.Attack;
                    return ;
                }

                // 已经在追击
                if( m_bOnChase)
```

```
            {
                // 超出追击的距离
                float dist = GetTargetDist( m_ChaseTarget );
                if( dist < CHASE_CHECK_DIST )
                    m_AiState = ENUM_AI_State.Idle;
                return ;
            }

            // 往目标移动
            m_bOnChase = true;
            MoveTo( m_ChaseTarget.GetPosition() );
            break;

        case ENUM_AI_State.Attack:    // 攻击
            // 没有目标时,改为 Idle
            if(m_AttackTarget == null || m_AttackTarget.IsKilled()
                        || Targets == null || Targets.Count==0 )
            {
                m_AiState = ENUM_AI_State.Idle;
                return ;
            }

            // 不在攻击目标内,改为追击
            if( TargetInAttackRange( m_AttackTarget) ==false)
            {
                m_ChaseTarget = m_AttackTarget;
                m_AiState = ENUM_AI_State.Chase;  // 追击状态
                return ;
            }

            // 攻击
            Attack( m_AttackTarget );
            break;

        case ENUM_AI_State.Move: // 移动
            // 有目标时,改为闲置状态
            if(Targets != null &&  Targets.Count>0)
            {
                m_AiState = ENUM_AI_State.Idle;
                return ;
            }

            // 已经目标移动
            if( m_bOnMove)
            {
                //  是否到达目标
                float dist = GetTargetDist( m_AttackPosition );
                if( dist < MOVE_CHECK_DIST )
                {
                    m_AiState = ENUM_AI_State.Idle;
```

```
                    if( IsKilled()==false)
                        CanAttackHeart();//攻到目标;
                        Killed(); // 设置死亡
                }
                return ;
            }

            // 往目标移动
            m_bOnMove = true;
            MoveTo( m_AttackPosition );
            break;
        }
    }
}
```

两个类都在 UpdateAI 方法中实现了“条件判断”和“有限状态机”的切换。但因为两个阵营对于没有目标时的需求不同，所以在闲置状态（ENUM_AI_State.Idle）和移动状态（ENUM_AI_State.Move）的处理方式不太一样，其他状态大部分是差不多的。

在第 3 章中说明《P 级阵地》转换场景的功能时曾提及，“有限状态机”使用 switch case 来实现时会有一些缺点。所以，在第一次的实现范例中，也同样出现了类似的缺点：

1. 只要增加一个状态，则所有 switch(m_state)的程序代码都需要增加对应的程序代码。

2. 与每一个状态有关的对象和参数都必须被保留在同一个类中，当这些对象与参数被多个状态共享时，可能会产生混淆，不太容易了解是由哪个状态设置的。

3. 两个类的 UpdateAI 方法都过于冗长，不易了解和调试。或许可以将两个类中重复的程序代码重构为父类的方法来共享，但这样一来，又会造成父类 ICharacter 也过于庞大。

同样地，既然能使用“有限状态机”来实现角色的 AI 功能，那么就可以使用状态模式（State）来解决上述缺点。

12.2 状态模式（State）

有限状态机最简单的实现方式，就是使用 switch case 来实现。故而以往很容易看到，一个类方法中被一大串的 switch case 占据。有重构习惯的程序设计师会想办法让每一个 case 下的程序代码能够写到类方法中，但对于“状态转换”和“不共享参数的保护”也会是个麻烦的地方。善用状态模式（State）可以让有限状态机变得不那么复杂。

GoF 对状态模式（State）的详细说明，已经在“第 3 章游戏场景的转换”中完整介绍过了，在此，为方便读者，还是将结构图和角色说明列出，如图 12-7 所示。

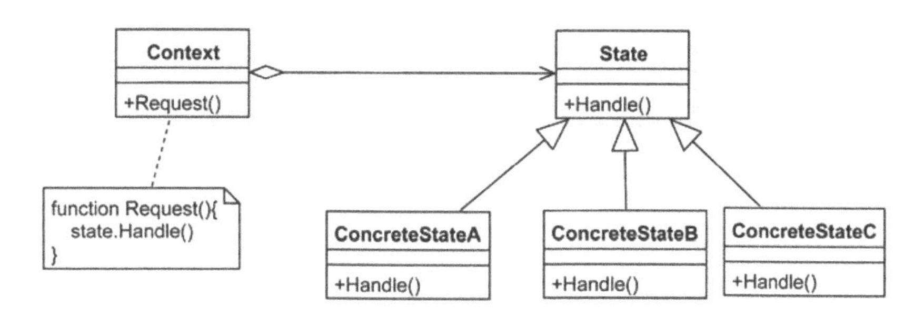

图 12-7　采用状态模式（State）实现时的类结构图

参与者的说明如下：

- Context（状态拥有者）
  - 是有一个具有“状态”属性的类，可以制订相关的接口，让外界能够得知状态的改变或通过操作改变状态。
  - 有状态属性的类，例如：游戏角色有潜行、攻击、施法等状态；好友有上线、脱机、忙碌等状态；GoF 使用 TCP 连接为例，有已连接、等待连接、断线等状态。
  - 会有一个 ConcreteState[X]子类的对象为其成员，用来代表当前的状态。
- State（状态接口类）
  - 制定状态的接口，负责规范 Context（状态拥有者）在特定状态下要表现的行为。
- ConcreteState（具体状态类）
  - 继承自 State（状态接口类）。
  - 实现 Context（状态拥有者）在特定状态下该有的行为。例如，实现角色在潜行状态时该有的行动变缓、3D 模型要半透明、不能被敌方角色察觉等行为。

程序代码的实现部分在第 3 章中有详细说明，在此不再列出。

12.3 使用状态模式（State）实现角色 AI

就如之前提到的，状态模式（State）是游戏程序设计中被应用最频繁的一个模式，而游戏程序设计师的新手第一次学习“有限状态机”的场合，多半是应用在 AI 的实现上。游戏程序设计书籍多半是以 switch case 作为入门的实现方式。当程序设计师了解有限状态机和状态模式（State）的关联之后，想要转换到运用模式来实现，就不会那么困难了。

12.3.1 角色 AI 的实现

在开始运用状态模式（State）时，先将《P 级阵地》中的 AI 功能从角色类中独立出来。所以，先声明一个角色 AI 抽象类 ICharacterAI，而继承它的 SoldierAI 和 EnemyAI 则分别代表玩家角色和敌方角色的 AI。ICharacterAI 类中拥有一个代表当前状态的 IAIState 类对象，IAIState 的子类们分别代表角色当前的状态。类结构图如图 12-8 所示。

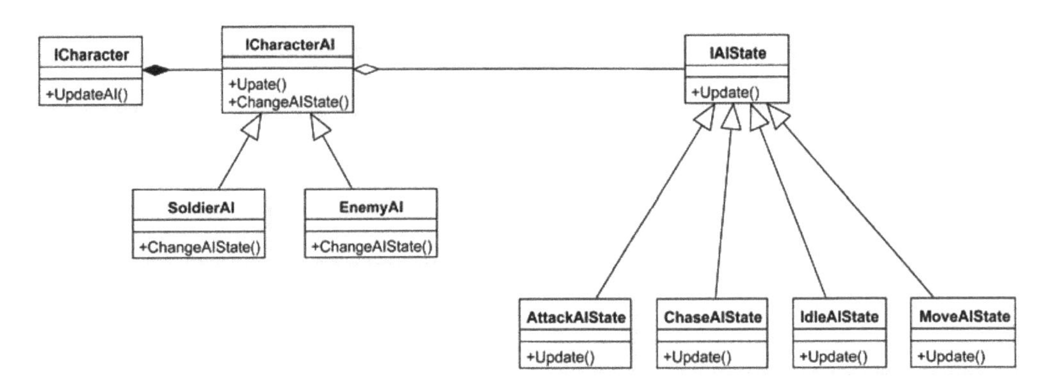

图 12-8　采用状态模式（State）实现游戏角色 AI 的类结构图

参与者的说明如下：

- IAIState：角色的 AI 状态，定义《P 级阵地》中角色 AI 操作时所需的接口
- AttackAIState、ChaseAIState、IdleAIState、MoveAIState：分别代表角色 AI 的状态：攻击（Attack）、追击（Chase）、闲置（Idle）、移动（Move）等状态，并负责实现角色在各自状态下应该有的游戏行为和判断。这些状态都可以设置给双方阵营角色。
- ICharacterAI：双方阵营角色的 AI 接口，定义游戏所需的 AI 方法，并实现相关 AI 操作。类的定义中，拥有代表当前 AI 状态的 IAIState 类对象，也负责执行角色 AI 状态的切换。
- SoldierAI、EnemyAI：ICharacterAI 的子类，由于游戏设计要求双方阵营在 AI 行为上有不同的表现，所以将不同的行为表现在不同的子类中实现。

12.3.2　实现说明

AI 状态接口 IAIState，定义了在不同的 AI 状态下共同的操作接口：

Listing 12-4　AI 状态接口(IAIState.cs)

```
public abstract class IAIState
{
    protected ICharacterAI m_CharacterAI = null; // 角色 AI(状态的拥有者)

    public IAIState()
    {}

    // 设置 CharacterAI 的对象
    public void SetCharacterAI(ICharacterAI CharacterAI) {
        m_CharacterAI = CharacterAI;
    }

    // 设置要攻击的目标
    public virtual void SetAttackPosition( Vector3 AttackPosition )
    {}

    // 更新
```

```
    public abstract void Update( List<ICharacter> Targets );

    // 目标被删除
    public virtual void RemoveTarget(ICharacter Target)
    {}
}
```

IAIState 定义中的 ICharacterAI 类对象引用 m_CharacterAI，主要指向 AI 状态的拥有者，通过该对象引用可以要求角色更换当前的 AI 状态。《P 级阵地》一共实现了 4 个主要 AI 状态，分别为攻击（Attack）、追击（Chase）、闲置（Idle）、移动（Move），这些状态是双方阵营都可以使用到的。但因为双方阵营在闲置（Idle）状态下有不同的行为表现，这一部分的实现方式会在闲置状态类 IdleAIState 中进行判断：

Listing 12-5　闲置状态(IdleAIState.cs)

```
public class IdleAIState : IAIState
{
    bool m_bSetAttackPosition = false; // 是否设置了攻击目标

    public IdleAIState()
    {}

    // 设置要攻击的目标
    public override void SetAttackPosition( Vector3 AttackPosition ) {
        m_bSetAttackPosition = true;
    }

    // 更新
    public override void Update( List<ICharacter> Targets ) {
        // 没有目标时
        if(Targets == null ||  Targets.Count==0)
        {
            // 有设置目标时,往目标移动
            if( m_bSetAttackPosition )
                m_CharacterAI.ChangeAIState( new MoveAIState());
            return ;
        }

        // 找出最近的目标
        Vector3 NowPosition = m_CharacterAI.GetPosition();
        ICharacter theNearTarget = null;
        float MinDist = 999f;
        foreach(ICharacter Target in  Targets)
        {
            // 已经阵亡的不计算
            if( Target.IsKilled())
                continue;

            float dist = Vector3.Distance( NowPosition,
            Target.GetGameObject().transform.position);
```

```
            if( dist < MinDist)
            {
                MinDist = dist;
                theNearTarget = Target;
            }
        }

        // 没有目标,会不动
        if( theNearTarget==null)
            return;

        // 是否在距离内
        if( m_CharacterAI.TargetInAttackRange( theNearTarget ))
            m_CharacterAI.ChangeAIState(
                                new AttackAIState( theNearTarget ));
        else
            m_CharacterAI.ChangeAIState(
                                new ChaseAIState( theNearTarget ));
    }
}
```

闲置状态中利用“是否设置了攻击目标”，也就是 m_bSetAttackPosition 这个属性被设置与否，来决定角色在闲置状态下会不会转换为移动状态。而当前只有 EnemyAI 会通过调用 SetAttackPosition“设置要攻击的目标”方法来启用这个功能，这方法主要是通知敌方阵营角色，在没有目标可攻击时，向阵地中心的方向前进。

Update 是闲置状态的更新方法，它会从参数传递进来的目标中挑选一个最近的作为攻击目标。当攻击目标存在时，会先判断目标是否在武器可攻击的距离内，如果是在可攻击的距离内，则将角色更换为攻击状态，并攻击该目标：

Listing 12-6　攻击状态(AttackAIState.cs)

```
public class AttackAIState : IAIState
{
    private ICharacter m_AttackTarget = null; // 攻击的目标

    public AttackAIState( ICharacter AttackTarget ) {
        m_AttackTarget = AttackTarget;
    }

    // 更新
    public override void Update( List<ICharacter> Targets ) {
        // 没有目标时,改为 Idle
        if( m_AttackTarget == null || m_AttackTarget.IsKilled() ||
            Targets == null || Targets.Count==0 )
        {
            m_CharacterAI.ChangeAIState( new IdleAIState());
            return ;
        }
```

```
            // 不在攻击目标内,改为追击
            if( m_CharacterAI.TargetInAttackRange( m_AttackTarget) ==false)
            {
                m_CharacterAI.ChangeAIState(
                                    new ChaseAIState(m_AttackTarget));
                return ;
            }

            // 攻击
            m_CharacterAI.Attack( m_AttackTarget );
        }

        // 目标被删除
        public override void RemoveTarget(ICharacter Target) {
            if( m_AttackTarget.GetGameObject().name ==
                                    Target.GetGameObject().name )
                m_AttackTarget = null;
        }
    }
```

攻击状态类会将攻击目标记录下来，并在更新方法 Update 中进行攻击。但如果目标角色已经阵亡或不存在时，则切换为闲置状态。另外，当目标角色的距离大于武器可攻击的范围时，则将 AI 状态改为追击状态，并将追击的目标设置给追击状态类：

Listing 12-7　追击状态(ChaseAIState.cs)

```
public class ChaseAIState : IAIState
{
    private ICharacter m_ChaseTarget = null; // 追击的目标

    private const float CHASE_CHECK_DIST = 0.2f; //
    private Vector3 m_ChasePosition = Vector3.zero;
    private bool m_bOnChase = false;

    public ChaseAIState(ICharacter ChaseTarget) {
        m_ChaseTarget = ChaseTarget;
    }

    // 更新
    public override void Update( List<ICharacter> Targets ) {
        // 没有目标时,改为待机
        if(m_ChaseTarget == null || m_ChaseTarget.IsKilled() )
        {
            m_CharacterAI.ChangeAIState( new IdleAIState());
            return ;
        }

        // 在攻击目标内,改为攻击
        if( m_CharacterAI.TargetInAttackRange( m_ChaseTarget ))
        {
            m_CharacterAI.StopMove();
```

```
            m_CharacterAI.ChangeAIState(
                                new AttackAIState(m_ChaseTarget));
            return ;
        }

        // 已经在追击
        if( m_bOnChase)
        {
            // 已到达追击目标,但目标不见,改为待机
            float dist = Vector3.Distance( m_ChasePosition,
                                 m_CharacterAI.GetPosition());
            if( dist < CHASE_CHECK_DIST )
                m_CharacterAI.ChangeAIState( new IdleAIState());
            return ;
        }

        // 往目标移动
        m_bOnChase = true;
        m_ChasePosition = m_ChaseTarget.GetPosition();
        m_CharacterAI.MoveTo( m_ChasePosition );
    }

    // 目标被删除
    public override void RemoveTarget(ICharacter Target) {
        if( m_ChaseTarget.GetGameObject().name ==
                                  Target.GetGameObject().name )
            m_ChaseTarget = null;
    }
}
```

记录好追击的目标之后，追击状态类会在更新方法 Update 中持续地让角色往目标前进，直到目标进入武器可攻击的范围内时，转换为攻击状态（Attack）。但如果目标角色距离太远而超出追击范围（CHASE_CHECK_DIST）时，或者目标阵亡被删除时，就会转为闲置状态。

转为闲置状态的角色，会根据有没有设置“攻击位置”来决定是否要往“攻击位置”移动。若要往“攻击位置”移动，则会将状态转换为移动状态（Move），并将目标位置设置给移动状态类：

Listing 12-8 移动的目标状态(MoveAIState.cs)

```
public class MoveAIState : IAIState
{
    private const float MOVE_CHECK_DIST = 1.5f; //
    bool m_bOnMove = false;
    Vector3 m_AttackPosition = Vector3.zero;

    public MoveAIState()
    {}

    // 设置要攻击的目标
    public override void SetAttackPosition( Vector3 AttackPosition ) {
        m_AttackPosition = AttackPosition;
```

```
    }

    // 更新
    public override void Update( List<ICharacter> Targets ) {
        // 有目标时,改为待机状态
        if(Targets != null && Targets.Count>0)
        {
            m_CharacterAI.ChangeAIState( new IdleAIState() );
            return ;
        }

        // 已经目标移动
        if( m_bOnMove)
        {
            // 是否到达目标
            float dist = Vector3.Distance( m_AttackPosition,
                                    m_CharacterAI.GetPosition());
            if( dist < MOVE_CHECK_DIST )
            {
                m_CharacterAI.ChangeAIState( new IdleAIState());
                if( m_CharacterAI.IsKilled()==false)
                    m_CharacterAI.CanAttackHeart(); // 占领阵地
                m_CharacterAI.Killed();
            }
            return ;
        }

        // 往目标移动
        m_bOnMove = true;
        m_CharacterAI.MoveTo( m_AttackPosition );
    }
}
```

移动状态类记录攻击位置后，在更新方法 Update 中让角色往“攻击位置”移动。其间如果发现有可攻击的目标出现，就马上转为闲置状态，由闲置状态类来决定要攻击目标还是追击目标。当角色到达“攻击位置”，通知角色 AI 类 ICharacterAI 执行“占领阵地”，之后将自己设置为阵亡，实现目标。

而角色 AI 类 ICharacterAI 中，拥有一个 AI 状态对象引用，上述范例中所有状态的切换都需要通过该对象来进行（ICharacterAI 类在本小节的最后还会进行一些修改）：

Listing 12-9　角色 AI 类（ICharacterAI.cs）

```
public abstract class ICharacterAI
{
    protected ICharacter m_Character = null;
    protected float      m_AttackRange = 0;
    protected IAIState   m_AIState = null; // 角色 AI 状态

    protected const float ATTACK_COOLD_DOWN = 1f; // 攻击的 CoolDown
    protected float       m_CoolDown = ATTACK_COOLD_DOWN;
```

```
public ICharacterAI( ICharacter Character) {
    m_Character = Character;
    m_AttackRange = Character.GetAttackRange() ;
}

// 更换 AI 状态
public virtual void ChangeAIState( IAIState NewAIState) {
    m_AIState = NewAIState;
    m_AIState.SetCharacterAI( this );
}

// 攻击目标
public virtual void Attack( ICharacter Target ) {
    // 时间到了再攻击
    m_CoolDown -= Time.deltaTime;
    if( m_CoolDown >0)
        return ;
    m_CoolDown = ATTACK_COOLD_DOWN;

    // 攻击目标
    m_Character.Attack( Target );
}

// 是否在攻击距离内
public bool TargetInAttackRange( ICharacter Target ) {
    float dist = Vector3.Distance( m_Character.GetPosition() ,
                                   Target.GetPosition() );
    return ( dist <= m_AttackRange );
}

// 当前的位置
public Vector3 GetPosition() {
    return m_Character.GetGameObject().transform.position;
}

// 移动
public void MoveTo( Vector3 Position ) {
    m_Character.MoveTo( Position );
}

// 停止移动
public void StopMove() {
    m_Character.StopMove();
}

// 设置阵亡
public void Killed() {
    m_Character.Killed();
}
```

```
    // 是否阵亡
    public bool IsKilled() {
        return m_Character.IsKilled();
    }

    // 目标删除
    public void RemoveAITarget( ICharacter Target ) {
        m_AIState.RemoveTarget( Target);
    }

    // 更新 AI
    public void Update(List<ICharacter> Targets) {
        m_AIState.Update( Targets );
    }

    // 是否可以攻击 Heart
    public abstract bool CanAttackHeart();
}
```

更换 AI 状态方法 ChangeAIState，除了会记录新的 AI 状态对象，也将自己的对象引用设置给新的 AI 状态对象。此外，还提供与游戏角色 AI 功能实现时所需要的操作方法。双方角色分别继承 ICharacterAI 后，实现各自的阵营 AI：

Listing 12-10　玩家阵营角色 AI(SoldierAI.cs)

```
public class SoldierAI : ICharacterAI
{
    public SoldierAI(ICharacter Character):base(Character) {
        // 起始状态
        ChangeAIState(new IdleAIState());
    }

    // 是否可以攻击 Heart
    public override bool CanAttackHeart() {
        return false;
    }
}
```

Listing 12-11　敌方角色 AI(EnemyAI.cs)

```
public class EnemyAI : ICharacterAI
{
    private static StageSystemm_StageSystem = null;
    private Vector3 m_AttackPosition = Vector3.zero;

    // 直接将关卡系统注入 EnemyAI 类使用
    public static void SetStageSystem(StageSystem StageSystem) {
        m_StageSystem = StageSystem;
    }
```

```
    public EnemyAI( ICharacter Character,
                Vector3 AttackPosition):base(Character) {
        m_AttackPosition = AttackPosition;

        // 起始状态
        ChangeAIState(new IdleAIState());
    }

    // 更换 AI 状态
    public override void ChangeAIState( IAIState NewAIState) {
        ChangeAIState( NewAIState);

        // Enemy 的 AI 要设置攻击的目标
        NewAIState.SetAttackPosition( m_AttackPosition );
    }

    // 是否可以攻击 Heart
    public override bool CanAttackHeart() {
        // 通知少一个 Heart
        m_StageSystem.LoseHeart();
        return true;
    }
}
```

最后，将原本在角色类中旧的 AI 实现程序代码删除，增加一个 ICharacterAI 类对象作为执行角色 AI 功能的对象，并提供必要的操作方法：

Listing 12-12　角色接口(ICharacter.cs)

```
public abstract class ICharacter
{
    protected ICharacterAI m_AI = null; // AI
    ...

    // 设置 AI
    public void SetAI(ICharacterAI CharacterAI) {
        m_AI = CharacterAI;
    }

    // 更新 AI
    public void UpdateAI(List<ICharacter> Targets) {
        m_AI.Update(Targets);
    }

    // 通知 AI 有角色被删除
    public void RemoveAITarget( ICharacter Targets ) {
        m_AI.RemoveAITarget(Targets);
    }
    ...
}
```

12.3.3　使用状态模式（State）的优点

游戏角色的 AI 有时并不难，使用有限状态机即可完成。而有限状态机最适合运用状态模式（State）来实现，并具有以下优点：

减少错误发生及降低维护的难度

不使用 switch(m_AiState)来实现 AI 功能，可以减少新增 AI 状态时，因为没有检查到所有 switch()程序代码而造成的错误，也让原本庞大的 AI 更新方法大为缩减，有利于后续的维护。

状态执行环境单一化

与每一个 AI 状态有关的对象及参数，都分别被包含在一个 AI 状态类下，所以可以清楚地了解每一个 AI 状态执行时，需要使用的对象及搭配的类。另外，与其他类使用的对象分开，也可以减少错误设置发生的机会。

12.3.4　角色 AI 执行流程

角色 AI 的执行流程图如图 12-9 所示。下面的流程图显示出，某一角色从“闲置状态”中发现可攻击目标后，转换为“追击状态”。在“追击状态”下，执行向目标移动的功能，并在武器可攻击的范围内转换为“攻击状态”，最后则是在“攻击状态”下攻击目标。

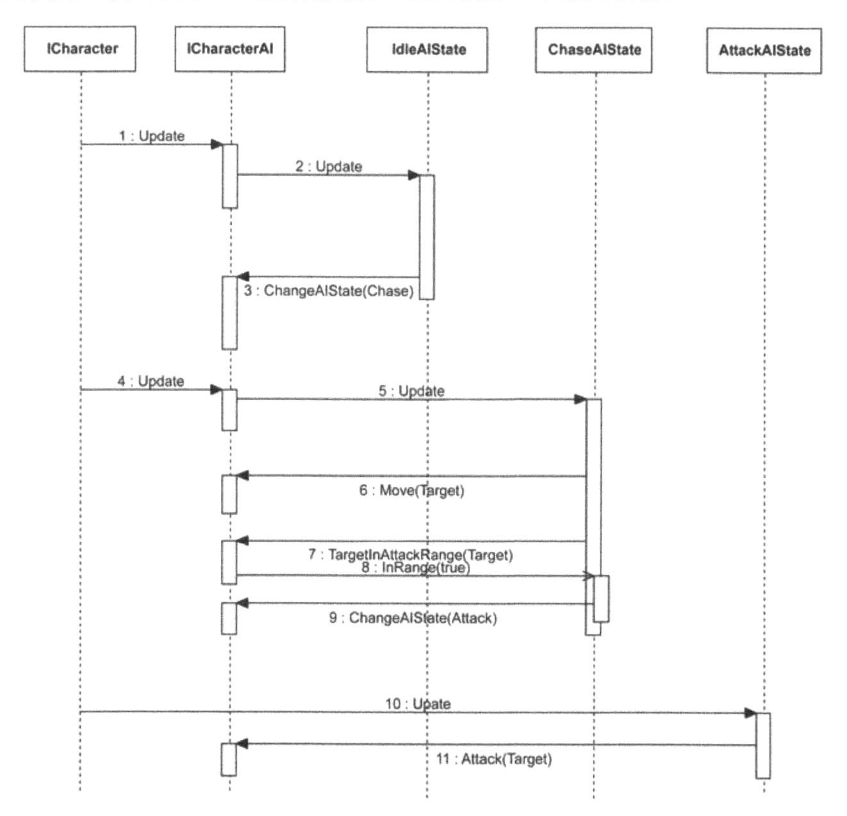

图 12-9　角色 AI 的执行流程图

12.4 状态模式（State）面对变化时

就在某一天，企划又来找小程了……

企划：“小程”

小程：“又有什么需求想要更改啊？”

企划：“是这样的，我最近测试时突然觉得，玩家角色在阵地里站着等下一波敌人出现时，傻傻地站在原地，有点奇怪。”

小程：“嗯……是有那么点呆呆的感觉。”

企划：“是吧？你也这样觉得。那我们来改一下好了，原本来玩家阵营角色在‘没有可攻击目标’时加入一个‘守卫状态’，这样你觉得如何，就像这张新的状态图（如图 12-10 所示）一样。”

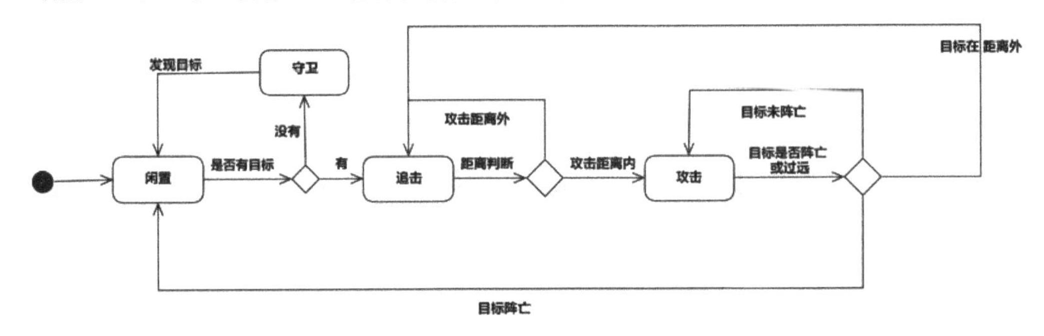

图 12-10　增加了“守卫状态”的新状态图

小程：“那玩家阵营角色在‘守卫状态’时，要执行什么功能吗？”

企划：“我想一下……那就到处走走吧。”

小程想了一下，在当前角色 AI 以状态模式（State）实现的情况下，增加一个状态并不是太困难的任务。所以，小程新增了一个“守卫状态类”：

Listing 12-13　守卫状态(GuardAIState.cs)

```
public class GuardAIState : IAIState
{
    bool m_bOnMove = false;
    Vector3 m_Position = Vector3.zero;
    const int GUARD_DISTANCE = 3;

    public GuardAIState()
    {}

    // 更新
    public override void Update( List<ICharacter> Targets ) {
        // 有目标时,改为待机状态
        if(Targets != null &&  Targets.Count>0)
        {
            m_CharacterAI.ChangeAIState( new IdleAIState() );
            return ;
```

```
        }

        if( m_Position == Vector3.zero)
            GetMovePosition();

        // 目标已经移动
        if( m_bOnMove)
        {
        //  是否到达目标
            float dist = Vector3.Distance( m_Position,
                                     m_CharacterAI.GetPosition());
            if( dist > 0.5f )
                return ;

            // 换下一个位置
            GetMovePosition();
        }

        // 往目标移动
        m_bOnMove = true;
        m_CharacterAI.MoveTo( m_Position );
    }

    // 设置移动的位置
    private void GetMovePosition() {
        m_bOnMove = false;

        // 获取随机位置
        Vector3 RandPos = new Vector3( UnityEngine.Random.Range(-
                                  GUARD_DISTANCE,GUARD_DISTANCE),
                                  0, UnityEngine.Random.Range(-
                                  GUARD_DISTANCE,GUARD_DISTANCE));

        // 设置为新的位置
        m_Position = m_CharacterAI.GetPosition() + RandPos;
    }
}
```

在“守卫状态”的角色，会不断地向随机位置移动。但是发现攻击目标出现时，就会马上转换为“闲置状态”，让闲置状态决定是要追击还是攻击目标。

完成守卫状态类后，再修改原来的“闲置状态”类，让“没有设置攻击目标”的角色，能转换成“守卫状态”：

Listing 12-14　闲置状态(IdleAIState.cs)

```
public class IdleAIState : IAIState
{
    ...
    // 更新
    public override void Update( List<ICharacter> Targets ) {
```

```
            // 没有目标时
            if(Targets == null ||  Targets.Count==0)
            {
                // 设置了目标时,往目标移动
                if( m_bSetAttackPosition )
                    m_CharacterAI.ChangeAIState( new MoveAIState());
                else
                    m_CharacterAI.ChangeAIState( new GuardAIState());
                return ;
            }
            ...
        }
        ...
    }
```

小程在完成修改后，评估了一下：新增了一个类 GuardAIState 及修改了原有的闲置状类 IdleAIState ，对原有架构并未造成太大的变化。包含执行完单元测试（Unit Test），花费了不到 1 小时，所以在现有的状态模式（State）设计基础下，对于这个游戏需求的修改，可以说是有效率的。

12.5 结论

使用状态模式（State）可以清楚地了解单一状态执行时的环境，减少因新增状态而需要大量修改现有程序代码的维护成本。

而在《P 级阵地》中，只规划了 4 个状态来实现游戏角色的攻击等实现需求，但对于较复杂的 AI 行为，可能会产生过多的“状态类”，而造成大量类产出的问题，这算是其中的缺点。不过，先前已经提到过：与传统使用 switch(state_code)的实现方式相比，使用状态模式（State）对于项目后续的长期维护上，仍是较具优势的。

与其他模式（Pattern）的合作

在“第 15 章：角色的组装”中，《P 级阵地》将使用建造者模式（Builder）来负责游戏中角色对象的产生，当角色产生时，需要设置该角色使用的 AI 类和状态，这部分会由各阵营的建造者（Builder）来完成。

这也是另一个桥接模式（Bridge）的范例

如果读者再仔细分析一下 11.3 节的角色 AI 类结构图及实现程序代码，以及 11.4 节增加的“守卫状态”的修改方式，就可以理解，角色 AI 类（ICharacterAI）与 AI 状态类（IAIState）两者之间其实是采用桥接模式（Bridge）进行连接的。

角色 AI 类（ICharacterAI）是“抽象类”，定义了与 AI 有关的行为和操作，它的子类只负责增加不同的“抽象类”，如玩家角色 AI（SoldierAI）和敌方角色 AI（EnemyAI），而 AI 状态类（IAIState）是“实现类”，负责实现 AI 的行为和状态之间的转换（使用 State 来实现）。所以，当项目需要增加“守卫状态”时，不会影响到角色 AI 类（ICharacterAI）群组；当项目再新增一个角色 AI 类（ICharacterAI）时，也一定不会影响到现有的 AI 状态类（IAIState）群组。

其他应用方式

奇幻类型的角色扮演游戏（RPG）中，常有设置目标遭到法术攻击后会呈现的“特殊状态”，例如：

- 冰冻：角色不能移动，有特效出现。
- 晕眩：角色不能移动，会有眩晕动作。
- 变身：角色变成另一种形体，会在场上乱走动。

……

这些特殊状态，都可以使用状态模式（State）来实现，但限制是，只能同时存在一个状态。

CHAPTER

第 13 章 角色系统

13.1 角色类

经过前面几章的介绍后，《P 级阵地》角色类 ICharacter 的功能就大致完成了，角色架构如图 13-1 所示。

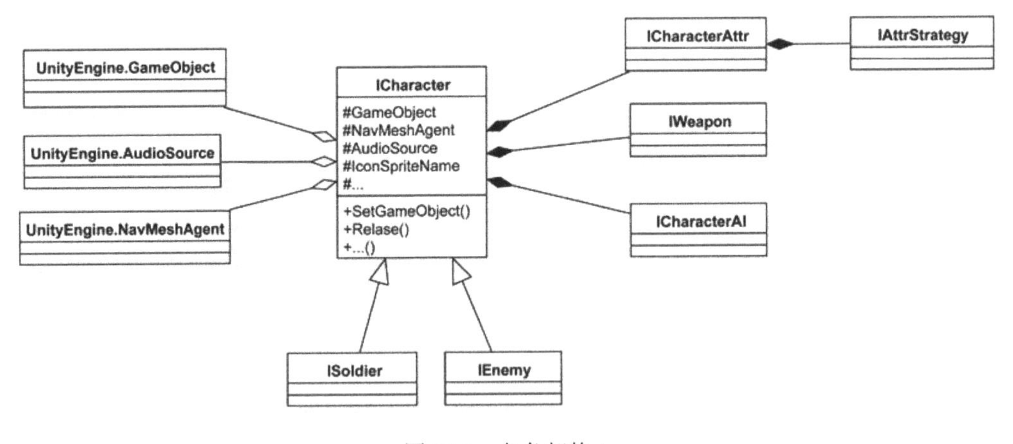

图 13-1 角色架构 1

在图 13-1 中，包含了与角色功能相关的类：

- 角色属性类 ICharacterAttr：记录角色当前的最高生命值、攻击力，并负责计算攻击流程中所需要的属性。

- 武器类 IWeapon：角色可以装备的武器。
- 角色 AI 类 ICharacterAI：负责角色在游戏中攻击和防守等自动行为。

另外图 13-1 中还包含一些与 Unity3D 引擎有关的几个组件：

- UnityEngine.GameObject：负责角色在游戏中的 3D 模型数据，通过该对象引用可以设置 Unity3D 相关的功能，而有关实际创建出角色 3D 模型数据，将在下一个阶段进行说明。
- UnityEngine.AudioSource：负责播放角色在游戏进行中发出的音效。
- UnityEngine.NavMeshAgent：负责角色在场景中的自动寻径功能。以往，游戏中如果实现自动寻径功能，多半要自行开发寻径（Path Finding）算法（A*, Dijkstra……）。不过 Unity3D 引擎已经内置了不错的寻径系统，可节省许多开发时间。

角色类 ICharacter 算是《P 级阵地》的重要类之一，但要让其实际运行起来，还需要一些系统进行协助，如图 13-2 所示。

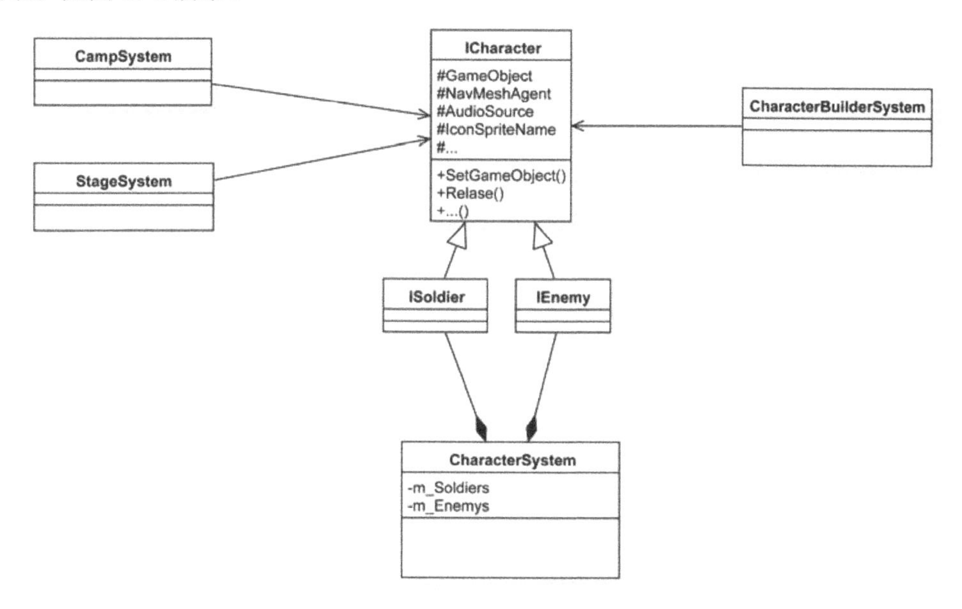

图 13-2　角色与其他系统

- 游戏角色管理系统 CharacterSystem：管理游戏中双方阵营所产生的角色，并通过它的定期更新功能，让角色 AI 系统可以运行并产生自动化行为（攻击、防守）。
- 游戏角色生产和组装功能：一个游戏角色包含了 3 个游戏系统组件和 Unity3D 引擎相关的对象。所以在角色组装系统 ChcaraterBuilderSystem 中，会经过一定的步骤和流程，将这些组件产生并设置给一个角色。此外，将 Unity3D 引擎中的模型从资源目录下加载，并放入场景中也有一定的步骤。关于角色的组装，将在本书第 4 篇中进行详细说明。
- 兵营系统与关卡系统：玩家通过兵营系统 CampSystem 产生玩家阵营的角色来防守阵地。而关卡系统 StageSystem 则是按照设置，不断地产生敌方角色来进攻玩家的阵地。

13.2 游戏角色管理系统

游戏角色管理系统 CharacterSystem，在《P 级阵地》中负责管理角色类 ICharacter 的对象。它是"第 4 章游戏主要类"中提到的一个"游戏系统 IGameSystem"，它的类对象会在 PBaseDefenseGame 类中被定义和初始化，并在 PBaseDefenseGame 类的定期更新方法 Update 中被更新。

所谓的游戏角色"管理"指的是，角色管理系统 CharacterSystem 类会将当前游戏产生的角色类对象"记录"下来，并提供接口让客户端可以新增、删除、获取这些被记录的角色对象。而此处所称的"记录"则是使用 C#的容器类 List 来完成。通过记录管理这些对象，让游戏系统可以有效地进行角色更新、数据查询、资源释放等操作。最重要的是，游戏中的角色之所以能够自动攻击和防守，就是由游戏角色管理系统 CharacterSystem 来执行的。

游戏角色管理系统 CharacterSystem 的类定义中，先定义的两个 List 容器类，分别来记录玩家角色和敌方角色：

```
// 管理创建出来的角色
public class CharacterSystem : IGameSystem
{
    private List<ICharacter> m_Soldiers = new List<ICharacter>();
    private List<ICharacter> m_Enemys = new List<ICharacter>();
    ...
```

并且提供与这两个容器相关的"管理"功能，包含新增、删除等方法：

```
    // 管理容器的相关方法
    // 增加 Soldier
    public void AddSoldier( ISoldier theSoldier) {
        m_Soldiers.Add( theSoldier );
    }

    // 删除 Soldier
    public void RemoveSoldier( ISoldier theSoldier) {
        m_Soldiers.Remove( theSoldier );
    }

    // 增加 Enemy
    public void AddEnemy( IEnemy theEnemy) {
        m_Enemys.Add( theEnemy );
    }

    // 删除 Enemy
    public void RemoveEnemy( IEnemy theEnemy) {
        m_Enemys.Remove( theEnemy );
    }

    // 删除角色
    public void RemoveCharacter() {
        // 删除掉可以删除的角色
```

```
        RemoveCharacter( m_Soldiers,m_Enemys,
                         ENUM_GameEvent.SoldierKilled );
        RemoveCharacter( m_Enemys, m_Soldiers,
                         ENUM_GameEvent.EnemyKilled);
    }

    // 删除角色
    public void RemoveCharacter(List<ICharacter> Characters,
                                List<ICharacter> Opponents,
                                ENUM_GameEvent emEvent) {
        // 分别获取可以删除和存活的角色
        List<ICharacter> CanRemoves = new List<ICharacter>();
        foreach( ICharacter Character in Characters)
        {
            // 是否阵亡
            if( Character.IsKilled() == false)
                continue;
            //  是否确认过阵亡事件
            if( Character.CheckKilledEvent()==false)
                m_PBDGame.NotifyGameEvent( emEvent,Character );
            // 是否可以删除
            if( Character.CanRemove())
                CanRemoves.Add (Character);
        }

        // 删除
        foreach( ICharacter CanRemove in CanRemoves)
        {
            // 通知对手删除
            foreach(ICharacter Opponent in Opponents)
                Opponent.RemoveAITarget( CanRemove );

            // 释放资源并删除
            CanRemove.Release();
            Characters.Remove( CanRemove );
        }
    }

    // Enemy 数量
    public int GetEnemyCount() {
        return m_Enemys.Count;
    }
```

游戏角色管理系统的定期更新中，会先让所有角色进行更新，再进行角色 AI 的功能更新：

```
    // 系统定期更新
    // 更新
    public override void Update() {
        UpdateCharacter();
        UpdateAI(); // 更新 AI
    }
```

```
    // 更新角色
    private void UpdateCharacter() {
        foreach( ICharacter Character in m_Soldiers)
            Character.Update();
        foreach( ICharacter Character in m_Enemys)
            Character.Update();
    }

    // 更新AI
    private void UpdateAI() {
        // 分别更新两个群组的AI
        UpdateAI(m_Soldiers, m_Enemys );
        UpdateAI(m_Enemys, m_Soldiers );

        // 删除角色
        RemoveCharacter();
    }

    // 更新AI
    private void UpdateAI(   List<ICharacter> Characters,
                             List<ICharacter> Targets ) {
        foreach( ICharacter Character in Characters)
            Character.UpdateAI( Targets );
    }
```

这里的“更新”并不是指Unity3D引擎MonoBehaviour中的Update方法，而是进行我们为开发需求所设计的“游戏系统”更新。就像在“第7章游戏的主循环”中提到的“单一的游戏系统”，对于《P级阵地》来说，游戏角色管理系统CharacterSystem和角色AI就是“单一的游戏系统”，所以必须通过之前设计的Game Loop机制来定期更新，并使它们运行：

“通过Game Loop，开发者可以为游戏系统定期更新功能，因为这个游戏系统类，不想通过继承MonoBehaviour且挂入某一个Unity游戏对象(GameObject)的方式，来拥有定期更新的功能。”

以角色AI功能为例，在UpdateAI的方法中，会分别更新两个阵营群组的AI方法。在更新每一个单位角色AI时（UpdateAI），都会将敌对营阵的全部角色以参数的方式传入。这样一来，每个角色在AI状态更新时，就会有全部的敌对角色可以引用，之后就可以从这些敌对角色中找出可攻击或追击的目标，接着完成AI状态的转换或维持现状。通过下面的流程图（如图13-3所示）就能了解整体系统的运行方式。

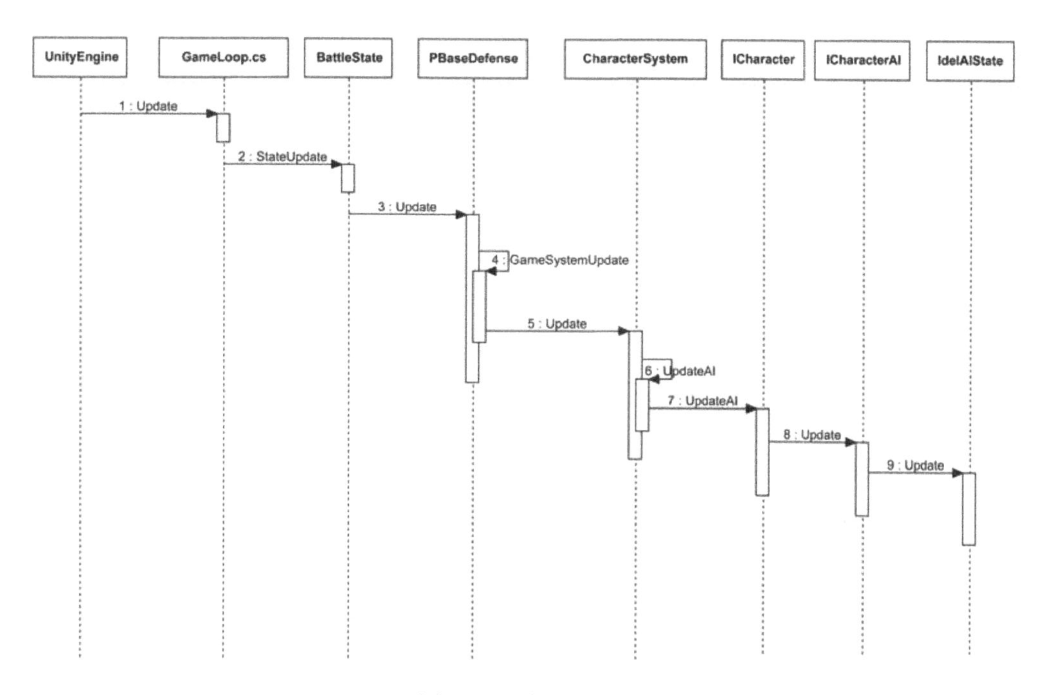

图 13-3　系统流程图

在后续的阶段中，我们将继续介绍“游戏角色的生产和组装功能”以及“兵营系统与关卡系统”，也将介绍在一般实现时会遇到的问题，并提出使用设计模式的解决方法。

第 4 篇 角色的产生

面向对象程序设计使用“类”来区分系统的各项功能，例如《P 级阵地》的 PBaseDefenseGamer 类负责整体游戏的运行、对外沟通以及对内子系统间的协调；角色管理系统 CharacterSystem 则是负责双方阵营角色的管理。

除了静态类（static class）之外，类都需要通过产生对象的方式，让类的功能得以运行，虽然 PBaseDefenseGamer 类采用单例模式（Singleton）来获取唯一的对象，但也是在类内产生了一个“静态类对象”来作为操作的对象。另外，角色管理系统 CharacterSystem 则是成为 PBaseDefenseGamer 类的成员，直接在 PBase DefenseGamer 初始化时就产生对象实例：

Listing IV-1 游戏系统在初始化时产生对象(PBaseDefenseGame.cs)

```
public class PBaseDefenseGame
{
    ...
    // 游戏系统
    private CharacterSystem m_CharacterSystem = null; // 角色管理系统
    ...
    // 初始化 P-BaseDefense 游戏相关设置
    public void Initinal() {
        ...
        // 游戏系统
        m_CharacterSystem = new CharacterSystem(this); // 角色管理系统
        ...
    }
    ...
}
```

《P 级阵地》中还有其他的类，以角色类 ICharacter 及其子类为例，其类结构图如下图所示。

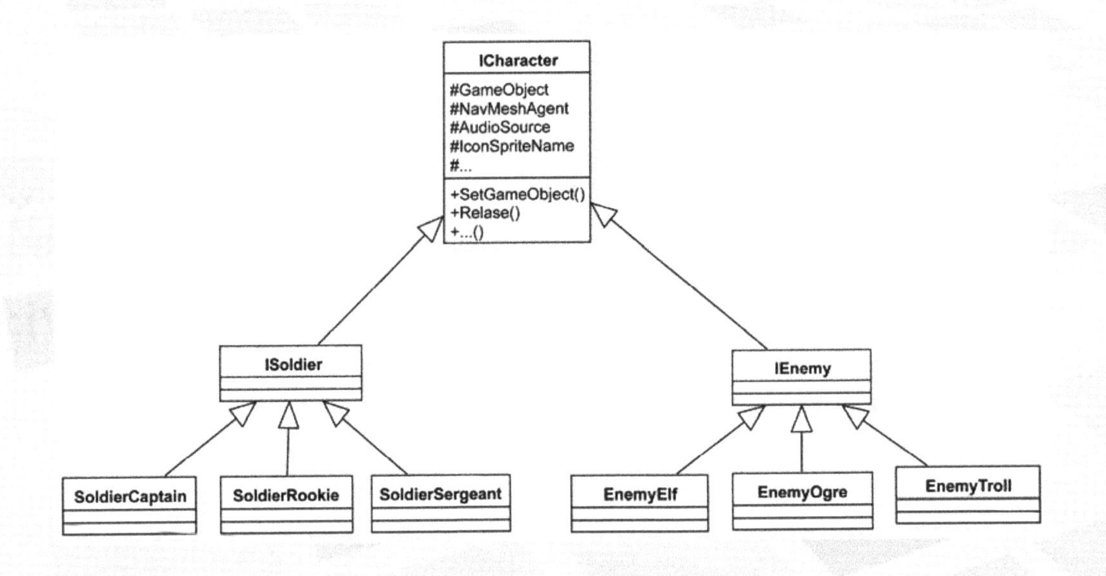

这些类的对象必须按照执行的情况“实时产生”。所谓的实时产生就是这些角色类的对象，按照游戏进行中“不同的请求和条件”，让系统在请求发生的同时将对象产生出来，而《P 级阵地》就是借助这群实时产生的对象，彼此之间进行信息传送（寻找、攻击对手）来完成游戏的运行。

在接下来的几个章节将讨论的是，如何有效地实现“对象产生”的功能，让游戏系统能应付各种对象产生的需求，并能在游戏开发后期还可以进行调整和维护。首先，我们将先针对角色对象产生的方式进行说明。

第 14 章 游戏角色的产生——工厂方法模式（Factory Method）

14.1 产生角色

按照之前的游戏需求说明可以得知：玩家通过兵营接口决定训练角色后，玩家角色就会从所属的 3 个兵营中产生出来；而敌方角色对象则是由关卡系统（StageSystem）负责产生，关卡系统（StageSystem）则是根据企划人员的设置，在不同进度条件下，产生不同的敌方角色对象，如图 14-1 所示。

图 14-1 两方阵营兵种的产生方式

如果用比较直观的设计方式，我们可以在兵营类中实现下列程序代码，用来产生玩家角色对象：

Listing 14-1 Soldier 兵营类中可以产生所有的玩家角色单位

```
public class SoldierCamp
{
    // 训练 Rookie 单位
    public ISoldier TrainRookie(ENUM_Weapon emWeapon,int Lv) {
        // 产生对象
        SoldierRookie theSoldier = new SoldierRookie();

        // 设置模型
        GameObject tmpGameObject =
                        CreateGameObject("RookieGameObjectName");
        tmpGameObject.gameObject.name = "SoldierRookie";
        theSoldier.SetGameObject( tmpGameObject );

        // 加入武器
        IWeapon Weapon = CreateWeapon(emWeapon);
        theSoldier.SetWeapon( Weapon );

        // 获取 Soldier 的属性,设置给角色
        SoldierAttr theSoldierAttr = CreateSoliderAttr(1);
        theSoldierAttr.SetSoldierLv(Lv);
        theSoldier.SetCharacterAttr(theSoldierAttr);

        // 加入 AI
        SoldierAI theAI = CreateSoldierAI();
        theSoldier.SetAI( theAI );

        // 加入管理器
        PBaseDefenseGame.Instance.AddSoldier( theSoldier as ISoldier );

        return theSoldier as ISoldier;
    }

    // 训练 Sergeant 单位
    public ISoldier TrainSergeant(ENUM_Weapon emWeapon,int Lv) {
        // 产生对象
        SoldierSergeant theSoldier = new SoldierSergeant();

        // 设置模型
        GameObject tmpGameObject =
                       CreateGameObject("SergeantGameObjectName");
        tmpGameObject.gameObject.name = "SoldierSergeant";
        theSoldier.SetGameObject( tmpGameObject );

        // 加入武器
        IWeapon Weapon = CreateWeapon(emWeapon);
        theSoldier.SetWeapon( Weapon );

        // 获取 Soldier 的属性,设置给角色
        SoldierAttr theSoldierAttr = CreateSoliderAttr(2);
```

```
        theSoldierAttr.SetSoldierLv(Lv);
        theSoldier.SetCharacterAttr(theSoldierAttr);

        // 加入 AI
        SoldierAI theAI = CreateSoldierAI();
        theSoldier.SetAI( theAI );

        // 加入管理器
        PBaseDefenseGame.Instance.AddSoldier( theSoldier as ISoldier );

        return theSoldier as ISoldier;
    }

    // 训练 Captain 单位
    public ISoldier TrainCaption(ENUM_Weapon emWeapon,int Lv) {
        // 产生对象
        SoldierCaptain theSoldier = new SoldierCaptain();

        // 设置模型
        GameObject tmpGameObject =
                    CreateGameObject("CaptainGameObjectName");
        tmpGameObject.gameObject.name = "SoldierCaptain";
        theSoldier.SetGameObject( tmpGameObject );

        // 加入武器
        IWeapon Weapon = CreateWeapon(emWeapon);
        theSoldier.SetWeapon( Weapon );

        // 获取 Soldier 的属性，设置给角色
        SoldierAttr theSoldierAttr = CreateSoliderAttr(3);
        theSoldierAttr.SetSoldierLv(Lv);
        theSoldier.SetCharacterAttr(theSoldierAttr);

        // 加入 AI
        SoldierAI theAI = CreateSoldierAI();
        theSoldier.SetAI( theAI );

        // 加入管理器
        PBaseDefenseGame.Instance.AddSoldier( theSoldier as ISoldier );

        return theSoldier as ISoldier;
    }
}
```

在兵营类中，针对三种玩家角色类实现了 3 个方法，每个方法中都会先产生对应的玩家角色对象，之后再根据需求产生 Unity3D 模型、武器、角色属性、角色 AI 等功能的对象，产生后的对象都逐一设置给角色对象。

敌方角色对象的产生方式与玩家角色相似，不同的是，敌方角色是从关卡系统（StageSystem）产生的：

Listing 14-2 在关卡控制系统中产生所有的敌方角色对象

```
public class StageSystem
{
    // 加入 Elf 单位
    public IEnemy AddElf(ENUM_Weapon emWeapon) {
        // 产生对象
        EnemyElf theEnemy = new EnemyElf();

        // 设置模型
        GameObject tmpGameObject =
                        CreateGameObject("ElfGameObjectName");
        tmpGameObject.gameObject.name = "EnemyElf";
        theEnemy.SetGameObject( tmpGameObject );

        // 加入武器
        IWeapon Weapon = CreateWeapon(emWeapon);
        theEnemy.SetWeapon( Weapon );

        // 获取 Soldier 的属性,设置给角色
        EnemyAttr theEnemyAttr = CreateEnemyAttr(1);
        theEnemy.SetCharacterAttr(theEnemyAttr);

        // 加入 AI
        EnemyAI theAI = CreateEnemyAI();
        theEnemy.SetAI( theAI );

        // 加入管理器
        PBaseDefenseGame.Instance.AddEnemy( theEnemy as IEnemy );

        return theEnemy as IEnemy;
    }

    // 加入 Ogre 单位
    public IEnemy AddOgre(ENUM_Weapon emWeapon) {
        // 产生对象
        EnemyOgre theEnemy = new EnemyOgre();

        // 设置模型
        GameObject tmpGameObject =
                        CreateGameObject("OgreGameObjectName");
        tmpGameObject.gameObject.name = "EnemyOgre";
        theEnemy.SetGameObject( tmpGameObject );

        // 加入武器
        IWeapon Weapon = CreateWeapon(emWeapon);
        theEnemy.SetWeapon( Weapon );

        // 获取 Soldier 的属性,设置给角色
        EnemyAttr theEnemyAttr = CreateEnemyAttr(2);
        theEnemy.SetCharacterAttr(theEnemyAttr);
```

```
            // 加入 AI
            EnemyAI theAI = CreateEnemyAI();
            theEnemy.SetAI( theAI );

            // 加入管理器
            PBaseDefenseGame.Instance.AddEnemy( theEnemy as IEnemy );

            return theEnemy as IEnemy;
        }

        // 加入 Troll 单位
        public IEnemy AddTroll(ENUM_Weapon emWeapon) {
            // 产生对象
            EnemyTroll theEnemy = new EnemyTroll();

            // 设置模型
            GameObject tmpGameObject =
                           CreateGameObject("TrollGameObjectName");
            tmpGameObject.gameObject.name = "EnemyTroll";
            theEnemy.SetGameObject( tmpGameObject );

            // 加入武器
            IWeapon Weapon = CreateWeapon(emWeapon);
            theEnemy.SetWeapon( Weapon );

            // 获取 Soldier 的属性,设置给角色
            EnemyAttr theEnemyAttr = CreateEnemyAttr(3);
            theEnemy.SetCharacterAttr(theEnemyAttr);

            // 加入 AI
            EnemyAI theAI = CreateEnemyAI();
            theEnemy.SetAI( theAI );

            // 加入管理器
            PBaseDefenseGame.Instance.AddEnemy( theEnemy as IEnemy );

            return theEnemy as IEnemy;
        }
    }
```

同样地，3 个方法中都会先产生对应的敌方角色对象，之后再按顺序产生 Unity3D 模型、武器、角色属性、角色 AI 等功能对象并设置给敌方角色。

在两个类中，共声明了 6 个方法来产生不同的角色对象。在实践中，声明功能相似性过高的方法会有不易管理的问题，而且这一次实现的 6 个方法中，每个角色对象的组装流程重复性太高。此外，将产生相同类群组对象的实现，分散在不同的游戏功能下不易管理和维护。

所以，是否可以将这些方法都集合在一个类下实现，并且以更灵活的方式来决定产生对象的类呢？GoF 的工厂方法模式（Factory Method）为上述问题提供了答案。

14.2 工厂方法模式（Factory Method）

提到“工厂”，大多数人的概念可能是可以大量生产东西的地方，并且是以有组织、有规则的方式来生产东西。它会有多条生产线，每一条生产线都有特殊的配置，专门用来生产特定的东西。没错，工厂方法模式（Factory Method）就是用来搭建专门生产软件对象的地方，而且这样的软件工厂，也能针对特定的类配置特定的组装流程，来满足客户端的要求。

14.2.1 工厂方法模式（Factory Method）的定义

GoF 对工厂方法模式（Factory Method）的解释是：

“定义一个可以产生对象的接口，但是让子类决定要产生哪一个类的对象。工厂方法模式让类的实例化程序延迟到子类中实施。”

工厂方法模式（Factory Method）就是将类“产生对象的流程”集合管理的模式。集合管理带来的好处是：①能针对对象产生的流程制定规则；②减少客户端参与对象生成的过程，尤其是对于那种类对象生产过程过于复杂的，如果让客户端操作对象的组装过程，将使得客户端与该类的耦合度（即依赖度）过高，不利于后续的项目维护。

工厂方法模式（Factory Method）是先定义一个产生对象的接口，之后让它的子类去决定产生哪一种对象，这有助于将庞大的类群组进行分类。例如一家生产汽车的公司，生产各种房车、小货车、大卡车等等，而每一个大类下又有品牌和不同功能之分。

因此，生产部门可以先定义一个“生产车”的接口，从这个接口可以获取生产部门所产生的“车”。之后这个接口会衍生 3 个子类，每一个子类负责生产这家公司的一款车型，分别为：房车工厂、小货车工厂、大卡车工厂，如图 14-2 所示。当业务部门接到 50 辆房车的订单后，只要获取“房车工厂”对象，之后就能对房车工厂下达生产的命令。

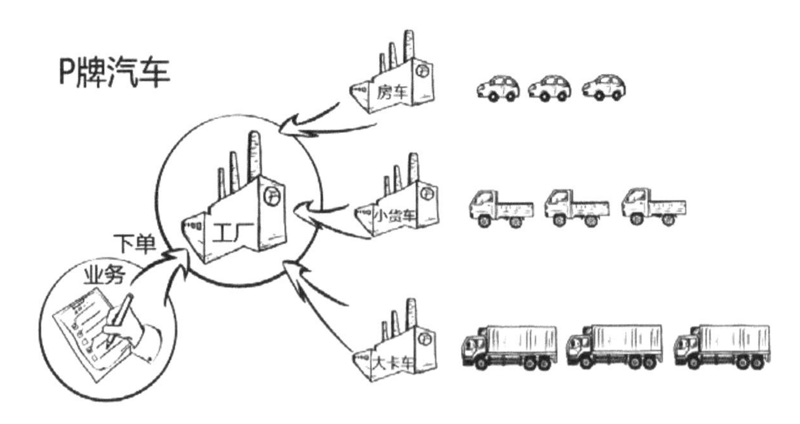

图 14-2　各种类型的汽车与工厂对应，并由业务部门下单的示意图

最后，业务部门就能获取 50 辆房车，至于这 50 辆房车是怎么在生产线上进行组装的，业务部门不需要知道。

14.2.2　工厂方法模式（Factory Method）的说明

定义一个可以产生对象的接口，让子类决定要产生哪一个类的对象，其基本架构如图 14-3 所示。

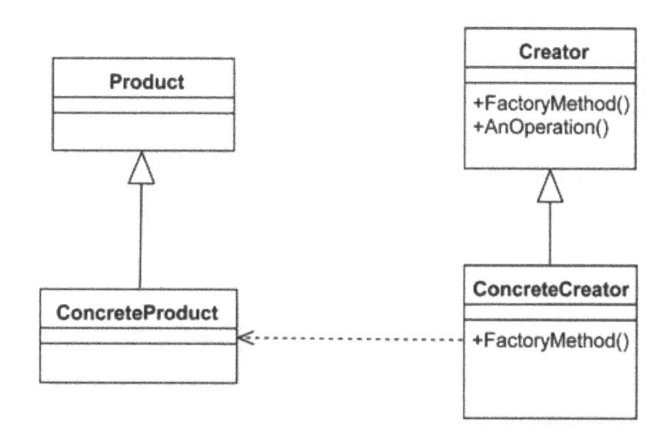

图 14-3　运用工厂方法模式（Factory Method）的类结构图

参与者的说明如下：

- Product（产品类）
  - 定义产品类的操作接口，而这个产品将由工厂产出。
- ConcreteProduct（产品实现）
  - 实现产品功能的类，可以不只定义一个产品实现类，这些产品实现类的对象都会由 ConcreteCreator（工厂实现类）产生。
- Creator（工厂类）
  - 定义能产生 Product（产品类）的方法：FactoryMethod。
- ConcreteCreator（工厂实现类）
  - 实现 FactoryMethod，并产生指定的 ConcreteProduct（产品实现）。

14.2.3　工厂方法模式（Factory Method）的实现范例

在实现工厂方法模式（Factory Method）的选择上并非是固定的，而是按照程序设计语言的特性来决定有多少种实现方式。因为 C#支持泛型程序设计，所以有 4 种实现方式。

第一种方式：由子类产生

定义一个可以产生对象的接口，让子类决定要产生哪一个类的对象，实现上并不会太复杂：

Listing 14-3　声明 Factory 类(FactoryMethod.cs)

```
public abstract class Creator
{
    // 子类返回对应的 Product 类型之对象
    public abstract Product FactoryMethod();
}
```

FactoryMethod 方法负责产生 Product 类的对象，Product 类及其子类的实现如下：

Listing 14-4　产品对象类及子类(FactoryMethod.cs)

```
public abstract class Product
{}

// 产品对象类 A
public class ConcreteProductA : Product
{
    public ConcreteProductA() {
        Debug.Log("生成对象类 A");
    }
}

// 产品对象类 B
public class ConcreteProductB : Product
{
    public ConcreteProductB() {
        Debug.Log("生成对象类 B");
    }
}
```

之后，让分别继承自 Creator 的子类产生对应的产品类对象：

Listing 14-5　实现能产生产品的工厂（FactoryMethod.cs）

```
// 产生 ProductA 的工厂
public class ConcreteCreatorProductA : Creator
{
    public ConcreteCreatorProductA() {
        Debug.Log("产生工厂:ConcreteCreatorProductA");
    }

    public override Product FactoryMethod() {
        return new ConcreteProductA();
    }
}

// 产生 ProductB 的工厂
public class ConcreteCreatorProductB : Creator
{
    public ConcreteCreatorProductB() {
        Debug.Log("产生工厂:ConcreteCreatorProductB");
    }

    public override Product FactoryMethod() {
        return new ConcreteProductB();
    }
}
```

第一个子类：ConcreteCreatorProductA，它的 FactoryMethod 方法负责产生 ConcreteProductA

的对象；第二个子类：ConcreteCreatorProductB，它的 FactoryMethod 方法负责产生 ConcreteProductB 的对象。

测试方法如下：

Listing 14-6　测试工厂模式（FactoryMethodTest.cs）

```
void UnitTest() {
    // 产品
    Product theProduct = null;

    // 工厂接口
    Creator theCreator = null;

    // 设置为负责 ProduceA 的工厂
    theCreator = new ConcreteCreatorProductA();
    theProduct = theCreator.FactoryMethod();

    // 设置为负责 ProduceB 的工厂
    theCreator = new ConcreteCreatorProductB();
    theProduct = theCreator.FactoryMethod();
}
```

要获取 ProductA 对象时，工厂接口要指定为能生产 ProductA 的 ConcreteCreatorProductA 工厂类，之后调用 FactoryMethod 来获取 ProductA 对象。接下来的 ProductB 也是一样的流程。输出的信息也反应两个工厂类产生了不同的 Product 子类的对象：

```
产生工厂:ConcreteCreatorProductA
生成对象类 A
产生工厂:ConcreteCreatorProductB
生成对象类 B
```

第二种方式：在 FactoryMethod 增加参数

由不同的子类工厂产生不同的产品类对象，在遇到产品类对象非常多的时候，很容易造成“工厂子类暴增”的情况，这对于后续维护来说，是比较辛苦的。所以，当有上述情况时，可以改成由单一 Factory Method 方法配合传入参数的方式，来决定要产生的产品类对象是哪一个：

Listing 14-7　声明 factory method，它会按照参数 Type 的提示返回对应 Product 类对象(FactoryMethod.cs)

```
public abstract class Creator_MethodType
{
    public abstract Product FactoryMethod(int Type);
}

// 重新实现 factory method，以返回 Product 类之对象
public class ConcreteCreator_MethodType: Creator_MethodType
{
```

```
    public ConcreteCreator_MethodType() {
        Debug.Log("产生工厂:ConcreteCreator_MethodType");
    }

    public override Product FactoryMethod(int Type) {
        switch( Type )
        {
            case 1:
                return new ConcreteProductA();
            case 2:
                return new ConcreteProductB();
            default:
                Debug.Log("Type["+Type+"]无法产生对象");
                break;
        }
        return null;
    }
}
```

子类在实现 Factory Method 时，会按照传入的 Type，使用 switch case 语句来决定要产生的产品类对象。在测试程序中，直接产生子类工厂对象后，就能利用不同的参数来产生对应的产品类对象：

Listing 14-8　测试 FacctoryMethod(FactoryMethodTest.cs)

```
    void UnitTest() {
        // 工厂接口
        Creator_MethodType theCreatorMethodType =
                                new ConcreteCreator_MethodType();

        // 获取两个产品
        theProduct = theCreatorMethodType.FactoryMethod(1);
        theProduct = theCreatorMethodType.FactoryMethod(2);
    }
```

输出的信息如下：

```
产生工厂:ConcreteCreator_MethodType
生成对象类 A
生成对象类 B
```

Factory Method 是比较常用的实现方式，但是对于 switch case 语句带来的缺点，则必须加以衡量。就笔者的经验来说，如果选择了 Factory Method 的方式，那么就会在 switch case 语句的最后加上 default 区段，区段中加上警告信息，提醒有忽略的 Type 被传入，以避免新增产品类时，忽略要修改这一段程序代码。

不过，是否存在既可以产生对应的产品类，又不想用太多的工厂子类去实现，也不想用 switch case 语句来列出所有产品类的方式呢？答案是有的，只是需要程序设计语言本身支持“相关语句”

即可。这里所说的“相关语句”指的是程序设计语言具备“泛型程序设计”的语句。

“泛型程序设计”在 C++语句中，指的是 template 相关语句，而在 Unity3D 使用的 C#语句中，指的是 Generic 相关语句。所以，既然 C#提供了语句，那就可以使用泛型语句来实现工厂类。一般还可以分为两种实现方式：泛型类（Generic Class）和泛型方法（Generic Method）。

第三种方式：Creator 泛型类

首先是采用泛型类（Generic Class）的实现，与第一种实现方式比较起来，可省去继承的实现方式，改用指定“T 类类型”的方式，产生对应类的对象：

Listing 14-9 声明 Generic factory 类(FactoryMethod.cs)

```
public class Creator_GenericClass<T> where T : Product,new()
{
    public Creator_GenericClass() {
        Debug.Log("产生工厂:Creator_GenericClass<"+
                  typeof(T).ToString()+">");
    }

    public Product FactoryMethod() {
        return new T();
    }
}
```

使用泛型类（Generic Class）实现时很简洁，只有一个类需要实现。另外，可以使用 public class Creator_GenericClass<T> where T : Product 的语句来限定 T 类类型，只可以带入 Product 群组内的类。

在客户端使用时，与第一种实现方式（由子类产生）一样，要先获取能产生特定产品类的工厂对象，之后再调用工厂对象的 FactoryMethod 来产生对象：

Listing 14-10 测试泛型类(FactoryMethodTest.cs)

```
    void UnitTest() {

        // 使用 Generic Class
        // 负责 ProduceA 的工厂
        Creator_GenericClass<ConcreteProductA> Creator_ProductA =
                    new Creator_GenericClass<ConcreteProductA>();
        theProduct = Creator_ProductA.FactoryMethod();

        // 负责 ProduceB 的工厂
        Creator_GenericClass<ConcreteProductB> Creator_ProductB =
                    new Creator_GenericClass<ConcreteProductB>();
        theProduct = Creator_ProductB.FactoryMethod();
    }
```

输出的信息如下：

```
产生工厂： Creator_GenericClass<DesignPattern_FactoryMethod.ConcreteProductA>
```

```
生成对象类 A
产生工厂: Creator_GenericClass<DesignPattern_FactoryMethod.ConcreteProductB>
生成对象类 B
```

第四种方式：FactoryMethod 泛型方法

因为泛型类（Generic Class）不使用继承的方式实现，客户端无法获取“工厂接口”，所以当需要获取工厂接口时，则可改用泛型方法（Generic Method）来实现工厂方法模式（Factory Method）：

Listing 14-11　声明 factory method 接口,并使用 Generic 定义方法(FactoryMethod.cs)

```
interface Creator_GenericMethod
{
    Product FactoryMethod<T>() where T: Product, new();
}

// 重新实现 factory method，以返回 Product 类之对象
public class ConcreteCreator_GenericMethod : Creator_GenericMethod
{
    public ConcreteCreator_GenericMethod() {
        Debug.Log("产生工厂:ConcreteCreator_GenericMethod");
    }

    public Product FactoryMethod<T>() where T: Product, new() {
        return new T();
    }
}
```

使用 C# interface 语句声明一个接口 Creator_GenericMethod，并定义一个泛型方法 FactoryMethod<T>。客户端可以指定要产生的产品类 T，实现的类就会将 T 类的对象产生出来并返回。而 T 类在声明时，必须指定为 Product 类，且能使用 new 的方式产生。

在测试程序中，通过传入不同的 T 类型，就能产生对应的产品类对象：

Listing 14-12　泛型方法的测试(FactoryMethodTest.cs)

```
    void UnitTest() {
        // 使用 Generic Method
        Creator_GenericMethod theCreatorGM =
                                new ConcreteCreator_GenericMethod();
        theProduct = theCreatorGM.FactoryMethod<ConcreteProductA>();
        theProduct = theCreatorGM.FactoryMethod<ConcreteProductB>();
    }
```

```
产生工厂:ConcreteCreator_MethodType
生成对象类 A
生成对象类 B
```

使用 Generic Method 的方法实现，除了拥有“工厂接口”之外，还能免去使用 switch case 语句带来的缺点。另外，可以限定传入 T 的类型，必须是 Product 类，所以当有不属于 Product 群组

的类被传入时，C#在编译阶段就能发现错误。

4 种实现方式的选择，一般会按实际情况，分析工厂类与其他游戏系统、客户端的互动情况来决定。不过，在不知选择哪种方式时，笔者建议可以先选择第二种："利用传入参数来决定要产生的类对象"的方式，因为它能避免产生过多的工厂子类，也不必去编写较复杂的泛型语句。但唯一要忍受不便的是，其中 switch case 语句所带来的缺点，而这也是项目实现中少数可能出现 switch case 语句的地方。

14.3 使用工厂方法模式（Factory Method）产生角色对象

当类的对象产生时，若出现下列情况：

- 需要复杂的流程；
- 需要加载外部资源，如从网络、存储设备、数据库；
- 有对象上限；
- 可重复使用。

建议使用工厂方法模式（Factory Method）来实现一个工厂类，而这个工厂类内还可以搭配其他的设计模式，让对象的产生与管理更有效率。

14.3.1 角色工厂类

在《P 级阵地》中，将角色类 ICharacter 的对象产生地点，全部整合在同一个角色工厂类下，有助于后续游戏项目的维护，类结构图如图 14-4 所示。

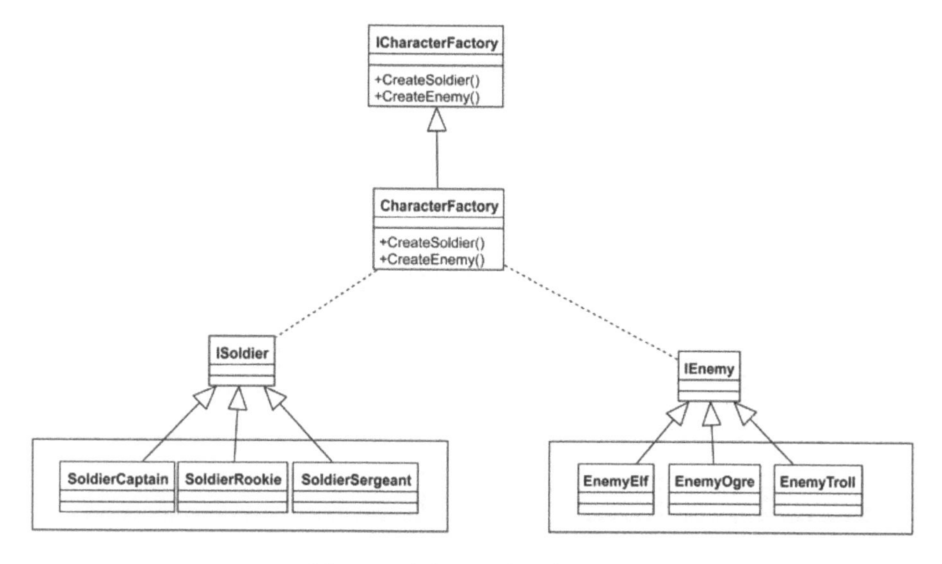

图 14-4　角色工厂类的类结构图

参与者的说明如下：

- ICharacterFactory：负责产生角色类 ICharacter 的工厂接口，并提供两个工厂方法来产生不同阵营的角色对象：CharacterSoldier 负责产生玩家阵营的角色对象；CharacterEnemy 负责产生敌方阵营的角色对象。
- CharacterFactory：继承并实现 ICharacter 工厂接口的类，其中实现的工厂方法是实际产生对象的地方。
- ISoldier、SoldierCaption……：由工厂类产生的"产品"，在《P 级阵地》中为玩家角色。
- IEnemy、EnemyElf……：由工厂类产生的另一项"产品"，在《P 级阵地》中为敌方角色。

14.3.2 实现说明

ICharacterFactory 为抽象类，定义了两个可产生双方阵营角色的工厂方法：

Listing 14-13 产生游戏角色的工厂接口(CharacterFactory.cs)

```
public abstract class ICharacterFactory
{
    // 产生Soldier
    public abstract ISoldier CreateSoldier( ENUM_Soldier emSoldier,
                                            ENUM_Weapon emWeapon,
                                            int Lv,
                                            Vector3 SpawnPosition);

    // 产生Enemy
    public abstract IEnemy CreateEnemy( ENUM_Enemy emEnemy,
                                        ENUM_Weapon emWeapon,
                                        Vector3 SpawnPosition,
                                        Vector3 AttackPosition);
}
```

在声明的方法中，除了将要产生的角色类型使用枚举（enum）语句加以指定外，也将对象产生时所需要的额外信息，如武器类型、等级、集合点等一起传递给工厂方法。CharacterFactory 为实现上述接口的类：

Listing 14-14 实现产生游戏角色的工厂(CharacterFactory.cs)

```
public class CharacterFactory : ICharacterFactory
{
    // 产生Soldier
    public override ISoldier CreateSoldier( ENUM_Soldier emSoldier,
                                            ENUM_Weapon emWeapon,
                                            int Lv,
                                            Vector3 SpawnPosition) {
        // 产生对应的Character
        ISoldier theSoldier = null;
        switch( emSoldier)
        {
```

```
            case ENUM_Soldier.Rookie:
                theSoldier = new SoldierRookie();
                break;
            case ENUM_Soldier.Sergeant:
                theSoldier = new SoldierSergeant();
                break;
            case ENUM_Soldier.Captain:
                theSoldier = new SoldierCaptain();
                break;
            default:
              Debug.LogWarning(
                    "CreateSoldier:无法产生["+emSoldier+"]");
            return null;
        }

        // 设置模型
        GameObject tmpGameObject = CreateGameObject(
                                "CaptainGameObjectName");
        tmpGameObject.gameObject.name = "Soldier" +
                                emSoldier.ToString();
        theSoldier.SetGameObject(tmpGameObject);

        // 加入武器
        IWeapon Weapon = CreateWeapon(emWeapon);
        theSoldier.SetWeapon(Weapon);

        // 获取 Soldier 的属性,设置给角色
        SoldierAttr theSoldierAttr = CreateSoliderAttr(
                                theSoldier.GetAttrID());
        theSoldierAttr.SetSoldierLv(Lv);
        theSoldier.SetCharacterAttr(theSoldierAttr);

        // 加入 AI
        SoldierAI theAI = CreateSoldierAI();
        theSoldier.SetAI(theAI);

        // 加入管理器
        PBaseDefenseGame.Instance.AddSoldier(theSoldier);

        return theSoldier;
    }

    // 产生 Enemy
    public override IEnemy CreateEnemy( ENUM_Enemy emEnemy,
                                ENUM_Weapon emWeapon,
                                Vector3 SpawnPosition,
                                Vector3 AttackPosition) {

        // 产生对应的 Character
        IEnemy  theEnemy =null;
```

```
        switch( emEnemy)
        {
            case ENUM_Enemy.Elf:
                theEnemy = new EnemyElf();
                break;
            case ENUM_Enemy.Troll:
                theEnemy = new EnemyTroll();
                break;
            case ENUM_Enemy.Ogre:
                theEnemy = new EnemyOgre();
                break;
            default:
                Debug.LogWarning("无法产生["+emEnemy+"]");
                return null;
        }

        // 设置模型
        GameObject tmpGameObject = CreateGameObject(
                                    "OgreGameObjectName");
        tmpGameObject.gameObject.name = "Enemy" + emEnemy.ToString();
        theEnemy .SetGameObject( tmpGameObject );

        // 加入武器
        IWeapon Weapon = CreateWeapon(emWeapon);
        theEnemy .SetWeapon( Weapon );

        // 获取Enemy的属性,设置给角色
        EnemyAttr theEnemyAttr = CreateEnemyAttr(
                                    theEnemy.GetAttrID() );
        theEnemy .SetCharacterAttr(theEnemyAttr);

        // 加入AI
        EnemyAI theAI = CreateEnemyAI();
        theEnemy .SetAI( theAI );

        // 加入管理器
        PBaseDefenseGame.Instance.AddEnemy( theEnemy );

        return theEnemy ;
    }
}
```

两个工厂方法（Factory Method）都包含角色类型列举的参数，使用 switch case 语句来产生不同的角色对象。为了减少因为 switch case 语句产生的缺失，在 switch 语句的最后加上了 default:区段，用来提示列举项目无法产生对应角色对象的情况。除了产生对应的类对象，工厂方法（Factory Method）也将对象后续所需的功能设置程序一并整合进来。最后将新增的角色通过 PBaseDefenseGame.Instance.AddEnemy 方法添加到游戏角色管理系统（CharacterSystem）中。

14.3.3 使用工厂方法模式（Factory Method）的优点

角色工厂类 CharacterFactory 将“角色类群组”产生对象的实现，都整合到两个工厂方法（Factory Method）下，并将有关的程序从客户端删除，同时降低了客户端与“角色产生过程”的耦合度（或称为依赖度）。此外，角色生成后的后续设置功能（给武器、设置属性、设置 AI 等），也都在同一个地方实现，让开发人员能快速了解类之间的关联性及设置的先后顺序。

话虽如此，但这两个工厂方法（Factory Method）对于对象产生之后的相关功能设置，其实还有改进的空间。这一部分的重构，将在下一个章中进行说明。

14.3.4 工厂方法模式（Factory Method）的实现说明

在上一小节中，我们将角色的产生运用了工厂方法模式（Factory Method）来产生对象，事实上，在《P 级阵地》中还有一些实现方面的考虑与延伸应用，简述如下。

使用泛型方法 Generic Method 来实现

在本章第 2 节曾提及，可使用泛型程序设计中的“泛型方法（Generic Method）”来减少使用 switch case 语句。如果要在《P 级阵地》中使用泛型方法（Generic Method）来实现厂方法模式（Factory Method），可能会增加其他系统在调用泛型方法时的负担。

因为调用泛型方法的系统，必须知道可以传入泛型方法（Generic Method）的 T 类是哪一个，但知道越多的 T 类，对于系统的独立性就越不利。所以，权衡之下，《P 级阵地》还是使用了 switch case 语句，让调用的系统只需要知道枚举类型（ENUM_Soldier,ENUM_Enemy），以减少耦合度（即依赖度）。

不过，笔者还是将以泛型方法（Generic Method）实现的角色工厂列出，供读者引用。而这些程序代码在实际游戏运行中，是不会被执行的：

Listing 14-15 产生游戏角色工厂接口(Generic Method)(TCharacterFactory.cs)

```
public interface TCharacterFactory_Generic
{
    // 产生 Soldier(Generice 版)
    ISoldier CreateSoldier<T>(ENUM_Weapon emWeapon,   int Lv,
                  Vector3 SpawnPosition) where T: ISoldier,new();

    // 产生 Enemy(Generice 版)
    Ienemy CreateEnemy<T>(ENUM_Weapon emWeapon,
                   Vector3 SpawnPosition,
                   Vector3 AttackPosition) where T: IEnemy,new();
}
```

Listing 14-16 产生游戏角色工厂 Generic 版(CharacterFactory_Generic.cs)

```
public class CharacterFactory_Generic : TCharacterFactory_Generic
{

    // 产生 Soldier(Generice 版)
```

```
public ISoldier CreateSoldier<T>(ENUM_Weapon emWeapon, int Lv,
              Vector3 SpawnPosition) where T: ISoldier,new() {

    // 产生对应的T类
    ISoldier theSoldier = new T();
    if(theSoldier  == null)
        return null;

    // 设置模型
    GameObject tmpGameObject = CreateGameObject(
                              "CaptainGameObjectName");
    tmpGameObject.gameObject.name ="Soldier" +
                              typeof(T).ToString();
    theSoldier.SetGameObject( tmpGameObject );

    // 加入武器
    IWeapon Weapon = CreateWeapon(emWeapon);
    theSoldier.SetWeapon( Weapon );

    // 获取 Soldier 的属性,设置给角色
    SoldierAttr theSoldierAttr = CreateSoliderAttr(
                                  theSoldier.GetAttrID() );
    theSoldierAttr.SetSoldierLv(Lv);
    theSoldier.SetCharacterAttr(theSoldierAttr);

    // 加入AI
    SoldierAI theAI = CreateSoldierAI();
    theSoldier.SetAI( theAI );

    // 加入管理器
    PBaseDefenseGame.Instance.AddSoldier( theSoldier as ISoldier );
    return theSoldier;
}

// 产生Enemy(Generice版)
public IEnemy CreateEnemy<T>(ENUM_Weapon emWeapon,
                Vector3 SpawnPosition,
              Vector3 AttackPosition) where T: IEnemy,new() {

    // 产生对应的Character
    IEnemy  theEnemy = = new T();
    if( theEnemy == null)
        return null;

    // 设置模型
    GameObject tmpGameObject = CreateGameObject(
                              "OgreGameObjectName");
    tmpGameObject.gameObject.name = "Enemy" + typeof(T).ToString();
    theEnemy .SetGameObject( tmpGameObject );
```

```
        // 加入武器
        IWeapon Weapon = CreateWeapon(emWeapon);
        theEnemy .SetWeapon( Weapon );

        // 获取 Enemyr 的属性，设置给角色
        EnemyAttr theEnemyAttr = CreateEnemyAttr(
                                    theEnemy.GetAttrID());
        theEnemy .SetCharacterAttr(theEnemyAttr);

        // 加入 AI
        EnemyAI theAI = CreateEnemyAI();
        theEnemy .SetAI( theAI );

        // 加入管理器
        PBaseDefenseGame.Instance.AddEnemy( theEnemy );

        return theEnemy ;
    }
}
```

其他的工厂

在《P 级阵地》中采用“将类对象的产生，都以一个工厂类来实现”这种概念来实现的，不只角色工厂一个。以下是《P 级阵地》中的各种工厂：

- IAssetFactory：资源加载工厂，负责将放置在文件目录下的 Unity3D 资源 Asset 实例化的工厂，这些资源包含 3D 模型、2D 图文件、音效音乐文件等。因为 Unity3D 在 Asset 加载时，有些策略和步骤是具有选择性或可进行优化，并且也能减少客户端直接获取 Unity3D 资源的依赖度。所以在《P 级阵地》中，会将资源实例化的工作交给 IAssetFactory 工厂来实现。
- IWeaponFactory：武器工厂，负责产生角色单位使用的武器。虽然当前在游戏的设置上只有 3 种武器，但产生过程也需要多个步骤才能完成，所以也集中在一个工厂中实现。
- IAttrFactory：属性产生工厂，双方角色都必须使用属性来代表能力（生命力、移动速度）。而这些属性组合在游戏设计过程中，是需要被量化和能事先计算设计的，所以“属性”往往以一组一组的方式被记录和初始化，并以指定编号的方式将特定的属性指定给角色。IAttrFactory 属性产生工厂，即是通过指定编号的方式产生属性组合，其中也包含了可以优化的操作，这部分将在“第 16 章游戏属性管理功能”中进行说明。

工厂类对象的管理

在《P 级阵地》中存在 4 个工厂，而这些工厂都是“接口类”，所以一定会在项目的某个地方进行“产生对象 new”的操作，让这些工厂能通过对象进行运行。因为资源优化的需求，也希望整个项目中的每个工厂类都只产生一个对象，所以《P 级阵地》特别设计了一个“静态类”PBDFactory 来管理这些工厂：

Listing 14-17　获取 P-BaseDefenseGame 中所使用的工厂(PBDFactory.cs)

```
public static class PBDFactory
```

```
{
    private static bool m_bLoadFromResource = true;
    private static ICharacterFactory m_CharacterFactory = null;
    private static IAssetFactory     m_AssetFactory = null;
    private static IWeaponFactory    m_WeaponFactory = null;
    private static IAttrFactory      m_AttrFactory = null;

    private static TCharacterFactory_Generic m_TCharacterFactory=null;

    // 获取将 Unity Asset 实例化的工厂
    public static IAssetFactory GetAssetFactory() {
        if( m_AssetFactory == null)
        {
            if( m_bLoadFromResource)
                m_AssetFactory = new ResourceAssetFactory();
            else
                m_AssetFactory = new RemoteAssetFactory();
        }
        return m_AssetFactory;
    }

    // 游戏角色工厂
    public static ICharacterFactory GetCharacterFactory() {
        if( m_CharacterFactory == null)
            m_CharacterFactory = new CharacterFactory();
        return m_CharacterFactory;
    }

    // 游戏角色工厂(Generic 版)
    public static TCharacterFactory_Generic GetTCharacterFactory() {
        if( m_TCharacterFactory == null)
            m_TCharacterFactory = new CharacterFactory_Generic();
        return m_TCharacterFactory;
    }

    // 武器工厂
    public static IWeaponFactory GetWeaponFactory() {
        if( m_WeaponFactory == null)
            m_WeaponFactory = new WeaponFactory();
        return m_WeaponFactory;
    }

    // 属性工厂
    public static IAttrFactory GetAttrFactory() {
        if( m_AttrFactory == null)
            m_AttrFactory = new AttrFactory();
        return m_AttrFactory;
    }
}
```

因为 PBDFactory 是使用“静态类”设计的，所以它的类成员也是以“静态成员”的方式来声明。当调用该类的方法获取对应的工厂时，PBDFactory 类可以确保静态成员只会被产生一次，而且返回的是各工厂的“接口”，正好呼应“第 5 章获取游戏服务的唯一对象”中所描述的需求——可以使用静态类的静态方法来获取某个类的唯一对象，而不必使用单例模式（Singleton）来完成。

游戏程序代码中的客户端获取工厂之后，可用下列方式来获得所需要的类对象：

Listing 14-18 执行训练 Soldier(TrainSoldierExecute.cs)

```
public class TrainSoldierExecute
{
    ...
    public void Action( TrainSoldierCommand Command )
    {

        // 获取角色工厂
        ICharacterFactory Factory = PBDFactory.GetCharacterFactory();

        // 产生 Soldier
        ISoldier Soldier = Factory.CreateSoldier(Command.emSoldier,
                                             Command.emWeapon,
                                             Command.Lv ,
                                             Command.Position );
        ...
    }
}
```

14.4 工厂方法模式（Factory Method）面对变化时

当把对象的产生交给各类工厂负责之后，对于项目后期的变更要求来说，修改会更有效率，例如：针对某一个工厂方法（Factory Method）想要新增一个参数设置时，虽然这个变更的修改会改变接口规则，必须同时修改所有客户端，但对于修改的程度和影响范围而言，仍比较容易预估。因为使用程序的集成开发环境工具（IDE）的“查找被引用”功能，能快速找出所有方法被使用的地方，所以当发现修改的范围过大时，就能对于修改的方式做出其他决定，甚至是变更需求。另外，当想要变更对象的产生流程及功能组装的规则时，也只需要修改工厂方法内的实现程序代码，将修改范围局限在一个地方即可。

当工厂是以“接口”的形式存在时，代表有机会更换不同的“实现工厂类”来满足不同的设计需求，如《P 级阵地》中的 IAssetFactory 资源加载工厂，负责 Unity3D 的资源加载。对于一个 Unity3D 资源而言，它可以存在于不同的物理位置中，例如：

- 项目的 Resource 目录下。
- 可以使用目录符号 C:\xxx\xxx 获取的文件资源，包含本地计算机目录和局域网中的计算机目录。
- 使用 UnityEngine.WWW 类获取放在网页服务器（Web Server）上的 Assetbundle 资源。

为了应用不同的资源获取方式，《P 级阵地》中的 IAssetFactory 资源加载工厂有 3 个子类，分别负责不同资源的获取方式，如图 14-5 所示。

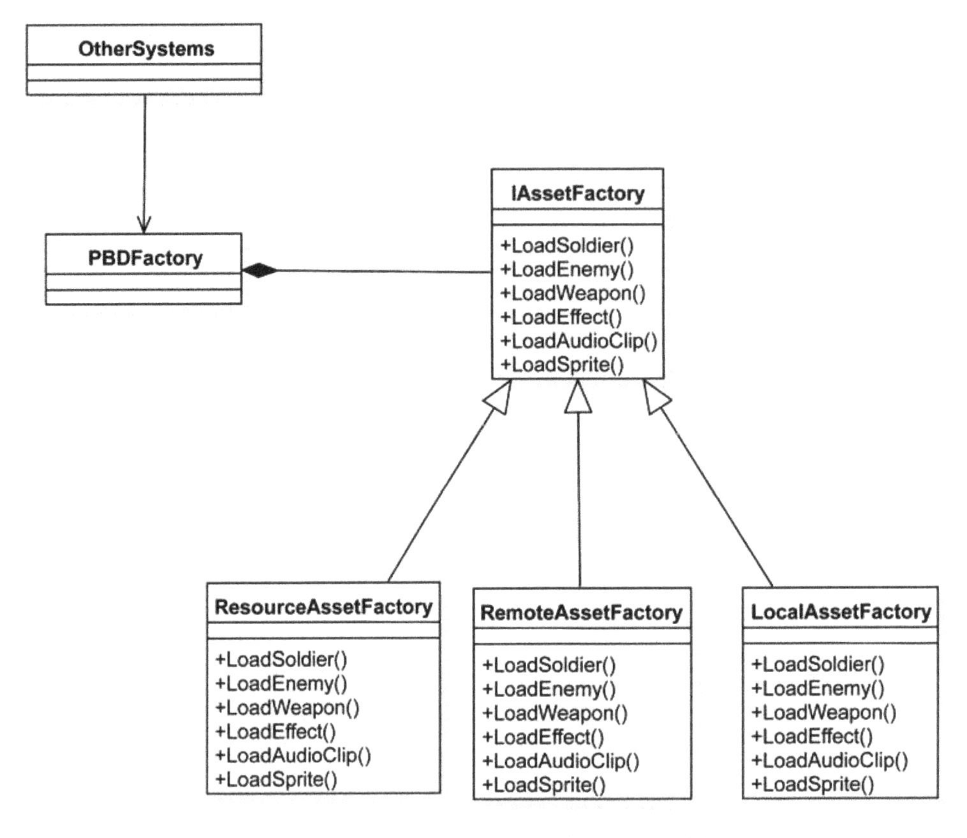

图 14-5　IAssetFactory 类及其 3 个子类的类结构图

- ResourceAssetFactor：从项目的 Resource 中，将 Unity3D Asset 实例化成 GameObject。
- LocalAssetFactory：从本地（存储设备）中，将 Unity3D Asset 实例化成 GameObject。
- RemoteAssetFactory：从远程（网络 WebServer）中，将 Unity3D Asset 实例化成 GameObject。

IAssetFactory 资源加载工厂的实现如下：

Listing 14-19　获取将 Unity Asset 实例化的工厂

```
public static IAssetFactory GetAssetFactory(int type = 1 ) {
   if( m_AssetFactory == null)
   {
      switch( type )
      {
         case 1:
            m_AssetFactory = new ResourceAssetFactory();
            break;
         case 2:
            m_AssetFactory = new LocalAssetFactory();
            break;
         case 3:
```

```
                m_AssetFactory = new RemoteAssetFactory();
                break;
            }
        }
        return m_AssetFactory;
    }
```

由上述的程序代码可知，在获取工厂时，可因项目的需求返回不同的工厂，这有助于面对未来的变化。

14.5 结论

工厂方法模式（Factory Method）的优点是，将类群组对象的产生流程整合于同一个类下实现，并提供唯一的工厂方法，让项目内的“对象产生流程”更加独立。不过，当类群组过多时，无论使用哪种方式，都会出现工厂子类爆量或 switch case 语句过长的问题，这是美中不足的地方。

与其他模式（Pattern）的合作

- 角色工厂（CharacterFactory）中，产生不同阵营的角色时，会搭配建造者模式（Builder）的需求，将需要的参数设置给各角色的建造者。
- 本地资源加载工厂（ResourceAssetFactor）若同时要求系统性能的优化，可使用代理者模式（Proxy）来优化加载性能。
- 属性产生工厂（AttrFactory）可使用享元模式（Flyweight）来减少重复对象的产生。
- 其他应用方式。

就如同本章的重点，如果系统实现人员想要将对象的产生及相关的初始化工作集中在一个地方完成，那么都可以使用工厂方法模式（Factory Method）来完成，换句话来说，就是工厂方法模式（Factory Method）的应用层面非常广泛。

CHAPTER

第 15 章 角色的组装——建造者模式（Builder）

15.1 角色功能的组装

在上一章工厂方法模式（Factory Method）的应用中，《P 级阵地》将双方角色的产生及功能组装等工作全部移到工厂类中，类结构图如图 15-1 所示。

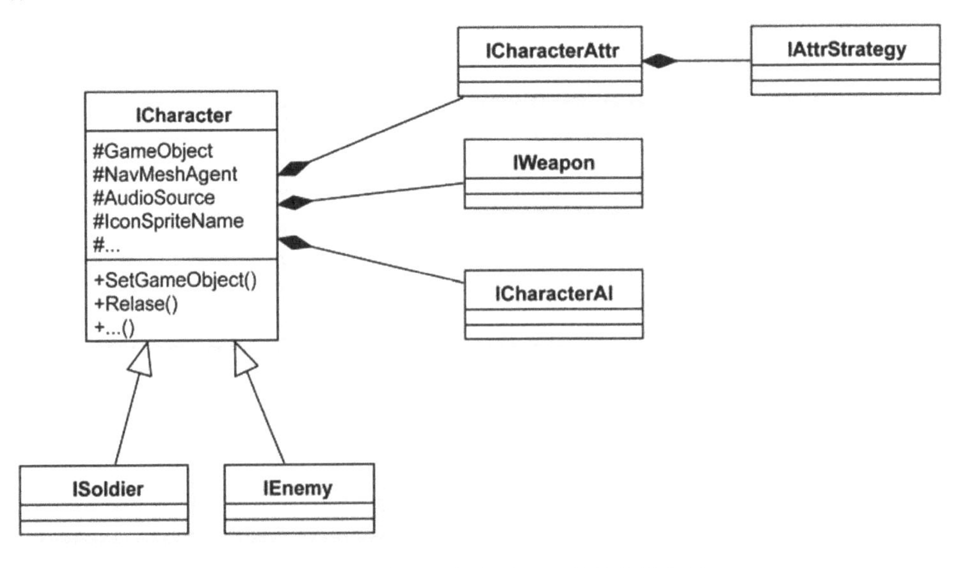

图 15-1　产生游戏角色的工厂类的类结构图

Listing 15-1　产生游戏角色的工厂(CharacterFactory.cs)

```
public class CharacterFactory : ICharacterFactory
{
    // 产生 Soldier
    public override ISoldier CreateSoldier( ENUM_Soldier emSoldier,
                                            ENUM_Weapon emWeapon,
                                            int Lv,
                                            Vector3 SpawnPosition) {
        // 产生对应的 Character
        ISoldier theSoldier = null;
        switch( emSoldier)
        {
            case ENUM_Soldier.Rookie:
                theSoldier = new SoldierRookie();
                break;
            case ENUM_Soldier.Sergeant:
                theSoldier = new SoldierSergeant();
                break;
            case ENUM_Soldier.Captain:
                theSoldier = new SoldierCaptain();
                break;
            default:
                Debug.LogWarning(
                        "CreateSoldier:无法产生["+emSoldier+"]");
                return null;
        }

        // 设置模型
        GameObject tmpGameObject = CreateGameObject(
                                            "CaptainGameObjectName");
        tmpGameObject.gameObject.name = "SoldierCaptain";
        theSoldier.SetGameObject( tmpGameObject );

        // 加入武器
        IWeapon Weapon = CreateWeapon(emWeapon);
        theSoldier.SetWeapon( Weapon );

        // 获取 Soldier 的属性，设置给角色
        SoldierAttr theSoldierAttr = CreateSoliderAttr(
                                            theSoldier.GetAttrID() );
        theSoldierAttr.SetSoldierLv(Lv);
        theSoldier.SetCharacterAttr(theSoldierAttr);

        // 加入 AI
        SoldierAI theAI = CreateSoldierAI();
        theSoldier.SetAI( theAI );

        // 加入管理器
        PBaseDefenseGame.Instance.AddSoldier( theSoldier);
```

```
    return theSoldier;
}

// 产生 Enemy
public override IEnemy CreateEnemy( ENUM_Enemy emEnemy,
                                    ENUM_Weapon emWeapon,
                                    Vector3 SpawnPosition,
                                    Vector3 AttackPosition) {
    // 产生对应的 Character
    IEnemy theEnemy =null;
    switch( emEnemy)
    {
        case ENUM_Enemy.Elf:
            theEnemy = new EnemyElf();
            break;
        case ENUM_Enemy.Troll:
            theEnemy = new EnemyTroll();
            break;
        case ENUM_Enemy.Ogre:
            theEnemy = new EnemyOgre();
            break;
        default:
            Debug.LogWarning("无法建立["+emEnemy+"]");
            return null;
    }

 // 设置模型
    GameObject tmpGameObject = CreateGameObject(
                                    "OgreGameObjectName");
    tmpGameObject.gameObject.name = "EnemyOgre";
    theEnemy.SetGameObject( tmpGameObject );

 // 加入武器
    IWeapon Weapon = CreateWeapon(emWeapon);
    theEnemy.SetWeapon( Weapon );

 // 获取 Soldier 的属性,设置给角色
    EnemyAttr theEnemyAttr = CreateEnemyAttr(
                                    theEnemy.GetAttrID());
    theEnemy.SetCharacterAttr(theEnemyAttr);

    // 加入 AI
    EnemyAI theAI = CreateEnemyAI();
    theEnemy.SetAI( theAI );

    // 加入管理器
    PBaseDefenseGame.Instance.AddEnemy( theEnemy );

    return theEnemy ;
}
```

```
}
```

两个工厂方法按照传入参数的指示，将对应的角色对象产生出来，除此之外，还要将每一个角色在游戏执行时所需要的功能对象，如角色属性（ICharacterAttr）、武器（IWeapon）、角色AI(ICharacterAI)等，也按序设置给新产生出来的角色对象。

但如同前一章提到的缺点，对于这些功能的组装，在实现上两个阵营角色似乎没什么差异，只是“重复着一定的顺序和程序代码”。所以，如果按照之前学习到的：当发现两个功能有着类似的算法流程时，就可以运用模板方法模式（Template Method）来优化，但若如此真正实现后，还会发生其他问题。

模板方法模式（Template Method）的实现方式

运用模板方法模式（Template Method）后的角色工厂可能如下：

Listing 15-2　产生游戏角色的工厂

```
public abstract class CharacterFactory : ICharacterFactory
{
    // Template Method
    public abstract void AddGameObject ( ICharacter pRole );
    public abstract void AddWeapon( ICharacter pRole,
                                ENUM_Weapon emWeapon);
    public abstract void AddAttr(ICharacter pRole,int Lv);
    public abstract void AddAI(ICharacter pRole);

    // 产生 Soldier
    public override ISoldier CreateSoldier( ENUM_Soldier emSoldier,
                                    ENUM_Weapon emWeapon,
                                    int Lv,
                                    Vector3 SpawnPosition) {
        // 产生对应的 Character
        ICharacter theSoldier = null;
        switch( emSoldier)
        {
            case ENUM_Soldier.Rookie:
                theSoldier = new SoldierRookie();
                break;
            case ENUM_Soldier.Sergeant:
                theSoldier = new SoldierSergeant();
                break;
            case ENUM_Soldier.Captain:
                theSoldier = new SoldierCaptain();
                break;
            default:
                Debug.LogWarning(
                        "CreateSoldier:无法产生["+emSoldier+"]");
                return null;
        }

        // 增加角色功能
```

```
    AddCharacterFuncs( theSoldier, emWeapon, Lv);

    // 加入管理器
    PBaseDefenseGame.Instance.AddSoldier( theSoldier as ISoldier);

    return theSoldier as ISoldier;
}

// 产生 Enemy
public override IEnemy CreateEnemy( ENUM_Enemy emEnemy,
                                    ENUM_Weapon emWeapon,
                                    Vector3 SpawnPosition,
                                    Vector3 AttackPosition) {   //产生对应的 Character
    Icharacter theEnemy =null;
    switch( emEnemy)
    {
        case ENUM_Enemy.Elf:
            theEnemy = new EnemyElf();
            break;
        case ENUM_Enemy.Troll:
            theEnemy = new EnemyTroll();
            break;
        case ENUM_Enemy.Ogre:
            theEnemy = new EnemyOgre();
            break;
        default:
            Debug.LogWarning("无法产生["+emEnemy+"]");
            return null;
    }

 // 增加角色功能
    AddCharacterFuncs( theEnemy, emWeapon, 0);

    // 加入管理器
    PBaseDefenseGame.Instance.AddEnemy( theEnemy as IEnemy);
    return theEnemy as IEnemy;
}

// 增加角色功能
public void AddCharacterFuncs(  ICharacter pRole ,
                                ENUM_Weapon emWeapon,int Lv) {
    // 显示的模式
    AddGameObject (pRole);
    // 设置武器
    AddWeapon(pRole, emWeapon);
    // 设置角色属性
    AddAttr(pRole,Lv);
    // 设置角色 AI
    AddAI(pRole);
}
```

```
    // Template Method
    public abstract void AddGameObject ( ICharacter pRole );
    public abstract void AddWeapon( ICharacter pRole,
                                ENUM_Weapon emWeapon);
    public abstract void AddAttr(ICharacter pRole,int Lv);
    public abstract void AddAI(ICharacter pRole);
}

// 产生 Soldier 角色工厂
public class SoldierFactory : CharacterFactory
{
    // 产生 Enemy
    public override IEnemy CreateEnemy( ENUM_Enemy emEnemy,
                                ENUM_Weapon emWeapon,
                                Vector3 SpawnPosition,
                                Vector3 AttackPosition) {
        // 重新声明为空,防止错误调用
        Debug.LogWarning("SoldierFactory 不应该产生 IEnemy 对象");
        return null;
    }

    // 加入 3D 成像
    public override void AddGameObject ( ICharacter pRole ) {
        // 设置模型
        GameObject tmpGameObject = CreateGameObject(
                                "CaptainGameObjectName");
        tmpGameObject.gameObject.name = "Soldier" + pRole.ToString();
        pRole.SetGameObject( tmpGameObject );
    }

    // 加入武器
    public override void AddWeapon( ICharacter pRole,
                                ENUM_Weapon emWeapon) {
        // 加入武器
        IWeapon Weapon = CreateWeapon(emWeapon);
        pRole.SetWeapon( Weapon );
    }

    // 加入角色属性
    public override void AddAttr(ICharacter pRole,int Lv) {
        // 获取 Soldier 的属性,设置给角色
        SoldierAttr theSoldierAttr = CreateSoliderAttr(
                                pRole.GetAttrID() );
        theSoldierAttr.SetSoldierLv( Lv );
        pRole.SetCharacterAttr(theSoldierAttr);
    }

    // 加入角色 AI
    public override void AddAI(ICharacter pRole) {
```

```
        // 加入 AI
        SoldierAI theAI = CreateSoldierAI();
        pRole.SetAI( theAI );
    }
}

// 产生 Enemy 角色工厂
public class EnemyFactory : CharacterFactory
{
    // 产生 Soldier
    public override ISoldier CreateSoldier( ENUM_Soldier emSoldier,
                                    ENUM_Weapon emWeapon,
                                    int Lv,
                                    Vector3 SpawnPosition) {
        // 重新声明为空,并防止错误调用
        Debug.LogWarning("EnemyFactory 不应该产生 ISoldier 对象");
        return null;
    }

    // 加入 3D 成像
    public override void AddGameObject ( ICharacter pRole ) {
        // 设置模型
        GameObject tmpGameObject = CreateGameObject(
                                    "CaptainGameObjectName");
        tmpGameObject.gameObject.name = "Soldier" + pRole.ToString();
        pRole.SetGameObject( tmpGameObject );
    }

    // 加入武器
    public override void AddWeapon( ICharacter pRole,
                                ENUM_Weapon emWeapon) {
        // 加入武器
        IWeapon Weapon = CreateWeapon(emWeapon);
        pRole.SetWeapon( Weapon );
    }

    // 加入角色属性
    public override void AddAttr(ICharacter pRole,int Lv) {
        // 获取 Enemy 的属性,设置给角色
        EnemyAttr theEnemyAttr = CreateEnemyAttr( pRole.GetAttrID() );
        pRole.SetCharacterAttr(theEnemyAttr);
    }

    // 加入角色 AI
    public override void AddAI(ICharacter pRole) {
        // 加入 AI
        EnemyAI theAI = CreateEnemyAI();
        pRole.SetAI( theAI );
    }
}
```

上述程序代码新增了一个加入角色功能的方法：AddCharacterFuncs，方法内调用了一组样板方法（Template Method）。又因为两个阵营对于各自角色装备的功能有些差异，所以将这些差异点，交给两个新的工厂类：SoldierFactory 和 EnemyFactory 去实现，AddCharacterFuncs 则保留了角色装备各个功能时调用的顺序。

但是，现在的角色工厂类从原来的一个变成了两个角色工厂，PBDFactory 在获取角色工厂时，还必须指定要使用哪一个工厂，才能产生正确的角色单位。而且还要加上防止产生错误阵营的“防呆”程序代码，这样一来，也使得原本的角色工厂接口（ICharacterFactory）的扩充受到了限制，每当增加一个新的 ICharacter Factory 子类时，都要用继承得到两个孙类去实现两个阵营的差异点（所以出现了继承绑定）。

所以，接下来的修正方向应该是：将重复的算法放到一个类中；将两个新的工厂类从工厂继承体系中搬移出去，让组装角色功能的流程独立出来。

上述说明的修改方向就是运用建造者模式（Builder）的适用条件，将复杂的构建流程以一个类封装，并让不同功能的组装和设置在各自不同的类中实现。

15.2 建造者模式（Builder）

工厂类是将生产对象的地点全部集中到一个地点来管理，但是如何在生产对象的过程中，能够更有效率并且更具弹性，则需要搭配其他的设计模式。建造者模式（Builder）就是常用来搭配使用的模式之一。

15.2.1 建造者模式（Builder）的定义

在 GoF 中对建造者模式（Builder）的定义是：

“将一个复杂对象的构建流程与它的对象表现分离出来，让相同的构建流程可以产生不同的对象行为表现。”

简单举一个例子来说明：虽然是同品牌的汽车，但在组装时，一般都可以选择不同的规格、内装和外观。现有几辆车的配装如下：

- A 款车配有 1.6cc 引擎、一般座椅、白色烤漆；
- B 款车配有 2.0cc 引擎、真皮座椅、红色烤漆；
- C 款车配有 2.4cc 引擎、小牛皮座椅、黑色烤漆。

对于装配厂而言，无论车子的规格还是外观是否有所不同，在装配一辆车子时，都会按照一定的步骤来组装：

准备车架 → 外观烤漆 → 将引擎放入车架 → 装入内装（椅）

像上面这样将汽车装配的流程定义出来，即“将汽车（复杂对象）的装配流程与它的车辆规格（对象表现）分离出来”。在定义好装配流程之后，就可以将其应用在不同款的汽车组装上，如图 15-2 所示。

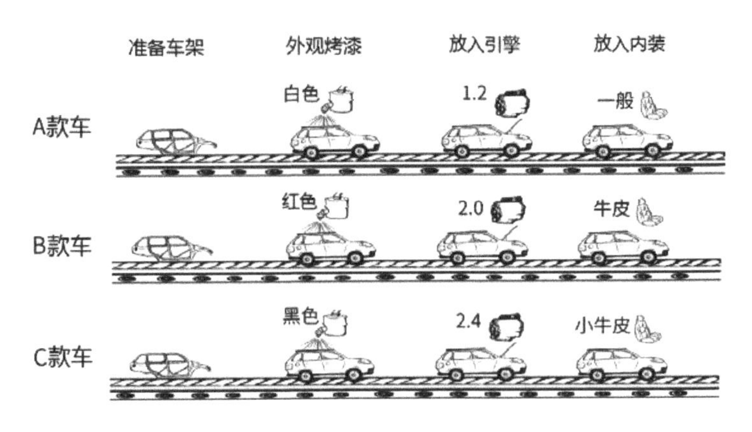

图 15-2　3 辆车在 3 个流程中的示意图

每一站的装配员可以按照不同的需求，安装对应的设备到汽车中，即“让相同的汽车装配流程（构建流程）可以装配（建立）在不同的汽车款式（对象表现）上”。

所以，建造者模式可以分成两个步骤来实施：

（1）将复杂的构建流程独立出来，并将整个流程分成几个步骤，其中的每一个步骤可以是一个功能组件的设置，也可以是参数的指定，并且在一个构建方法中，将这些步骤串接起来。

（2）定义一个专门实现这些步骤（提供这些功能）的实现者，这些实现者知道每一部分该如何完成，并且能接受参数来决定要产出的功能，但不知道整个组装流程是什么。

基本上，实现时只要把握这两个原则：“流程分析安排”和“功能分开实现”，就能将建造者模式（Builder）应用于复杂的对象构建流程上。

15.2.2　建造者模式（Builder）的说明

将“流程分析安排”和“功能分开实现”以不同的类来实现的话，类结构图如图 15-3 所示。

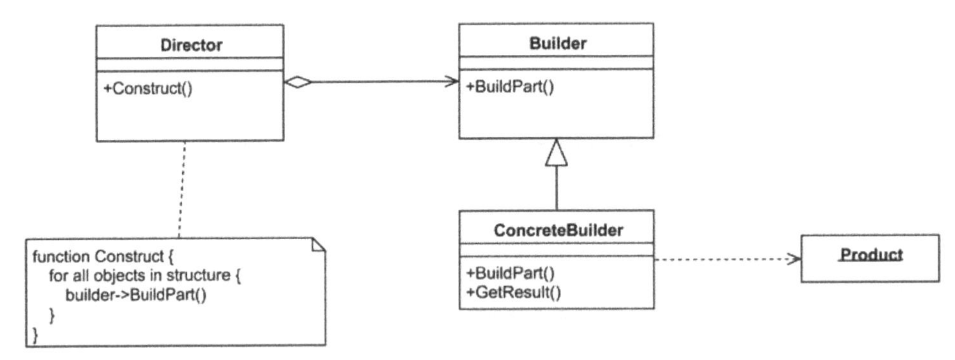

图 15-3　以建造者模式（Builder）来实现类的类结构图

参与者的说明如下：

- Director（建造指示者）
  - 负责对象构建时的“流程分析安排”。
  - 在 Construct 方法中，会明确定义对象组装的流程，即调用 Builder 接口方法的顺序。

- Builder（功能实现者接口）
  - 定义不同的操作方法将“功能分开来实现”。
  - 其中的每一个方法都是用来提供给某复杂对象的一部分功能，或是提供设置规则。
- ConcreteBuilder（功能实现者）
  - Builder 的具体实现，实现产出功能的类。
  - 不同的 ConcreteBuilder（功能实现者）可以产出不同的功能，用来实现不同对象的行为表现和功能。
- Product（产品）
  - 代表最终完成的复杂对象，必须提供方法让 Builder 类可以将各部位功能设置给它。

15.2.3　建造者模式（Builder）的实现范例

在实现上，Director（建造指示者）与 Builder（功能实现者接口）是同时进行的。当在 Director（建造指示者）的构建方法中，一边将流程分开调用的同时，也将被调用的步骤加入到 Builder（功能实现者接口）的接口方法中。

以下是 Director（建造指示者）范例：

Listing 15-3　利用 Builder 接口来构建对象(Builder.cs)

```
public class Director
{
   private Product m_Product;
   public Director(){}

   // 构建
   public void Construct(Builder theBuilder) {
      // 利用 Builder 产生各部分加入 Product 中
      m_Product = new Product();
      theBuilder.BuildPart1( m_Product );
      theBuilder.BuildPart2( m_Product );
   }

   // 获取成品
   public Product GetResult() {
      return m_Product;
   }
}
```

在 Director（建造指示者）类的构建方法（Construct）中，将 Builder（功能实现者接口）对象以参数的方式传入，此时的 Builder 对象代表某一特定功能的实现者（例如 B 款车的装配产线）。然后按流程规划，分别调用 Builder 对象中提供各功能的方法来组装产品。而实现上，对于 Product（产品类）的对象，是要由 Director（建造指示者）还是 Builder（功能实现者）来保存，则可按照实际项目的需求来决定，并不一定要由某一个类负责维护。

Builder（功能实现者接口）定义了能够产生对象所需功能的方法：

Listing 15-4 接口用来生成 Product 的各个零件 Builder.cs

```
public abstract class Builder
{
    public abstract void BuildPart1(Product theProduct);
    public abstract void BuildPart2(Product theProduct);
}

// Builder 接口的具体实现 A
public class ConcreteBuilderA : Builder
{
    public override void BuildPart1(Product theProduct) {
        theProduct.AddPart( "ConcreteBuilderA_Part1");
    }

    public override void BuildPart2(Product theProduct) {
        theProduct.AddPart( "ConcreteBuilderA_Part2");
    }
}

// Builder 接口的具体实现 B
public class ConcreteBuilderB : Builder
{
    public override void BuildPart1(Product theProduct) {
        theProduct.AddPart( "ConcreteBuilderB_Part1");
    }

    public override void BuildPart2(Product theProduct) {
        theProduct.AddPart( "ConcreteBuilderB_Part2");
    }
}
```

两个子类：ConcreteBuilderA 和 ConcreteBuilderB 分别实现接口所需的方法，不同的子类可以产生不同属性的功能。装备时，将产出的功能直接设置给传入的 Product（产品）对象中，Product（产品）类则是最后被产出的对象：

Listing 15-5 欲产生的复杂对象(Builder.cs)

```
public class Product
{
    private List<string> m_Part = new List<string>();

    public Product()
    {}

    public void AddPart(string Part) {
        m_Part.Add(Part);
    }

    public void ShowProduct() {
        foreach(string Part in m_Part)
```

```
            Debug.Log(Part);
    }
}
```

Product（产品）中的每一项功能都是由 Builder 的实现来提供的，本身并不参与功能的产出。在测试程序中，分别传入不同的 Builder 子类给 Director（建造指示者）对象：

Listing 15-6　测试建造者模式(BuilderTest.cs)

```
void UnitTest() {
    // 创建
    Director theDirectoir = new Director();
    Product theProduct = null;

    // 使用 BuilderA 构建
    theDirectoir.Construct( new ConcreteBuilderA() );
    theProduct = theDirectoir.GetResult();
    theProduct.ShowProduct();

    // 使用 BuilderB 构建
    theDirectoir.Construct( new ConcreteBuilderB() );
    theProduct = theDirectoir.GetResult();
    theProduct.ShowProduct();
}
```

在 Director（建造指示者）的指挥下，将不同属性的功能指定给 Product（产品）对象，最后获取 Product（产品），并显示该 Product（产品）当前获得的功能和状态。通过信息的输出，可以看到 Product（产品）对象在使用不同的 Builder（功能实现者）时，会有不同的功能表现：

```
ShowProduct Functions:
ConcreteBuilderA_Part1
ConcreteBuilderA_Part2
ShowProduct Functions:
ConcreteBuilderB_Part1
ConcreteBuilderB_Part2
```

15.3 使用建造者模式（Builder）组装角色的各项功能

角色的组装算是游戏实现上最复杂的功能之一。每款游戏遇到这个部分时，都要针对程序代码不断地重构、调整、修正、防呆……，原因是“角色”是游戏的卖点之一。游戏中的角色要有多种职业、好看的装备、炫丽的武器……，才能博得玩家的喜好。如果是商城制的游戏（即可以在游戏内购买游戏道具），甚至可以让角色可以长出金光闪闪的翅膀走在游戏内的街上“招摇”和“拉风”。

新一代的游戏引擎由于有 Shader 技术的支持，所以复杂一点的 Avatar（纸娃娃）系统也一并提供给玩家使用，让他们能定制自己最喜欢的角色。也因为这些复杂的游戏设置和定制化的参数，让游戏系统要产生一个角色对象时，需要更多方面的考虑，因此也需要包含更多的系统设计，否则就容易造成难以收拾的后果。

15.3.1 角色功能的组装

接下来，我们继续尚未完成的优化工作。按照建造者模式（Builder）的两个原则："流程分析安排"和"功能分开实现"来分析现有的程序代码，就会发现，原本规划在角色工厂 CharacterFactory 的增加角色功能 AddCharacterFuncs 方法，就是建造者模式（Builder）所需要的"流程分析安排"：

Listing 15-7 增加角色功能

```
public void AddCharacterFuncs( ICharacter pRole ,
                               ENUM_Weapon emWeapon,
                               int Lv) {
    // 显示的模式
    AddGameObject (pRole);
    // 设置武器
    AddWeapon(pRole, emWeapon);
    // 设置角色属性
    AddAttr(pRole,Lv);
    // 设置角色AI
    AddAI(pRole);
}
```

而 Soldier 角色工厂（SoldierFactory）和 Enemy 角色工厂（EnemyFactory）两个子类扮演的则是"功能分开实现"。虽然已经找到建造者模式（Builder）的要素，也就是实际上已经完成建造者模式（Builder）的实现了，但因为实现在 CharacterFactory 中还是会延伸出一些缺点，所以必须将这一部分从角色工厂 CharacterFactory 中分离，单独实现成为一个新的系统，其类结构图如图 15-4 所示。

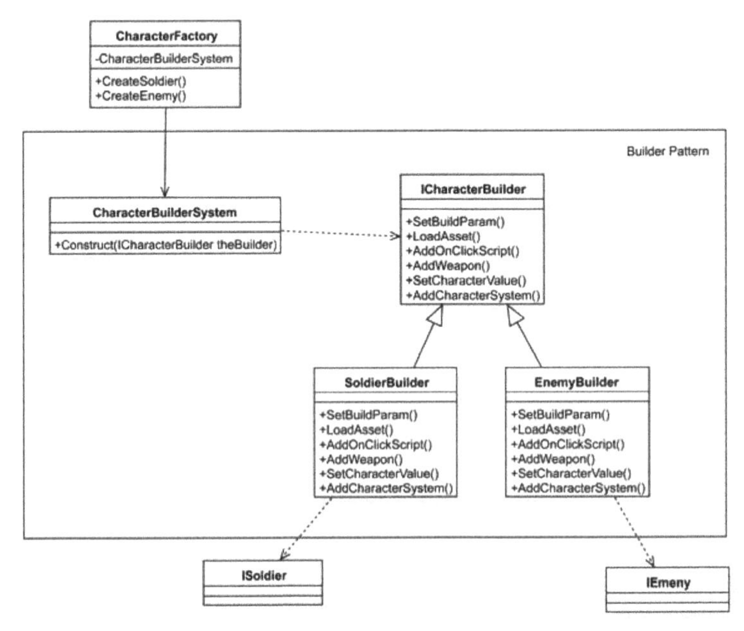

图 15-4 CharacterFactory 类及其子类的类结构图

参与者的说明如下：

- CharacterBuilderSystem：角色建造者系统负责《P 级阵地》中双方角色构建时的装配流程。它是一个“IGameSystem 游戏系统”，因为角色构建完成后，还需要通知其他游戏系统，所以将其加入已经具有中介者模式（Mediator）的 PBaseDefenseGame 类中，方便与其他游戏功能沟通。
- ICharacterBuilder：定义游戏角色功能的组装方法，包含 3D 模型、武器、属性、AI 等功能。
- SoldierBuilder：负责玩家阵营角色功能的产生并设置给玩家角色。
- EnemyBuilder：负责敌方阵营角色功能的产生并设置给敌方角色。

15.3.2　实现说明

角色建造者系统（CharacterBuilderSystem）继承自游戏系统接口（IGame System），并定义了与角色产生和功能设置有关的流程：

Listing 15-8　角色建造者系统，利用 Builder 接口来构建对象(CharacterBuilderSystem.cs)

```
public class CharacterBuilderSystem : IGameSystem
{
    private int m_GameObjectID = 0;
    ...
    // 构建
    public void Construct(ICharacterBuilder theBuilder) {
        // 利用 Builder 产生各部分加入 Product 中
        theBuilder.LoadAsset( ++m_GameObjectID );
        theBuilder.AddOnClickScript();
        theBuilder.AddWeapon();
        theBuilder.SetCharacterAttr();
        theBuilder.AddAI();

        // 加入管理器中
        theBuilder.AddCharacterSystem( m_PBDGame );
    }
}
```

在 Construct 方法中，将一个角色所需的功能及设置顺序明确定义下来，并通过调用 ICharacterBuilder 提供的方法来完成组装：

Listing 15-9　角色建造函数(CharacterBuilder.cs)

```
// 建造角色时所需的参数
public abstract class ICharacterBuildParam
{
    public ENUM_Weapon  emWeapon = ENUM_Weapon.Null;
    public ICharacter   NewCharacter = null;
    public Vector3      SpawnPosition;
    public int          AttrID;
    public string       AssetName;
```

```
    public string      IconSpriteName;
}

// 接口用来生成 ICharacter 的各个零件
public abstract class ICharacterBuilder
{
    // 设置构建参数
    public abstract void SetBuildParam(
                                ICharacterBuildParam theParam );
    // 加载 Asset 中的角色模型
    public abstract void LoadAsset( int GameObjectID );
    // 加入 OnClickScript
    public abstract void AddOnClickScript();
    // 加入武器
    public abstract void AddWeapon();
    // 加入 AI
    public abstract void AddAI();
    // 设置角色能力
    public abstract void SetCharacterAttr();
    // 加入管理器
    public abstract void AddCharacterSystem(
                                PbaseDefenseGame PBDGame );
}
```

由于游戏角色复杂，需要配合的功能（武器、属性）有所差异，因此会使得建造一个角色所需的参数变多。而实现上比较好的方式是，将这些参数以一个类加以封装，让这些多达 7 或 8 个的角色设置参数，不会占满与角色产生流程有关的方法中，这样做会比较方便后续的开发和维护。当需要新增或删除角色的设置参数时，只需要修改封装结构的内容，而不必改变整个流程中的方法，并且封装后的参数类也可以顺应不同角色建造的需要，以继承的方式增加在子类中。这也就是角色建造参数类（ICharacter BuildParam）要声明为抽象类的原因，因为两个阵营角色在建造时，需要的参数各有不同。

SoldierBuilder 类提供了玩家阵营角色建造时所需要的功能及设置：

Listing 15-10 Solider 角色建造函数(SoldierBuilder.cs)

```
// 建造 Soldier 时所需的参数
public class SoldierBuildParam : ICharacterBuildParam
{
    public int           Lv = 0;
    public SoldierBuildParam(){}
}

// Soldier 各个部位的构建
public class SoldierBuilder : ICharacterBuilder
{
    private SoldierBuildParam m_BuildParam = null;

    public override void SetBuildParam( ICharacterBuildParam theParam ){
        m_BuildParam = theParam as SoldierBuildParam;
```

```
    }

    // 加载 Asset 中的角色模型
    public override void LoadAsset( int GameObjectID ) {
        IAssetFactory AssetFactory = PBDFactory.GetAssetFactory();
        GameObject SoldierGameObject = AssetFactory.LoadSoldier(
                        m_BuildParam.NewCharacter.GetAssetName() );
        SoldierGameObject.transform.position =
                                    m_BuildParam.SpawnPosition;
        SoldierGameObject.gameObject.name =
                       string.Format("Soldier[{0}]",GameObjectID);
        m_BuildParam.NewCharacter.SetGameObject( SoldierGameObject );
    }

    // 加入 OnClickScript
    public override void AddOnClickScript() {
        SoldierOnClick Script = m_BuildParam.NewCharacter.
                GetGameObject().AddComponent<SoldierOnClick>();
        Script.Solder = m_BuildParam.NewCharacter as ISoldier;
    }

    // 加入武器
    public override void AddWeapon() {
        IWeaponFactory  WeaponFactory = PBDFactory.GetWeaponFactory();
        IWeapon Weapon = WeaponFactory.CreateWeapon(
                                      m_BuildParam.emWeapon );

        // 设置给角色
        m_BuildParam.NewCharacter.SetWeapon( Weapon );
    }

    // 设置角色能力
    public override void SetCharacterAttr() {
        // 获取 Soldier 的属性
        IAttrFactory theAttrFactory = PBDFactory.GetAttrFactory();
        SoldierAttr theSoldierAttr = theAttrFactory.GetSoldierAttr(
                          m_BuildParam.NewCharacter.GetAttrID());

        // 设置
        theSoldierAttr.SetAttStrategy( new SoldierAttrStrategy());

        // 设置等级
        theSoldierAttr.SetSoldierLv( m_BuildParam.Lv );

        // 设置给角色
        m_BuildParam.NewCharacter.SetCharacterAttr( theSoldierAttr );
    }

    // 加入 AI
    public override void AddAI() {
```

```
        SoldierAI theAI = new SoldierAI( m_BuildParam.NewCharacter );
        m_BuildParam.NewCharacter.SetAI( theAI );
    }

    // 加入管理器
    public override void AddCharacterSystem( PBaseDefenseGame PBDGame){
        PBDGame.AddSoldier( m_BuildParam.NewCharacter as ISoldier );
    }
}
```

每一个角色功能在产生时，都可以搭配其他游戏系统或对象工厂来获取所需的部分。例如在加载角色模型 LoadAsset 方法中，搭配资源加载工厂 IAssetFactory 来获取角色的 3D 模型资源；在加入武器 AddWeapon 方法中，搭配武器工厂 IWeapon Factory 来获取角色使用的武器，而各个方法在设置和产出功能对象时，都会引用角色设置参数 SoldierBuildParam 中的设置来产出对应的功能。所以，通过 SoldierBuildParam 参数类在角色的构建流程中穿梭，让每个构建步骤产生的功能对象可以有不同的表现行为和功能。

EnemyBuilder 类用来组装敌方角色时所需要的功能，也以相同的方式来实现：

Listing 15-11　Enemy 角色建造者(EnemyBuilder.cs)

```
// 建造 Enemy 时所需的参数
public class EnemyBuildParam : ICharacterBuildParam
{
    public Vector3 AttackPosition = Vector3.zero; // 要前往的目标
    public EnemyBuildParam()
    {}
}

// Enemy 各个部位的构建
public class EnemyBuilder : ICharacterBuilder
{
    private EnemyBuildParam m_BuildParam = null;

    public override void SetBuildParam( ICharacterBuildParam theParam ){
        m_BuildParam = theParam as EnemyBuildParam;
    }

    // 加载 Asset 中的角色模型
    public override void LoadAsset( int GameObjectID ) {
        IAssetFactory AssetFactory = PBDFactory.GetAssetFactory();
        GameObject EnemyGameObject = AssetFactory.LoadEnemy(
                        m_BuildParam.NewCharacter.GetAssetName() );
        EnemyGameObject.transform.position =
                                    m_BuildParam.SpawnPosition;
        EnemyGameObject.gameObject.name =
                        string.Format("Enemy[{0}]",GameObjectID);
        m_BuildParam.NewCharacter.SetGameObject( EnemyGameObject );
    }
```

```
    // 加入 OnClickScript
    public override void AddOnClickScript()
    { }

    // 加入武器
    public override void AddWeapon() {
        IWeaponFactory  WeaponFactory = PBDFactory.GetWeaponFactory();
        IWeapon Weapon = WeaponFactory.CreateWeapon(
                                      m_BuildParam.emWeapon );

        // 设置给角色
        m_BuildParam.NewCharacter.SetWeapon( Weapon );
    }

    // 设置角色能力
    public override void SetCharacterAttr() {
        // 获取 Enemy 的属性
        IAttrFactory theAttrFactory = PBDFactory.GetAttrFactory();
        EnemyAttr theEnemyAttr = theAttrFactory.GetEnemyAttr(
                         m_BuildParam.NewCharacter.GetAttrID());

        // 设置属性的计算策略
        theEnemyAttr.SetAttStrategy( new EnemyAttrStrategy());

        // 设置给角色
        m_BuildParam.NewCharacter.SetCharacterAttr(theEnemyAttr);
    }

    // 加入 AI
    public override void AddAI() {
        EnemyAI theAI = new EnemyAI( m_BuildParam.NewCharacter,
                              m_BuildParam.AttackPosition );
        m_BuildParam.NewCharacter.SetAI( theAI );
    }

    // 加入管理器
    public override void AddCharacterSystem( PBaseDefenseGame PBDGame){
        PBDGame.AddEnemy( m_BuildParam.NewCharacter as IEnemy );
    }
}
```

比较不一样的是，因为敌方阵营的角色无法被玩家用鼠标选中，所以在它的构建流程中，加入的鼠标单击选取功能 AddOnClickScript 方法是没有具体实现的。这也是建造者模式（Builder）在实现上的另一个灵活点，对于某项功能，实现类可以选择是否加入，不加入时就可以不实现该方法。如果要更明确地指定子类的哪些方法是要实现的或哪些方法是可以选择的话，则可利用程序设计语言的语句限制来规定。以 C#来说，强制子类一定要实现某方法的话，则将其定义为抽象函数(abstract function)，不一定需要实现的功能，则将其定义为虚拟函数（virtual function），通过接口的声明，就可明白类实现的规则。

从角色工厂 CharacterFactory 将角色功能的组装流程搬移出去后，角色在通过工厂方法（Factory Method）产生时，就可以调用角色建造者系统（Character BuilderSystem）来组装角色功能：

Listing 15-12 产生游戏角色的工厂(CharacterFactory.cs)

```
public class CharacterFactory : ICharacterFactory
{
    // 角色建造指示者
    private CharacterBuilderSystem m_BuilderDirector =
            new CharacterBuilderSystem( PBaseDefenseGame.Instance );

    // 产生 Soldier
    public override ISoldier CreateSoldier( ENUM_Soldier emSoldier,
                                         ENUM_Weapon emWeapon,
                                         int Lv,
                                         Vector3 SpawnPosition) {
        // 产生 Soldier 的参数
        SoldierBuildParam SoldierParam = new SoldierBuildParam();

        // 产生对应的 Character
        switch( emSoldier)
        {
            case ENUM_Soldier.Rookie:
                SoldierParam.NewCharacter = new SoldierRookie();
                break;
            case ENUM_Soldier.Sergeant:
                SoldierParam.NewCharacter = new SoldierSergeant();
                break;
            case ENUM_Soldier.Captain:
                SoldierParam.NewCharacter = new SoldierCaptain();
                break;
            default:
                Debug.LogWarning(
                        "CreateSoldier:无法建立["+emSoldier+"]");
                return null;
        }

        if( SoldierParam.NewCharacter == null)
            return null;

        // 设置共享参数
        SoldierParam.emWeapon = emWeapon;
        SoldierParam.SpawnPosition = SpawnPosition;
        SoldierParam.Lv = Lv;

        //  产生对应的 Builder 及设置参数
        SoldierBuilder theSoldierBuilder = new SoldierBuilder();
        theSoldierBuilder.SetBuildParam( SoldierParam );

        // 产生
```

```
        m_BuilderDirector.Construct( theSoldierBuilder );
        return SoldierParam.NewCharacter as ISoldier;
    }

    // 产生 Enemy
    public override IEnemy CreateEnemy( ENUM_Enemy emEnemy,
                                  ENUM_Weapon emWeapon,
                                  Vector3 SpawnPosition,
                                  Vector3 AttackPosition) {
        // 产生 Enemy 的参数
        EnemyBuildParam EnemyParam = new EnemyBuildParam();

        // 产生对应的 Character
        switch( emEnemy)
        {
            case ENUM_Enemy.Elf:
                EnemyParam.NewCharacter = new EnemyElf();
                break;
            case ENUM_Enemy.Troll:
                EnemyParam.NewCharacter = new EnemyTroll();
                break;
            case ENUM_Enemy.Ogre:
                EnemyParam.NewCharacter = new EnemyOgre();
                break;
            default:
                Debug.LogWarning("无法建立["+emEnemy+"]");
                return null;
        }

        if( EnemyParam.NewCharacter == null)
            return null;

        // 设置共享参数
        EnemyParam.emWeapon = emWeapon;
        EnemyParam.SpawnPosition = SpawnPosition;
        EnemyParam.AttackPosition = AttackPosition;

        //  产生对应的 Builder 及设置参数
        EnemyBuilder theEnemyBuilder = new EnemyBuilder();
        theEnemyBuilder.SetBuildParam( EnemyParam );

        // 产生
        m_BuilderDirector.Construct( theEnemyBuilder );
        return EnemyParam.NewCharacter  as IEnemy;
    }
}
```

重构后的两个工厂方法（Factory Method），会先产生一个“角色参数类（SoldierBuildParam、EnemyBuildParam）”对象，并将产生出来的角色对象放在其中，让角色能在整个功能装备的流程中都能被存取到。除此之外，角色建造参数也记录了组装角色时要使用的设置值。最后产生的建造者 Builder 对象，将角色建造参数设置完成后，就交由建造指导者类（CharacterBuilderSystem）去完成最后的角色组装功能。

15.3.3 使用建造者模式（Builder）的优点

在重构后的角色工厂（CharacterFactory）中，只简单负责角色的“产生”，而复杂的功能组装工作则交由新增加的角色建造者系统（CharacterBuilderSystem）来完成。运用建造者模式（Builder）的角色建造者系统（CharacterBuilderSystem），将角色功能的“组装流程”给独立出来，并以明确的方法调用来实现，这有助于程序代码的阅读和维护。而各个角色的功能装备任务，也交由不同的类来实现，并使用接口方法操作，将系统之间的耦合度（即依赖度）降低。所以当实现系统有任何变化时，也可以使用替换实现类的方式来应对。

15.3.4 角色建造者的执行流程

如图 15-5 所示的是角色建造者系统（CharacterBuilderSystem）的执行流程图，它会指挥 Soldier 角色建造者（SoldierBuilder）来完成角色功能的组装，最后将装配好的 Soldier 对象加入角色管理系统（CharacterSystem）中来管理。

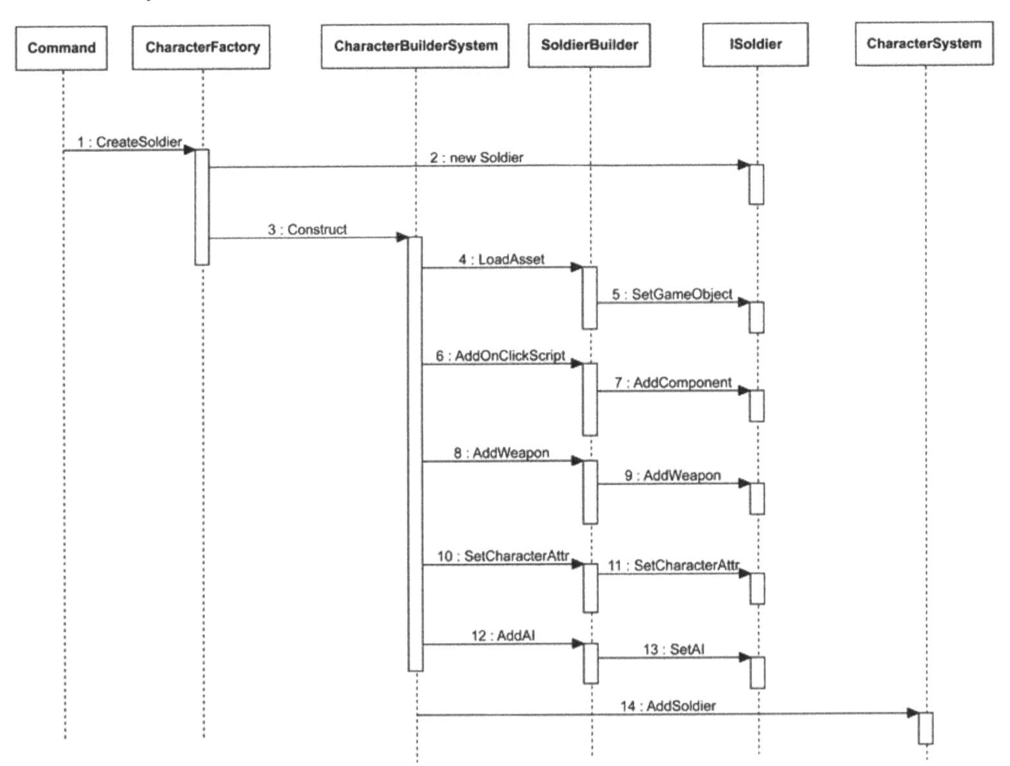

图 15-5 角色建造者的执行流程

15.4 建造者模式（Builder）面对变化时

将角色的“功能产生顺序”和“哪些组件会被加入角色”等功能，集中在一个函数方法中实现，对于项目后期的维护和开发是非常有帮助的。

某天……，

企划：“小程”

小程：“是……”

企划：“我玩《P 级阵地》有一段时间了，总觉得，如果角色头上能够有个血条来显示当前的生命力该有多好……，因为可以方便我调试……”

小程：“加显示血条吗？不过，你说是调试用？”

企划：“嗯……测试完看好不好用，再决定要不要开放给玩家，这样可以吗？”

小程：“可以”

企划：“那可不可以再额外加个功能，我想要角色出现时，能利用特效来提示玩家，特效就出现角色位置上。”

小程：“嗯……那我一起添加就好了。”

小程之所以答应得那么干脆，主要是因为上面的两项需求，可以很简单地在角色建造者系统（CharacterBuilderSystem）的 Constrcut 方法中进行调整：

```
// 构建
public void Construct(ICharacterBuilder theBuilder) {
    // 利用 Builder 产生各个部分加入 Product 中
    theBuilder.LoadAsset( ++m_GameObjectID );
    theBuilder.AddOnClickScript();
    theBuilder.AddWeapon();
    theBuilder.SetCharacterAttr();
    theBuilder.AddAI();

    // 是否显示头上血条,可用开关控制
    if( m_bEnableHUD)
        theBuilder.AddHud();

    // 角色出生特效
    theBuilder.AddBornEffect();

    // 加入管理器内
    theBuilder.AddCharacterSystem( m_PBDGame );
}
```

将新增的功能加入组装流程中，并让两阵营的建造者（SoldierBuilder、Enemy Builder）实现新增的两个功能：AddHud 和 AddBornEffect。而想要删除时，也可以暂时从构建流程取消。

15.5 结论

建造者模式（Builder）的优点是，能将复杂对象的“产生流程”与“功能实现”拆分后，让系统调整和维护变得更容易。此外，在不需更新实现者的情况下，调整产生流程的顺序就能完成装备线的更改，这也是建造者模式（Builder）的另一优点。

与其他模式(Pattern)的合作

建造者模式（Builder）在实现过程中，大多利用《P级阵地》的工厂类（Factory Class）获取所需的功能组件，而这两种生成模式（Creational Pattern）的相互配合，也是本章范例的重点之一。

其他应用方式

- 在奇幻类型的角色扮演游戏中，设计者为了增加法术系统的声光效果，在施展法术时，大多会分成不同的段落来呈现法术特效。例如发射前的法术吟唱特效、发射时的特效、法术在行进时的特效、击中对手时的特效、对手被打中时的特效、最后消失时的特效。有时为了执行性能的考虑，会在施展法术时，就将所有特效全部准备完成。这个时候就可以利用建造者模式（Builder）将所有特效组装完成。
- 游戏的用户界面（UI）就如同一般的网页或App，有时也会有复杂的版面配置和信息显示。利用建造者模式（Builder）可以将界面的呈现，分成不同的区域或内容来实现，让界面也可以有“功能装组”的应用方式。

第 16 章 游戏属性管理功能——享元模式（Flyweight）

16.1 游戏属性的管理

在《P 级阵地》中，除了双方角色使用“属性（生命力、移动速度）”作为能力区分外，武器系统也使用“武器属性（攻击力、攻击距离）”作为武器强度的区分，如图 16-1 所示。

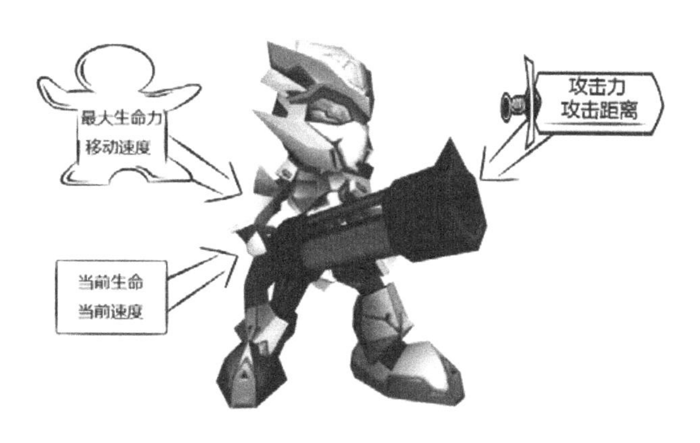

图 16-1　武器系统使用武器属性的示意图

事实上，一款游戏的可玩度和角色平衡，都需要针对这些属性精心设计及调整，游戏企划人员会通过“公式计算”或“实际测试”等方式找出最佳的游戏属性。而这些调整完成的游戏属性，在游戏系统中需要有一个管理方式来建立和存储它们，让其可以随着游戏的进行被游戏系统使用，如图 16-2 所示。

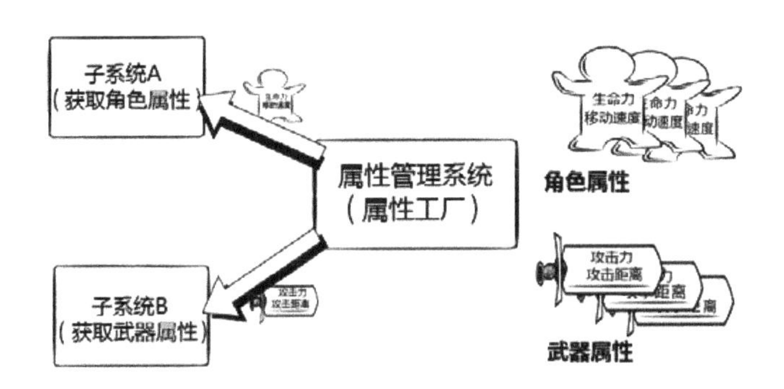

图 16-2　各个系统获取属性的示意图

在前面章节中，我们已经定义了角色属性基础类（ICharacterAttr），以及记录双方角色攻守差异所需要的属性子类（SoldierAttr、EnemyAttr），在此列出相关程序代码，帮读者回顾一下：

Listing 16-1　角色属性类

```
//角色属性接口
public abstract class ICharacterAttr
{
   protected int m_MaxHP = 0;             // 最高 HP 值
   protected float m_MoveSpeed = 1.0f; // 移动速度
   protected string m_AttrName = "";          // 属性的名称

   protected int m_NowHP = 0;             // 当前 HP 值
   protected IAttrStrategy m_AttrStrategy = null;// 属性的计算策略

   ...
} // ICharacterAttr.cs

// Soldier 属性
public class SoldierAttr : ICharacterAttr
{
   protected int m_SoldierLv = 0; // Soldier 等级
   ...
} // SoldierAttr.cs

// Enemy 属性
public class EnemyAttr : ICharacterAttr
{
   protected int m_CritRate = 0; // 爆击概率
   ...
} // EnemyAttr.cs
```

另外，在第 9 章介绍桥接模式（Bridge）时，定义了武器接口类 IWeapon。在当时的实现中，武器属性：攻击力（m_Atk）和攻击距离（m_Range）都是直接声明在武器接口中的：

```
// 武器接口
public abstract class IWeapon
{
    // 属性
    protected int m_AtkPlusValue = 0;   // 额外增加的攻击力
    protected int m_Atk = 0;            // 攻击力
    protected float m_Range= 0.0f;      // 攻击距离
    ...
}
```

《P 级阵地》中先仿照角色属性的设计方式，将“武器属性”部分从武器接口中独立出来：

Listing 16-2　重构后的武器属性类

```
public class WeaponAttr
{
    protected int    m_Atk = 0;      // 攻击力
    protected float m_Range= 0.0f; // 攻击距离

    public WeaponAttr(int AtkValue,float Range) {
        m_Atk = AtkValue;
        m_Range = Range;
    }

    // 获取攻击力
    public virtual int GetAtkValue() {
        return m_Atk;
    }

    // 获取攻击距离
    public virtual float GetAtkRange() {
        return m_Range;
    }
}
```

武器属性可以运用在任何一种武器类上，而且不会像角色属性那样具有攻守差异，所以单纯以一个类进行定义即可，暂不使用继承的方式来实现。更换后的武器接口类，将原有的属性以一个武器属性类（WeaponAttr）对象成员 m_WeaponAttr 进行取代，并提供对应的操作方法：

Listing 16-3　新的武器接口

```
public abstract class IWeapon
{
    // 属性
    protected int m_AtkPlusValue = 0;             // 额外增加的攻击力
    protected WeaponAttr m_WeaponAttr = null;    // 武器的能力
    ...
    // 设置攻击能力
    public void SetWeaponAttr(WeaponAttr theWeaponAttr) {
        m_WeaponAttr = theWeaponAttr;
    }
```

```
    // 设置额外攻击力
    public void SetAtkPlusValue(int Value) {
        m_AtkPlusValue = Value;
    }

    // 获取攻击力
    public int GetAtkValue() {
        return m_WeaponAttr.GetAtkValue() + m_AtkPlusValue;
    }

    // 获取攻击距离
    public float GetAtkRange() {
        return m_WeaponAttr.GetAtkRange();
    }
    ...
} // IWeapon.cs
```

重构后的角色(ICharacter)、角色属性(ICharacterAttr)、武器(IWeapon)、武器属性(IWeaponAttr)等类结构图的关系如图16-3所示。

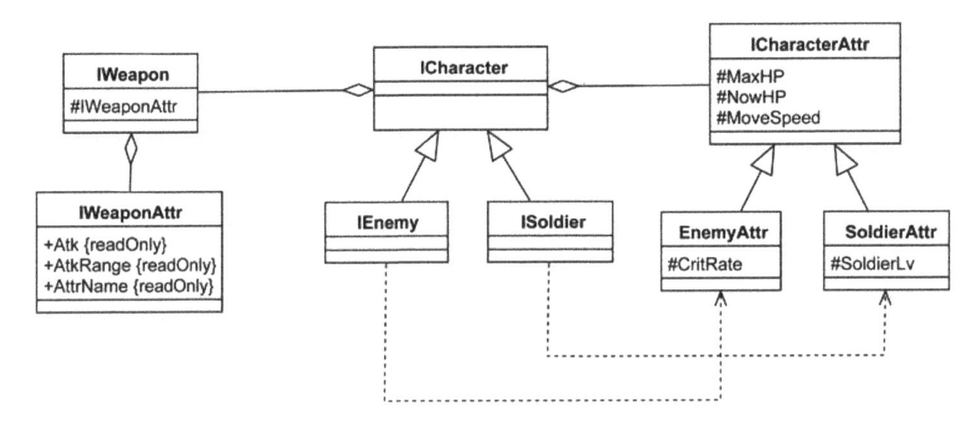

图16-3 重构后的角色和武器等类的类结构图

在《P级阵地》的实现上，玩家阵营角色属性（SoldierAttr）、敌方阵营角色属性（EnemyAttr）及武器属性（WeaonAttr）3个属性类，都是由属性工厂（IAttrFactory）负责产生。而在实现时，通常会将**一个属性类的对象，以一个唯一属性来代表**，让其他系统可以利用这个数字，获取对应的属性对象。

所以，三种属性对象由属性工厂（IAttrFactory）产生，并由其他系统将获取的属性对象设置给有需要的游戏功能。让我们再来看一次在建造者模式（Builder）中关于"角色属性设置"的程序代码，就能了解相关的流程：

Listing 16-4 SoldierBuilder建造者类中设置角色属性

```
// Soldier 各个部位的构建
public class SoldierBuilder : ICharacterBuilder
{
```

```
    ...
    // 设置角色能力
    public override void SetCharacterAttr() {
        // 获取 Soldier 的属性
        IAttrFactory theAttrFactory = PBDFactory.GetAttrFactory();
        int AttrID = m_BuildParam.NewCharacter.GetAttrID();
        SoldierAttr theSoldierAttr =
                         theAttrFactory.GetSoldierAttr(AttrID);

        // 设置
        theSoldierAttr.SetAttStrategy( new SoldierAttrStrategy());

        // 设置等级
        theSoldierAttr.SetSoldierLv( m_BuildParam.Lv );

        // 设置给角色
        m_BuildParam.NewCharacter.SetCharacterAttr( theSoldierAttr );
    }
    ...
} // SoldierBuilder.cs
```

在 EnemyBuilder 建造者类中，设置敌人角色属性：

Listing 16-5　EnemyBuilder 建造者类中设置角色属性

```
// Enemy 各个部位的构建
public class EnemyBuilder : ICharacterBuilder
{
    ...
    // 设置角色能力
    public override void SetCharacterAttr() {
        // 获取 Enemy 的属性
        IAttrFactory theAttrFactory = PBDFactory.GetAttrFactory();
        int AttrID = m_BuildParam.NewCharacter.GetAttrID();
        EnemyAttr theEnemyAttr = theAttrFactory.GetEnemyAttr( AttrID );

        // 设置属性的计算策略
        theEnemyAttr.SetAttStrategy( new EnemyAttrStrategy() );

        // 设置给角色
        m_BuildParam.NewCharacter.SetCharacterAttr( theEnemyAttr );
    }
    ...
} // EnemyBuilder.cs
```

武器工厂（WeaponFactory）产生武器时，也会获取武器属性设置给武器：

Listing 16-6　设置武器属性

```
// 武器工厂
public class WeaponFactory : IWeaponFactory
{
```

```
    // 产生武器
    public override IWeapon CreateWeapon( ENUM_Weapon emWeapon) {
        ...
        // 获取武器的威力
        IAttrFactory theAttrFactory = PBDFactory.GetAttrFactory();
        WeaponAttr theWeaponAttr =
                         theAttrFactory.GetWeaponAttr(AttrID);

        // 设置武器的威力
        pWeapon.SetWeaponAttr( theWeaponAttr );

        return pWeapon;
    }
} // WeaponFactory.cs
```

所以，配合产生对象的属性工厂（IAttrFactory）会按照参数传入的“属性编号（AttrID）”来产生对应的属性对象，可能会使用下列方式实现：

Listing 16-7　实现产生游戏用的属性

```
public class AttrFactory : IAttrFactory
{
    // 获取 Soldier 的属性
    public override SoldierAttr GetSoldierAttr( int AttrID ) {
        switch( AttrID)
        {
            case 1:
                // 生命力,移动速度,属性名称
                return new SoldierAttr(10, 3.0f, "新兵");
            case 2:
                return new SoldierAttr(20, 3.2f, "中士");
            case 3:
                return new SoldierAttr(30, 3.4f, "上尉");
            default:
                Debug.LogWarning(
                         "没有针对角色属性["+AttrID+"]产生新的属性");
                break;
        }
        return null;
    }

    // 获取 Enemy 的属性
    public override EnemyAttr GetEnemyAttr( int AttrID ) {
        switch( AttrID)
        {
            case 1:
                // 生命力,移动速度,爆击率,属性名称
                return new EnemyAttr(5, 3.0f,5, "精灵");
            case 2:
                return new EnemyAttr(15,3.1f,10,"山妖");
            case 3:
```

```
                return new EnemyAttr(20,3.3f,15,"怪物");
            default:
                Debug.LogWarning(
                    "没有针对角色属性["+AttrID+"]产生新的属性");
                break;
        }
        return null;
    }

    // 获取武器的属性
    public override WeaponAttr GetWeaponAttr( int AttrID ) {
switch( AttrID)
        {
            case 1:
                // 攻击力,攻击距离,属性名称
                return new WeaponAttr( 2, 4 ,"短枪");
            case 2:
                return new WeaponAttr( 4, 7, "长枪");
            case 3:
                return new WeaponAttr( 8, 10,"火箭筒");
            default:
                Debug.LogWarning(
                    "没有针对角色属性["+AttrID+"]产生新的属性");
                break;
        }
        return null;
    }
}
```

使用 switch case 语句判断传入的属性编号（AttrID）后，产生对应的角色属性（SoldierAttr）对象，让每一个属性编号（AttrID）都能够正确对应一个属性对象。而 switch case 的最后也添加了 default 区段来防止未规划的编号产生对象。但过长的 switch case 语句会造成不易阅读的问题，而且游戏将来需要大量增加游戏属性数据时，这种实现方式会很难适应游戏后期的更改，并且比较容易造成程序代码过长、不易阅读等问题。

另外“两种角色属性”与“武器属性”的类对象，在应用上也有一些差异（如图 16-4 所示）：

- 两个阵营的角色属性类（SoliderAttr、EnemyAttr）：类成员中包含现在生命力（NowHP）、等级（Lv）等，这些是会随着游戏过程而改变的属性字段，所以必须针对每个角色类设置一组新的属性对象。但是角色的最大生命力（MaxHP）和移动速度（MoveSpeed）等属性，则是基本属性不会随游戏变动，只须保留一份对象即可。
- 武器属性类（WeaponAttr）：类成员包含攻击力（Akt）与攻击距离（Range），这两个属性一经设置后就不会再更改，不会随着游戏过程而改变。也就是说，每一个编号对应的武器属性（WeaponAttr），只需要产生一个对象即可。

图 16-4　非共享部分的属性与会随游戏时间演进而变化的属性

所以，有两个待解决的问题：

1. 方便的管理游戏属性的方法，让产生的属性对象能够有好的管理架构，更加方便获取和设置。

2. 共同的属性部分只能够维持一份，但随着（1）不断重新产生的角色属性（SoldierAttr、EnemyAttr）和（2）只需维持一个武器属性（WeaponAttr）对象，需要有不同的设置和替换方式。

针对上述两个问题，属性工厂（IAttrFactory）可用享元模式（Flyweight）来解决。

16.2 享元模式（Flyweight）

享元模式是用来解决“大量且重复的对象”的管理问题，尤其是程序设计师最常忽略的“虽小但却大量重复的对象”。随着计算机设备的升级，程序设计师渐渐遗忘了在内存受限制环境下，对每一个字节（Byte）都很计较的程序编写方式。但近几年来，由于移动设备 App 的兴起，有大小限制的内存环境又成为程序设计师必须考虑的设计条件之一，善用享元模式（Flyweight）可以解决大部分对象共享的问题。

16.2.1 享元模式（Flyweight）的定义

GoF 中享元模式（Flyweight）的定义是：

“使用共享的方式，让一大群小规模对象能更有效地运行。”

定义中的两个重点：“共享”与“一大群小规模对象”。

首先，“一大群小规模对象”指的是：虽然有时候类的组成很简单，可能只有几个类型为 int 的类成员，但如果这些类成员的属性是相同而且可以共享的，那么当系统产了一大群类的对象时，这些重复的部分就都是浪费的，因为它们只需要存在一份即可，如图 16-5 所示。

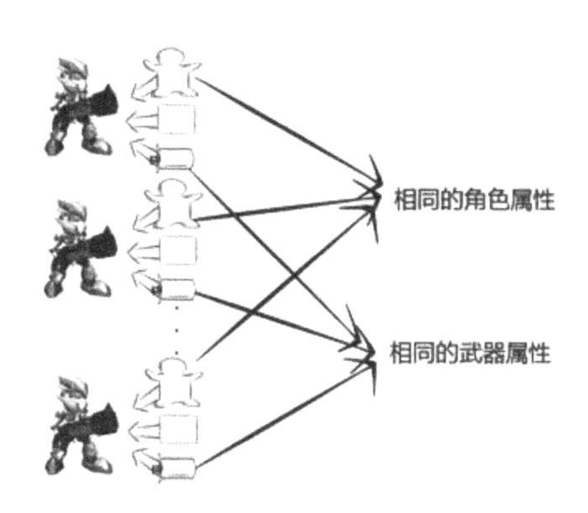

图 16-5　大量重复的共享空间

而“共享”指的是使用“管理结构”来设计信息的存取方式，让可以被共享的信息，只需要产生一份对象，而这个对象能够被引用到其他对象中，如图 16-6 所示。

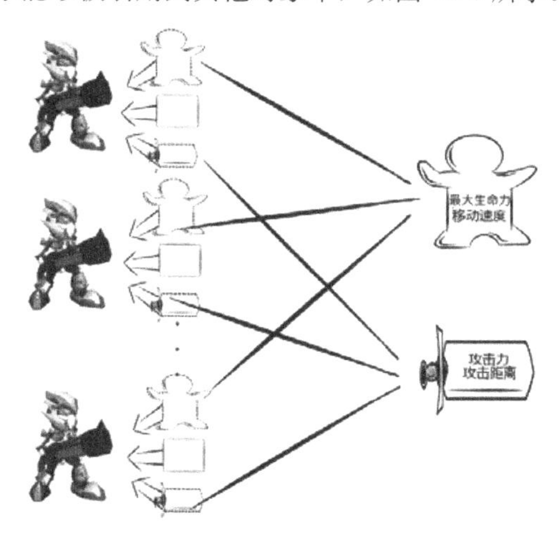

图 16-6　使用共享的方式来使用重复的数据

但必须注意的是，既然可以被多个对象“共享”，那么对于共享对象的“修改”就必须加以限制，因为被多个对象共享之后，任何更改共享对象中的属性，都可能导致其他引用对象的错误。

因此在设计上，对象中那些“只能读取而不能写入”的共享部分被称为“内在（intrinsic）状态”，就如前一节中提到的最大生命力（MaxHP）、移动速度（MoveSpeed）、攻击力（Akt）、攻击距离（Range）这些值。而对象中“不能被共享”的部分，如当前的生命力（NowHP）、等级（LV）、爆击率（CritRate）等，这些属性会随着游戏运行的过程而变化，则称为“外在（extrinsic）状态”。

享元模式（Flyweight）提供的解决方案是：产生对象时，将能够共享的“内在（intrinsic）状态”加以管理，并且将属于各对象能自由更改的“外部（extrinsic）状态”也一起设置给新产生的对象中。

16.2.2　享元模式（Flyweight）的说明

享元模式（Flyweight）的结构如图 16-7 所示。

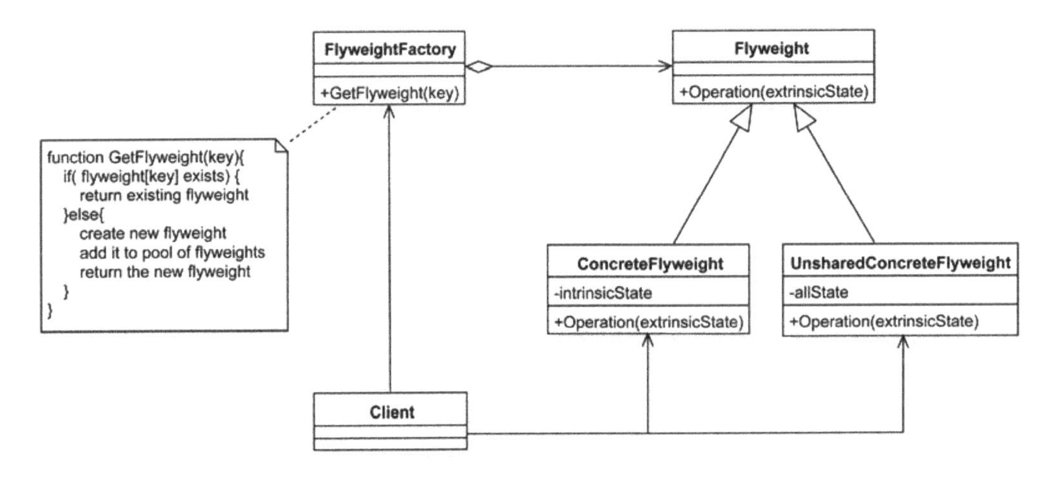

图 16-7　采用享元模式（Flyweight）时的类结构示意图

GoF 参与者的说明如下：

- FlyweightFactory（工厂类）
  - 负责产生和管理 Flyweight 的组件。
  - 内部通常使用容器类来存储共享的 Flyweight 组件。
  - 提供工厂方法产生对应的组件，当产生的是共享组件时，就加入到 Flyweight 管理容器内。
- Flyweight（组件接口）
  - 定义组件的操作接口。
- ConcreteFlyweight（可以共享的组件）
  - 实现 Flyweight 接口。
  - 产生的组件是可以共享的，并加入到 Flyweight 管理器中。
- UnsharedConcreteFlyweight（不可以共享的组件）
  - 实现 Flyweight 接口，也可以选择不继承自 Flyweight 接口。
  - 可以定义为单独的组件，不包含任何共享资源。
  - 也可以将一些共享组件定义为类的成员，成为内部状态；并另外定义其他不被共享的成员，作为外部状态使用。

16.2.3　享元模式（Flyweight）的实现范例

先定义 Flyweight（组件接口）：

Listing 16-8　可以被共享的 Flyweight 接口(Flyweight.cs)

```
public abstract class Flyweight
{
    protected string m_Content; //显示的内容

    public Flyweight()
```

```
    {}

    public Flyweight(string Content) {
        m_Content = Content;
    }

    public string GetContent() {
        return m_Content;
    }

    public abstract void Operator();
}
```

在类声明中，包含了一个 m_Content 成员，用来代表共享的信息。

ConcreteFlyweight 实现 Flyweight 接口，用来代表之后要被共享的组件：

Listing 16-9　共享的组件(Flyweight.cs)

```
public class ConcreteFlyweight : Flyweight
{
    public ConcreteFlyweight(string Content):base( Content )
    {}

    public override void Operator() {
        Debug.Log("ConcreteFlyweight.Content["+m_Content+"]");
    }
}
```

而 UnsharedCoincreteFlyweight，则是用来代表一个包含共享资源和不共享资源的类：

Listing 16-10　不共享的组件(可以不必继承)(Flyweight.cs)

```
public class UnsharedCoincreteFlyweight  //: Flyweight
{
    Flyweight m_Flyweight = null;  // 共享的组件
    string m_UnsharedContent;      // 不共享的组件

    public UnsharedCoincreteFlyweight(string Content) {
        m_UnsharedContent = Content;
    }

    // 设置共享的组件
    public void SetFlyweight(Flyweight theFlyweight) {
        m_Flyweight = theFlyweight;
    }

    public void Operator() {
        string Msg = string.Format(
                    "UnsharedCoincreteFlyweight.Content[{0}]",
                    m_UnsharedContent);
        if( m_Flyweight != null)
            Msg += "包含了: " + m_Flyweight.GetContent();
```

```
        Debug.Log(Msg);
    }
}
```

在不使用继承的实现方式下，利用组合的方式声明了一个可指向共享组件的引用 m_Flyweight，并且定义了由自己维护的不共享的信息成员 m_UnSharedContent，并提供方法 SetFlyweight 来设置共享的组件给类对象。工厂类 FlyweightFactor 则提供了管理容器和 3 个工厂方法来产生各种组合方式的对象：

Listing 16-11　负责产生 Flyweight 的工厂接口(Flyweight.cs)

```
public class FlyweightFactor
{
    Dictionary<string,Flyweight> m_Flyweights =
                        new Dictionary<string,Flyweight>();

    // 获取共享的组件
    public Flyweight GetFlyweight(string Key,string Content) {
        if( m_Flyweights.ContainsKey( Key) )
            return m_Flyweights[Key];

        // 产生并设置内容
        ConcreteFlyweight theFlyweight =
                            new ConcreteFlyweight( Content );
        m_Flyweights[Key] = theFlyweight;
        Debug.Log (
            "New ConcreteFlyweigh Key["+Key+"] Content["+Content+"]");
        return theFlyweight;
    }
    // 获取组件(只获取不共享的 Flyweight)
    public UnsharedCoincreteFlyweight GetUnsharedFlyweight(
                                        string Content) {
        return new UnsharedCoincreteFlyweight( Content);
    }

    // 获取组件(包含共享部分的 Flyweight)
    public UnsharedCoincreteFlyweight GetUnsharedFlyweight(
                                    string Key,
                                    string SharedContent,
                                    string UnsharedContent) {
        // 先获取共享的部分
        Flyweight SharedFlyweight = GetFlyweight(Key, SharedContent);

        // 产生组件
        UnsharedCoincreteFlyweight theFlyweight =
                new UnsharedCoincreteFlyweight( UnsharedContent);
        theFlyweight.SetFlyweight( SharedFlyweight ); // 设置共享的部分
        return theFlyweight;
    }
}
```

在工厂类 FlyweightFactor 的内部，使用 C#的泛型容器 Dictionary 类来管理共享组件，应用 Dictionary 类的 Key-Value 对应方式，可以确保组件的唯一性，即使用一个 Key 值来代表一个共享组件(Value)，相同的Key不可能对应到两个共享组件，所以只要利用相同的Key值来获取Dictionary内的组件，即保证返回的是同一个共享组件。

在 GetFlyweight 方法中，会先判断 Dictionary 内是否已包含 Key，若已产生过了，则返回现有 Key 值所对应的 Flyweight 组件；如果 Key 值不存在，则产生一个新的共享组件并返回。

在测试范例中，先产生组件工厂，接着产生 3 个共享组件：

Listing 16-12 测试享元模式(FlyweightTest.cs)

```
void UnitTest() {
    // 组件工厂
    FlyweightFactor theFactory = new FlyweightFactor();

    // 产生共享组件
    theFactory.GetFlyweight("1","共享组件 1");
    theFactory.GetFlyweight("2","共享组件 2");
    theFactory.GetFlyweight("3","共享组件 3");
    ...
```

信息窗口上，会反应产生的 3 个共享组件：

```
New ConcreteFlyweigh Key[1] Content[共享组件 1]
New ConcreteFlyweigh Key[2] Content[共享组件 2]
New ConcreteFlyweigh Key[3] Content[共享组件 3]
```

之后获取共享组件：

```
// 获取一个共享组件
Flyweight theFlyweight = theFactory.GetFlyweight("1","");
theFlyweight.Operator();
```

虽然第二个字段并未设置任何信息，但由于是共享组件的关系，所以会获取之前已经产生 Key 值为“1”的组件：

```
ConcreteFlyweight.Content[共享组件 1]
```

之后测试产生一个非共享组件。获取对象后，调用 Operator 方法来显示它的外部状态（非共享的信息）。

```
// 产生不共享的组件
UnsharedCoincreteFlyweight theUnshared1 =
            theFactory.GetUnsharedFlyweight("不共享的信息 1");
theUnshared1.Operator();
```

信息显示为：

```
UnsharedCoincreteFlyweight.Content[不共享的信息 1]
```

后续将共享组件 theFlyweight1 设置给 theUnshared1，接着产生 theUnshared2。不过，这次直接指定要共享的组件“1”：

```
// 设置共享组件
theUnshared1.SetFlyweight( theFlyweight );

// 产生不共享的组件 2,并指定使用共享组件 1
UnsharedCoincreteFlyweight theUnshared2 =
        theFactory.GetUnsharedFlyweight("1","","不共享的信息 2");

// 同时显示
theUnshared1.Operator();
theUnshared2.Operator();
```

最后，同时显示两个非共享组件，输出的信息是：

```
UnsharedCoincreteFlyweight.Content[不共享的信息 1]包含了：共享组件 1
UnsharedCoincreteFlyweight.Content[不共享的信息 2]包含了：共享组件 1
```

而共享组件 1 在整个测试程序中始终只维持一个，最后的内存示意图如图 16-8 所示。

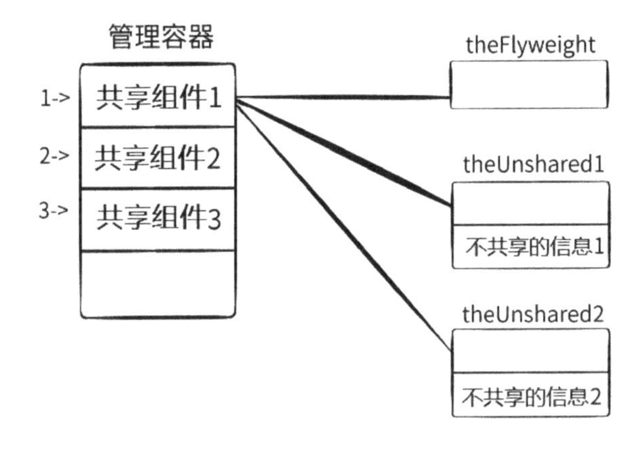

图 16-8　测试程序最后的内存示意图

16.3 使用享元模式（Flyweight）实现游戏

在理解了享元模式（Flyweight）后，接下来，让我们将这个模式运用到《P 级阵地》游戏中。

16.3.1 SceneState 的实现

将《P 级阵地》中的属性工厂运用享元模式（Flyweight）时，需要先将现有的程序代码重构一下，分析现有的角色属性类 ICharacterAttr，就会发现其中不会改动的角色属性有：

- 最大生命力（MaxHP）、移动速度（MoveSpeed）、属性名称（AttrName）等；
- 敌方阵营角色属性类（EnemyAttr）中的爆击率（InitCritRate）初始值。

以上是不会改动的属性，应该成为共享组件（类），成为属性类的内在状态。

而随着游戏进行会变动的属性有：

- 角色的现有生命力（NowHP），被攻击时会减少；
- 玩家阵营角色属性类（SoldierAttr）中，等级（SoldierLv）及生命力加成（AddMaxHP），会随兵营等级提升而改变角色的等级；
- 敌方阵营角色属性类（SoldierAttr）中，爆击率（CritRate）现值，会因为成功发生爆击之后而减半。

这些会变动的属性将成为外在状态，保留在各自的对象之中互不影响，所以先将这共享的部分从原有的角色属性类（ICharacterAttr）中独立出来，成为一个新的类：

Listing 16-13　可以被共享的基本角色属性(BaseAttr.cs)

```
public class BaseAttr
{
   private int       m_MaxHP;       // 最高 HP 值
   private float  m_MoveSpeed;          // 当前移动速度
   private string m_AttrName;       // 属性的名称

   public BaseAttr(int MaxHP,float MoveSpeed, string AttrName) {
      this.MaxHP = MaxHP;
      this.MoveSpeed = MoveSpeed;
      this.AttrName = AttrName;
   }

   public int GetMaxHP() {
      return m_MaxHP;
   }

   public float GetMoveSpeed() {
      return m_MoveSpeed;
   }

   public string GetAttrName() {
      return m_AttrName;
   }
}
```

该类只包含基本属性字段和获取信息的方法，除了通过建造者之外，没有任何方式可以设置这 3 个属性。

针对角色属性对象的产生，下面是属性工厂 IAttrFactory 在运用享元模式（Flyweight）后的结构，如图 16-9 所示。

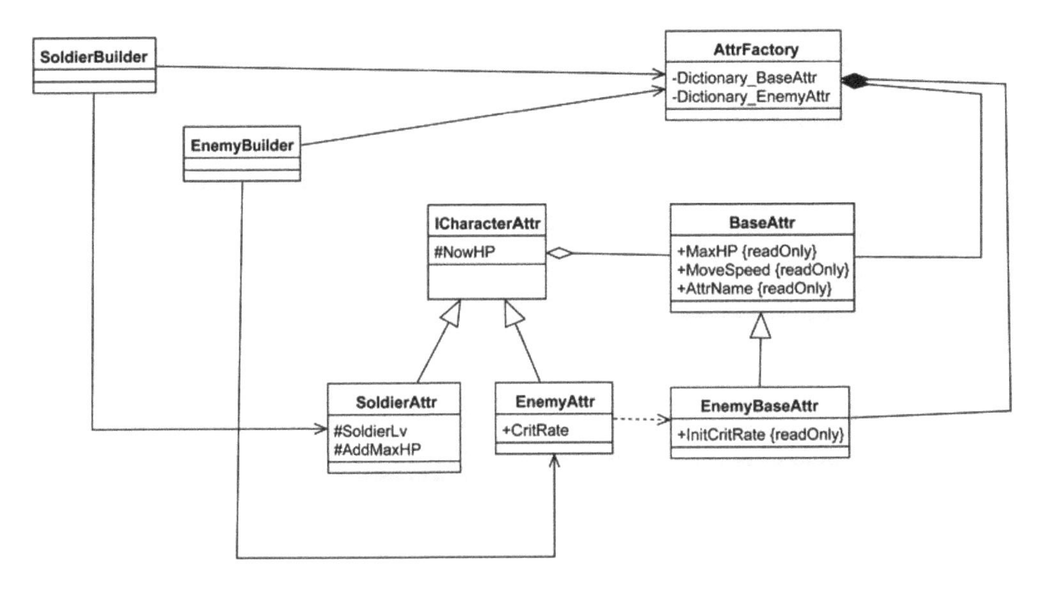

图 16-9　属性工厂 IAttrFactory 在运用享元模式（Flyweight）后的类结构图

参与者的说明如下：

- BaseAttr：定义角色属性中，不会变更可共享的部分。
- EnemyBaseAttr：敌方阵营的角色有爆击率的功能，用来强化攻击时的优势。按照游戏设计需求，必须开放给企划作设置，所以用一个新类来增加这个设置，而不在 BaseAttr 中增加。
- ICharacterAttr、SoldierAttr、EnemyAttr：定义角色属性中，会按游戏执行而变化的部分，属于各角色对象自己管理的一部分。
- SoldierBuilder、EnemyBuilder：双方阵营角色的建造者，实际运行时，会调用属性工厂 AttrFactory 的方法来获取角色属性对象。
- AttrFactory：属性工厂，定义了两个 Dictionary 容器，用来管理唯一的 BaseAttr 和 EnemyBaseAttr 组件。

武器属性的部分比较简单，只有共享的类 WeaponAttr，而没有变动的部分，如图 16-10 所示。

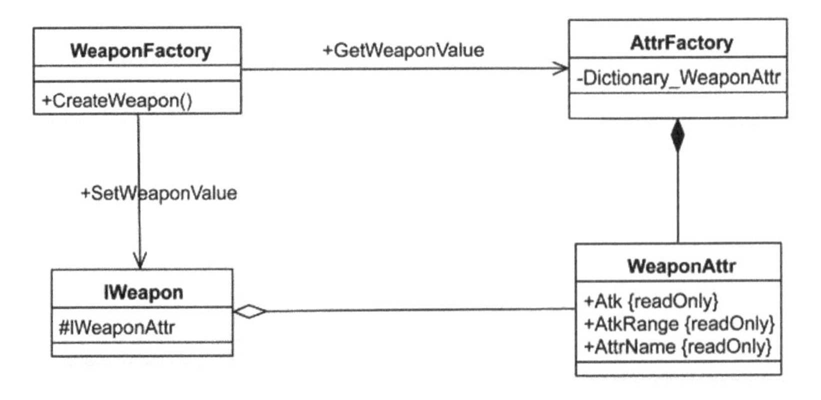

图 16-10　武器属性部分的类结构图

参与者的说明如下：

- WeaponAttr：定义武器属性中不会变更可以共享的部分。
- IWeapon：武器类中，声明了一个引用，用来指向共享的武器属性。
- AttrFactory：属性工厂，定义了 Dictionary 容器用来管理唯一的 WeaponAttr。
- WeaponFactory：武器工厂在实际运行时，会调用属性工厂 AttrFactory 的方法来获取武器属性对象，然后继续产生武器对象的步骤。

16.3.2　实现说明

将共享部分独立出去后的角色属性类 ICharacterAttr，除了增加 BaseAttr 的类引用成员外，也将相关的角色属性存取方法做了一些改动，改为存取存储在 BaseAttr 引用对象的属性：

Listing 16-14　角色属性接口(ICharacterAttr.cs)

```
public abstract class ICharacterAttr
{
    protected BaseAttr m_BaseAttr = null;    // 基本角色属性
    protected int m_NowHP = 0;               // 当前 HP 值
    protected IAttrStrategy m_AttrStrategy = null;    // 属性的计算策略

    public ICharacterAttr(){}

    // 设置基本属性
    protected void SetBaseAttr( BaseAttr BaseAttr ) {
        m_BaseAttr = BaseAttr;
    }

    // 获取基本属性
    public BaseAttr GetBaseAttr() {
        return m_BaseAttr;
    }

    // 设置属性的计算策略
    public void SetAttStrategy(IAttrStrategy theAttrStrategy) {
        m_AttrStrategy = theAttrStrategy;
    }

    // 获取属性的计算策略
    public IAttrStrategy GetAttStrategy() {
        return m_AttrStrategy;
    }

    // 当前 HP
    public int GetNowHP() {
        return m_NowHP;
    }
```

```
    // 最大 HP
    public virtual int GetMaxHP() {
        return m_BaseAttr.GetMaxHP();
    }

    // 回满当前 HP 值
    public void FullNowHP() {
        m_NowHP = GetMaxHP();
    }

    // 移动速度
    public virtual float GetMoveSpeed() {
        return m_BaseAttr.GetMoveSpeed();
    }

    // 获取属性名称
    public virtual string GetAttrName() {
        return m_BaseAttr.GetAttrName();
    }

    // 初始化角色属性
    public virtual void InitAttr() {
        m_AttrStrategy.InitAttr( this );
        FullNowHP();
    }

    // 攻击加成
    public int GetAtkPlusValue() {
        return m_AttrStrategy.GetAtkPlusValue( this );
    }

    // 获取被武器攻击后的伤害值
    public void CalDmgValue( ICharacter Attacker ) {
        // 获取武器功击力
        int AtkValue = Attacker.GetAtkValue();
        // 减少伤害值
        AtkValue -= m_AttrStrategy.GetDmgDescValue(this);
        // 扣去伤害值
        m_NowHP -= AtkValue;
    }
}
```

ICharacterAttr 子类也重新定义了几个方法，将其定义为虚拟函数（Virtual Function）提供给两个子类重新实现，以达到特殊化的目的：

```
// Soldier 属性
public class SoldierAttr : ICharacterAttr
{
    protected int    m_SoldierLv; // Soldier 等级
    protected int    m_AddMaxHP; // 因为等级新增的 HP 值
```

```
    public SoldierAttr()
    {}

    // 设置角色属性
    public void SetSoldierAttr(BaseAttr BaseAttr) {
        // 共享组件
        base.SetBaseAttr( BaseAttr );
        // 外部参数
        m_SoldierLv = 1;
        m_AddMaxHP = 0;
    }

    // 设置等级
    public void SetSoldierLv(int Lv) {
        m_SoldierLv = Lv;
    }

    // 获取等级
    public int GetSoldierLv() {
        return m_SoldierLv ;
    }

    // 最大 HP
    public override int GetMaxHP() {
        return base.GetMaxHP() + m_AddMaxHP;
    }

    // 设置新增的最大生命力
    public void AddMaxHP(int AddMaxHP) {
        m_AddMaxHP = AddMaxHP;
    }
} // SoldierAttr.cs

// Enemy 属性
public class EnemyAttr : ICharacterAttr
{
    protected int m_CritRate = 0; // 爆击概率
    public EnemyAttr()
    {}
    // 设置角色属性(包含外部参数)
    public void SetEnemyAttr(EnemyBaseAttr EnemyBaseAttr) {
        // 共享组件
        base.SetBaseAttr( EnemyBaseAttr );
        // 外部参数
        m_CritRate = EnemyBaseAttr.InitCritRate;
    }

    // 爆击率
    public int GetCritRate() {
        return m_CritRate;
```

```
    }

    // 减少爆击率
    public void CutdownCritRate() {
        m_CritRate -= m_CritRate/2;
    }
} // EnemyAttr.cs
```

两个子类中，包含因游戏执行而会变化的属性：等级（SoliderLv）、新增的生命力（AddMaxHP）、爆击概率（CritRate）等，并提供方法让外界能够修改它们。

运用享元模式（Flyweight）的属性工厂 AttrFactor，包含了 3 个 Dictionary 容器，分别来管理记录游戏中的 3 个属性对象：

Listing 16-15 实现产生游戏用的属性(AttrFactory.cs)

```
public class AttrFactory : IAttrFactory
{
    private Dictionary<int,BaseAttr> m_SoldierAttrDB = null;
    private Dictionary<int,EnemyBaseAttr> m_EnemyAttrDB = null;
    private Dictionary<int,WeaponAttr> m_WeaponAttrDB = null;

    public AttrFactory() {
        InitSoldierAttr();
        InitEnemyAttr();
        InitWeaponAttr();
    }

    // 产生所有 Soldier 的属性
    private void InitSoldierAttr() {
        m_SoldierAttrDB = new Dictionary<int,BaseAttr>();
        // 生命力,移动速度,属性名称
        m_SoldierAttrDB.Add ( 1, new BaseAttr(10, 3.0f, "新兵"));
        m_SoldierAttrDB.Add ( 2, new BaseAttr(20, 3.2f, "中士"));
        m_SoldierAttrDB.Add ( 3, new BaseAttr(30, 3.4f, "上尉"));
        m_SoldierAttrDB.Add ( 11, new BaseAttr( 3, 0.0f, "勇士"));
    }

    // 产生所有 Enemy 的属性
    private void InitEnemyAttr() {
        m_EnemyAttrDB = new Dictionary<int,EnemyBaseAttr>();
        // 生命力,移动速度,属性名称,爆击率,
        m_EnemyAttrDB.Add ( 1, new EnemyBaseAttr(5, 3.0f,"精灵",10) );
        m_EnemyAttrDB.Add ( 2, new EnemyBaseAttr(15,3.1f,"山妖",20) );
        m_EnemyAttrDB.Add ( 3, new EnemyBaseAttr(20,3.3f,"怪物",40) );
    }

    // 产生所有 Weapon 的属性
    private void InitWeaponAttr() {
        m_WeaponAttrDB = new Dictionary<int,WeaponAttr>();
        // 攻击力,距离,属性名称
```

```
        m_WeaponAttrDB.Add ( 1, new WeaponAttr( 2, 4 ,"短枪") );
        m_WeaponAttrDB.Add ( 2, new WeaponAttr( 4, 7, "长枪") );
        m_WeaponAttrDB.Add ( 3, new WeaponAttr( 8, 10,"火箭筒") );
    }
    ...
}
```

在属性方法的建造者中，分别调用了 3 个初始函数，这 3 个初始函数分别将当前游戏中会使用的角色属性和武器属性先加入到管理容器内，让后续的工厂方法能够在产生属性对象的过程中，获取对应的共享属性对象：

Listing 16-16　实现产生游戏用的属性(AttrFactory.cs)

```
public class AttrFactory : IAttrFactory
{
    ...
    // 获取 Soldier 的属性
    public override SoldierAttr GetSoldierAttr( int AttrID ) {
        if( m_SoldierAttrDB.ContainsKey( AttrID )==false)
        {
            Debug.LogWarning(
                        "GetSoldierAttr:AttrID["+AttrID+"]属性不存在");
            return null;
        }

        // 产生属性对象并设置共享的属性数据
        SoldierAttr NewAttr = new SoldierAttr();
        NewAttr.SetSoldierAttr(m_SoldierAttrDB[AttrID]);
        return NewAttr;
    }

    // 获取 Enemy 的属性,传入外部参数 CritRate
    public override EnemyAttr GetEnemyAttr( int AttrID ) {
        if( m_EnemyAttrDB.ContainsKey( AttrID )==false)
        {
            Debug.LogWarning(
                        "GetEnemyAttr:AttrID["+AttrID+"]属性不存在");
            return null;
        }

        // 产生属性对象并设置共享的属性数据
        EnemyAttr NewAttr = new EnemyAttr();
        NewAttr.SetEnemyAttr( m_EnemyAttrDB[AttrID]);
        return NewAttr;
    }

    // 获取武器的属性
    public override WeaponAttr GetWeaponAttr( int AttrID ) {
        if( m_WeaponAttrDB.ContainsKey( AttrID )==false)
        {
            Debug.LogWarning(
```

```
                "GetWeaponAttr:AttrID["+AttrID+"]属性不存在");
            return null;
        }

        // 直接返回共享的武器属性
        return m_WeaponAttrDB[AttrID];
    }
    ...
}
```

获取角色属性的工厂方法（GetSoldierAttr、GetEnemyAttr），都是先判断指定的基本属性是否存在，如果没有，就会显示提示信息（可以要求实现或测试人员注意相关信息，并且了解信息发生的原因）；如果存在，则先产生对应的角色属性（SoldierAttr、EnemyAttr）对象，将共享的属性设置给新生的对象，作为内在状态，而每一个新产生的角色属性对象，都各自拥有外在状态的属性，供游戏执行运算时使用，如图 16-11 所示。

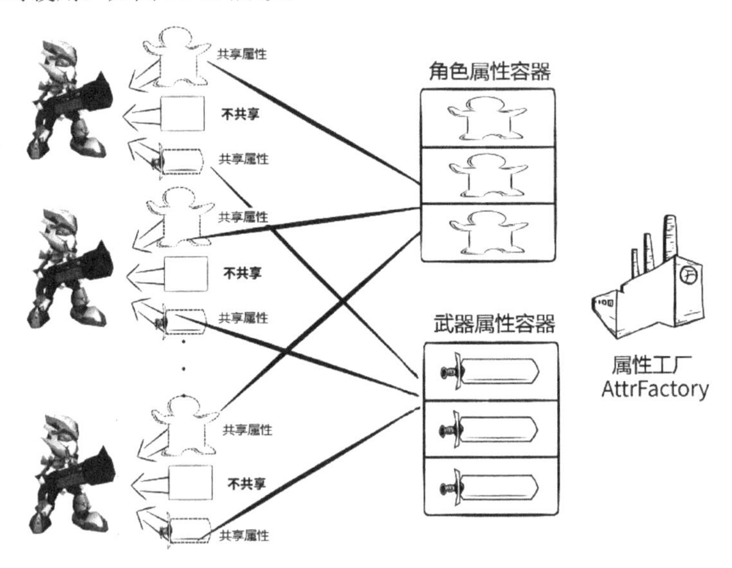

图 16-11　新版的角色使用共享的属性对象

16.3.3　使用享元模式（Flyweight）的优点

新版运用享元模式（Flyweight）的属性工厂 AttrFactor，将属性设置集以更简短的格式呈现，免去了使用 switch case 的一长串语句，方便企划人员阅读和设置。此外，因为共享属性的部分（BaseAttr），每一个编号对应的属性对象，在整个游戏执行中只会产生一份，不像旧方法那样会产生重复的对象而增加内存的负担，对于游戏性能有所提升。

16.3.4　享元模式（Flyweight）的实现说明

就笔者的经验来说，享元模式（Flyweight）在游戏开发领域中，最常被应用到的地方就是属性系统。每一款游戏无论规模大小，都需要属性系统协助调整游戏平衡，如角色等级属性、装备属性、武器属性、宠物属性、道具属性等，而每一种属性设置数据又可能多达上百或上千之多，当这些属性设置都成为对象并存在游戏之中时，即符合了享元模式（Flyweight）定义中所说的“一大群小规模对象”，每一项属性可能只包含 3、4 个字段，也可能包含多达数十个字段，若不采用“共享”的方式管理，很容易造成系统的问题和实现上的困难，应用上也会产生相关的问题。游戏开发在实现属性系统时，会遇到的问题及解决方式如下：

有大量属性设置数据时

因为在《P 级阵地》中，使用的属性设置并不多，所以将属性设置直接写在程序代码中，但若是就一般中小规模的网络在线型游戏或移动平台游戏而言，需要使用的游戏设置数据通常达到数百笔以上，假设还是采取像本章范例那样，直接写在程序代码中的话，就不是一种好的实现方式 。最好的实现方式是，将这些属性设计分开建档，属性工厂改为读取各个文件，将每一笔属性数据取出，再建立共享属性组件。

加载的时间过长

当属性设置从文件读入时，会因为属性设置存放的格式（Json、XML……）及反串行化的工具而有性能上的差异，尤其是在手机等移动平台上执行时，过多的设置数据在手机平台读入时可能需要花到 1 秒的时间，但当所有配置文件加起来一起读入，可能会花去数十秒的时间，此时若不想让玩家等待太久才进入游戏，那么属性的初始化就可以用“延后初始化（Lazy Initialization）”的策略。就是当某一个属性需要被使用到时，才执行读入属性设置的操作，这样就可省去前期加载的时间，另外玩家不见得会使用到每一个道具，当角色身上只使用 5、6 个道具时，只需要初始化这 5、6 个道具的属性，这样对于应用程序的内存使用，也会有明显的优化效果。

直接记录 Key 值，不记录 Reference

通常如果已经知道属性使用的 Key 值，那么在使用的类中，只记录这个 Key 即可，当真正的属性需要被使用时，才通过这个 Key 值，去向工厂类获取共享的对象。不过这样一来，由于每次计算都需要重新查询，所以会增加系统计算的时间，这也是使用这个方式时的缺点。故而，可以按照游戏系统设计的不同，来决定记录属性对象的方式。

若是采用记录 Key 值的实现方式，“属性工厂（AttrFactory）”就会扮演另一个角色“游戏设置数据库”，任何与游戏有关的属性设置，都可以通过对数据库进行查询来获取属性，而就笔者多年的开发经验来说，习惯上，会在游戏设计一开始先将这个数据库的存取架构、数据加载及属性管理设置等功能完成，因为这是游戏开发中企划最常接触到的一部分，也就是“企划开发工具”中所需要的功能之一，如图 6-12 所示。

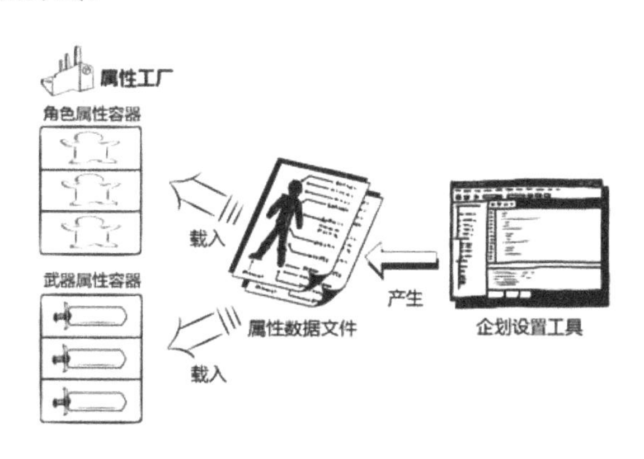

图 16-12　大量属性数据设置及加载流程图
（企划开发工具→文件/DataBase→工具读入）

16.4 享元模式（Flyweight）面对变化时

当游戏属性系统以《P级阵地》的属性工厂方式实现时，对于游戏中属性的调整，就变得非常直观和方便。由于《P级阵地》的属性不多，企划在调整时，只需修改AttrFactory.cs程序代码当中各个初始化方法的部分，即可完成修改。

但若项目的设置数据较多时，则建议采用企划工具输出成文件的方式。这样一来，对于属性的修改，将不会牵扯到任何程序代码的修改，只需要设置好新的属性，产生新的属性数据文件，让游戏重新读入即可完成修改和调整。

对于属性字段需要新增时，只要进行下列调整即可：

- 在类下新增属性字段；
- 增加反串行化需要的程序代码；
- 企划工具新增属性字段和串行化操作。

经过上述调整后，就可以将新增的属性字段应用在游戏实现上。

16.5 结论

将有可能散布在程序代码中，零碎的游戏属性对象进行统一管理，是享元模式（Flyweight）应用在游戏开发领域带来的好处之一。

与其他模式（Pattern）的合作

每一个阵营的角色建造函数（Builder），在设置武器属性和角色属性时，都会通过属性工厂（AttrFactory）来获取属性，而这些属性则是使用享元模式（Flyweight）产生的，在游戏的执行过程中只会存在一份。

其他应用方式

在射击游戏中，画面上出现的子弹或导弹，大多会使用“对象”的方式来代表。而为了让游戏系统能够有效地产生和管理这些子弹、导弹对象，可使用享元模式（Flyweight）来建立子弹对象池（Bullet Object Pool），让其他游戏系统也使用对象池内的子弹，减少因为重复处理产生子弹对象、删除子弹对象所导致的性能损失。

第5篇 战争开始

在这一篇中，我们将先介绍如何使用 Unity3D 引擎内置的 UI 工具来设计用户界面，并且设计一套方便使用的 UI 工具，来辅助程序设计师的 UI 开发。

有了可以与玩家互动的界面之后，就可以通过这些游戏界面来完成兵营系统与玩家互动的功能，让它能接受玩家指示来完成角色的训练。我们会说明如何让玩家下达命令并且可以有效地被管理和运用。

最后，我们利用责任链模式（Chain of Responsibility）来完成游戏关卡的实现，让玩家可以不断地挑战由游戏开发者所设计的关卡。

CHAPTER

第 17 章 Unity3D 的界面设计——组合模式（Composite）

17.1 玩家界面设计

在前面的几个章节中，我们介绍了《P 级阵地》的游戏系统设计、角色设计、角色产生流程和各个工厂，从这一个章节开始，我们将说明如何让这些功能及系统与玩家产生互动。

用户界面

游戏玩家一般通过所谓的“用户界面”（UI：User Interface。注：涉及程序调用时，我们把 Interface 翻译成“接口”，而在涉及与用户的交互时，则把 Interface 翻译成“界面”）来跟游戏系统产生互动。而广义的“用户界面”，一般指的是用户与系统之间交换信息的媒介，系统通过“用户界面”告诉用户，系统内部当前发生什么情况，而用户则通过“用户界面”下达操作指令或提供信息给系统。

所以广义的“用户界面”可以有各种各样的呈现方式。例如，汽车的“用户界面”就是方向盘和仪表板；微波炉的“用户界面”就是面板和按钮；而对于现代的软件设计领域而言，指的就是计算机屏幕上出现的各种窗口、按钮及提示信息。

游戏业的“用户界面”也一样继承软件设计的概念，将“用户界面”的定义缩小到屏幕画面上的信息呈现和玩家操作。一般称之为 UI 设计，并且较着重在平面设计的表现，而《P 级阵地》也是使用 2D 表现的用户界面来与玩家互动。

Unity3D 的 UI 系统

Unity3D 引擎在 4.6 版时，就提供了内置的 UI 系统，一般称为 UGUI，它提供了一些基本的

2D 界面组件让开发者能设计出游戏界面，例如：Button（按钮）为玩家提供单击后可执行特定功能的界面；Text（文字）显示系统提示玩家的信息；Image（图像）除显示图像信息、提供文字之外，还有些其他种类的信息提示，如 Slider（滑动条）可以用来显示进度等，如图 17-1 所示。

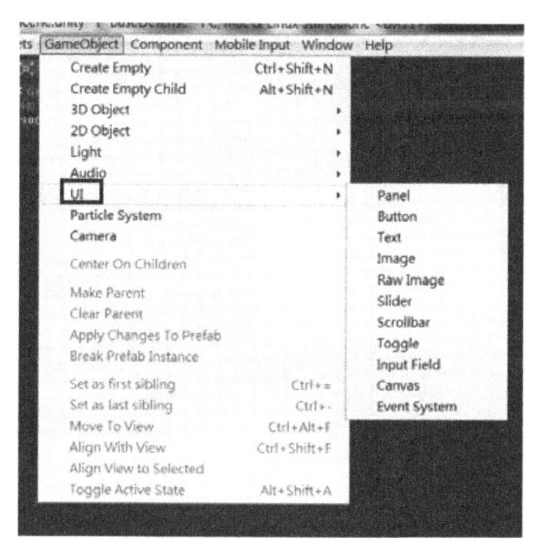

图 17-1　Unity3D 加入 UI 组件

当开发者选择新增一个界面时，系统会自动在场景内加上一个名为“Canvas”的画布组件，所有与界面相关的“游戏对象（GameObject）”都会被放在这个 Canvas 下，如图 17-2 所示。

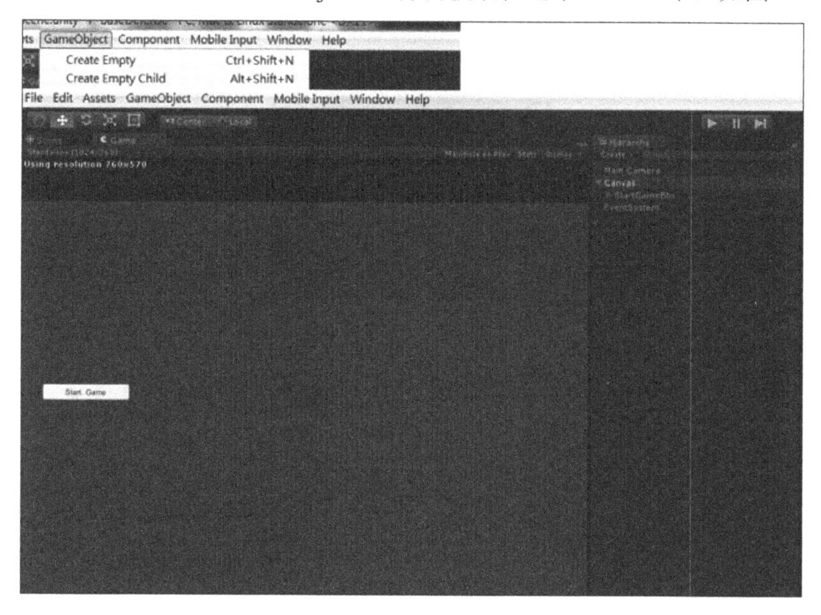

图 17-2　场景上自动产生 Canvas 组件

图 17-2 是《P 级阵地》在主菜单场景（MainMenu Scene）中，加入的一个开始按钮（StartGameBtn）的画面，让玩家可以单击这个按钮开始游戏。

复杂一点的界面则是使用多个组件一起组装。在一般的 Unity3D 开发实践中，会在 Hierarchy 窗口中，将界面分门别类地组装起来。如图 17-3 所示是在编辑模式中，组装战斗场景（Battle Scene）会使用到的界面。

图 17-3　组装界面

在 Hierarchy 窗口中（如图 17-4 所示）可以看到，Canvas 下除了一个 BackGroundImage 的背景图像外，还包含了 4 个组群，而这 4 个群组代表在《P 级阵地》中是用来与玩家互动的 4 个主要的“用户界面”。

图 17-4　加入用户界面

- CampInfoUI：兵营界面，提供给玩家查看当前兵营信息和单位训练情况，以及提供升级按钮来升级兵营，如图 17-5 所示。

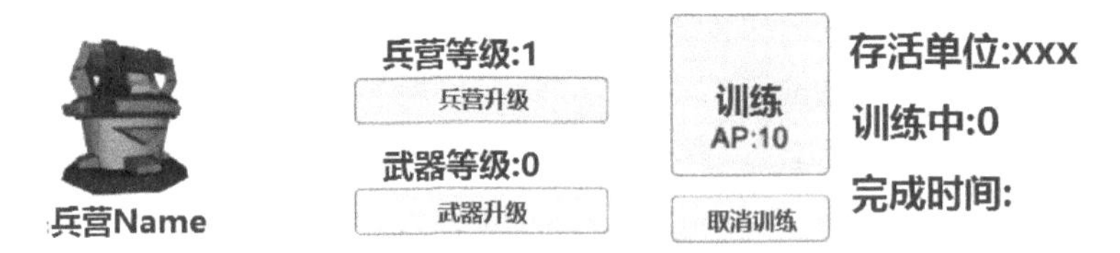

图 17-5　兵营界面

- SoldierInfoUI：玩家单位信息，提供玩家查看我方某个单位当前的生命力、行动力等等信息，如图 17-6 所示。

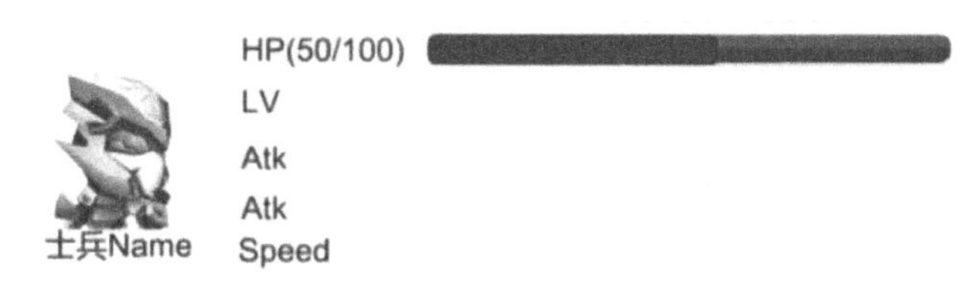

图 17-6　玩家单位信息

- GameStateInfo：游戏状态界面，用来主动向玩家提供当前的游戏状态等信息，包含当前左上角阵地被占领的状态、右上方当前的关卡提示、下面则是当前的精力值（AP）、暂停按钮以及中间的提示信息，如图 17-7 所示。

图 17-7　游戏状态界面

- GamePauseUI：游戏暂停界面，提供给玩家用来中断游戏的按钮，并提供当前游戏的记录等信息，如图 17-8 所示。

图 17-8　游戏暂停界面

这些界面都是直接使用 Unity3D 的界面工具组装而成，输入完成相关的参数之后就可以使用，并与游戏系统产生互动，如图 17-9 所示。

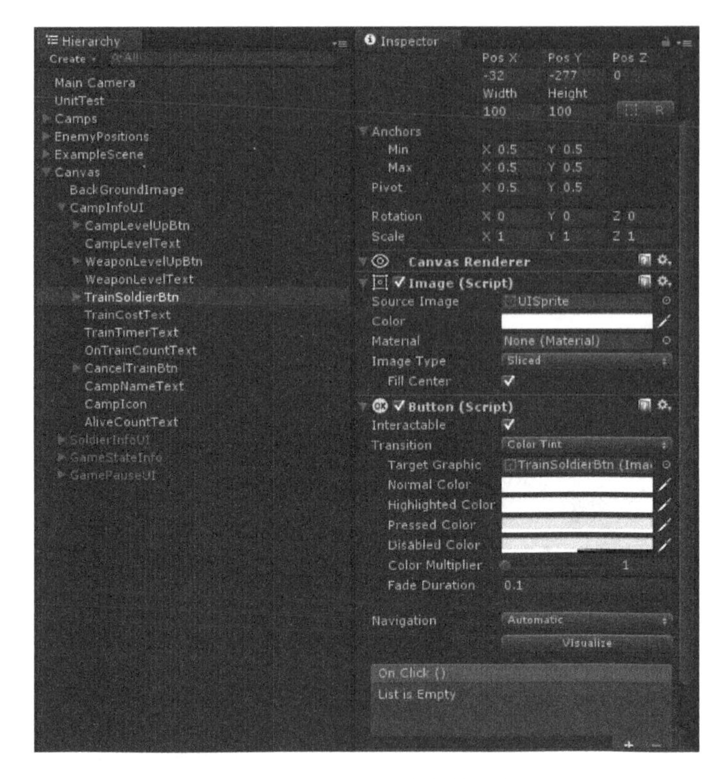

图 17-9 Unity3D 的界面工具

这些 Unity3D 的 2D 组件的互动对象通常是，已经放置在相同场景下的游戏对象（GameObject），或者是一个已经继承自 MonoBehaviour 脚本类（Script Compoment）内的操作方法。所以，一般会在 Inspector 窗口中输入要互动的游戏对象 GameObject 或脚本组件中的方法名称。

但是，《P 级阵地》就如同"第 7 章游戏的主循环"中所说的，采用的是"类不继承 MonoBehaviour"的开发方式，再加上场景上的角色单位都是随着游戏进行而由系统实时产生的。所以在 Unity3D 的编辑模式中，根本无法指定要互动的对象。

另外，游戏系统的信息在某些情况下，必须通过 2D 组件（Text 组件）主动显示在屏幕画面上，所以系统还必须事先记录这些组件的引用（object reference），并通过这些组件引用把信息显示给玩家。所以，《P 级阵地》中 2D 界面组件的互动方式，将采用另一种实现方式：

"在游戏运行的状态下，在程序代码中主动获取这些 UI 组件的 GameObject 后，针对每个组件希望互动的方式，再指定对应的行为。"

因此，了解 UI 组件的组装以及如何在运行模式下正确有效地获取 2D 组件的引用，是实现上必须清楚了解的前提。

UI 组件的组装

在设计 UI 界面时，通常会将整个功能界面，以一个单独文件的形式存储起来，Unity3D 也可以使用相同的方式来呈现，就如图 17-10 中显示的编排方式：《P 级阵地》中使用一个 xxxxUI 结尾的游戏对象（Game Object）来代表一整个完整的界面，而这个游戏对象（Game Object）也可以转换为 Unity3D 的 Prefab 形式，最终以一个资源形式（Asset）存储起来。

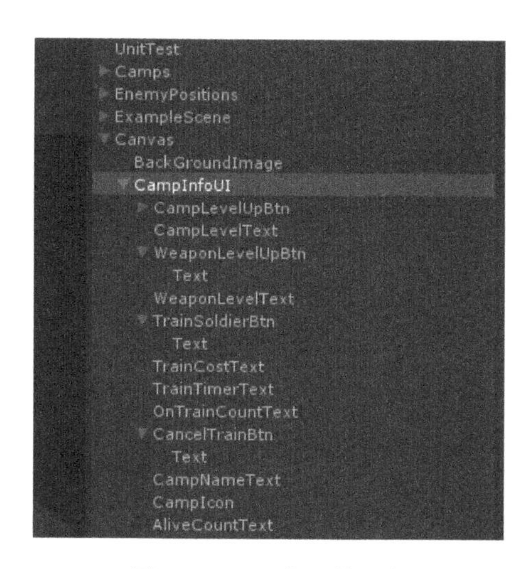

图 17-10　UI 的组装方式

我们先通过对 CampInfoUI 的说明，让读者了解《P 级阵地》UI 的设计实现方式。Camp InfoUI 代表兵营界面中所有可显示的组件，这些 2D 组件都归类在 CampInfoUI 之下，成为其子组件。当然，如果再复杂一点的界面，可能还会有更多“分层”的展现。开发过界面功能的程序设计师会知道，将 2D 组件按照功能关系按层次摆放，是比较容易了解、设计和修改的。

“分层式管理架构”一般也称为“树状结构”，是经常出现在软件实现和应用中的一种结构。而 Unity3D 对于游戏对象（Game Oject）的管理，也应用了“树状结构”的概念，让游戏对象之间可以被当成子对象或设置为父对象的方式来连接两个对象。就像上面提到的 UI 组装安排：组件 B 在组件 A 之下，所以组件 B 是组件 A 的子对象，而组件 A 是组件 B 的父对象。

若是能先清楚了解 Unity3D 游戏对象（Game Object）在“分层管理”上的设计原理，将有助于程序人员在实现时“正确有效”地获取场景上的游戏对象（Game Object）。

而通过 GoF 对组合模式（Composite）的说明将更能了解，这个在软件业中最常被使用的“分层式/树状管理架构”，如何在组合模式（Composite）下被呈现，并且提供一般化的实现解决方案。最后通过这个过程，让我们从中了解到，Unity3D 是如何设计他们的游戏对象分层管理功能。

17.2　组合模式（Composite）

在“数据结构与算法”的课程中，“树状结构”是必须要学习的一种数据组织方式。定义好子节点与父节点的关系和顺序，再配合不同的搜索算法，让树状结构成为软件系统中不可或缺的一种设计方式。例如有名的开放源码数据库系统在索引值的建立上使用 B-Tree，而 Unity3D 也将其应用在游戏对象的管理上。

17.2.1　组合模式（Composite）的定义

GoF 对于组合模式的定义是：

“将对象以树状结构组合，用以表现部分-全体的层次关系。组合模式让客户端在操作各个对象或组合对象时是一致的。”

分层式/树状架构除了常见于软件应用上，现今生活中的公司组织架构，通常也是以“分层式/树状管理架构”的方式呈现，如图 17-11 所示。

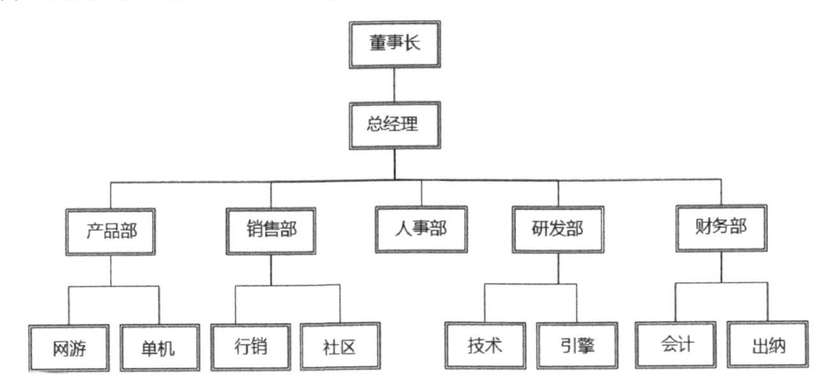

图 17-11 基本的公司组织结构图

只要公司的公文内提到“研发部”，那么通常会连同之下的“研发一部”“研发二部”都会被一起包含进来，也就是“部分-全体”概念。而后半段的说明“组合模式让客户端在操作各个对象或组合对象时是一致的”则是希望，之后相同的公文发送时，只需要更改“受文者”的对象，无论对象是整个“部门”还是“单一个人”，公文内容在解释时，并不会有太大的差异，都一体通用，这就是“让客户端在操作各个对象或组合对象时是一致的”所要表达的意思。

GoF 的组合模式（Composite）中说明，它使用“树状结构”来组合各个对象，所以实现时包含了“根节点”与“叶节点”的概念。而“根节点”中会包含“叶节点”的对象，所以当根节点被删除时，叶节点也会被一起删除，并且希望对于“根节点”和“叶节点”在操作方法上能够一致。**这表示，这两种节点都是继承自同一个操作界面，能够对根节点调用的操作，同样能在叶节点上使用。**

17.2.2 组合模式（Composite）的说明

无论是根节点还是叶节点，都是继承自同一个操作界面，其结构图如图 17-12 所示。

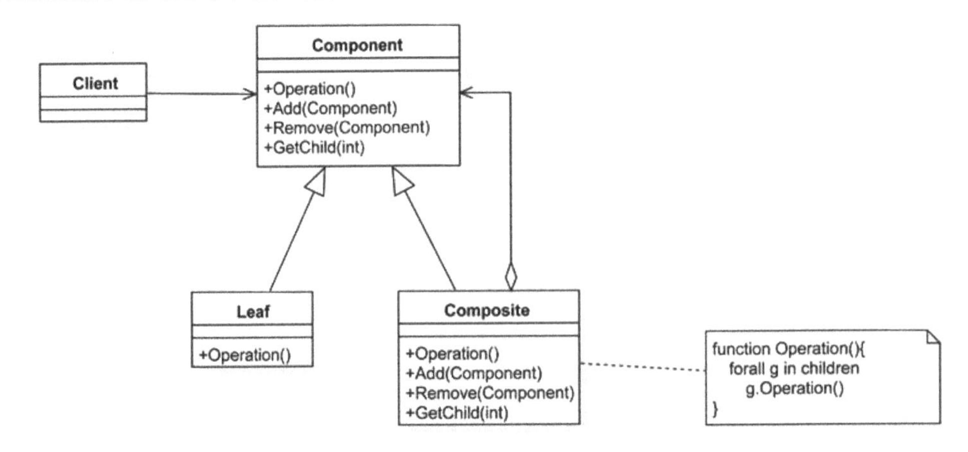

图 17-12 采用组合模式（Composite）的类结构示意图

GoF 参与者的说明如下：

- Component（组件界面）
  - 定义树状结构中，每一个节点可以使用的操作方法。
- Composite（组合节点）
  - 即根节点的概念；
  - 会包含叶节点的对象；
  - 会实现 Component（组件界面）中与子节点操作有关的方法，如 Add、Remove、GetChild 等。
- Leaf（叶节点）
  - 不再包含任何子节点的最终节点；
  - 实现 Component（组件界面）中基本的行为，对于与子节点操作有关的方法可以不实现、也可提出警告或弹出例外（Exception）。

17.2.3　组合模式（Composite）的实现范例

先定义树状结构中每一个组件/节点应有的操作界面：

Listing 17-1　组合体内含对象之界面(Composite.cs)

```
public abstract class IComponent
{
    protected string m_Value;
    // 一般操作
    public abstract void Operation();

    // 加入节点
    public virtual void Add( IComponent theComponent) {
        Debug.LogWarning("子类没实现");
    }

    // 删除节点
    public virtual void Remove( IComponent theComponent) {
        Debug.LogWarning("子类没实现");
    }

    // 获取子节点
    public virtual IComponent GetChild(int Index) {
        Debug.LogWarning("子类没实现");
        return null;
    }
}
```

其中包含 Add、Remove 和 GetChild 3 个方法，这些都是与“根节点”有关的操作，如果继承的子类包含其他组件/节点时，这 3 个方法就必须重新实现。由于 Composite 类因为包含其他子组件/节点，所以实现了上面 3 个方法：

Listing 17-2 代表组合结构的元节点之行为(Composite.cs)

```
public class Composite : IComponent
{
    List<IComponent> m_Childs = new List<IComponent>();

    public Composite(string Value) {
        m_Value = Value;
    }

    // 一般操作
    public override void Operation() {
        Debug.Log("Composite["+m_Value+"]");
        foreach(IComponent theComponent in m_Childs)
            theComponent.Operation();
    }

    // 加入节点
    public override void Add( IComponent theComponent) {
        m_Childs.Add ( theComponent );
    }

    // 删除节点
    public override void Remove( IComponent theComponent) {
        m_Childs.Remove( theComponent );
    }

    // 获取子节点
    public override IComponent GetChild(int Index) {
        return m_Childs[Index];
    }
}
```

Composite 类使用“List 容器”来管理子组件，通过 Add、Remove 让客户端操作容器内容。而 GetChild 则返回 List 容器指定位置上的组件/节点。

Leaf 是最终节点的实现，因为不包含其他组件/节点，所以仅实现了 Operation 一项方法：

Listing 17-3 代表组合结构之终端对象(Composite.cs)

```
public class Leaf : IComponent
{
    public Leaf(string Value) {
        m_Value = Value;
    }

    public override void Operation() {
        Debug.Log("Leaf["+ m_Value +"]执行 Operation()");
    }
}
```

虽然操作上使用相同的界面，但还是分为 Composite 和 Leaf 两种类，在初始化对象和操作对象上需要留意：

Listing 17-4 测试组合模式 1(CompositeTest.cs)

```
void UnitTest() {
    // 根节点
    IComponent theRoot = new Composite("Root");
    // 加入两个最终节点
    theRoot.Add ( new Leaf("Leaf1"));
    theRoot.Add ( new Leaf("Leaf2"));

    // 子节点 1
    IComponent theChild1 = new Composite("Child1");
    // 加入两个最终节点
    theChild1.Add ( new Leaf("Child1.Leaf1"));
    theChild1.Add ( new Leaf("Child1.Leaf2"));
    theRoot.Add (theChild1);

    // 子节点 2
    // 加入 3 个最终节点
    IComponent theChild2 = new Composite("Child2");
    theChild2.Add ( new Leaf("Child2.Leaf1"));
    theChild2.Add ( new Leaf("Child2.Leaf2"));
    theChild2.Add ( new Leaf("Child2.Leaf3"));
    theRoot.Add (theChild2);

    // 显示
    theRoot.Operation();
}
```

执行 Root 节点的 Operation 后，信息上会出现整个树状架构的组成方式：

```
Leaf[Leaf1]执行 Operation()
Leaf[Leaf2]执行 Operation()
Composite[Child1]
Leaf[Child1.Leaf1]执行 Operation()
Leaf[Child1.Leaf2]执行 Operation()
Composite[Child2]
Leaf[Child2.Leaf1]执行 Operation()
Leaf[Child2.Leaf2]执行 Operation()
Leaf[Child2.Leaf3]执行 Operation()
```

如果不小心错将 Leaf 对象加入节点，会出现以下信息：

Listing 17-5 测试组合模式 2(CompositeTest.cs)

```
void UnitTest2() {
    // 根节点
    IComponent theRoot = new Composite("Root");
```

```
        IComponent theLeaf1 = new Leaf("Leaf1");

        // 加入节点
        theLeaf1.Add ( new Leaf("Leaf2") );  // 错误
    }
```

出现警告信息

```
子类没实现
```

17.2.4 分了两个子类但是要使用同一个操作界面

因为设计和实现上的需要，所以将其分成 Composite 和 Leaf 两个类来应付不同的情况，但同时还要让它们有相同的操作行为，确实有点为难。

例如获取子组件/节点 GetChild 操作，在最终/叶节点上调用这个方法是没有意义的，其他如 Add、Remove 也是。至于组合模式（Composite）中要定义最终/叶节点，则是系统设计上必然产生的，因为如果某方法在子类重新实现上有差异的话，就必须定义出不同的子类来显示这个差异。但要维持两个差异很大的子类共享同一个界面，在实现上，对于程序设计师而言确实是个挑战。关于上述问题的说明，John Vlissides 在其著作一书[6]中有详细的说明和范例解释。

John Vlissides 在书中示范了实现一套"文件管理"工具，同样是运用组合模式（Composite）来完成该工具的实现。由于设计上的需求，必须设计以下两个类：

- File 类，用来表示最终存放在硬盘的文件；
- Directory 类，即目录类，用来包含其他目录及 File 类对象。

同样的，这两个类都继承了 Node 节点类，同时 Node 类也定义了两个子类共享的操作界面。

John Vlissides 提到，对于搜索功能而言，文件管理工具如果返回的是 Node 类，则比较能符合搜索功能的定义，因为我们可能想找的是"目录"，也可能是"文件"，并不限定是哪一种。但是对于有针对性的功能，就有设计上的考虑。

John Vlissides 在过程中，对于"针对性的功能（只对某一个类有意义）"提出了一些看法：

- 将针对性的功能直接定义在其中一个子类，会对客户端产生负担。因为客户端必须针对获取的 Node 类，利用"类判断"语句，先判断是属于哪一个子类后，再调用该类才有的操作方法。对于这一类必须判断才能执行的功能，John Vlissides 并不直接否认这样做不好，如果这个方式能在编译时期就可以检查出严重错误，那么也可以采用这个方式来强化程序执行时的安全性。
- 反之，如果这个功能操作后不会产生严重的错误后果，那么将对应的方法声明在 Node 类中，并不是什么坏事，因为统一的界面将为整体系统带来简单性和良好的扩展性。

上述观点也是 GoF 在《设计模式（*Design Patterns*）》一书[1]的组合模式（Composite）这一章中提到的，"设计时必须考虑到安全性（Safety）和透明性（Transparency）之间的权衡"。

当然，如果能让 Node 界面停止不断地扩张，就可能不必面对这些选择。所以 John Vlilssides 在 Node 结构中增加了访问者模式（Visitor）的功能，让界面不会因为功能的增加而不断地扩张，同时又能满足功能增加的需求。此外，将原本客户端需要使用转型语句判断的地方，改用模板方法模式（Template）实现，来减少客户端必须写出 if else 或 switch 语句的程序代码。前提是，这样的功能对于程序执行时的安全性没有重大影响，而且模式之间也可以相互配合应用。在 John Vlilssides 的文件管理工具范例中，将这些模式的整合表现得相当好，有兴趣的读者可以参考看看。

17.3 Unity3D 游戏对象的分层式管理功能

有了组合模式（Composite）的概念之后，让我们回头来看看 Unity3D 中的游戏对象 GameObject 类，如何实现分层管理功能。

17.3.1 游戏对象的分层管理

在 Unity3D 引擎中，每一个可以放入场景上的对象，都是一个游戏对象 GameObject，Unity3D 可以通过 Hierarchy 窗口来查看当前放在场景的 GameObject，以及它们之间的层次关系，如图 17-13 所示。

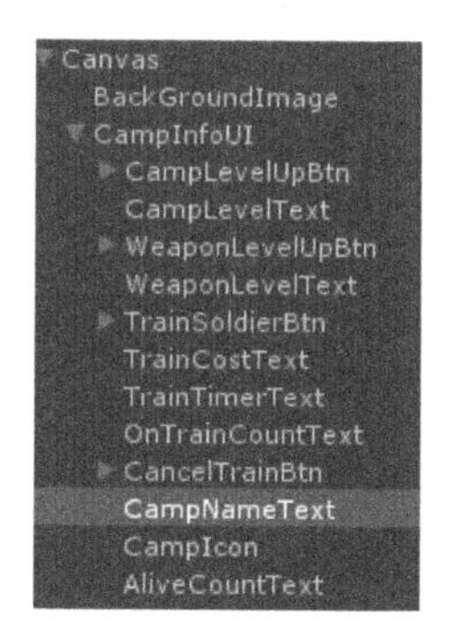

图 17-13 查看对象的关系

通过简单的操作，开发者可以对这些游戏对象进行新增、删除、调整与其他游戏对象的关系，而每一个放在场景上的游戏对象，都有一个固定无法删除的 Component 组件——也就是 Transform 组件，如图 17-14 所示。

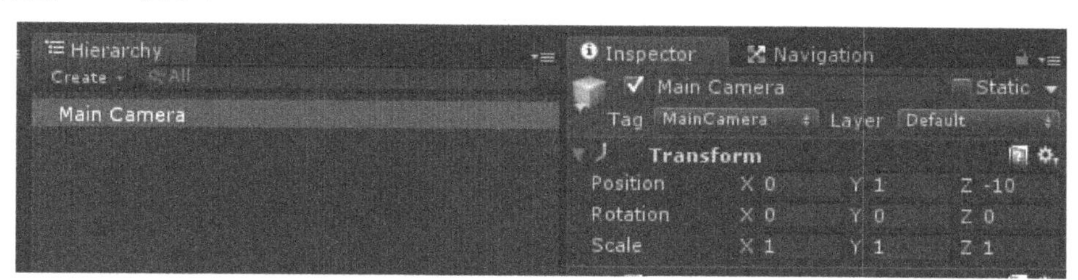

图 17-14 Transform 组件

这个 Transform 组件，除了用来代表游戏对象 GameObject 在场景上的位置、缩转、大小等信息外，同时也扮演了 Unity3D 引擎中，对于游戏对象 GameObject 之间“分层管理”的功能操作对象。通过 Transform 组件提供的方法，程序人员可以获取游戏对象 GameObject 之间的关系，并且利用程序代码操作这些关系的变化。

在程序代码实现时，要获取 GameOjecct 中的 Transform 组件只需要调用：

```
UnityEngine.GameObject.transform
```

即可获取该组件。而 Transform 组件提供了许多可以让脚本语言（Script Language）操作的方法，如位置设置、旋转、缩化等，读者可以引用 Unity 引擎提供的联机帮助：

```
http://docs.unity3d.com/ScriptReference/Transform.html
```

其中，Transform 组件提供了几个和游戏对象分层操作有关的方法和变量：

- 变量
  - childCound：代表子组件数量。
  - parent：代表父组件中的 Transform 对象引用。
- 方法
  - DetachChildren：解除所有子组件与本身的关联。
  - Find：寻找子组件。
  - GetChild：使用 Index 的方式取回子组件。
  - IsChildOf：判断某个 Transform 对象是否为其子组件。
  - SetParent：设置某个 Transform 对象为其父组件。

若再仔细分析，则可以将 Unity3D 的 Transform 类当成是一个通用类，因为它并不明显可以察觉出其下又被再分成“目录节点”或是单纯的“终端节点”。其实应该这样说，Transform 类完全符合组合模式（Composite）的需求：“让客户端在操作各个对象或组合对象时是一致的”。因此对于场景上所有的游戏对象 GameObject，可以不管它们最终代表的是什么，对于所有操作都能正确反应。

17.3.2 正确有效地获取 UI 的游戏对象

在了解 Unity3D 对于对象的分层管理方式后，让我们回到本章想要解决的问题上，也就是“如何在游戏运行的状态下，在程序代码中能够正确且有效地获取这些 UI 组件的 GameObject，并根据每个组件期望互动的方式再指定其对应的行为”。

以下面例子为例：在兵营界面中，有一个用来显示当前兵营名称的 Text 组件，被命名为“CampNameText”，如图 17-15 所示。

在游戏运行时，它的对象引用需要被获取并且保存下来，因为当玩家单击选中某一个兵营时，它会被用来显示当前的兵营名称。

那么首先要做的是，在“运行状态”下，如何在场景中寻找名称为“CampNameText”的游戏对象 GameObject？而当前它被存放在 Canvas→CampInfoUI 下。

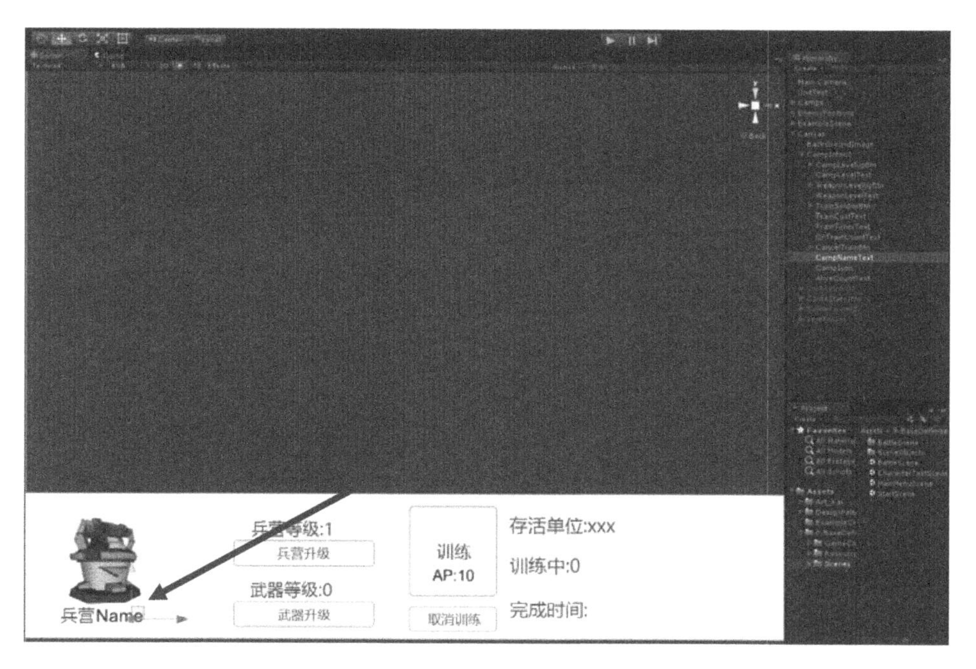

图 17-15 显示兵营名称

为了解决这个问题，Unity3D 的开发者通常会使用 GameObject.Find()这个方法来表示，但会产生下列问题：

- 性能问题：GameObject.Find()会遍历所有场景上的对象，寻找名称相符的游戏对象。如果场景上的对象不多，还可以接受；如果场景上的对象过多，而且“过度”调用 GameObject.Find()的话，就很容易造成系统性能的问题。
- 名称重复：Unity3D 并不限制放在场景中的游戏对象 GameObject 的名称必须唯一，所以当有两个名称相同的游戏对象 GameObject 都在场景上时，很难预期 GameObject.Find()会返回其中的哪一个，这会造成不确定性，也容易产生程序错误（Bug）。

所以，直接使用 GameObject.Find()在“性能”与“正确性”上会存在些问题。因此，在《P 级阵地》中使用的是另一种比较折中的办法：

1. 先利用 GameObject.Find()寻找 2D 画布 Canvas 的游戏对象，不过实现者还是要先确保场景中只能有一个名称为 Canvas 的游戏对象。这可以直接在 Hierarchy 窗口中，用搜索的方式来确定。

2. 再利用 Canvas 游戏对象中 Transform 组件的分层管理功能，去寻找其下符合名称的游戏对象。当然，Canvas 下也有可能发生名称重复的问题，必须再结合“界面群组”功能，将搜索范围缩小，并且也在“搜索工具”中加入“重复名称警告”功能，让整个对象的搜索能够更加效率和正确。

上述这些操作都发生在“游戏用户界面（IUseInterface）”及其子类中。

17.3.3 游戏用户界面的实现

在《P 级阵地》中，每一个主要游戏功能都属于 IGameSystem 的子类，这些子类负责实现《P

级阵地》中不同的游戏需求和功能，而它们每一个都会利用组合的方式，成为 PBaseDefenseGame 类的成员。

对于界面的设计需求上，同样也采用这种设计方式，将每一个界面规划成由一个单独的类来负责，这些类都继承自用户界面（IUseInterface）：

Listing 17-6　游戏用户界面(IUserInterface.cs)

```
public abstract class IUserInterface
{
    protected PBaseDefenseGame  m_PBDGame = null;
    protected GameObject m_RootUI = null;
    private bool m_bActive = true;
    public IUserInterface( PBaseDefenseGame PBDGame ) {
        m_PBDGame = PBDGame;
    }

    public bool IsVisible() {
        return m_bActive;
    }

    public virtual void Show() {
        m_RootUI.SetActive(true);
        m_bActive = true;
    }

    public virtual void Hide() {
        m_RootUI.SetActive(false);
        m_bActive = false;
    }

    public virtual void Initialize()
    {}
    public virtual void Release()
    {}
    public virtual void Update()
    {}
}
```

当前《P 级阵地》中使用的 4 个界面都是 IUseInterface 的子类，并且使用组合的方式成为 PBaseDefenseGame 类的成员，类结构图如图 17-16 所示。

Listing 17-7　游戏中使用的 4 个用户界面（PBaseDefenseGame.cs）

```
public class PBaseDefenseGame
{
    ...
    // 界面
    private CampInfoUI m_CampInfoUI = null;         // 兵营界面
    private SoldierInfoUI m_SoldierInfoUI = null;  // 战士信息界面
    private GameStateInfoUI m_GameStateInfoUI = null; // 游戏状态界面
```

```
    private GamePauseUI m_GamePauseUI = null;        // 游戏暂停界面
    ...
}
```

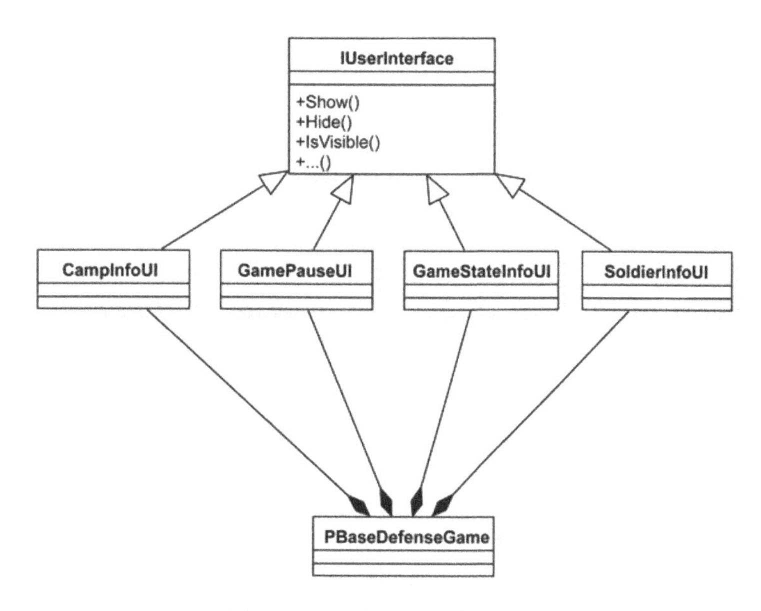

图 17-16　用户界面的类结构图

就如同游戏系统（IGameSystem）那样，对内可以通过 PBaseDefenseGame 类的中介者模式（Mediator）来通知其他系统或界面，对外也可以通过 PBaseDefenseGame 类的外观模式（Facade），让客户端存取和更新与用户界面相关的功能。

17.3.4　兵营界面的实现

建立《P 级阵地》用户界面的基本架构之后，再回到前面提到的问题：在场景对象中找到名称为 CampNameText 的 Text 组件，并在上面显示当前用鼠标单击而选中的兵营的名称。

在运用新的用户界面架构之后，对于场景中 2D 组件的获取及对象的保留，都可以在“兵营界面 CampInfoUI”类下实现：

Listing 17-8　兵营界面(CampInfo.cs)

```
public class CampInfoUI : IUserInterface
{
    ...
    // 界面组件
    ...
    private Text m_AliveCountTxt = null;
    private Text m_CampLvTxt = null;           // 兵营名称
    private Text m_WeaponLvTxt = null;
    private Text m_TrainCostText = null;
    private Text m_TrainTimerText= null;
    private Text m_OnTrainCountTxt = null;
```

```
    private Text m_CampNameTxt = null;
    private Image m_CampImage = null;


    public CampInfoUI( PBaseDefenseGame PBDGame ):base(PBDGame) {
        Initialize();
    }

    // 初始
    public override void Initialize() {
        m_RootUI = UITool.FindUIGameObject( "CampInfoUI" );

        // 显示的信息
        // 兵营名称
        m_CampNameTxt = UITool.GetUIComponent<Text>(m_RootUI,
                                                    "CampNameText");
        // 兵营图
        m_CampImage = UITool.GetUIComponent<Image>(m_RootUI,
                                                   "CampIcon");
        // 存活单位数
        m_AliveCountTxt = UITool.GetUIComponent<Text>(m_RootUI,
                                                  "AliveCountText");
        // 等级
        m_CampLvTxt = UITool.GetUIComponent<Text>(m_RootUI,
                                                  "CampLevelText");
        // 武器等级
        m_WeaponLvTxt = UITool.GetUIComponent<Text>(m_RootUI,
                                                  "WeaponLevelText");
        // 训练中的数量
        m_OnTrainCountTxt = UITool.GetUIComponent<Text>(m_RootUI,
                                                  "OnTrainCountText");
        // 训练花费
        m_TrainCostText = UITool.GetUIComponent<Text>(m_RootUI,
                                                  "TrainCostText");
        // 训练时间
        m_TrainTimerText = UITool.GetUIComponent<Text>(m_RootUI,
                                                  "TrainTimerText");

        ...
        Hide();
    }

    // 显示信息
    public void ShowInfo(ICamp Camp) {
        //Debug.Log("显示兵营信息");
        Show ();
        m_Camp = Camp;

        // 名称
        m_CampNameTxt.text = m_Camp.GetName();
        ...
```

```
    }
}
```

在兵营界面中，分别声明了许多用来保存 2D 界面组件的相关类成员：

```
    private Text m_AliveCountTxt = null;
    private Text m_CampLvTxt = null;
    private Text m_WeaponLvTxt = null;
    private Text m_TrainCostText = null;
    private Text m_TrainTimerText= null;
    private Text m_OnTrainCountTxt = null;
    private Text m_CampNameTxt = null;
    private Image m_CampImage = null;
```

这些类成员会在用户界面的初始化方法（Initialize）中，被指定记录场景中的某一个 2D 组件。在初始化方法中，该类会被指定要负责维护的界面是哪一个：

```
    // 初始化
    public override void Initialize() {
       m_RootUI = UITool.FindUIGameObject( "CampInfoUI" );
```

UITool 是《P 级阵地》中与 UI 有关的工具类，其中 FindUIGameObject 方法会在场景中寻找特定名称的游戏对象，而且只限定在 Canvas 画布游戏对象下：

Listing 17-9　游戏中使用的 UI 工具(UITool.cs)

```
public static class UITool
{
    private static GameObject m_CanvasObj = null; // 场景上的 2D 画布对象

    // 寻找限定在 Canvas 画布下的 UI 界面
    public static GameObject FindUIGameObject(string UIName) {
       if(m_CanvasObj == null)
          m_CanvasObj = UnityTool.FindGameObject( "Canvas" );
       if(m_CanvasObj ==null)
          return null;
       return UnityTool.FindChildGameObject( m_CanvasObj, UIName);
    }

    // 获取 UI 组件
    public static T GetUIComponent<T>(GameObject Container,
                                     string UIName)
             where T : UnityEngine.Component {
       // 找出子对象
       GameObject ChildGameObject =
                UnityTool.FindChildGameObject( Container, UIName);
       if( ChildGameObject == null)
          return null;

       T tempObj = ChildGameObject.GetComponent<T>();
       if( tempObj == null)
       {
```

```
            Debug.LogWarning("组件["+UIName+"]不是["+ typeof(T) +"]");
            return null;
        }
        return tempObj;
    }
}
```

通过搜索“只能出现在特定目标下的游戏对象”，可减少名称的重复性。而已经被搜索过的Canvas2D画布对象也被保存下来，避免重新搜索而造成的性能损失。另一个工具类UnityTool，则是利用Transform类的分层管理功能，来搜索特定游戏对象GameObject下的子对象：

```
public static class UnityTool
{
    // 找到场景上的对象
    public static GameObject FindGameObject(string GameObjectName) {
        // 找出对应的GameObject
        GameObject pTmpGameObj = GameObject.Find(GameObjectName);
        if(pTmpGameObj==null)
        {
            Debug.LogWarning("场景中找不到GameObject["
                                + GameObjectName + "]对象");
            return null;
        }
        return pTmpGameObj;
    }

    // 获取子对象
    public static GameObject FindChildGameObject(
                                  GameObject Container,
                                  string gameobjectName) {
        if (Container == null)
        {
            Debug.LogError(
                    "NGUICustomTools.GetChild:Container =null");
            return null;
        }

        Transform pGameObjectTF=null;

        // 是不是Container本身
       if(Container.name == gameobjectName)
            pGameObjectTF=Container.transform;
        else
        {
            // 找出所有子组件
            Transform[] allChildren = Container.transform.
                        GetComponentsInChildren<Transform>();
            foreach (Transform child in allChildren)
            {
                if (child.name == gameobjectName)
```

```
                {
                    if(pGameObjectTF==null)
                        pGameObjectTF=child;
                    else
                        Debug.LogWarning("Container["
                            + Container.name + "]下找出重复的组件名称["
                            + gameobjectName + "]");
                }
            }
        }

        // 都没有找到
        if(pGameObjectTF==null)
        {
            Debug.LogError("组件["+Container.name+"]找不到子组件["
                                + gameobjectName+ "]");
            return null;
        }
        return pGameObjectTF.gameObject;
    }
}
```

在 UnityTool 工具类中，FindChildGameObject 方法是用来搜索某游戏对象下的子对象。从程序代码中可以看到，先是遍历某个游戏对象下的所有子组件，判断目标对象是否存在，并在方法的最后返回找到游戏对象。此外，程序代码中也对重复命名的问题加以“防呆”（防止出错的处理），发现有名称相同游戏对象时，会提出警告要求开发人员注意。虽然实现上还是遍历了所有子对象一次，会有效率上的损失，但是“重复命名提示警告信息”这项功能，可减少重复命名所造成的错误。所以，笔者在选择上会以避免重复命名为优先（笔者在多个游戏引擎下都会遇到这个问题，每次都会浪费大量的时间进行调试）。另外，由于界面组件的搜索，只会在初始化时执行一次而已，所以因搜索对象而产生的性能损失，只会在前期发生，后期在游戏运行状态下，并不会一直使用搜索界面组件的功能。

有了这两项工具之后，兵营界面 CamInfoUI 就能获取所有跟兵营信息有关的 2D 组件，并加以保留：

```
// 兵营名称
m_CampNameTxt = UITool.GetUIComponent<Text>(m_RootUI,
                                    "CampNameText");
// 兵营图
m_CampImage = UITool.GetUIComponent<Image>(m_RootUI,
                                    "CampIcon");
// 存活单位数
m_AliveCountTxt = UITool.GetUIComponent<Text>(m_RootUI,
                                    "AliveCountText");
// 等级
m_CampLvTxt = UITool.GetUIComponent<Text>(m_RootUI,
                                    "CampLevelText");
// 武器等级
m_WeaponLvTxt = UITool.GetUIComponent<Text>(m_RootUI,
```

```
                                                    "WeaponLevelText");
    // 训练中的数量
    m_OnTrainCountTxt = UITool.GetUIComponent<Text>(m_RootUI,
                                                 "OnTrainCountText");
    // 训练花费
    m_TrainCostText = UITool.GetUIComponent<Text>(m_RootUI,
                                                    "TrainCostText");
    // 训练时间
    m_TrainTimerText = UITool.GetUIComponent<Text>(m_RootUI,
                                                    "TrainTimerText");
```

并且在游戏功能需要时，利用这些对象引用来显示信息：

```
    // 显示信息
    public void ShowInfo(ICamp Camp) {
        Show ();
        m_Camp = Camp;

        // 名称
        m_CampNameTxt.text = m_Camp.GetName();
        // 训练花费
        m_TrainCostText.text = string.Format("AP:{0}" ,
                                    m_Camp.GetTrainCost());
        // 训练中信息
        ShowOnTrainInfo();
        // Icon
        IAssetFactory Factory = PBDFactory.GetAssetFactory();
        m_CampImage.sprite = Factory.LoadSprite(
                                    m_Camp.GetIconSpriteName());

        // 升级功能
        if( m_Camp.GetLevel() <= 0 )
            EnableLevelInfo(false);
        else
        {
            EnableLevelInfo(true);
            m_CampLvTxt.text = string.Format("等级:" +
                                        m_Camp.GetLevel());
            m_WeaponLvTxt.text = string.Format("武器等级:" +
                                    m_Camp.GetWeaponLevel());
        }
}
```

17.4 结论

利用本章介绍的方式来实现游戏的用户界面时，就笔者过去的开发经验，可提出下列优缺点，与读者分享：

- 优点：

- 界面与功能分离：若每一个界面组件都只是单纯的“显示设置”和“版面安排”，上面并不绑定任何与游戏功能相关的脚本组件，那么基本上就符合了“接口”与“功能”分离的要求。因此，就单纯的界面而言，很容易就能转换到其他项目下共享，尤其是项目之间共享的界面，如登录界面、公司版权页等。
- 工作切分更容易：以往的界面设计，不太容易切分是由哪个部门或小组来专职负责，程序设计师、企划、美术都可能接触到。当程序功能脚本从界面设计上移除后，就很容易让程序设计师从用户界面设计中脱离，完全交由美术或企划组装。
- 界面更改不影响项目：只要维持组件的名称不变，那么界面的更改就不太容易影响到现有程序功能的运行，如更改组件的大小、外观、显示的色彩、图标等，大多可以独立设置。

● 缺点：

- 组件名称重复：如果组件搜索没有设置好策略以及界面设计上没有将层级切分好的话，就很容易发生组件名称重复的问题。预防的方式即是《P 级阵地》中所示范的，在工具类 UnityTool 中加上“名称重复警告”功能，用以提示界面设计或测试人员，发生了“重复命名”的问题。
- 组件更名不易：当界面组件因为设计需要而进行更名时，会让原本程序预期获取的组件无法再获取，严重时会导致游戏功能不正确并造成程序的宕机或 App 的闪退。应对的方法一样是在工具类 UnityTool 中加上“无法获取”的警告信息，以提示界面设计或测试人员，发生了“组件无法获取”的问题。

就整体来看，笔者认为，本章所介绍的用户界面开发方式，优点多于缺点。而缺点部分也能使用“警告提示”来避免，因此将此方法带到《P 级阵地》中作为玩家界面的实现方式。

C H A P T E R

第 18 章 兵营系统及兵营信息显示

18.1 兵营系统

在上一章中介绍 Unity3D 用户界面（User Interface）的设计方式时，提到一个“兵营界面”，兵营界面在《P 级阵地》中是用来显示玩家当前用鼠标单击而选中的兵营信息，如图 18-1 所示。

图 18-1　兵营界面

界面上显示出当前用鼠标单击而选中的兵营基本信息包含名称、等级、武器等级等，另外还有 4 个功能按钮，提供给玩家作为对兵营下达命令的界面。而这些从界面下达的命令将会使用命令模式（Command），让玩家的操作与游戏的功能产生连接并执行。这一部分将在下一章（第 19 章 兵营训练单位）中详细说明，在此之前，我们先来说明《P 级阵地》中“兵营系统”的运行方式。

18.2 兵营系统的组成

比起“角色系统”，《P 级阵地》中的“兵营系统”的设计较为简单，它主要是由兵营系统（CampSystem）、兵营（ICamp）和兵营界面（CampInfoUI）组成，如图 18-2 所示。

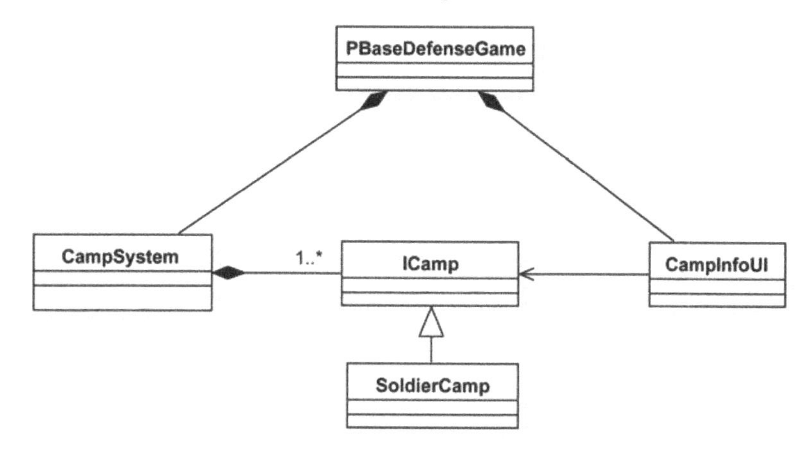

图 18-2　兵营系统的组成

- ICamp（兵营界面）：定义兵营的操作界面和信息的提供。
- SoliderCamp（兵营）：实现兵营界面，并记录当前等级、武器等级等信息。
- CampSystem（兵营系统）：初始化和管理游戏中玩家的所有兵营，并成为 PBaseDefenseGame 的游戏子系统之一，方便与其他系统进行沟通和获取信息。
- CampInfoUI（兵营界面）：负责显示玩家用鼠标单击而选中到的兵营之相关信息。

“兵营”负责作战单位的训练，而按照游戏的需求设置，每个兵营只能训练一种玩家角色，而且各兵营所需要的训练时间及费用都不相同。不同兵营间的差异设置，可以区别出其中的不同，并且利用相关属性来调整游戏平衡。

在兵营（ICamp）类中，除了基本的 3D 模型成像和 2D 图像显示外，也包含了其他差异属性：

Listing 18-1　兵营界面(ICamp.cs)

```
public abstract class ICamp
{
    protected GameObject m_GameObject = null;
    protected string m_Name = "Null";        //名称
    protected string m_IconSpriteName = "";
    protected ENUM_Soldier m_emSoldier = ENUM_Soldier.Null;
```

```
// 训练相关
protected float m_CommandTimer = 0;     // 当前冷却剩余时间
protected float m_TrainCoolDown = 0;    // 冷却时间

// 训练花费
protected ITrainCost m_TrainCost = null;

// 主游戏界面（必要时设置）
protected PBaseDefenseGame m_PBDGame = null;

public ICamp(GameObject GameObj, float TrainCoolDown,
             string Name,string IconSprite) {
    m_GameObject = GameObj;
    m_TrainCoolDown = TrainCoolDown;
    m_CommandTimer = m_TrainCoolDown;
    m_Name = Name;
    m_IconSpriteName = IconSprite;
    m_TrainCost = new TrainCost();
}

public void SetPBaseDefenseGame(PBaseDefenseGame PBDGame) {
    m_PBDGame = PBDGame;
}

public ENUM_Soldier GetSoldierType() {
    return m_emSoldier;
}

// 等级
public virtual int GetLevel() {
    return 0;
}

// 升级花费
public virtual int GetLevelUpCost(){
    return 0;
}

// 升级
public virtual void LevelUp(){}

// 武器等级
public virtual ENUM_Weapon GetWeaponType() {
    return ENUM_Weapon.Null;
}

// 武器升级花费
public virtual int GetWeaponLevelUpCost(){
    return 0;
}
```

```
    // 武器升级
    public virtual void WeaponLevelUp(){}

    // 训练 Timer
    public float GetTrainTimer() {
        return m_CommandTimer;
    }

    // 名称
    public string GetName() {
        return m_Name;
    }

    // Icon 文件名
    public string GetIconSpriteName() {
        return m_IconSpriteName;
    }

    // 是否显示
    public void SetVisible(bool bValue) {
        m_GameObject.SetActive(bValue);
    }

    // 获取训练金额
    public abstract int GetTrainCost();

    // 训练
    public abstract void Train();
}
```

兵营（ICamp）当前只有一个子类 SoldierCamp：

Listing 18-2　Soldier 兵营(SoldierCamp.cs)

```
public class SoldierCamp : ICamp
{
    const int MAX_LV = 3;
    ENUM_Weapon m_emWeapon = ENUM_Weapon.Gun;    // 武器等级
    Int m_Lv = 1;                                // 兵营等级
    Vector3 m_Position;                          // 训练完成后的集合点

    // 设置兵营产出的单位
    public SoldierCamp( GameObject theGameObject,
                        ENUM_Soldier emSoldier,
                        string CampName,
                        string IconSprite ,
                        float TrainCoolDown,
                        Vector3 Position):base( theGameObject,
                                                TrainCoolDown,
                                                CampName,
```

```
                                     IconSprite ) {
        m_emSoldier = emSoldier;
        m_Position = Position;
    }

    // 等级
    public override int GetLevel() {
        return m_Lv;
    }

    // 升级花费
    public override int GetLevelUpCost() {
        if( m_Lv >= MAX_LV)
            return 0;
        return 100;
    }

    // 升级
    public override void LevelUp() {
        m_Lv++;
        m_Lv = Mathf.Min( m_Lv , MAX_LV);
    }

    // 武器等级
    public override ENUM_Weapon GetWeaponType() {
        return m_emWeapon;
    }

    // 武器升级花费
    public override int GetWeaponLevelUpCost() {
        if( (m_emWeapon + 1) >= ENUM_Weapon.Max )
            return 0;
        return 100;
    }

    // 武器升级
    public override void WeaponLevelUp() {
        m_emWeapon++;
        if( m_emWeapon >=ENUM_Weapon.Max)
            m_emWeapon--;
    }

    // 获取训练金额
    public override int GetTrainCost() {
        return m_TrainCost.GetTrainCost(m_emSoldier,m_Lv,m_emWeapon);
    }
}
```

18.3 初始兵营系统

游戏画面中的兵营，是在 Unity3D 编辑模式下的战斗场景（Battle Scene），如图 18-3 所示。

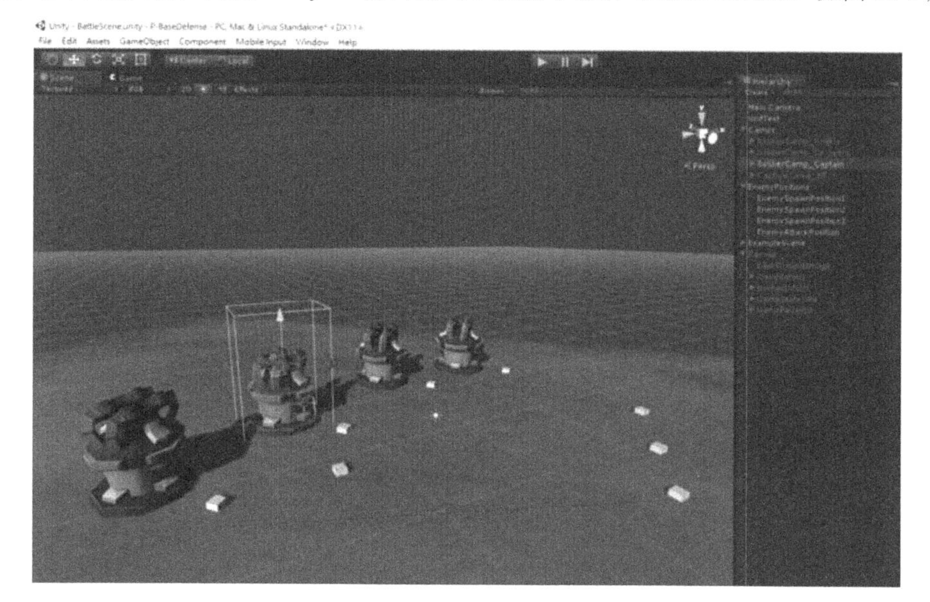

图 18-3 编辑模式下的战斗场景

在 Unity3D 这类“所见即所得”的游戏开发编辑器中，通过“场景设置”或所谓的“关卡设置”方式，让企划人员能方便地设计出想要呈现的游戏效果和关卡难度。因此，在游戏制作的分工上，程序人员可以提供方便的“属性系统工具/企划工具”，让企划人员设置属性、视觉呈现、关卡布置安排及画面设置等，程序人员也可以让企划人员直接使用 Unity3D 等工具来进行设置。

《P 级阵地》兵营的 3D 视觉呈现，是在 Unity3D 编辑模式下，将设计好的兵营模型由企划人员放在场景上。等到游戏实际执行时，在程序代码中以“实时”的方式获取所需要的游戏对象（GameObject），并根据需求建立系统功能。所以，《P 级阵地》中“兵营系统（CampSystem）”的设计方式，是在战斗场景（Battle Scene）加载完成后，实时找出场景上的兵营游戏对象（GameObject），并用它们和程序代码中的兵营类（ICamp）进行连接。

在兵营系统（CampSystem）中包含了一个容器类，用来管理游戏运行时，产生的兵营类（ICamp）对象：

Listing 18-3 兵营系统(CampSystem.cs)

```
public class CampSystem : IGameSystem
{
   private Dictionary<ENUM_Soldier, ICamp> m_SoldierCamps =
                             new Dictionary<ENUM_Soldier,ICamp>();

   public CampSystem(PBaseDefenseGame PBDGame):base(PBDGame) {
      Initialize();
```

```
}

// 初始化兵营系统
public override void Initialize() {
    // 加入 3 个兵营
    m_SoldierCamps.Add ( ENUM_Soldier.Rookie,
                 SoldierCampFactory( ENUM_Soldier.Rookie ));
    m_SoldierCamps.Add ( ENUM_Soldier.Sergeant,
                 SoldierCampFactory( ENUM_Soldier.Sergeant));
    m_SoldierCamps.Add ( ENUM_Soldier.Captain,
                 SoldierCampFactory( ENUM_Soldier.Captain ));
}

// 更新
public override void Update()
{}

// 获取场景中的兵营
private SoldierCamp SoldierCampFactory( ENUM_Soldier emSoldier ) {
    string GameObjectName = "SoldierCamp_";
    float CoolDown = 0;
    string CampName = "";
    string IconSprite = "";
    switch( emSoldier )
    {
        case ENUM_Soldier.Rookie:
            GameObjectName += "Rookie";
            CoolDown = 3;
            CampName = "菜鸟兵营";
            IconSprite = "RookieCamp";
            break;

        case ENUM_Soldier.Sergeant:
            GameObjectName += "Sergeant";
            CoolDown = 4;
            CampName = "中士兵营";
            IconSprite = "SergeantCamp";
            break;

        case ENUM_Soldier.Captain:
            GameObjectName += "Captain";
            CoolDown = 5;
            CampName = "上尉兵营";
            IconSprite = "CaptainCamp";
            break;

        default:
            Debug.Log("没有指定["+emSoldier+"]要获取的场景对象名称");
            break;
    }
```

```
        // 获取对象
        GameObject theGameObject = UnityTool.FindGameObject(
                                            GameObjectName );

        // 获取集合点
        Vector3 TrainPoint = GetTrainPoint( GameObjectName );

        // 产生兵营
        SoldierCamp NewCamp = new SoldierCamp( theGameObject,
                                        emSoldier,
                                        CampName,
                                        IconSprite,
                                        CoolDown,
                                        TrainPoint);
        NewCamp.SetPBaseDefenseGame( m_PBDGame );

        // 设置兵营使用的 Script
        AddCampScript( theGameObject , NewCamp);

        return NewCamp;
    }

    // 获取集合点
    private Vector3 GetTrainPoint(string GameObjectName ) {
        // 获取对象
        GameObject theCamp = UnityTool.FindGameObject(
                                            GameObjectName );
        // 获取集合点
        GameObject theTrainPoint = UnityTool.FindChildGameObject(
                                        theCamp, "TrainPoint" );
        theTrainPoint.SetActive(false);

        return theTrainPoint.transform.position;
    }

    // 设置兵营使用的 Script
    private void AddCampScript(GameObject theGameObject,ICamp Camp) {
        // 加入 Script
        CampOnClick CampScript= theGameObject.AddComponent
                                            <CampOnClick>();
        CampScript.theCamp = Camp;
    }
    ...
}
```

在兵营系统中，使用泛型容器 Dictionary 作为管理兵营的地方，并在初始化方法 Initialize 中，将 3 个玩家阵营的兵营产生出来。在产生兵营方法（Soldier CampFactory）中，会直接在当前的场景中找出对应的兵营游戏对象（GameObject）和集合点的位置，然后利用这两个信息来产生

SoldierCamp 类对象：

```
// 获取对象
GameObject theGameObject = UnityTool.FindGameObject(
                                GameObjectName );

// 获取集合点
Vector3 TrainPoint = GetTrainPoint( GameObjectName );

// 产生兵营
SoldierCamp NewCamp = new SoldierCamp( theGameObject,
                                emSoldier,
                                CampName,
                                IconSprite,
                                CoolDown,
                                TrainPoint);
NewCamp.SetPBaseDefenseGame( m_PBDGame );

// 设置兵营使用的 Script
AddCampScript( GameObjectName, NewCamp);
```

在这一段程序代码的最后，会调用 AddCampScript 方法：

```
// 设置兵营使用的 Script
private void AddCampScript(GameObject theGameObject,ICamp Camp) {
    // 加入 Script
    CampOnClick CampScript = theGameObject.
                        AddComponent<CampOnClick>();
    CampScript.theCamp = Camp;
}
```

这段类的私有成员方法，主要是将脚本类 CampOnClick.cs 加入到兵营的游戏对象中。该脚本类是用来侦测玩家的“鼠标单击屏幕画面”的操作，并通知 PBaseDefenseGame 显示被鼠标单击的兵营：

Listing 18-4 兵营单击成功后通知显示(CampOnClick.cs)

```
public class CampOnClick : MonoBehaviour
{
    public ICamp theCamp = null;

    // Use this for initialization
    void Start ()
    {}

    // Update is called once per frame
    void Update ()
    {}

    public void OnClick() {
        // 显示兵营信息
```

```
            PBaseDefenseGame.Instance.ShowCampInfo( theCamp );
        }
    }
```

脚本中的 OnClick 方法，会在 PBaseDefenseGame 的 InputProcess 方法中被调用，而 InputProcess 就是在 Game Loop 中扮演"判断用户输入"的角色，它会在 Update 方法中不断地被调用：

Listing 18-5　判断兵营是否被鼠标单击(PBaseDefenseGame.cs)

```
public class PBaseDefenseGame
{
    ...
    // 更新
    public void Update() {
        // 玩家输入
        InputProcess();
        ...
    }

    // 玩家输入
    private void InputProcess() {
        //  Mouse 左键
        if(Input.GetMouseButtonUp( 0 ) ==false)
           return ;

        //由摄像机产生一条射线
        Ray ray = Camera.main.ScreenPointToRay(Input.mousePosition);
        RaycastHit[] hits = Physics.RaycastAll(ray);

        // 遍历每一个被 Hit 到的 GameObject
        foreach (RaycastHit hit in hits)
        {
            // 是否有兵营鼠标单击到
            CampOnClick CampClickScript = hit.transform.gameObject.
                                          GetComponent<CampOnClick>();
            if( CampClickScript!=null )
            {
               CampClickScript.OnClick();
               return;
            }
            ...
        }
    }
}
```

在每一次的输入判断中，确认玩家是否单击鼠标左键之后，就利用 Unity3D 的碰撞侦测方式，获取场景中被鼠标单击的游戏对象（GameObject）。如果该游戏对象包含了脚本组件 CampOnClick 类，那么被鼠标单击的对象就是兵营，即可调用下列的 OnClick 方法：

```
    public void OnClick() {
        // 显示兵营信息
```

```
        PBaseDefenseGame.Instance.ShowCampInfo( theCamp );
    }
```

在 CampOnClick 类的 OnClick 中，会利用 PBaseDefenseGame 的外观界面方法 ShowCampInfo：

```
public class PBaseDefenseGame
{
    ...
    // 显示兵营信息
    public void ShowCampInfo( ICamp Camp ) {
        m_CampInfoUI.ShowInfo( Camp );
        m_SoldierInfoUI.Hide();
    }
    ...
}
```

在 ShowCampInfo 中，会再去调用兵营界面（CampInfoUI）显示当前鼠标单击的兵营。

回顾上一章提到的兵营界面（CampInfoUI）的显示信息（ShowInfo）方法，在该方法中，会将传入的兵营对象显示到界面上，如此就完成了兵营信息的显示功能：

Listing 18-6　兵营界面(CampInfoUI.cs)

```
public class CampInfoUI : IUserInterface
{
    ...
    // 显示信息
    public void ShowInfo(ICamp Camp) {
        //Debug.Log("显示兵营信息");
        Show ();
        m_Camp = Camp;

        // 名称
        m_CampNameTxt.text = m_Camp.GetName();

        // 训练花费
        m_TrainCostText.text = string.Format("AP:{0}",
                                             m_Camp.GetTrainCost());

        // 训练中信息
        ShowOnTrainInfo();

        // Icon
        IAssetFactory Factory = PBDFactory.GetAssetFactory();
        m_CampImage.sprite = Factory.LoadSprite(
                                    m_Camp.GetIconSpriteName());

        // 升级功能
        if( m_Camp.GetLevel() <= 0 )
            EnableLevelInfo(false);
        else
        {
```

```
            EnableLevelInfo(true);
            m_CampLvTxt.text = string.Format("等级:" +
                                   m_Camp.GetLevel());
            ShowWeaponLv();     // 显示武器等级
        }
    }
    ...
}
```

18.4 兵营信息的显示流程

图 18-4 显示了兵营系统的建立流程，以及判断玩家用鼠标单击兵营对象之后，将信息显示到兵营界面的整个流程。

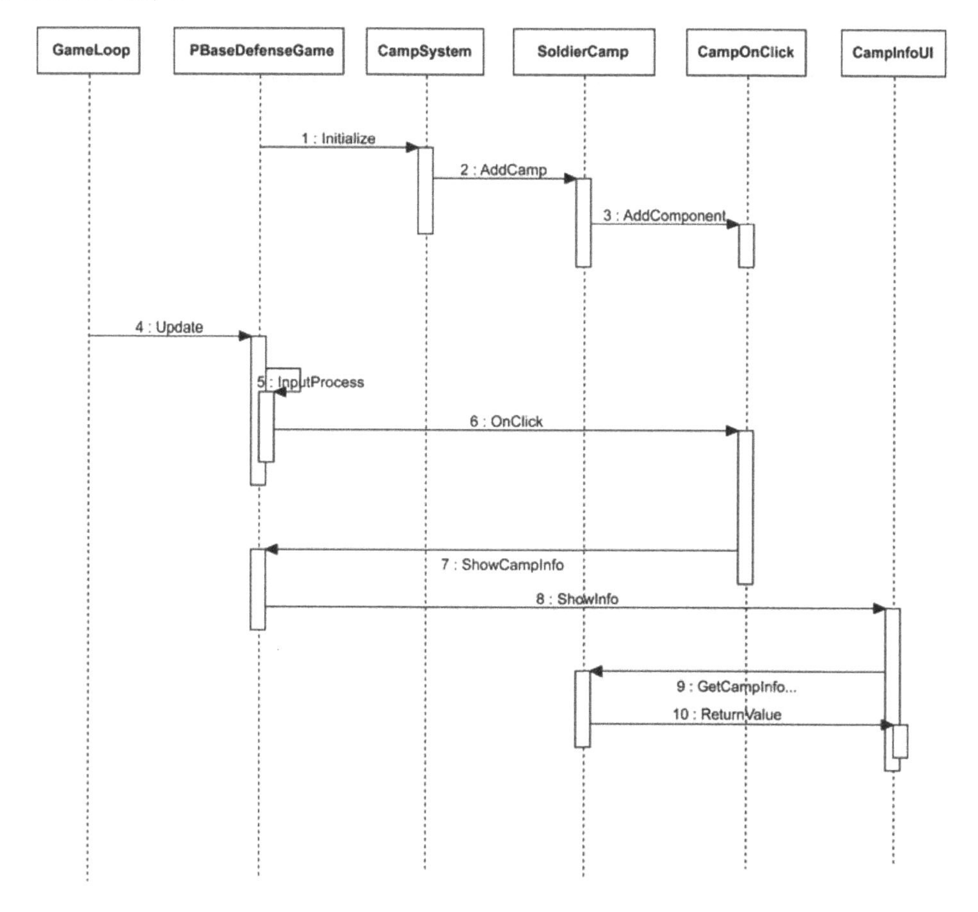

图 18-4　兵营信息的显示流程

CHAPTER

第 19 章 兵营训练单位——命令模式（Command）

19.1 兵营界面上的命令

上一章讲解了《P 级阵地》中，兵营系统与兵营信息显示的方式及流程。而在兵营界面（CampInfoUI）上，除了显示基本的信息外，还有 4 个功能按钮（如图 19-1 所示），让玩家可以针对兵营执行不同的操作。

图 19-1　兵营界面

- 兵营升级：提升兵营等级，让该兵营产生角色的等级（SoliderLv）提升，可用来增加防守优势。
- 武器升级：每个兵营产生角色时，身上装备的武器等级为“枪”，通过升级功能可以让新产生的角色装备长枪和火箭筒加强角色的攻击能力。
- 训练：对兵营下达训练角色，并且可以连续下达命令，兵营会记录当前还没训练完成的数量。训练成功后，界面会显示准备训练的作战单位数。
- 取消训练：因为每个兵营都可以下达多个训练作战单位，所以也提供取消训练单位的功能，让资源（生产能力）能重新分配给其他命令。

配合 Unity3D 的界面设计，可以在兵营界面中放置 4 个 UI 按钮（Button）供玩家选择，如同在“第 17 章 Unity3D 的界面设计”中提到的，我们希望界面组件的响应能够在程序中进行设置，以让 UI 组件能在编辑模式下，“不”与任何一个游戏系统进行绑定。所以在《P 级阵地》的玩家界面上，单击按钮后要执行哪一段功能，也会在每一个界面初始化时决定。以兵营界面（CampInfoUI）为例，在界面初始化方法（Initialize）中，除了将显示信息用的文字（Text）组件的引用记录下来之外，也会针对画面上的 4 个命令按钮（Button），设置它们被“单击”时分别要调用的是哪一种方法：

Listing 19-1　兵营界面(CampInfoUI.cs)

```
public class CampInfoUI : IUserInterface
{
    ...
    // 初始化
    public override void Initialize() {
        // 训练时间
        m_TrainTimerText = UITool.GetUIComponent<Text>(
                                    m_RootUI, "TrainTimerText");

        // 玩家的互动
        // 升级
        m_LevelUpBtn = UITool.GetUIComponent<Button>(
                                    m_RootUI, "CampLevelUpBtn");
        m_LevelUpBtn.onClick.AddListener( ()=> OnLevelUpBtnClick() );

        // 武器升级
        m_WeaponLvUpBtn = UITool.GetUIComponent<Button>(
                                    m_RootUI, "WeaponLevelUpBtn");
        m_WeaponLvUpBtn.onClick.AddListener(()=>
                                    OnWeaponLevelUpBtnClick() );

        // 训练
        m_TrainBtn = UITool.GetUIComponent<Button>(
                                    m_RootUI, "TrainSoldierBtn");
        m_TrainBtn.onClick.AddListener( ()=> OnTrainBtnClick() );

        // 取消训练
        m_CancelBtn = UITool.GetUIComponent<Button>(
```

```
                        m_RootUI, "CancelTrainBtn");
        m_CancelBtn.onClick.AddListener( ()=> OnCancelBtnClick() );

        ...
    }
    ...
}
```

通过 UITool 的 GetUIComponent<T>方法，可以获取玩家界面中的按钮（Button）组件，然后在按钮（Button）组件的 onClick 成员上增加“监听函数”（Listener）。因为每一个按钮（Button）组件对应的功能不同，所以需要针对每一个按钮设置不同的监听函数，而监听函数可以是类中的某一个成员方法：

Listing 19-2　兵营界面(CampInfoUI.cs)

```
public class CampInfoUI : IUserInterface
{
    ...
    // 升级
    private void OnLevelUpBtnClick() {
        ...
    }

    // 武器升级
    private void OnWeaponLevelUpBtnClick() {
        ...
    }

    // 训练
    private void OnTrainBtnClick() {
        ...
    }

    // 取消训练
    private void OnCancelBtnClick() {
        ...
    }
    ...
}
```

通过实时获取玩家界面上的按钮（Button）组件，再指定监听函数的方式，就可以将界面上的按钮与《P 级阵地》的功能加以连接。

训练作战单位的命令

《P 级阵地》对兵营角色进行训练时，要求提供“训练时间”功能，也就是对兵营下命令时，不能马上产生角色并立即放入战场中，而是要给定某长度的训练时间，当训练时间到达后，角色才能产生并放入战场。因为游戏流畅度的要求，所以可以对兵营下达多个训练命令，让兵营在训练完一个作战单位之后，能接着产生下一个。因此，在实现上，需要设计一个管理机制来管理这些“排队”中的“训练命令”，这些训练命令还可以通过“取消训练”的指令，来减少排队中的命令数量。

如果只是单纯地想将玩家界面按钮与功能的执行分开，那么可以在每一个按钮的监听函数中调用功能提供者的方法，这样就能达成“命令”与“执行”分开的目标。但是如果还要加上能对这些命令“进行管理”，如新增、删除、调度等功能，则需要加入其他设计模式才行。而 GoF 提出的设计模式中，命令模式（Command）可以解决这样的设计需求。

界面上显示当前用鼠标单击兵营的基本信息包含名称、等级、武器等级等，另外还有 4 个功能按钮，为玩家提供对兵营下达命令的界面。而这些从界面下达的命令将会使用命令模式（Command），让玩家的操作与游戏的功能产生关联并执行。

19.2 命令模式（Command）

在本节使用软件开发作为范例说明设计模式之前，我们先举个较为生活化的例子来说明命令模式（Command）。例如，在餐厅用餐就是命令模式（Command）的一种表现，当餐厅的前台服务人员接收到客人的点餐之后，就会将餐点内容记载在点餐单（命令）上，这张点餐单（命令）就会随着其他客人的点餐单（命令）一起排入厨房的“待做”列表（命令管理器）内。厨房内的厨师（功能提供者）根据先到先做的原则，将点餐单（命令）上的内容一个个制作（执行）出来。当然，如果餐厅不计较的话，那么等待很久的客人，也可以选择不继续等待（取消命令），改去其他餐厅用餐。

19.2.1 命令模式（Command）的定义

GoF 对于命令模式（Command）的定义如下：

“将请求封装成为对象，让你可以将客户端的不同请求参数化，并配合队列、记录、复原等方法来执行请求的操作。”

上述定义可以简单分成两部分来看待：

- 请求的封装；
- 请求的操作。

请求的封装

所谓的请求，简单来说就是某个客户端组件，想要调用执行某种功能，而这个某种功能是被实现在某个类中。一般来说，如果想要使用某个类的方法，通常最直接的方式就是通过直接调用该类对象的方法。但有的时候，调用一个功能的请求需要传入许多参数，让功能执行端能够正确地按照客户端的需求来执行，常见的做法是使用参数行的方式，将这些调用时要引用的设置传入方法中。但是，当功能执行端提供过多的参数让客户端选择时，就会发生参数行过多的情况。因此为了方便阅读，通常会建议将这些参数行上的设置以一个类加以封装 [7]，参数封装的示意图如图 19-2 所示。利用这样的方式，将调用功能时所需的参数加以封装，就是“请求的封装”。如果以餐厅点餐的例子来看，请求的封装就如同前台服务人员将客人的点餐内容写在点餐单上。

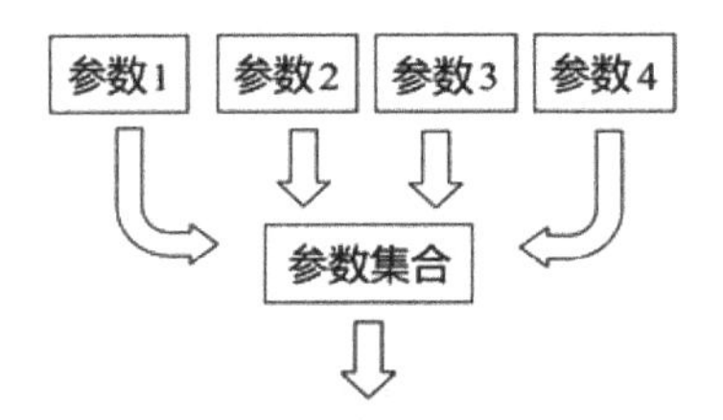

图 19-2　参数封装

在第 15 章介绍建造者模式（Builder）时，针对产生每个角色时所需要的设置参数，在“请求”SoliderBuilder 执行建造功能前，都先使用 SoldierBuildParam 类对象，将所有参数集中设置在其中，除了方便阅读外，这样的方式也可视为简易的“请求的封装”：

```
// 产生游戏角色工厂
public class CharacterFactory : ICharacterFactory
{
    ...
    // 产生Soldier
    public override ISoldier CreateSoldier(...) {
        // 产生 Soldier 的参数
        SoldierBuildParam SoldierParam = new SoldierBuildParam();

        // 产生对应的Character
        switch( emSoldier)
        {
            case ENUM_Soldier.Rookie:
                SoldierParam.NewCharacter = new SoldierRookie();
                break;
            case ENUM_Soldier.Sergeant:
                SoldierParam.NewCharacter = new SoldierSergeant();
                break;
            case ENUM_Soldier.Captain:
                SoldierParam.NewCharacter = new SoldierCaptain();
                break;
            default:
                Debug.LogWarning(
                        "CreateSoldier:无法产生["+emSoldier+"]");
            return null;
        }

        if( SoldierParam.NewCharacter == null)
            return null;

        // 设置共享参数
        SoldierParam.emWeapon = emWeapon;
        SoldierParam.SpawnPosition = SpawnPosition;
        SoldierParam.Lv   = Lv;

        //  产生对应的Builder及设置参数
```

```
    SoldierBuilder theSoldierBuilder = new SoldierBuilder();
    theSoldierBuilder.SetBuildParam( SoldierParam );

    // 产生
    m_BuilderDirector.Construct( theSoldierBuilder );
    return SoldierParam.NewCharacter  as ISoldier;
}
```

如果将“封装”的操作再进一步的话，也就是连同要调用的“功能执行端”一起被封装到类中，如图 19-3 所示。这种情况通常发生在功能执行端（类）不确定、有多个选择或客户端是一个通用组件不想与特定实现绑在一起时。

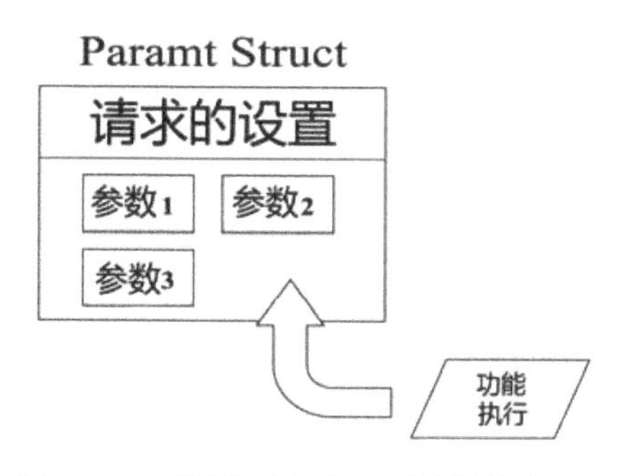

图 19-3　调用的对象也可以被封装进去

请求的操作

当请求可以被封装成一个对象时，那么这个请求对象就可以被操作，例如：

- 存储：可以将“请求对象”放入一个“数据结构”中进行排序、排队、搬移、删除、暂缓执行等操作，如图 19-4 所示。
- 记录：当某一个请求对象被执行后，可以先不删除，将其移入“已执行”数据容器内。通过查看“已执行”数据容器的内容，就可以知道系统过去执行命令的流程和轨迹。
- 复原：延续上一项记录功能，若系统针对每项请求命令实现了“反向”操作时，可以将已执行的请求复原，这在大部分的文字编辑软件和绘图编辑软件中是很常见的。

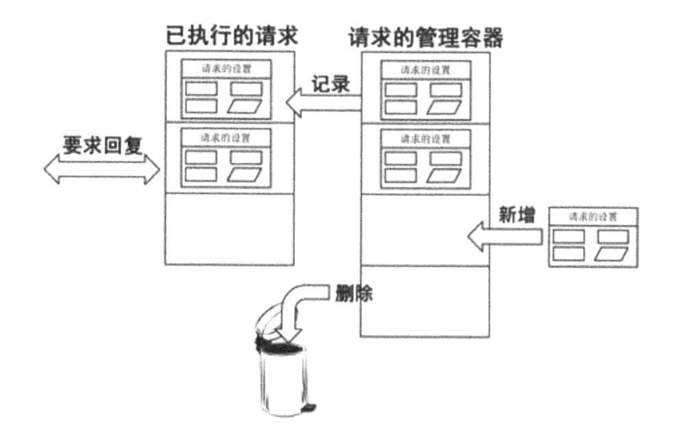

图 19-4　请求被放入容器内时，可执行的操作

19.2.2 命令模式（Command）的说明

命令模式（Command）的结构如图 19-5 所示。

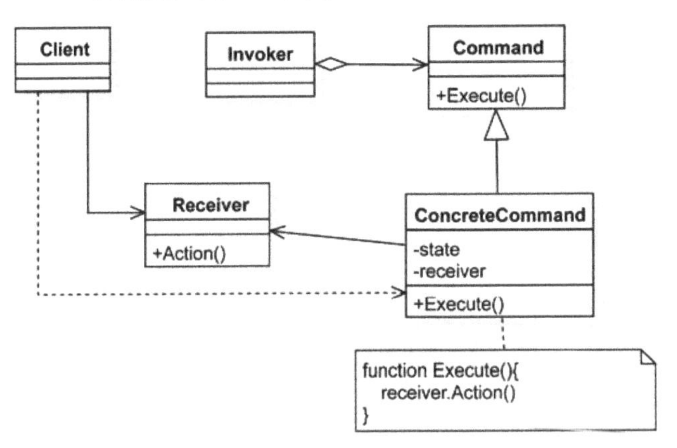

图 19-5 命令模式（Command）的结构图

GoF 参与者的说明如下：

- Command（命令界面）：定义命令封装后要具备的操作界面。
- ConcreteCommand(命令实现)：实现命令封装和界面，会包含每一个命令的参数和 Receiver（功能执行者）。
- Receiver（功能执行者）：被封装在 ConcreteCommand（命令实现）类中，真正执行功能的类对象。
- Client（客户端/命令发起者）：产生命令的客户端，可以视情况设置命令给 Receiver（功能执行者）。
- Invoker（命令管理者）：命令对象的管理容器或是管理类，并负责要求每个 Command（命令）执行其功能。

19.2.3 命令模式（Command）的实现范例

实现上，在运用命令模式（Command）之前，功能执行的类通常都已经在项目中实现好了。假设现存的系统中已有两个功能执行的类：Receiver1 和 Receiver2。

Listing 19-3 两个可以执行功能的类(Command.cs)

```
// 负责执行命令1
public class Receiver1
{
    public Receiver1() {}
    public void Action(string Command) {
        Debug.Log ("Receiver1.Action:Command["+Command+"]");
    }
}
```

```
// 负责执行命令 2
public class Receiver2
{
    public Receiver2() {}
    public void Action(int Param) {
        Debug.Log ("Receiver2.Action:Param["+Param.ToString()+"]");
    }
}
```

如果想要让这两个类的“功能执行”能够被“管理”，则需要将它们分别封装进“命令类”中。首先定义命令界面：

Listing 19-4　执行命令的界面(Command.cs)

```
public abstract class Command
{
    public abstract void Execute();
}
```

界面只定义了一个执行（Execute）方法，让命令管理者（Invoker）能够要求 Receiver（功能执行者）执行命令。因为有两个功能执行类，所以分别实现两个命令子类来封装它们：

Listing 19-5　将命令和 Receiver1 对象绑定起来(Command.cs)

```
public class ConcreteCommand1 : Command
{
    Receiver1 m_Receiver = null;
    String m_Command = "";

    public ConcreteCommand1( Receiver1 Receiver, string Command ) {
        m_Receiver = Receiver;
        m_Command = Command;
    }

    public override void Execute() {
        m_Receiver.Action(m_Command);
    }
}
```

Listing 19-6　将命令和 Receiver2 对象绑定起来(Command.cs)

```
public class ConcreteCommand2 : Command
{
    Receiver2 m_Receiver = null;
    int m_Param = 0;

    public ConcreteCommand2( Receiver2 Receiver,int Param ) {
        m_Receiver = Receiver;
        m_Param = Param;
    }

    public override void Execute() {
```

```
            m_Receiver.Action( m_Param );
        }
    }
```

每个命令在构建时，都会指定“功能执行者”的对象引用和所需的参数。而传入的对象引用及参数都会定义为命令类的成员，封装在类中。每一个命令对象都可以加入 Invoker（命令管理者）中：

Listing 19-7　命令管理者(Command.cs)

```
public class Invoker
{
    List<Command> m_Commands = new List<Command>();

    // 加入命令
    public void AddCommand( Command theCommand ) {
        m_Commands.Add( theCommand );
    }

    // 执行命令
    public void ExecuteCommand() {
        // 执行
        foreach(Command theCommand in m_Commands)
            theCommand.Execute();
        // 清空
        m_Commands.Clear();
    }
}
```

Invoker（命令管理者）中，使用 List 泛型容器来暂存命令对象，并在执行命令（ExecuteCommand）方法被调用时，才一次执行所有命令，并清空所有已经被执行的命令，等待下一次的执行。

测试程序本身就是 Client（客户端），用来产生命令并加入 Invoker（命令管理者）：

Listing 19-8　测试命令模式

```
    void UnitTest() {
        Invoker theInvoker = new Invoker();

        Command  theCommand = null;
        // 将命令与执行结合
        theCommand = new ConcreteCommand1( new Receiver1(),"你好");
        theInvoker.AddCommand( theCommand );
        theCommand = new ConcreteCommand2( new Receiver2(),999);
        theInvoker.AddCommand( theCommand );

        // 执行
        theInvoker.ExecuteCommand();
    }
```

产生两个命令之后，再将它们分别加入 Invoker（命令管理者）中，然后一次执行所有的命令，信息窗口上可以看到下列信息，表示命令都被正确执行：

```
Receiver1.Action:Command[你好]
Receiver2.Action:Param[999]
```

上述范例看似颇为简单，也正因为如此，让命令模式（Command）在实现上的弹性非常大，也出现许多变化的形式。在实际分析时，可以着重在“命令对象”的“操作行为”加以分析：

- 如果希望让“命令对象”能包含最多可能的执行方法数量，那么就加强在命令类群组的设计分析。以餐厅点餐的例子来看，就是要思考，是否将餐点与饮料的点餐单合并为一张。
- 如果希望能让命令可以任意地执行和撤消，那么就需要着重在命令管理者（Invoker）的设计实现上。以餐厅点餐的例子来看，就是要思考这些点餐单是要用人工管理还是要使用计算机系统来辅助管理。
- 此外，如果让命令具备任意撤消或不执行的功能，那么系统对于命令的“反向操作”的定义也必须加以实现，或者将反向操作的执行参数，也一并封装在命令类中。

读者可以试着分析任何一套文字编辑工具或程序开发用的集成开发环境 IDE 工具中的“撤消”和“取消撤消”功能。可以假设这些工具都将用户的操作或“功能请求”加以记录（封装），并在下达“撤消”指令时，将原有的操作取消，而取消时的操作本身必须由原操作执行了什么行为而定。

19.3　使用命令模式（Command）实现兵营训练角色

将“玩家指令（请求）封装”后再显示给玩家看的游戏还挺多的。笔者最先想到的是早期的即时战略游戏（RTS：Real-time Strategy Game），每次下达兵营训练士兵的命令或兵工厂下达生产战车的命令时，画面上都排满了图标——表示等待被生产的单位，近期的城镇经营游戏也常看到相同的呈现方式。因此，《P 级阵地》也以类似的手法，将训练命令实现在游戏中。

19.3.1　训练命令的实现

分析《P 级阵地》对于兵营命令的需求如下：

- 每个兵营都有自己的等级以及可训练的兵种，必须按照不同兵营，下达不同的训练命令。
- 有“训练时间”的功能，所以每一个训练命令都会先被暂存而不是马上被执行。
- 可以对兵营下达多个训练命令，所以会有多个命令同时存在必须被保存的需求 。
- “取消训练”来减少训练命令发出的数量。

按照上述的分析，对于《P 级阵地》中的训练命令，我们可以规划出几个实现目标：可以将命令封装成类，让每一个兵营能针对本身的属性下达训练命令；使用训练命令管理者将所有命令进行暂存，并按照训练时间的设置，执行每一个训练命令；提供界面让命令可以被添加或删除。

所以，我们在《P 级阵地》的兵营（ICamp）类中增加了“命令管理容器”和操作界面来完成命令模式（Command）的实现，如图 19-6 所示。

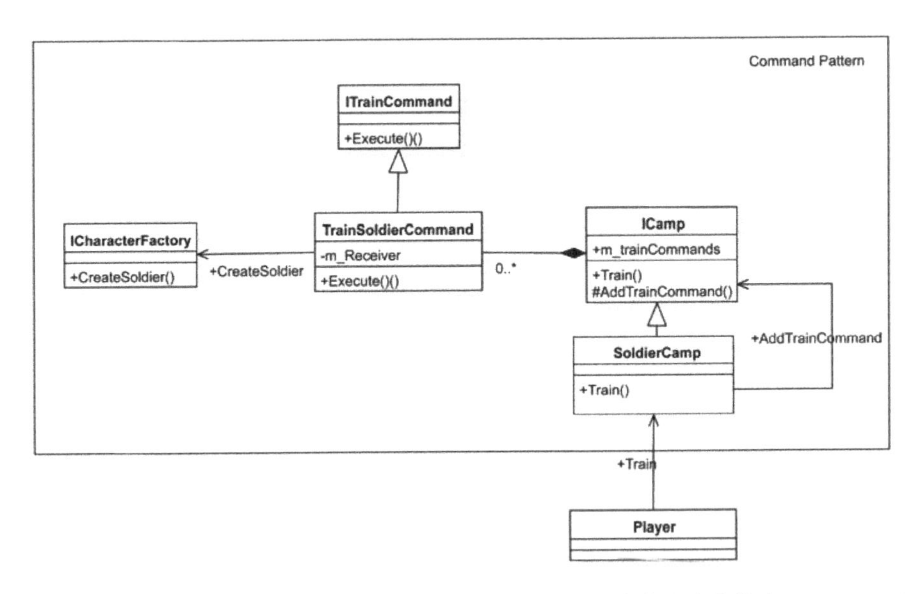

图 19-6　兵营（ICamp）类中增加了“命令管理容器”和操作界面来完成命令模式（Command）的实现

参与者的说明如下：

- ITrainCommand：训练命令界面，定义了《P 级阵地》中训练一个作战单位应有的命令格式和执行方法。
- TrainSoldierCommand：封装训练玩家角色的命令，将要训练角色的参数定义为成员，并在执行时调用“功能执行类”去执行指定的命令。
- ICharacterFactory：角色工厂，实际产生角色单位的“功能执行类”。
- ICamp：兵营界面，包含“管理训练作战单位的命令”的功能，即担任 Invoker（命令管理者）的角色。使用泛型来暂存所有的训练命令，并且使用相关的操作方法来添加、删除训练命令。
- SoldierCamp：Soldier 兵营界面，负责玩家角色的作战单位训练。当收到训练命令时，会产生命令对象，并按照当前兵营的状态来设置命令对象的参数，最后使用 ICamp 类提供的界面，将命令加入管理器内。

19.3.2　实现说明

在《P 级阵地》的游戏设计需求中，因为只有“训练角色”需要管理命令的功能，所以先定义一个名为 ITrainCommand 的训练命令界面：

Listing 19-9　执行训练命令的界面(ITrainCommand.cs)

```
public abstract class ITrainCommand
{
    public abstract void Execute();
}
```

界面中只定义了一个操作方法：Execute 执行命令。后续从 ITrainCommand 延伸出一个子类

——TrainSoldierCommand，用来封装训练玩家阵营角色的命令：

Listing 19-10　训练 Soldier(TrainSoldierCommand.cs)

```
public class TrainSoldierCommand : ITrainCommand
{
    ENUM_Soldier m_emSoldier; // 兵种
    ENUM_Weapon m_emWeapon;   // 使用的武器
    int m_Lv;                // 等级
    Vector3 m_Position;       // 出现的位置

    // 训练
    public TrainSoldierCommand( ENUM_Soldier emSoldier,
                                ENUM_Weapon emWeapon,
                                int Lv,
                                Vector3 Position) {
        m_emSoldier = emSoldier;
        m_emWeapon = emWeapon;
        m_Lv = Lv;
        m_Position = Position;
    }

    //  执行
    public override void Execute() {
        // 产生 Soldier
        ICharacterFactory Factory = PBDFactory.GetCharacterFactory();
        ISoldier Soldier = Factory.CreateSoldier( m_emSoldier,
                                                  m_emWeapon,
                                                  m_Lv ,
                                                  m_Position);
    }
}
```

Soldier 训练命令类（TrainSoldierCommand）中，将产生玩家角色时所需的参数设置为类成员，并在命令被产生时就全部指定。而 TrainSoldierCommand 的“功能执行类”就是角色工厂（ICharacterFactory），这些参数在执行命令（Execute）方法中被当成参数传入角色工厂类的方法中，执行产生角色的功能。

在同时担任“命令管理者”的兵营（ICamp）类中，使用 List 泛型容器来暂存训练命令：

Listing 19-11　兵营界面(ICamp.cs)

```
public abstract class ICamp
{
    // 训练命令
    protected List<ITrainCommand> m_TrainCommands =
                                        new List<ITrainCommand>();
    protected float m_CommandTimer = 0;  // 当前冷却剩余时间
    protected float m_TrainCoolDown = 0;     // 冷却时间
    ...
```

```
    // 新增训练命令
    protected void AddTrainCommand( ITrainCommand Command ) {
        m_TrainCommands.Add( Command );
    }

    // 删除训练命令
    public void RemoveLastTrainCommand() {
        if( m_TrainCommands.Count == 0 )
            return ;
        // 删除最后一个
        m_TrainCommands.RemoveAt( m_TrainCommands.Count -1 );
    }

    // 当前训练命令数量
    public int GetTrainCommandCount() {
        return m_TrainCommands.Count;
    }

    // 执行命令
    public void RunCommand() {
        // 没有命令，则不执行
        if( m_TrainCommands.Count == 0 )
            return ;

        // 冷却时间是否到了
        m_CommandTimer -= Time.deltaTime;
        if( m_CommandTimer > 0)
            return ;
        m_CommandTimer = m_TrainCoolDown;

        // 执行第一个命令
        m_TrainCommands[0].Execute();

        // 删除
        m_TrainCommands.RemoveAt( 0 );

    }
    ...
}
```

除了新增的命令管理容器之外（m_TrainCommands），另外还新增了 4 个与命令管理容器有关的操作方法供客户端使用。在执行命令方法 RunCommand 中，会先判断当前训练的冷却时间到了与否，如果到了，则执行命令管理容器（m_TrainCommands）的第一个命令，执行完成后就将命令从命令管理容器（m_TrainCommands）中删除。

至于定期调用每一个兵营(ICamp)类的 RunCommand 方法，则由兵营系统的定时更新(Update）来负责：

Listing 19-12　兵营系统(CampSystem.cs)

```
public class CampSystem : IGameSystem
```

```
{
    private Dictionary<ENUM_Soldier, ICamp> m_SoldierCamps =
                            new Dictionary<ENUM_Soldier,ICamp>();
    ...

    // 更新
    public override void Update() {
        // 兵营执行命令
        foreach( SoldierCamp Camp in m_SoldierCamps.Values )
            Camp.RunCommand();
    }
    ...
}
```

训练命令的产生点，则是由 Soldier 兵营类（SoldierCamp）来负责：

Listing 19-13　Soldier 兵营(SoldierCamp.cs)

```
public class SoldierCamp : ICamp
{
    const int MAX_LV = 3;
    ENUM_Weapon m_emWeapon = ENUM_Weapon.Gun;      // 武器等级
    int m_Lv = 1;                                  // 兵营等级
    Vector3 m_Position;                            // 训练完成后的集合点
    ...

    // 训练 Soldier
    public override void Train() {
        // 产生一个训练命令
        TrainSoldierCommand NewCommand = new TrainSoldierCommand(
                        m_emSoldier, m_emWeapon, m_Lv, m_Position);
        AddTrainCommand( NewCommand );
    }
    ...
}
```

在训练 Soldier 的 Train 方法中，直接产生一个训练 Soldier 单位（Train SoldierCommand）的命令对象，并以当前兵营记录的状态设置封装命令的参属性，最后利用父类定义的增加训练命令 AddTrainCommand 方法，将命令加入父类 ICamp 的命令管理器中，并等待系统的调用来执行命令。

最后，在兵营界面（CampInfoUI）中，将“训练按钮”和“取消训练按钮”的监听函数，设置为调用 Soldier 兵营界面（SoldierCamp）中对应的“训练方法”和“取消训练的方法”，来完成整个玩家通过界面下达训练作战单位的命令流程：

Listing 19-14　兵营界面(CampInfoUI.cs)

```
public class CampInfoUI : IUserInterface
{
    private ICamp m_Camp = null; // 显示的兵营
    ...
    // 训练
```

```
    private void OnTrainBtnClick() {
        int Cost = m_Camp.GetTrainCost();
        if( CheckRule( Cost > 0 ,"无法训练" )==false )
            return ;

        // 是否足够
        string Msg = string.Format("AP不足无法训练,需要{0}点AP",Cost);
        if( CheckRule( m_PBDGame.CostAP(Cost), Msg ) ==false)
            return ;

        // 产生训练命令
        m_Camp.Train();
        ShowInfo( m_Camp );
    }

    // 取消训练
    private void OnCancelBtnClick() {
        // 取消训练命令
        m_Camp.RemoveLastTrainCommand();
        ShowInfo( m_Camp );
    }
}
```

19.3.3 执行流程

各类对象之间的执行流程，可通过如图 19-7 所示的流程图来了解。

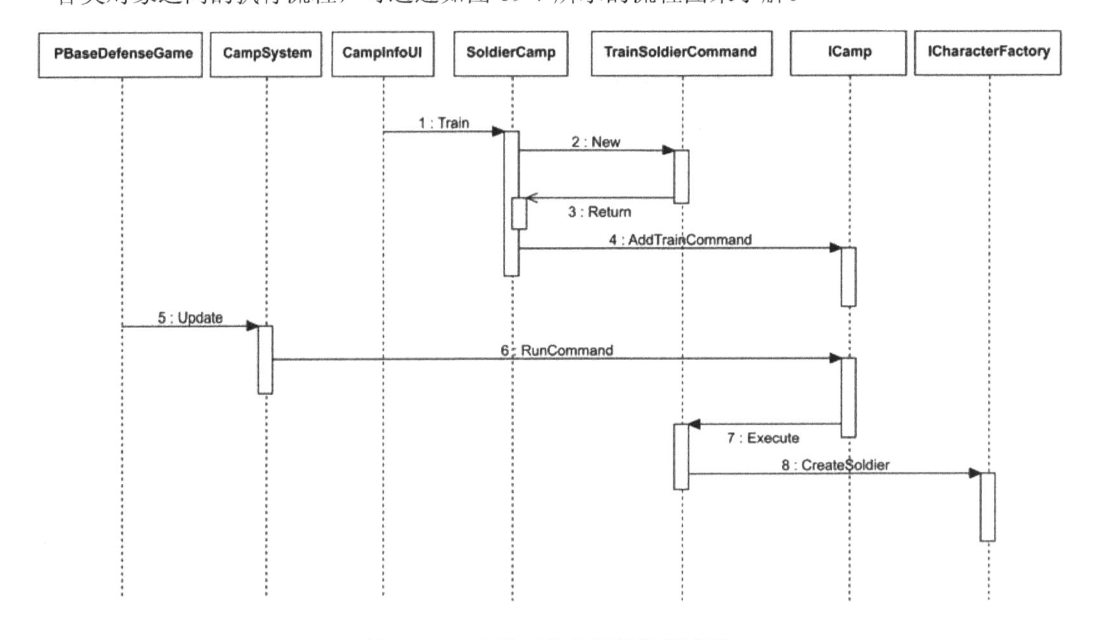

图 19-7 各类对象之间的执行流程

19.3.4　实现命令模式（Command）时的注意事项

命令模式（Command）并不难理解与实现，但在实现上仍须多方考虑。

命令模式实现上的选择

《P 级阵地》的兵营界面上，除了与训练单位有关的两个命令（训练、取消训练）之外，另外还有两个与升级有关的命令按钮（兵营升级、武器升级）。但针对这两个界面命令，《P 级阵地》并没有运用命令模式（Command）来实现：

Listing 19-15　兵营界面(CampInfoUI.cs)

```
public class CampInfoUI : IUserInterface
{
    private ICamp m_Camp = null; // 显示的兵营
    ...
    // 升级
    private void OnLevelUpBtnClick() {
        int Cost = m_Camp.GetLevelUpCost();
        if( CheckRule( Cost > 0 , "已达最高等级")==false )
            return ;
        // 是否足够
        string Msg = string.Format("AP 不足无法升级,需要{0}点 AP",Cost);
        if( CheckRule(  m_PBDGame.CostAP(Cost), Msg ) ==false)
        return ;

        // 升级
        m_Camp.LevelUp();
        ShowInfo( m_Camp );
    }

    // 武器升级
    private void OnWeaponLevelUpBtnClick() {
        int Cost = m_Camp.GetWeaponLevelUpCost();
        if( CheckRule( Cost > 0 ,"已达最高等级" )==false )
            return ;

        // 是否足够
        string Msg = string.Format("AP 不足无法升级,需要{0}点 AP",Cost);
        if( CheckRule( m_PBDGame.CostAP(Cost), Msg ) ==false)
            return ;

        // 升级
        m_Camp.WeaponLevelUp();
        ShowInfo( m_Camp );
    }
    ...
}
```

调用 Icamp 界面中的方法，这些方法并没有使用命令模式（Command）来封装：

Listing 19-16　Soldier 兵营(SoldierCamp.cs)

```
public class SoldierCamp : ICamp
{
    ...
    // 升级
    public override void LevelUp() {
        m_Lv++;
        m_Lv = Mathf.Min( m_Lv , MAX_LV);
    }

    // 武器升级
    public override void WeaponLevelUp() {
        m_emWeapon++;
        if( m_emWeapon >=ENUM_Weapon.Max)
            m_emWeapon--;
    }
    ...
}
```

不运用命令模式（Command）的主要原因在于：

- 类过多：如果游戏的每一个功能请求都运用命令模式（Command），那么就有能会出现类过多的问题。每一个命令都将产生一个类来负责封装，大量的类会造成项目不易维护。
- 请求对象并不需要被管理：指的是兵营升级和武器升级两个命令，在执行上并没有任何延迟或需要被暂存的需求，也就是当请求发出时，功能就要被立即执行。因此，在实现上，只要通过界面类提供的方法（ICamp.LevelUp、ICamp.WeaponLevelUp）来执行即可，让功能的实现类（SoldierCamp）与客户端（CampInfoUI）分离，就可以达成这些功能的设计目标了。

因此，在《P 级阵地》中，选择实现命令模式（Command）的标准在于：

“当请求被对象化后，对于请求对象是否有‘管理’上的需求。如果有，则以命令模式（Command）实现。”

需要实现大量的请求命令时

随着实现游戏的类型越来越多，可能会遇到需要使用大量请求命令的项目，比如需要与游戏服务器（Game Server）沟通的多人在线游戏（MMO）。大部分在设计服务器（Server）与客户端（Client）的信息沟通时，也会以请求命令的概念来设计，所以实现上也大多会使用命令模式（Command）来完成。

但是，一个中小型规模的多人在线游戏，Server 与 Client 之间的请求命令可能多达上千个，若每一个请求命令都需产生类的话，那么就真的会发生“类过多”的问题。为了避免这样的问题发生，可以改用下列的方式来实现：

1. 使用“注册回调函数（Callback Function）”：同样将所有的命令以管理容器组织起来，并针对每一个命令，注册一个回调函数（Callback Function），并将“功能执行者”（Receiver）改为一个“函数/方法”，而非类对象。最后，将多个相同功能的回调函数（Callback Function）以一个类封装在一起。

2. 使用泛型程序设计：将命令界面（ICommand）以泛型方式来设计，将“功能执行者”（Receiver）定义为泛型类，命令执行时调用泛型类中的“固定方法”。但以这种方式实现时，限制会比较大，必须限定每个命令可以封装的参数数量，而且封装参数的名称比较不直观，也就是将参数以 Parm1、Param2 的方式命名。

因为固定调用“功能执行者”（Receiver）中的某一个方法，所以方法名称会固定，比较不容易与实际功能联想。

话虽如此，但如果系统中的每个命令都很“单纯”时，使用泛型程序设计可以省去重复定义类或回调函数（Callback Function）的麻烦。

19.4 命令模式（Command）面对变化时

当“请求”可以被封装对象化之后，那么对于可产生“请求”的地点，灵活度就比较大：

企划：“小程啊，是这样的，最近测试人员反应，他们在进行**极限值测试**时，不是很方便。因为要将每个兵营的等级提升到最高级，需要花点时间。他们是想，我们能不能提供一个可以快速、马上就能产生玩家角色的功能”

小程：“可以啊，那么我另外提供一个测试界面，这个界面上可以指定要产生的单位兵种、等级、武器等信息，单击指令后，就可以马上在战场上产生角色”，于是小程新增了一个测试界面（TestToolUI），如图 19-8 所示。

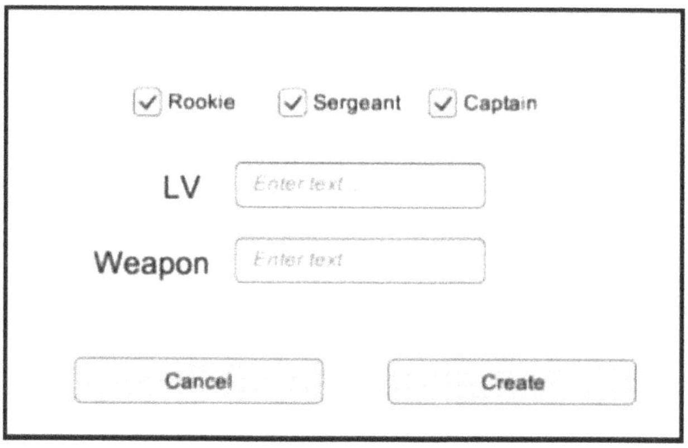

图 19-8　新增的测试界面

在界面的“产生单位按钮 Create”的监听测试中，获取界面的设置值之后，直接产生 Soldier 训练命令，并且立即执行：

```
private void OnAddSoldier() {
    ENUM_Weapon emWeapon = GetWeaponType();         // 武器等级
    int Lv = GetLv();                               // 兵营等级
    Vector3 Position = GetPosition();               // 训练完成后的集合点
```

```
        ENUM_Soldier emSoldier = GetSoldierType();     // 兵种

        // 产生一个训练命令
        TrainSoldierCommand NewCommand = new TrainSoldierCommand(
                                emSoldier, emWeapon, Lv, Position);

        // 马上执行
        NewCommand.Execute();
    }
```

因为《P 级阵地》已经将“训练角色命令”对象化了。因此，只要将所需要的参数，在命令产生时都正确设置的话，那么在任何功能需求点，都能快速产生训练命令并执行。另外，因为不必指定命令功能执行的对象，所以当系统因需求改变而要更换功能执行的类时，不需要修改所有命令产生的地点，这一部分已经被命令类（ITrainCommand）隔离了。

19.5 结论

命令模式（Command）的优点是，将请求命令封装为对象后，对于命令的执行，可加上额外的操作和参数化。但因为命令模式（Command）的应用广泛，在分析时需要针对系统需求加以分析，以避免产生过多的命令类。

其他应用方式

实现网络在线型游戏时，对于 Client/Server 间数据封包的传递，大多会使用命令模式（Command）来实现。但对于数据封包命令的管理，可能不会实现撤消操作，一般比较侧重于执行和记录上。而“记录”则是网络在线型游戏的另一个重点，通过记录，可以分析玩家与游戏服务器之间的互动，了解玩家在操作游戏时的行为，另外也有防黑客预警的作用。

CHAPTER

第 20 章 关卡设计——责任链模式（Chain of Responsibility）

20.1 关卡设计

经过上一章的功能实现后，现在可以通过兵营界面（CampInfoUI）来产生玩家角色，并迎战来袭的敌方角色。在“第 14 章游戏角色的产生”时曾介绍，敌方角色也是从角色工厂（ICharacterFactory）中产生的，但是，玩家角色是由玩家自行决定产生的时间，而那些要占领玩家阵地的敌方角色，又是由谁负责下达产生的命令呢？在《P 级阵地》中，是由关卡系统（StageSystem）负责这些工作。

《P 级阵地》对于关卡功能的需求是这样的：

（1）每次关卡开始时，会同时出现 n 个敌方角色，这 n 个角色会不断地往玩家阵地移动。

（2）敌方角色到达阵地中心 3 次以上时，游戏结束，而玩家的最高闯关记录为当前这一个关卡。

（3）在兵营训练的玩家角色会守护阵地，如果将敌方角色全部被击杀，代表通过这一关，游戏进入下一关。

（4）每一个关卡都设有通关分数，若未达关卡设置的分数，则重复这一关。

（5）重复 1~4 的流程，直到玩家无法成功守护阵地（即满足 2 的规则）为止。

分析上述功能需求后，《P 级阵地》的关卡系统（StageSystem）需要完成下列相关实现：

（1）指定每一关出现敌方阵营角色的数量和等级。

（2）每一关需设置通关条件，条件满足后即开启下一关。

（3）每一关也必须知道要开启的下一关。

（4）如果阵地中央被占领次数超过 3 次，游戏结束。

关卡系统（StageSystem）实现时，将它列为游戏系统（IGameSystem）之一，因此和其他子系统一样继承 IGameSystem 界面并实现。另外，也在 PBaseDefense Game 类中产生对象，作为类成员之一：

Listing 20-1 关卡控制系统(StageSystem.cs)

```
public class StageSystem : IGameSystem
{
    public const int MAX_HEART = 3;
    private int m_NowHeart = MAX_HEART; // 当前玩家阵地情况

    private int m_NowStageLv = 1;        // 当前的关卡
    private int m_EnemyKilledCount= 0;        // 当前敌方单位阵亡数

    public StageSystem(PBaseDefenseGame PBDGame):base(PBDGame) {
        Initialize();
    }

    // 初始化
    public override void Initialize() {
        // 设置关卡
        InitializeStageData();
        // 指定第一个关卡
        m_NowStageLv = 1;
    }

    // 释放
    public override void Release () {
        base.Release ();
        m_SpawnPosition.Clear();
        m_SpawnPosition = null;
        m_NowHeart = MAX_HEART;
        m_EnemyKilledCount = 0;
    }

    // 更新
    public override void Update() {
        ...
    }

    // 通知损失
    public void LoseHeart() {
        m_NowHeart--;
        m_PBDGame.ShowHeart( m_NowHeart );
    }

    // 增加当前击杀数
```

```
    public void AddEnemyKilledCount(){
        m_EnemyKilledCount++;
    }

    // 设置当前击杀数
    public void SetEnemyKilledCount( int KilledCount) {
        //Debug.Log("StageSysem.SetEnemyKilledCount:"+KilledCount);
        m_EnemyKilledCount= KilledCount;
    }

    // 获取当前击杀数
    public int GetEnemyKilledCount() {
        return m_EnemyKilledCount;
    }
    ...
}
```

关卡系统（StageSystem）成员包含了当前玩家阵营被攻击的情况（m_NowHeart）、当前击杀敌方阵营的角色数量（m_EnemyKilledCount）及当前进行的关卡（m_NowStageLv），并且提供相关的方法来操作相关成员。

如果在关卡系统（StageSystem）的定期更新（Update）方法中，以成员 m_NowStage 作为关卡前进的依据，那么可能会以下面的方式来实现：

Listing 20-2　关卡控制系统

```
public class StageSystem : IGameSystem
{
    private int m_NowStageLv = 1;              // 当前的关卡
    private List<Vector3> m_SpawnPosition = null; // 出生点
    private Vector3 m_AttackPos = Vector3.zero;   // 攻击点
    private bool m_bCreateStage = false;          // 是否需要产生关卡

    // 定期更新
 public override void Update() {
        // 是否要开启新关卡
        if(m_bCreateStage)
        {
            CreateStage();
            m_bCreateStage =false;
        }

        // 是否要切换下一个关卡
        if(m_PBDGame.GetEnemyCount() ==  0 )
        {
            if( CheckNextStage() )
                m_NowStageLv++ ;
            m_bCreateStage = true;
        }
    }
```

```
// 产生关卡
private void CreateStage() {
    // 一次产生一个单位
    ICharacterFactory Factory = PBDFactory.GetCharacterFactory();
    Vector3 AttackPosition = GetAttackPosition();
    switch( m_NowStageLv )
    {
        case 1:
            Debug.Log("产生第 1 关");
            Factory.CreateEnemy( ENUM_Enemy.Elf ,ENUM_Weapon.Gun,
                           GetSpawnPosition(), AttackPosition);
            Factory.CreateEnemy( ENUM_Enemy.Elf ,ENUM_Weapon.Gun,
                           GetSpawnPosition(), AttackPosition);
            Factory.CreateEnemy( ENUM_Enemy.Elf ,ENUM_Weapon.Gun,
                           GetSpawnPosition(), AttackPosition);
            break;
        case 2:
            Debug.Log("产生第 2 关");
            Factory.CreateEnemy( ENUM_Enemy.Elf ,ENUM_Weapon.Gun,
                           GetSpawnPosition(), AttackPosition);
            Factory.CreateEnemy( ENUM_Enemy.Elf,ENUM_Weapon.Rifle,
                           GetSpawnPosition(), AttackPosition);
            Factory.CreateEnemy( ENUM_Enemy.Troll,ENUM_Weapon.Gun,
                           GetSpawnPosition(), AttackPosition);
            break;
        case 3:
            Debug.Log("产生第 3 关");
            Factory.CreateEnemy( ENUM_Enemy.Elf ,ENUM_Weapon.Gun,
                           GetSpawnPosition(), AttackPosition);
            Factory.CreateEnemy( ENUM_Enemy.Troll,ENUM_Weapon.Gun,
                           GetSpawnPosition(), AttackPosition);
            Factory.CreateEnemy( ENUM_Enemy.Troll,
                              ENUM_Weapon.Rifle,
                              GetSpawnPosition(),
                              AttackPosition);
            break;
    }
}

// 确认是否要切换到下一个关卡
private bool CheckNextStage() {
    switch( m_NowStageLv )
    {
        case 1:
            if( GetEnemyKilledCount() >=3)
                return true;
            break;
        case 2:
            if( GetEnemyKilledCount() >=6)
                return true;
```

```
                break;
            case 3:
                if( GetEnemyKilledCount() >=9)
                    return true;
                break;
        }
        return false;
    }

    // 获取出生点
    private Vector3 GetSpawnPosition() {
        if( m_SpawnPosition == null)
        {
            m_SpawnPosition = new List<Vector3>();
            for(int i=1;i<=3;++i)
            {
                string name = string.Format("EnemySpawnPosition{0}",i);
                GameObject tempObj = UnityTool.FindGameObject( name );
                if( tempObj==null )
                    continue;
                tempObj.SetActive(false);
                m_SpawnPosition.Add( tempObj.transform.position );
            }
        }

        // 随机返回
        int index =
                UnityEngine.Random.Range(0,m_SpawnPosition.Count-1);
        return m_SpawnPosition[index];
    }

    // 获取攻击点
    private Vector3 GetAttackPosition() {
        if( m_AttackPos == Vector3.zero)
        {
            GameObject tempObj =  UnityTool.FindGameObject(
                                            "EnemyAttackPosition");
            if( tempObj==null)
                return Vector3.zero;
            tempObj.SetActive(false);
            m_AttackPos = tempObj.transform.position;
        }
        return m_AttackPos;
    }
    ...
}
```

定期更新 Update 方法中，判断当前是否需要产生新的关卡，如果需要，则先调用产生关卡 CreateStage 方法。而关卡是否结束，则是直接判断当前敌方阵营的角色数量，如果为 0，代表关卡结束可以进入下一个关卡。确认开始下一个关卡 CheckNextStage 方法中，会先判断当前得分来判断是否可以进入下一个关卡。

仔细分析两个与关卡产生有关的方法：CreateStage、CheckNextStage，其中都按照当前关卡（m_NowStageLv）的值，来决定接下来要产生哪些敌方角色以及是否切换到下一个关卡。上述的程序代码只产生了3个关卡而已，但《P级阵地》的目标是希望能设置数十个以上的关卡让玩家挑战，所以若以上述的写法来设计的话，程序代码将变得非常冗长，而且弹性不足，无法让企划人员快速设置和调整，所以我们需要使用新的设计来重新编写程序。

重构的目标是，希望能将关卡数据使用类加以封装。而封装的信息包含：要出场的敌方角色的设置、通关条件、下一关的记录等。也就是让每一关都是一个对象并加以管理。而关卡系统则是在这群对象中寻找"条件符合"的关卡，让玩家进入挑战。等到关卡完成后，再进入到下一个条件符合的关卡。

试着寻找GoF设计模式中可以使用的模式，责任链模式（Chain of Responsibility）可以提供重构时的依据。

20.2 责任链模式（Chain of Responsibility）

当有问题需要解决，而且可以解决问题的人还不止一个时，就有很多方式可以得到想要的答案。例如可以将问题同时交给可以解决问题的人，请他们都回答，但这个方式比较浪费资源，也会造成重复，也有可能回答的人有等级之分，不适合太简单和太复杂的问题。另一个方式就是将可以回答问题的人，按照等级或专业一个个串接起来。责任链模式（Chain of Responsibility）就是提供了一个可以将这些回答问题的人，一个个链接起来的设计方法。

20.2.1 责任链模式（Chain of Responsibility）的定义

GoF对责任链模式（Chain of Responsibility）的定义是：

"让一群对象都有机会来处理一项请求，以减少请求发送者与接收者之间的耦合度（即依赖度）。将所有的接收者对象串接起来，让请求沿着串接传递，直到有一个对象可以处理为止。"

以下，笔者先以现实生活的亲身经历，来说明责任链模式（Chain of Responsibility）在非软件设计领域中的呈现实例：

有家非常大的电信公司，拥有非常多的部门，每个部门都负责不同的业务，也是由于每个部门的业务都过于繁多，所以每个部门都有自己的客服部门。有一天，笔者一款上市运营中的游戏，接到玩家的反馈说，游戏出现无法正常连线的问题。经查明之后发现，这些玩家的计算机无法将游戏使用的域名（Domain Name）转换成IP地址（IP Address），恰好，这个问题也发生在笔者家中使用的计算机上。所以我先使用指令，确认游戏域名转换成IP地址时的情况，检查之后发现，转换后的IP地址会不定时地在两个IP之间切换，而我当时计算机的DNS服务器（DNS：Domain Name Server，即域名服务器）是设置为那一家电信公司提供的DNS。但当时服务公司的IT部门人员都已下班，无法获取公司DNS更新的情况，又着急要解决问题，所以当下的反应就是想直接打电话给电信公司询问："为什么由你们DNS返回的网址，会不定时在两个IP之间切换？"

那么我该询问哪个部门呢？当下我也不是很清楚，所以就直接拿起电话拨打该电信公司的"通用客服专线”。接通后，我将遇到的问题很清楚地说明了一次。但很不幸，那位客服人员不好意思地说了声抱歉，因为他们负责的是“电信业务”不是“网络业务”，所以“电信业务的客服”就将我的电话转给了“网络业务的客服”。

“网络业务的客服”人员接通后，我一样将问题重新说明了一次（所以很明显地，他们的客服间为了快速转换服务，不会将客户遇到的问题一起移动，当然也可能是因为问题太复杂），而网络业务的客服人员，似乎是第一次遇到这样的问题，于是让我挂线等了一下。当网络业务的客服人员重新接回时却表示，他们部门也无法解决，所以再将我的电话转换到“网络机房的客服”。

同样地，在与“网络机房的客服”人员接通后，我再将问题重新说明了一次。而这次的客服人员，总算可以了解我的问题，并且再询问几个问题之后，留下我的联络方式并说明，待他们查明后会通知我。我在隔天早上收到了邮件通知，了解了问题发生的真正原因，进而解决了玩家无法正常连线的问题。

若运用责任链模式（Chain of Responsibility）来说明的话，可以这样模拟：“为什由你们的 DNS 返回的网址，会不定时在两个 IP 之间切换”是这次事件中的“请求”，客户（也就是我）就是“请求的发送者”，而那家电信公司的电信业务的客服、网络业务的客服、网络机房的客服，都是“接收者对象”，他们之间使用电话分机的方式彼此串联。当客户的“请求”无法在第一个部门（电信业务的客服）被解决时，客户的“请求”就通过他们内部串联（分机）的方式，转到下一个可能可以解决问题的部门，第二个部门无法解决时再转往下一个，直到“网络机房的客服”解决了问题为止，如图 20-1 所示。

对于客户而言，当时对应的只有一个所谓的“客服人员”角色，而这个“客服人员”是属于电信公司的哪一个部门并不重要，客户（也就是我）还是使用与一般“客服人员”的对话方式，而对方也使用标准“客服流程”来应答。而这也是定义中所说的：“减少请求发送者与接收者之间的耦合度”，“客服人员”都使用一般的应答方式（电话沟通），不需要因为不同的部门，而有不同的沟通工具或互动方式。

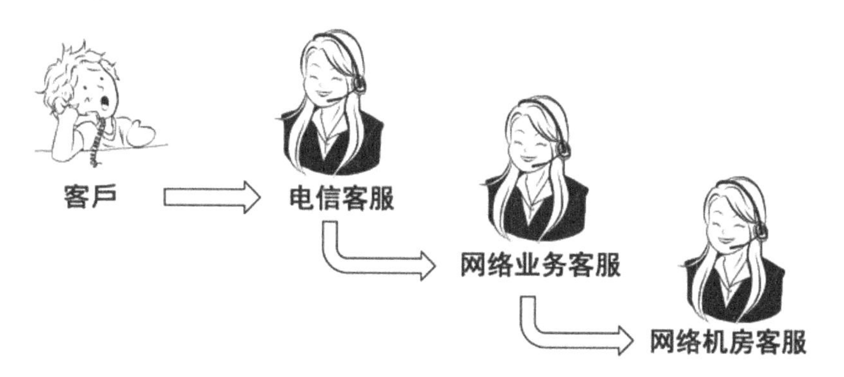

图 20-1　责任链模式（Chain of Responsibility）的电信客服示意图

所以，从上述举例中可以了解到，责任链模式（Chain of Responsibility）描述的就是，将一群能够解决问题的部门（对象），使用电话分机通话后，一同来解决客户（请求发送者）问题的模式。而其中还要让客户（请求发送者）减少接口转换的负担（减少耦合度即依赖度），也就是都是使用电话沟通，不必中途转换去使用计算机或其他沟通工具。

因此，让我们从现实的个案回到软件的开发上，在运用责任链模式（Chain of Responsibility）解决问题时，只要将下列的几个重点列出来分别实现，即可满足模式的基本要求：

- 可以解决请求的接收者对象：这些类对象能够了解“请求”信息的内容，并判断本身能否解决。
- 接收者对象间的串接：利用一个串接机制，将每一个可能可以解决问题的接收者对象给串接起来。对于被串接的接收者对象来说，当本身无法解决这个问题时，就利用这个串接机制，让请求能不断地传递下去；或使用其他管理方式，让接收者对象得以链接。
- 请求自动转移传递：发出请求后，请求会自动往下转移传递，过程之中，发送者不需特别转换接口。

20.2.2 责任链模式（Chain of Responsibility）的说明

将责任链模式（Chain of Responsibility）的各项重点结构化后，可用图 20-2 来表示。

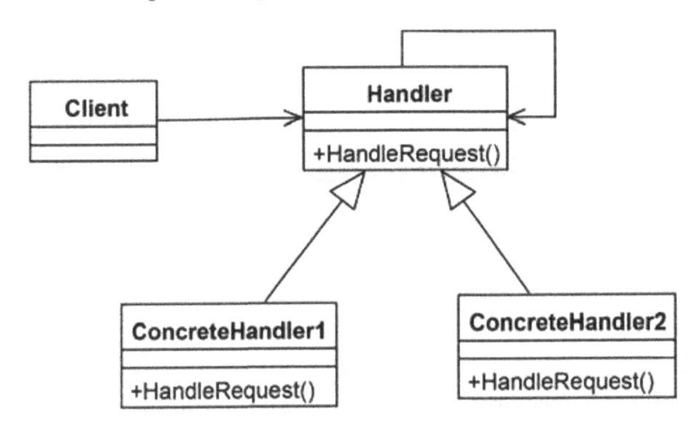

图 20-2 将责任链模式（Chain of Responsibility）的各项重点结构化的结构图

GoF 参与者的说明如下：

- Handler（请求接收者接口）
  - 定义可以处理客户端请求事项的接口；
  - 可包含“可链接下一个同样能处理请求”的对象引用。
- ConcreteHandler1、ConcreteHandler2（实现请求接收者接口）
  - 实现请求处理接口，并判断对象本身是否能处理这次的请求；
  - 不能完成请求的话，交由后继者（下一个）来处理。
- Client（请求发送者）

  将请求发送给第一个接收者对象，并等待请求的回复。

20.2.3 责任链模式（Chain of Responsibility）的实现范例

从 GoF 定义的基本架构实现来看，我们首先必须定义 Handler（请求接收者接口）：

Listing 20-3 处理信息的接口(ChainofResponsibility.cs)

```
public abstract class Handler
{
    protected Handler m_NextHandler = null;

    public Handler( Handler theNextHandler ) {
        m_NextHandler = theNextHandler;
    }

    public virtual void HandleRequest(int Cost) {
        if(m_NextHandler!=null)
            m_NextHandler.HandleRequest(Cost);
    }
}
```

类的构建方法说明了，当对象被产生时，就要提供一个可以链接到下一个请求接收者（Handler）的对象引用。而处理请求方法（HandleRequest）被声明为虚拟函数，让是否传递给后继者的任务交由子类重新定义，父类不针对传入的参数作判断，只是直接传给下一个对象。

接下来，定义 3 个子类来实现 Handler 接口，分别用来处理传入参数（Cost）所需要的判断：

Listing 20-4 实现信息处理类（ChainofResponsibility.cs）

```
// 处理所负责的信息 1
public class ConcreteHandler1 : Handler
{
    private int m_CostCheck = 10;
    public ConcreteHandler1( Handler theNextHandler ) :
                                        base( theNextHandler )
    {}

    public override void HandleRequest(int Cost) {
        if( Cost <= m_CostCheck)
            Debug.Log("ConcreteHandler1.HandleRequest 核准");
        else
            base.HandleRequest(Cost);
    }
}

// 处理所负责的信息 2
public class ConcreteHandler2 : Handler
{
    private int m_CostCheck = 20;

    public ConcreteHandler2( Handler theNextHandler ) :
                                        base( theNextHandler )
    {}

    public override void HandleRequest(int Cost) {
        if( Cost <= m_CostCheck)
```

```
            Debug.Log("ConcreteHandler2.HandleRequest 核准");
        else
            base.HandleRequest(Cost);
    }
}

// 处理所负责的信息 3
public class ConcreteHandler3 : Handler
{
    public ConcreteHandler3( Handler theNextHandler ) :
                                        base( theNextHandler )
    {}

    public override void HandleRequest(int Cost) {
        Debug.Log("ConcreteHandler3.HandleRequest 核准");
    }
}
```

这个范例所要呈现的是，对于传入参数 Cost 的“核准权限”确认，而这 3 个类就是“可以解决请求的接收者对象”，使用父类中的成员 m_NextHandler 将它们串接起来。每一个类负责一定金额的核准权限，如果传入的 Cost 超过自己能够核准的权限，就将请求传给下一个对象，请下一个对象来核准，直到有某个对象完成核准为止。

在测试程序中，先将 3 个子类对象分别产生并串接，所以测试程序担任的就是 Client 端，最后再将不同的 Cost 参数带入：

Listing 20-5 测试责任链模式(ChainofResponsibilityTest.cs)

```
    void UnitTest () {
        // 缠身 Cost 验证的链接方式
        ConcreteHandler3 theHandle3 = new ConcreteHandler3(null);
        ConcreteHandler2 theHandle2 = new ConcreteHandler2(theHandle3);
        ConcreteHandler1 theHandle1 = new ConcreteHandler1(theHandle2);

        // 确认
        theHandle1.HandleRequest(10);
        theHandle1.HandleRequest(15);
        theHandle1.HandleRequest(20);
        theHandle1.HandleRequest(30);
        theHandle1.HandleRequest(100);
    }
```

显示出每一种金额负责核准的对象信息

```
ConcreteHandler1.HandleRequest 核准
ConcreteHandler2.HandleRequest 核准
ConcreteHandler2.HandleRequest 核准
ConcreteHandler3.HandleRequest 核准
ConcreteHandler3.HandleRequest 核准
```

20.3 使用责任链模式（Chain of Responsibility）实现关卡系统

游戏中的关卡都是一关关的串接，完成了这一关之后就进入下一关，所以在实现上使用责任链模式（Chain of Responsibility）来串接每一个关卡是非常合适的。但是对于每一个关卡的通关判断规则，则要按照各个游戏的需求来设计，可能就不是如同前一节的范例那样，可以使用一个属性来作为开启下一个关卡的条件。

20.3.1 关卡系统的设计

对于《P 级阵地》关卡系统（StageSystem）的修改需求上，关卡可能需要的信息包含要出场的敌方角色设置、通关条件及连接下一关卡对象的引用，封装成一个“接收者类”，并增加能够判断通关与否的方法，作为是否前进到下一关的判断依据。关卡串接的图解如图 20-3 所示。

每个关卡对象都会判断“当前的游戏状态”是否符合关卡的“通关条件”：

- 如果符合通关条件，则将关卡通关与否的判断交由下一个关卡对象判断，直到有一个关卡对象负责接下来的“关卡开启”工作。
- 如果不符合，则将“当前关卡”维持在这一个关卡对象上，继续让现在的关卡对象负责“关卡开启”工作。

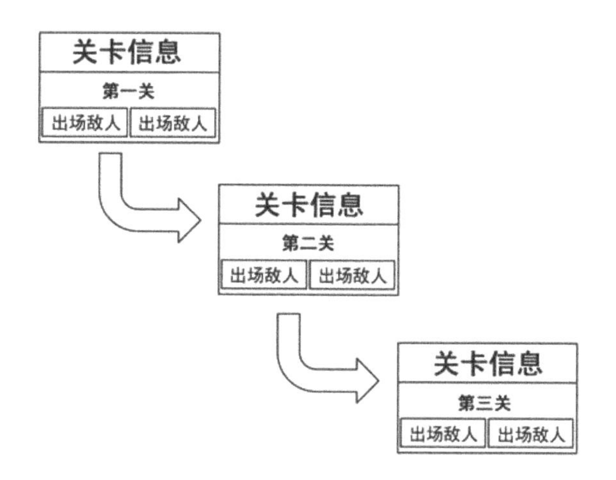

图 20-3　关卡串接的图解

运用责任链模式（Chain of Responsibility）后的关卡系统结构如图 20-4 所示。

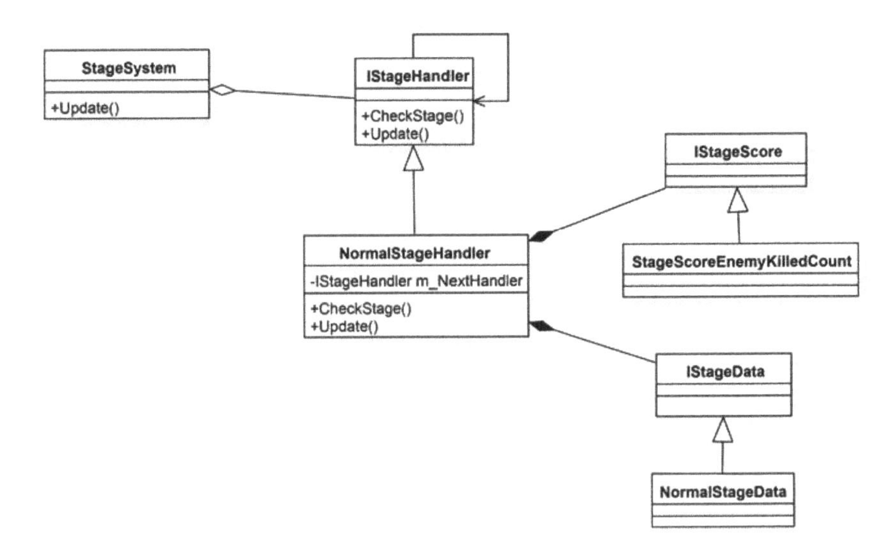

图 20-4　运用责任链模式（Chain of Responsibility）后的关卡系统结构

参与者的说明如下：

- IStageHandler：定义可以处理“过关判断”和“关卡开启”的接口，也包含指向下一个关卡对象的引用。
- NormalStageHandler：实现关卡接口，负责“常规”关卡的开启和过关条件判断。
- IStageScore：定义判断通关与否的操作接口。
- StageScoreEnemyKilledCount：使用当前的“击杀敌方角色数”，作为通关与否的判断。
- IStageData：定义关卡内容的操作接口，在《P 级阵地》中，关卡内容指的是：
  - 这一关会出现攻击玩家阵营的敌方角色数据之设置；
  - 关卡开启；
  - 关卡是否结束的判断。
- NormalStageData：实现“常规”关卡内容，实际将产生的敌方角色放入战场上攻击玩家阵营，以及实现判断关卡是否结束的方法。

此外，IStageScore 和 IStageData 这两个类也是应用策略模式（Strategy）的类，让关卡系统在“过关判断”和“产生敌方单位”这两个设计需求上，能更具备灵活性，不限制只有一种玩法。

20.3.2　实现说明

关卡接口 IStageHandler 中定义了关卡操作的方法：

Listing 20-6　关卡接口(IStageHandler.cs)

```
public abstract class IStageHandler
{
    protected IStageData m_StatgeData = null;     // 关卡的内容(敌方角色)
    protected IstageScore m_StageScore = null;    // 关卡的分数(通关条件)
    protected IstageHandler m_NextHandler = null; // 下一个关卡
```

```
    // 设置下一个关卡
    public IStageHandler SetNextHandler(IStageHandler NextHandler) {
        m_NextHandler = NextHandler;
        return m_NextHandler;
    }

    public abstract IStageHandler CheckStage();
    public abstract void Update();
    public abstract void Reset();
    public abstract bool IsFinished();
}
```

其中，CheckStage 用来判断当前游戏所处的关卡是哪一个，所以会返回一个 IStageHandler 引用给关卡系统（StageSystem）。当前《P 级阵地》先实现了“常规关卡”的功能：

Listing 20-7　常规关卡(NormalStageHandler.cs)

```
public class NormalStageHandler : IStageHandler
{
    // 设置分数和关卡数据
    public NormalStageHandler( IStageScore StateScore,
                               IStageData StageData ) {
        m_StageScore = StateScore;
        m_StatgeData = StageData;
    }

    // 设置下一个关卡
    public IStageHandler SetNextHandler(IStageHandler NextHandler) {
        m_NextHandler = NextHandler;
        return m_NextHandler;
    }

    // 确认关卡
    public override IStageHandler CheckStage() {
        // 分数是否足够
        if( m_StageScore.CheckScore()==false)
            return this;

        // 已经是最后一关了
        if(m_NextHandler==null)
            return this;

        // 确认下一个关卡
        return m_NextHandler.CheckStage();
    }

    public override void Update() {
        m_StatgeData.Update();
    }
```

```
    public override void Reset() {
        m_StatgeData.Reset();
    }

    public override bool IsFinished() {
        return m_StatgeData.IsFinished();
    }
}
```

在关卡初始化时（NormalStageHandler），会将关卡所使用的“过关条件”和“关卡内容”设置给关卡对象，并且利用 SetNextHandler 来设置连接的下一个关卡。在确认关卡 CheckStage 方法中，判断当前游戏状态是否符合关卡过关的条件判断。如果已满足，代表可前往下一个关卡，该方法最后会返回游戏当前可使用的关卡对象给关卡系统。

当前的关卡判定，是以“击杀敌方角色数”为通关的条件判断：

Listing 20-8　关卡分数确认(IStageScore.cs)

```
public abstract class IStageScore
{
    public abstract bool CheckScore();
}
```

Listing 20-9　关卡分数确认:敌人阵亡数(StageScoreEnemyKilledCount)

```
public class StageScoreEnemyKilledCount : IStageScore
{
    private int m_EnemyKilledCount = 0;
    private StageSystem m_StageSystem = null;

    public StageScoreEnemyKilledCount( int KilledCount,
                                  StageSystem theStageSystem) {
        m_EnemyKilledCount = KilledCount;
        m_StageSystem = theStageSystem;
    }

    // 确认关卡分数是否达到
    public override bool CheckScore() {
        return ( m_StageSystem.GetEnemyKilledCount() >=
                                          m_EnemyKilledCount);
    }
}
```

此外，在常规关卡（NormalStageHandler）类中，有个“关卡内容（IStageData）”对象需要被定期更新：

```
public class NormalStageHandler : IStageHandler
{
    protected IStageData  m_StatgeData  = null;// 关卡的内容(敌方角色)
    ...
    public override void Update() {
        m_StatgeData.Update();
```

```
    }
    ...
}
```

至于关卡内容（IStageData）类主要负责的则是将关卡的“内容”呈现给玩家：

Listing 20-10　关卡内容接口(IStageData.cs)

```
public abstract class IStageData
{
    public abstract void Update();
    public abstract bool IsFinished();
    public abstract Reset();
}
```

“关卡内容”一般指的就是玩家要挑战的项目，这些项目可能是出现 3 个敌方角色，让玩家击退；也可能是出现 3 个道具让玩家可以去搜索获取；或是设计特殊任务关卡让玩家去完成。而这些设置内容都会放进 IStageData 的子类中，并且通过 Game Loop 更新机制，让关卡内容可以顺利产生给玩家挑战。以下是当前实现的常规关卡内容（NormalStageData）：

Listing 20-11　常规关卡内容(NormalStageData.cs)

```
public class NormalStageData : IStageData
{
    private float m_CoolDown = 0;          // 产生角色的间隔时间
    private float m_MaxCoolDown = 0;
    private Vector3 m_SpawnPosition = Vector3.zero;     // 出生点
    private Vector3 m_AttackPosition = Vector3.zero; // 攻击目标
    private bool     m_AllEnemyBorn = false;
    // 关卡内要产生的敌人单位
    private List<StageData> m_StageData = new List<StageData>();


    // 常规关卡要产生的敌人单位
    class StageData
    {
        public ENUM_Enemy emEnemy = ENUM_Enemy.Null;
        public ENUM_Weapon emWeapon = ENUM_Weapon.Null;
        public bool bBorn = false;
        public StageData( ENUM_Enemy emEnemy, ENUM_Weapon emWeapon ) {
            this.emEnemy = emEnemy;
            this.emWeapon= emWeapon;
        }
    }

    // 设置多久产生一个敌方单位
    public NormalStageData( float CoolDown ,Vector3 SpawnPosition,
                            Vector3 AttackPosition) {
        m_MaxCoolDown = CoolDown;
        m_CoolDown = m_MaxCoolDown;
        m_SpawnPosition = SpawnPosition;
```

```
    m_AttackPosition = AttackPosition;
}

// 增加关卡的敌方单位
public void AddStageData( ENUM_Enemy emEnemy,
                          ENUM_Weapon emWeapon,int Count) {
    for(int i=0;i<Count;++i)
        m_StageData.Add ( new StageData(emEnemy, emWeapon));
}

// 重置
public override void Reset() {
    foreach( StageData pData in m_StageData)
        pData.bBorn = false;
    m_AllEnemyBorn = false;
}

// 更新
public override void Update() {
    if( m_StageData.Count == 0)
        return ;

    // 是否可以产生
    m_CoolDown -= Time.deltaTime;
    if( m_CoolDown > 0)
        return ;
    m_CoolDown = m_MaxCoolDown;

    // 获取上场的角色
    StageData theNewEnemy = GetEnemy();
    if(theNewEnemy == null)
        return;

    // 一次产生一个单位
    ICharacterFactory Factory = PBDFactory.GetCharacterFactory();
    Factory.CreateEnemy(theNewEnemy.emEnemy,
                        theNewEnemy.emWeapon,
                        m_SpawnPosition, m_AttackPosition);
}

// 获取还没产生的关卡
private StageData GetEnemy() {
    foreach( StageData pData in m_StageData)
    {
        if(pData.bBorn == false)
        {
            pData.bBorn = true;
            return pData;
        }
    }
```

```
        m_AllEnemyBorn = true;
        return null;
    }

    // 是否完成
    public override bool IsFinished() {
        return m_AllEnemyBorn;
    }
}
```

以当前实现的常规关卡内容（NormalStageData）来看，类内定义了数个与派送敌方角色上场有关的设置参数：

```
    private float m_CoolDown = 0;          // 产生角色的间隔时间
    private float m_MaxCoolDown = 0;
    private Vector3 m_SpawnPosition = Vector3.zero;     // 出生点
    private Vector3 m_AttackPosition = Vector3.zero;   // 攻击目标
    private bool m_AllEnemyBorn = false;
    // 关卡内要产生的敌人单位
    private List<StageData> m_StageData = new List<StageData>();
```

而要上场的角色数据，则是利用 AddStageData 方法来设置。

```
    // 增加关卡的敌方单位
    public void AddStageData( ENUM_Enemy emEnemy,
                              ENUM_Weapon emWeapon,int Count) {
        for(int i=0;i<Count;++i)
            m_StageData.Add ( new StageData(emEnemy, emWeapon));
    }
```

此外，还有一些其他信息会在更新方法（Update）中被使用到：

```
    // 更新
    public override void Update() {
        if( m_StageData.Count == 0)
            return ;

        // 是否可以产生
        m_CoolDown -= Time.deltaTime;
        if( m_CoolDown > 0)
            return ;
        m_CoolDown = m_MaxCoolDown;

        // 获取上场的角色
        StageData theNewEnemy = GetEnemy();
        if(theNewEnemy == null)
            return;

        // 一次产生一个单位
        ICharacterFactory Factory =
                              PBDFactory.GetCharacterFactory();
        Factory.CreateEnemy( theNewEnemy.emEnemy,
```

```
                    theNewEnemy.emWeapon,
                    m_SpawnPosition, m_AttackPosition);
    }
```

当敌方角色可以产生时，就通过调用角色工厂（CharacterFactory）的方法，将对象产出并放入战场中。

关卡系统（StageSystem）也配合新的关卡类进行修正：

Listing 20-12 关卡控制系统(StageSystem.cs)

```
public class StageSystem : IGameSystem
{
    public const int MAX_HEART = 3;
    private int m_NowHeart = MAX_HEART; // 当前玩家阵地情况
    private int m_EnemyKilledCount = 0; // 当前敌方单位阵亡数
    private int m_NowStageLv= 1;         // 当前的关卡
    private IStageHandler m_NowStageHandler = null;
    private IStageHandler m_RootStageHandler = null;
    private List<Vector3> m_SpawnPosition = null; // 出生点
    private Vector3 m_AttackPos = Vector3.zero;   // 攻击点
    private bool m_bCreateStage = false;     // 是否需要产生关卡

    public StageSystem(PBaseDefenseGame PBDGame):base(PBDGame) {
        Initialize();
    }

    //
    public override void Initialize() {
        // 设置关卡
        InitializeStageData();
        // 指定第一个关卡
        m_NowStageHandler = m_RootStageHandler;
        m_NowStageLv = 1;
    }

    //
    public override void Release () {
        base.Release ();
        m_SpawnPosition.Clear();
        m_SpawnPosition = null;
        m_NowHeart = MAX_HEART;
        m_EnemyKilledCount = 0;
        m_AttackPos = Vector3.zero;
    }

    // 更新
    public override void Update() {
        // 更新当前的关卡
        m_NowStageHandler.Update();

        // 是否要切换下一个关卡
```

```
        if(m_PBDGame.GetEnemyCount() ==  0 )
        {
            // 是否结束
            if( m_NowStageHandler.IsFinished()==false)
                return ;

            // 获取下一关
            IStageHandler NewStageData=m_NowStageHandler.CheckStage();

            // 是否为旧的关卡
            if( m_NowStageHandler == NewStageData)
                m_NowStageHandler.Reset();
            else
                m_NowStageHandler = NewStageData;

            // 通知进入下一关
            NotiyfNewStage();
        }
    }

    // 通知损失
    public void LoseHeart() {
        m_NowHeart--;
        m_PBDGame.ShowHeart( m_NowHeart );
    }

    // 增加当前击杀数
    public void AddEnemyKilledCount() {
        m_EnemyKilledCount++;
    }

    // 设置当前击杀数
    public void SetEnemyKilledCount( int KilledCount) {
        m_EnemyKilledCount = KilledCount;
    }

    // 获取当前击杀数
    public int GetEnemyKilledCount() {
        return m_EnemyKilledCount;
    }

    // 通知新的关卡
    private void NotiyfNewStage() {
        m_PBDGame.ShowGameMsg("新的关卡");
        m_NowStageLv++;

        //  显示
        m_PBDGame.ShowNowStageLv(m_NowStageLv);

        // 通知 Soldier 升级
```

```
        m_PBDGame.UpgateSoldier();

        // 事件
        m_PBDGame.NotifyGameEvent( ENUM_GameEvent.NewStage , null );
    }

    // 初始化所有关卡
    private void InitializeStageData() {
        if( m_RootStageHandler!=null)
            return ;

        // 引用点
        Vector3 AttackPosition = GetAttackPosition();

        NormalStageData StageData = null; // 关卡要产生的 Enemy
        IStageScore StageScore = null; // 关卡过关信息
        IStageHandler NewStage = null;

        // 第 1 关
        StageData     = new NormalStageData( 3f, GetSpawnPosition(),
                                    AttackPosition );
        StageData.AddStageData( ENUM_Enemy.Elf, ENUM_Weapon.Gun, 3);
        StageScore = new StageScoreEnemyKilledCount(3, this);
        NewStage = new NormalStageHandler(StageScore, StageData );

        // 设置为起始关卡
        m_RootStageHandler = NewStage;

        // 第 2 关
        StageData     = new NormalStageData( 3f, GetSpawnPosition(),
                                    AttackPosition);
        StageData.AddStageData( ENUM_Enemy.Elf, ENUM_Weapon.Rifle,3);
        StageScore = new StageScoreEnemyKilledCount(6, this);
        NewStage = NewStage.SetNextHandler(
                    new NormalStageHandler( StageScore, StageData) );

        ...

        // 第 10 关
        StageData = new NormalStageData( 3f, GetSpawnPosition(),
                                    AttackPosition);
        StageData.AddStageData( ENUM_Enemy.Elf,
                            ENUM_Weapon.Rocket,3);
        StageData.AddStageData( ENUM_Enemy.Troll,
                            ENUM_Weapon.Rocket,3);
        StageData.AddStageData( ENUM_Enemy.Ogre,
                            ENUM_Weapon.Rocket,3);
        StageScore = new StageScoreEnemyKilledCount(30, this);
        NewStage = NewStage.SetNextHandler(
                    new NormalStageHandler( StageScore, StageData) );
```

```
    }

    // 获取出生点
    private Vector3 GetSpawnPosition() {
        if( m_SpawnPosition == null)
        {
            m_SpawnPosition = new List<Vector3>();

            for(int i=1;i<=3;++i)
            {
                string name = string.Format("EnemySpawnPosition{0}",i);
                GameObject tempObj = UnityTool.FindGameObject( name );
                if( tempObj==null)
                    continue;
                tempObj.SetActive(false);
                m_SpawnPosition.Add( tempObj.transform.position );
            }
        }

        // 随机返回
        int index=UnityEngine.Random.Range(0,m_SpawnPosition.Count-1);
        return m_SpawnPosition[index];
    }

    // 获取攻击点
    private Vector3 GetAttackPosition() {
        if( m_AttackPos == Vector3.zero)
        {
            GameObject tempObj = UnityTool.FindGameObject(
                                            "EnemyAttackPosition");
            if( tempObj==null)
                return Vector3.zero;
            tempObj.SetActive(false);
            m_AttackPos = tempObj.transform.position;
        }
        return m_AttackPos;
    }
}
```

修正的关键点在于

1. 定期更新（Update）方法中，将切换关卡的判断交给一群关卡对象串接起来的链表来负责，所以需要切换关卡时，询问关卡对象链表，就可以获取当前可以进行的关卡：

```
    // 更新
    public override void Update() {
        // 更新当前的关卡
        m_NowStageData.Update();

        // 是否要切换下一个关卡
```

```
        if(m_PBDGame.GetEnemyCount() ==  0 )
        {
            IStageHandler NewStageData =
                                    m_NowStageData.CheckStage();

            // 是否结束
            if( NewStageData.IsFinished()==false)
                return ;

            // 是否为旧的关卡
            if( m_NowStageData == NewStageData)
                m_NowStageData.Reset();
            else
                m_NowStageData = NewStageData;

            // 通知进入下一关
            NotiyfNewStage();
        }
    }
```

2. 在初始化关卡系统时，将所有关卡的数据一次设置完成，包含关卡要出现的敌方角色等级、数量、武器等级、过关的判断分数及连接的下一关：

```
    // 初始化所有关卡
    private void InitializeStageData() {
        if( m_RootStageData!=null)
            return ;

        // 引用点
        Vector3 AttackPosition = GetAttackPosition();

        NormalStageData StageData = null; // 关卡要产生的 Enemy
        StageScoreEnemyKilledCount StageScore = null; // 关卡过关信息
        NormalStageHandler NormalStage = null;

        // 第 1 关
        StageData = new NormalStageData(3f, GetSpawnPosition(),
                                    AttackPosition );
        StageData.AddStageData( ENUM_Enemy.Elf, ENUM_Weapon.Gun, 3);
        StageScore    = new StageScoreEnemyKilledCount(3, this);
        NormalStage = new NormalStageHandler(StageScore, StageData );

        // 设置为起始关卡
        m_RootStageData = NormalStage;

        // 第 2 关
        StageData = new NormalStageData(3f, GetSpawnPosition(),
                                    AttackPosition);
        StageData.AddStageData(ENUM_Enemy.Elf,ENUM_Weapon.Rifle,3);
        StageScore    = new StageScoreEnemyKilledCount(6, this);
        NormalStage = NormalStage.SetNextHandler(
```

```
                new NormalStageHandler( StageScore, StageData) )
                    as NormalStageHandler;

        ...
    }
```

正如同在“第 16 章游戏属性管理功能”提到的，将属性集中在角色属性工厂（IAttr Factory）中，有助于企划进行设置和调整。不过，更好的方式则是使用“企划设置工具”，让企划人员在使用工具程序设置后，输出成设置文件，再由关卡系统（StageSystem）读入。

20.3.3 使用责任链模式（Chain of Responsibility）的优点

将旧方法中的 CreateStage、CheckNextStage 两个方法的内容，使用关卡对象来替代，这样一来，原本可能出现的冗长式写法就获得了改善。并且将关卡内容（IStageData）、过关条件（IStageScore）类化，可使得《P 级阵地》中关卡的类型有多种形式的组合。而关卡设计的数据将来也可以搭配“企划工具”来设置，增加关卡设计人员的调整灵活度。

20.3.4 实现责任链模式（Chain of Responsibility）时的注意事项

实现责任链模式（Chain of Responsibility）并非一成不变的，在具体实现中，常常可按照实际的需求来微调实现方式：

不用从头判断

在 20.2.3 节的范例中，针对每一次的 Score 进行判断时，测试程序代码都要求从接收者链表中的第一个对象开始判断。但《P 级阵地》在每次判断关卡推进时，并没有从第一个关卡开始，而是从当前的关卡对象（m_NowStageHandle）开始往下判断。存在这种实现上的差异，其原因在于设计需求上的不同，因为《P 级阵地》的设计需求是一关一关往下推进的，并不会发生回头的情况，所以在判断上，可以直接从当前的关卡对象继续往下，不必再从第一关开始判断。但如果游戏的关卡设计存在“退回上一关卡”的需求时，那么就必须改写成“从第 1 关卡开始判断”的实现方式。

使用泛型容器来管理关卡对象

在责任链模式（Chain of Responsibility）中的 Handle 类，通常都会定义一个引用指向下一个可以接收的对象。但如果接收对象间的关系如《P 级阵地》中的关卡对象，那么还可以有另一种设计方式——也就是将所有关卡对象以泛型容器来管理，例如：

```
// 关卡控制系统
public class StageSystem : IGameSystem
{
    private List<IStageHandler > m_StageHandlers;
    private int m_NowStageLv = 1;        // 当前的关卡
    ...
}
```

因为关卡的顺序是一关接着一关，没有其他树状分支的情况，所以在转换为下一个关卡时，只要获取 List<IStageHandler>中的下一个成员即可。

20.4 责任链模式（Chain of Responsibility）面对变化时

当《P 级阵地》运用责任链模式（Chain of Responsibility）并将关卡相关的“数据”及“操作方法”类化之后，只要通过继承类的方式就可以使关卡类型多样化。例如：某天的项目会议上……

企划：“测试了这一阵子后，我发现玩家对于相同内容的关卡类型，可能会觉得无聊，不知大家有没有什么好意见？”

美术：“我认为可以增加 Boss 关卡，Boss 关卡可能与其他关卡不一样，关卡内只会出现一个大 Boss，虽然 Boss 的移动速度较慢，但攻击力强、生命力高，而且只要一攻击成功，玩家就会立即结束游戏。”

企划：“这个提案不错，小程你那边好调整吗？”

小程这时想了一下，已经运用了责任链模式（Chain of Responsibility）的关卡系统中各类的实现情况……

小程：“我可以试着以增加关卡类型及扣除阵营生命力的方式来调整看看，给我一些时间试试。”

企划：“好的，如果没有问题的话，通知一下我们，然后就列入工作事项，美术那边也会给出 Boss 角色的需求。”

小程回到计算机前，开启项目研究了一下，发现需要将先前判定敌方角色占领玩家阵地成功后，原本要扣除的固定生命值 1，改由关卡组件来决定要扣除多少生命力，所以关卡接口中要新增一个获取损失生命力的方法：

Listing 20-13 关卡接口

```
public abstract class IStageHandler
{
    protected IStageHandler m_NextHandler = null; // 下一个关卡
    protected IStageData m_StatgeData = null;
    protected IstageScore m_StageScore = null;    // 关卡的分数

    // 设置下一个关卡
    public IStageHandler SetNextHandler(IStageHandler NextHandler) {
        m_NextHandler = NextHandler;
        return m_NextHandler;
    }

    public abstract IStageHandler CheckStage();
    public abstract void Update();
    public abstract void Reset();
    public abstract bool IsFinished();
    public abstract int  LoseHeart();
}
```

然后，在原有常规关卡类（NormalStageHandler）的类设置中重新实现新增的方法：

Listing 20-14　常规关卡

```
public class NormalStageHandler : IStageHandler
{
    ...
    // 损失的生命值
    public override int  LoseHeart() {
        return 1;
    }
}
```

在原本的关卡系统（StageSystem）中，扣除阵营生命力的地方，也需要修正为：

Listing 20-15　关卡控制系统

```
public class StageSystem : IGameSystem
{
    // 通知损失
    public void LoseHeart() {
        m_NowHeart -= m_NowStageHandler.LoseHeart();
        m_PBDGame.ShowHeart( m_NowHeart );
    }
    ...
}
```

将这些都修正好后，就可以着手进行 Boss 关卡的实现。因为 Boss 关卡与常规关卡的差异在于：在 Boss 关卡中，只要有敌方角色占领到玩家阵营之后，就会损失所有的阵营生命力，所以只要让 Boss 关卡在获取“损失的生命值”时，返回最大阵营生命力（MAX_HEART）就可以了。那么只要新增一个 BossStageHandler 类，其他的设置和操作就与常规关卡无异，因此让它继承常规关卡（NormalStageHandler），再重新实现 LoseHeart()方法即可：

```
// Boss 关卡
public class BossStageHandler : NormalStageHandler
{
    public BossStageHandler(IStageScore StateScore,
                            IStageData  StageData )
                                    :base(StateScore,StageData)
    {}

    // 损失的生命值
    public override int  LoseHeart() {
        return StageSystem.MAX_HEART;
    }
}
```

最后，在关卡设置时，将 Boss 关卡安插在常规关卡之间就可以了：

```
        // 第 5 关
        StageData = new NormalStageData(3f, GetSpawnPosition(),
                                        AttackPosition);
        StageData.AddStageData( ENUM_Enemy.Ogre,
```

```
                    ENUM_Weapon.Rocket,3);
    StageScore = new StageScoreEnemyKilledCount(13, this);
    NewStage = NewStage.SetNextHandler(
            new BossStageHandler( StageScore, StageData) );
```

20.5 结论

责任链模式（Chain of Responsibility）让一群信息接收者能够一起被串联起来管理，让信息判断上能有一致的操作接口，不必因为不同的接收者而必须执行“类转换操作”，并且让所有的信息接收者都有机会可以判断是否提供服务或将需求移往下一个信息接收者，在后续的系统维护上，也可以轻易地增加接收者类。

与其他模式（Pattern）的合作

在通关判断上，可以配合策略模式（Strategy），让通关的规则具有其他的变化形式，而不只是单纯地击退所有进攻的敌方角色。

第 6 篇
辅助系统

经过前面章节的介绍，项目目前已具备《P 级阵地》要求的游戏基本功能，而且也有了一个简单的雏形（角色系统），设计了两个阵营的属性和武器，并且加上了 AI 功能，让两个阵营的角色能够自动防护阵营或攻击对手。

- UI 界面：让玩家可以操控兵营，训练作战单位来防护阵地。
- 关卡系统：让敌方阵营可根据当前的游戏系统，决定要产生哪些兵种来攻击玩家阵营。

接下来，我们将为《P 级阵地》增加一些与游戏玩法不太相关的系统，这些系统会让《P 级阵地》更完整，包含成就系统、存盘功能、游戏实时信息等。

CHAPTER

第21章 成就系统——观察者模式（Observer）

21.1 成就系统

成就系统（AchievementSystem），是早期单机游戏就出现的一种系统，例如：收集到多少颗星星就能开启特定关卡、全装备收集完成就能额外获得另一组套装等等。这些收集的项目并不会影响游戏主线的进行，也不与游戏主要的玩法相关。但增加这些成就项目，有助于游戏的可玩性，并提升玩家对游戏的挑战和目标的追求。

成就系统（AchievementSystem）中的项目，都会和游戏本身有关，并且在玩家游玩的过程中，就能顺便收集，或是反复进行某项操作就能实现目标。一般可以先将成就项目分门别类，例如属于总数类的可能有累积击杀敌方角色达100次、训练我单位达100个等；也有的是目标完成的项目，如完成训练一个等级3的玩家角色、成功打倒一个Boss等。所以，在实现成就系统之前，需要企划单位先将需要的成就事件列出来，并在项目完成到某个段落之后，才开始加入实现开发中。

实现上，会先定义“游戏事件”，如敌方角色阵亡、玩家角色阵亡、玩家角色升级等。当游戏进行过程中，有任何“游戏事件”被触发时，系统就要通知对应的“成就项目”，进行累积或条件判断，如果达到，则完成“成就项目”并通知玩家或直接给予奖励，如图21-1所示。

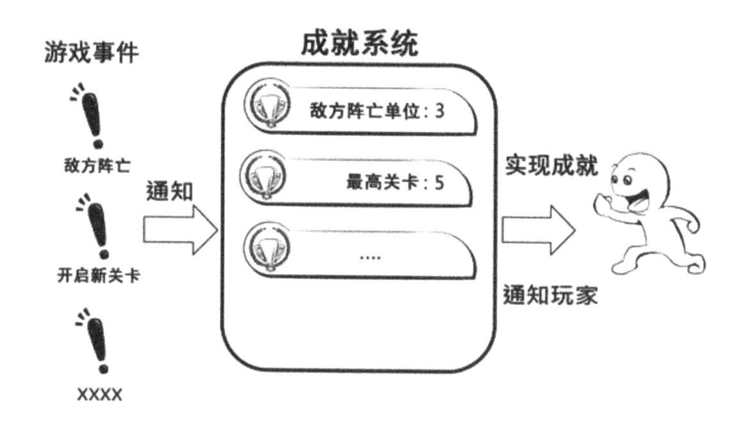

图 21-1　成就系统与玩家奖励

一个简单的设计方式是，我们可以把通知成就系统的程序代码加入到“成就事件触发”的方法中。例如，击杀敌方角色，实现时就可以加在敌方角色阵亡的地方：

Listing 21-1　Enemy 角色接口

```
public abstract class IEnemy : ICharacter
{
    // 被武器攻击
    public override void UnderAttack( ICharacter Attacker) {
        // 计算伤害值
        m_Attribute.CalDmgValue( Attacker );

        DoPlayHitSound();// 音效
        DoShowHitEffect();// 特效

        // 是否阵亡
        if( m_Attribute.GetNowHP() <= 0 )
        {
            Killed();

            // 通知成就系统
            AchievementSystem.NotifyGameEvent(
                              ENUM_GameEvent.EnemyKilled,
                              this, null);
        }
    }
}
```

事件触发后，调用成就系统（AchievementSystem）中的 NotifyGameEvent 方法，并将触发的游戏事件及触发时的敌方角色传入。上述范例中，使用枚举（ENUM）的方式来定义“游戏事件”，并将事件从参数行传入，而不是针对每一个游戏事件定义特定的调用方法，这样做可以避免成就系统定义过多的接口方法。而成就系统的 NotifyGameEvent 方法，可根据参数传入的“游戏事件”参数，来决定后续的处理流程：

Listing 21-2 成就系统

```
public class AchievementSystem
{
    // 记录的成就项目
    private int m_EnemyKilledCount = 0;
    private int m_SoldierKilledCount = 0;
    private int m_StageLv =  0;
    private bool m_KillOgreEquipRocket=false;

    // 通知游戏事件发生
    public void NotifyGameEvent( ENUM_GameEvent emGameEvent,
                                 System.Object Param1,
                                 System.Object Param2) {
        // 按照游戏事件
        switch( emGameEvent )
        {
            case ENUM_GameEvent.EnemyKilled:        // 敌方单位阵亡
                Notify_EnemyKilled(Param1 as IEnemy );
                break;
            case ENUM_GameEvent.SoldierKilled:      // 玩家单位阵亡
                Notify_SoldierKilled( Param1 as ISoldier );
                break;
            case ENUM_GameEvent.SoldierUpgate:      // 玩家单位升级
                Notify_SoldierUpgate( Param1 as ISoldier );
                break;
            case ENUM_GameEvent.NewStage:       // 新关卡
                Notify_NewStage((int)Param1);
                break;
        }
    }
 ...
}
```

因为“游戏事件”非常多，所以在 NotifyGameEvent 方法中先判断 emGameEvent 的参属性，再分别调用对应的私有成员方法，而每个私有成员方法，再按照企划的需求，累积计属性或判断单次成就是否实现。

Listing 21-3 成就系统

```
public class AchievementSystem
{
    ...
    // 敌方单位阵亡
    private void Notify_EnemyKilled(IEnemy theEnemy ) {
        // 阵亡数增加
        m_EnemyKilledCount++;

        // 击倒装备 Rocket 的 Ogre
        if( theEnemy.GetEnemyType() == ENUM_Enemy.Ogre &&
            theEnemy.GetWeapon().GetWeaponType() ==
```

```
                                    ENUM_Weapon.Rocket)
            m_KillOgreEquipRocket = true;
    }

    // 玩家单位阵亡
    private void Notify_SoldierKilled( ISoldier theSoldier) {
        ...
    }

    // 玩家单位升级
    private void Notify_SoldierUpgate( ISoldier theSoldier) {
        ...
    }

    // 新关卡
    private void Notify_NewStage( int StageLv) {
        ...
    }
}
```

如果让成就系统（AchievementSystem）负责每一个游戏事件的方法，并针对每一个单独的游戏事件，去进行“成就项目的累积或判断”，会让成就系统的扩充被限制在每个游戏事件处理方法中。当以后需要针对某一个游戏事件增加成就项目时，就必须通过修改原有“游戏事件处理方法”中的程序代码才能达成。例如，想再增加一个成就项目“杀死装备武器为 Rocket 以上的敌人数”，那么就只能修改 Notify_EnemyKilled 方法，在其中追加程序代码来实现修改的目标。

此外，“游戏事件”发生时可能不是只有成就系统会被影响，其他系统也可能需要追踪相关的游戏事件。因此，如果都是在“游戏事件”的触发点进行每个系统调用的话，那么触发点的程序代码将会变得非常复杂：

```
// Enemy 角色接口
public abstract class IEnemy : ICharacter
{
    // 被武器攻击
    public override void UnderAttack( ICharacter Attacker) {
        ...
        // 是否阵亡
        if( m_Attribute.GetNowHP() <= 0 )
        {
            Killed();

            // 通知成就系统
            AchievementSystem.NotifyGameEvent(
                                ENUM_GameEvent.EnemyKilled,
                                this, null);
            // 通知 B 系统
            ...
            // 通知 C 系统
            ...
            // 通知 D 系统
```

```
                ...
            }
        }
    }
```

所以要将“游戏事件”与“成就系统”分开，**让成就系统仅关注于某些游戏事件的发生；而游戏事件的发生，也不是只提供给成就系统使用**。这样的设计才是适当的设计。

要如何完成这样的设计呢？如果能将“游戏事件的产生与通知”独立成为一个系统，并且让其他系统能通过“订阅”或“关注”的方式，来追踪游戏事件系统发生的事。也就是，当游戏事件系统发生事件时，会负责去通知所有“订阅”了游戏事件的系统，此时被通知的系统，再根据自己的系统逻辑自行决定后续的处理操作。如果能按照上述流程来进行设计，就是一个极为适当的设计。上述的流程，其实就是观察者模式（Observer）所要表达的内容，如图 21-2 所示。

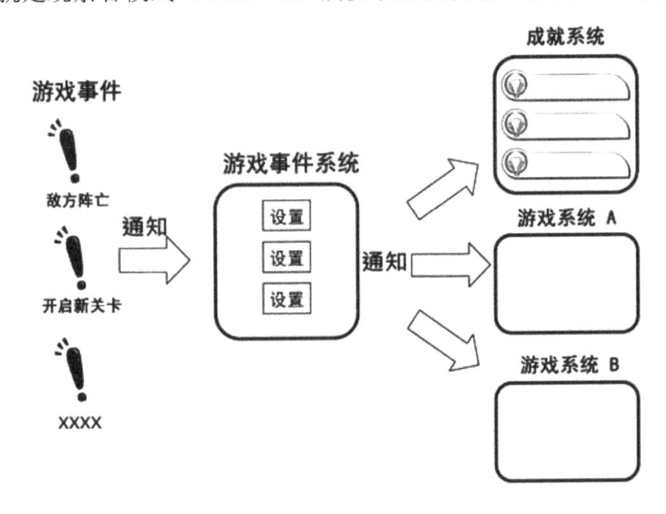

图 21-2　由事件触发其他相关的系统

21.2 观察者模式（Observer）

观察者模式（Observer）与命令模式（Command）是很相似的模式，两者都是希望“事件发生”与“功能执行”之间不要有太多的依赖性，不过，还是可以按照系统的使用需求，分析出应该运用哪个模式。命令模式（Command）已经在第 19 章中详细说明过了，接下来将说明观察者模式（Observer）。另外，在 21.3.4 节中也将说明，如何根据系统的需要在这两个模式中，选择合适的模式进行实现。

21.2.1 观察者模式（Observer）的定义

GoF 对观察者模式（Observer）的定义为：

“在对象之间定义一个一对多的连接方法，当一个对象变换状态时，其他关联的对象都会自动收到通知。”

社交网站就是最佳的观察者模式（Observer）实现范例。当我们在社交网站上，与另一位用户成为好友、加入一个粉丝团或关注另一位用户的状态，那么当这些好友、粉丝团、用户有任何的新的动态或状态变动时，就会在我们动态页面上“主动”看到这些对象更新的情况，而不必到每一位好友或粉丝团中查看，如图 21-3 所示。

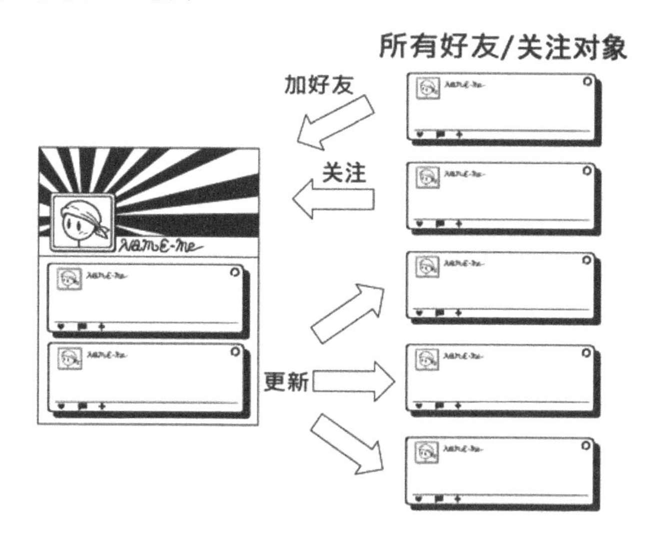

图 21-3　社交网站上的关注对象的更新

在早期社交网站还没广泛流行之前，说明观察者模式（Observer）常以“报社-订户”来做说明：多位订户向报社“订阅（Subscribe）”了一份报纸，而报社针对昨天的新闻整理编辑之后，在今天一早进行“发布（Publish）”的工作，接着送报生会主动按照订阅的信息，将每份报纸送到订户手上，如图 21-4 所示。

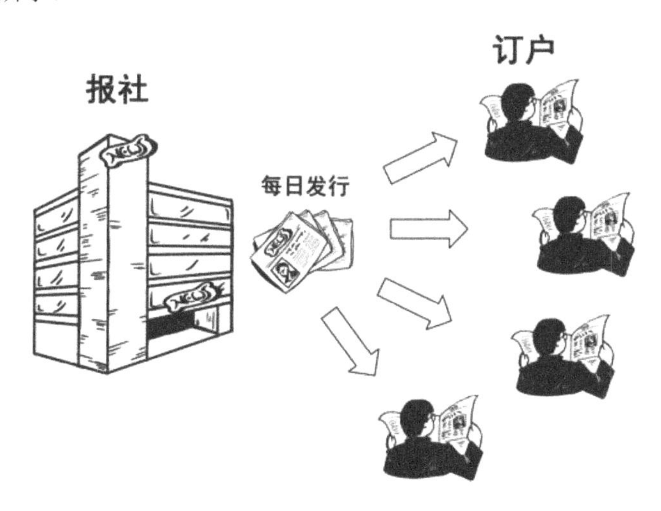

图 21-4　向报社订阅后，报纸每日会送达到指定的订户手上

在上面的案例中，都存在“主题目标”与其他“订阅者/关注者”之间的关系（一对多），当主题有变化时，就会通过之前建立的“关系”，将更动态的信息传送给“订阅者/关注者”。因此，实现上可分为以下几点：

- 主题者、订阅者的角色；
- 如何建立订阅者与主题者的关系；
- 主题者发布信息时，如何通知所有订阅者。

21.2.2 观察者模式（Observer）的说明

GoF 定义的观察者模式（Observer）的类结构图如图 21-5 所示。

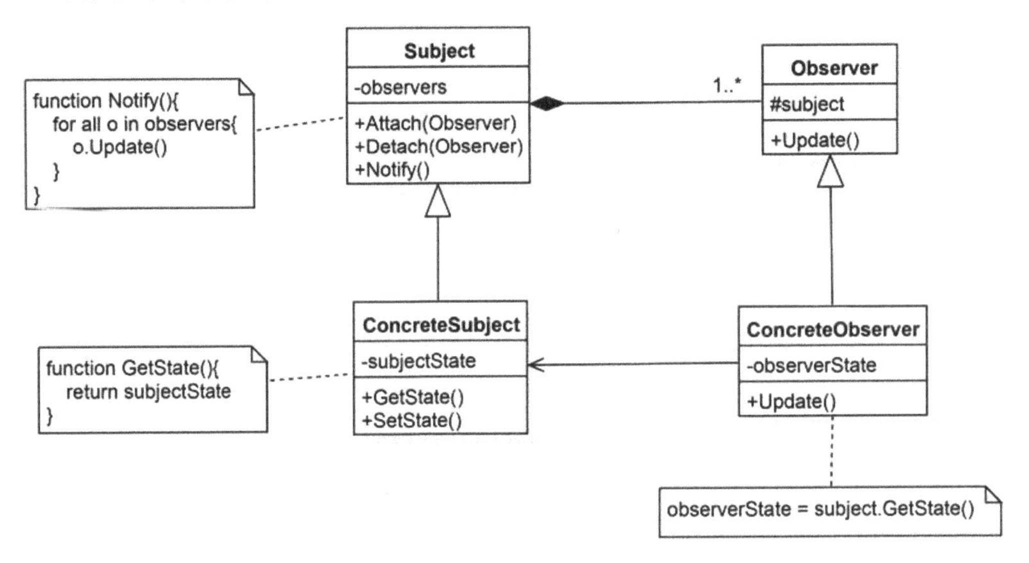

图 21-5　GoF 定义的观察者模式（Observer）的类结构图

GoF 参与者的说明如下：

- Subject（主题接口）
  - 定义主题的接口。
  - 让观察者通过接口方法，来订阅、解除订阅主题。这些观察者在主题内部可使用泛型容器加以管理。
  - 在主题更新时，通知所有观察者。
- ConcreteSubject（主题实现）
  - 实现主题接口。
  - 设置主题的内容及更新，当主题变化时，使用父类的通知方法告知所有的观察者。
- Observer（观察者接口）
  - 定义观察者的接口。
  - 提供更新通知方法，让主题可以通知更新。
- ConcreteObserver（观察者实现）
  - 实现观察者接口。
  - 针对主题的更新，按需求向主题获取更新状态。

21.2.3　观察者模式（Observer）的实现范例

实现观察者模式（Observer），首先定义 Subject（主题接口）：

Listing 21-4　主题接口(Observer.cs)

```
public abstract class Subject
{
    List<Observer> m_Observers = new List<Observer>();

    // 加入观察者
    public void Attach(Observer theObserver) {
        m_Observers.Add( theObserver );
    }

    // 删除观察者
    public void Detach(Observer theObserver) {
        m_Observers.Remove( theObserver );
    }

    // 通知所有观察者
    public void Notify() {
        foreach( Observer theObserver  in m_Observers)
            theObserver.Update();
    }
}
```

在类定义中，使用了一个 C#的 List 泛型容器（m_Observers）来管理所有的 Observer（观察者），并实现了 3 个与 Observer（观察者）相关的方法。当某一个 Observer（观察者），对 Subject（主题）感兴趣时，就利用 Attach 方法将自己加入主题的管理器中，通过这样的方式，Observer（观察者）就能主动与 Subject（主题）建立关系。当 Subject（主题）被更改而需要通知 Observer（观察者）时，只要遍历 m_Observers 就能通知每一个在容器内的 Observer（观察者）现在有 Subject（主题）发生了更改。

以下程序范例实现了一个主题：

Listing 21-5　主题实现(Observer.cs)

```
public class ConcreteSubject : Subject
{
    string m_SubjectState;

    public void SetState(string State) {
        m_SubjectState = State;
        Notify();
    }

    public string GetState() {
        return m_SubjectState;
    }
```

```
}
```

使用一个字符串 m_SubjectState 来表示主题的状态，并提供方法（SetState）让客户端可以设置主题，而当主题一旦变动时，即调用父类的通知（Notify）方法来通知所有的 Observer（观察者）。

Observer(观察者)的接口定义如下：

Listing 21-6　观察者接口(Observer.cs)

```
public abstract class Observer
{
    public abstract void Update();
}
```

接口内定义了一个更新（Update）方法，在主题通知更新时就会调用。范例内分别有两个子类实现了观察者接口：

Listing 21-7　实现两个 Observer(Observer.cs)

```
// 实现的 Observer1
public class ConcreteObserver1 : Observer
{
    string m_ObjectState;

    ConcreteSubject m_Subject = null;

    public ConcreteObserver1( ConcreteSubject theSubject) {
        m_Subject = theSubject;
    }

    // 通知 Subject 更新
    public override void Update () {
        Debug.Log ("ConcreteObserver1.Update");
        // 获取 Subject 状态
        m_ObjectState = m_Subject.GetState();
    }

    public void ShowState() {
        Debug.Log ("ConcreteObserver1:Subject 当前的主题:"+
                                            m_ObjectState);
    }
}

// 实现的 Observer2
public class ConcreteObserver2 : Observer
{
    ConcreteSubject m_Subject = null;

    public ConcreteObserver2( ConcreteSubject theSubject) {
        m_Subject = theSubject;
    }
```

```
    // 通知 Subject 更新
    public override void Update () {
        Debug.Log ("ConcreteObserver2.Update");
        // 获取 Subject 状态
        Debug.Log ("ConcreteObserver2:Subject 当前的主题:"+
                                    m_Subject.GetState());
    }
}
```

两个类在接收到通知之后的处理方式不太一样：ConcreteObserver1 类先将信息保存之后，等待必要时刻（ShowState）才提示；而 ConcreteObserver2 类则是在收到主题的更新后，马上将更新的信息显示出来。两个类相同的地方在于，构建时都必须提供 Subject（主题）的对象引用，让 Observer（观察者）能够保存下来，这样做的主要原因是，因为上面范例实现的观察者模式（Observer）属于“拉（pull）”模式，所以观察者类必须自己去向 Subject（主题）获取信息。

在测试程序代码中，产生了主题（theSubject）之后，再分别将两个观察者（Observer）加入主题中，表示有两个观察者对主题感兴趣：

Listing 21-8　测试观察者模式(ObserverTest.cs)

```
    void UnitTest () {
        // 主题
        ConcreteSubject theSubject = new ConcreteSubject();

        // 加入观察者
        ConcreteObserver1 theObserver1 =
                         new ConcreteObserver1(theSubject);
        theSubject.Attach( theObserver1 );
        theSubject.Attach( new ConcreteObserver2(theSubject) );

        // 设置 Subject
        theSubject.SetState("Subject 状态 1");

        // 显示
        theObserver1.ShowState();
    }
```

测试程序代码的后半段，对主题（theSubject）进行设置（SetState）："Subject 状态 1"，信息栏上即可看到两个观察者被通知发生了更新：

```
ConcreteObserver1.Update
ConcreteObserver2.Update
ConcreteObserver2 在收到通知后会立即将信息显示出来：
ConcreteObserver2:Subject 当前的主题:Subject 状态 1
```

而 ConcreteObserver1 则是在调用 ShowState 方法时，才将保留下来的主题状态显示出来：

```
ConcreteObserver1:Subject 当前的主题:Subject 状态 1
```

信息的推与拉

主题（Subject）改变时，改变的内容要如何让观察者（Observer）得知，运行方式可分为推（Push）信息与拉（Pull）信息两种模式：

- 推信息：主题（Subject）将变动的内容主动“推”给观察者（Observer）。一般会在调用观察者（Observer）的通知（Update）方法时，同时将更新的内容当成参数传给观察者（Observer）。例如传统的报社、杂志社的模式，每一次的发行都会将所有的内容一次发送给订阅者，所有的订阅者接到的信息都是一致的，然后订阅者再从中获取需要的信息来进行处理：
  - 优点：所有的内容都一次传送给观察者（Observer），省去观察者（Observer）再向主题（Subject）查询的操作，主题（Subject）类也不需要定义太多的查询方式供观察者（Observer）来查询。
  - 缺点：如果推送的内容过多，容易使观察者（Observer）收到不必要的信息或造成查询上的困难，不当的信息设置也可能造成系统性能的降低。
- 拉信息：主题（Subject）内容变动时，只是先通知观察者（Observer）当前内容有变动，而观察者（Observer）则是按照系统需求，再向主题（Subject）查询（拉）所需的信息 。
  - 优点：主题（Subject）只通知当前内容有更新，再由观察者（Observer）自己去获取所需的信息，因为观察者（Observer）自己更知道需要哪些信息，所以不太会去获取不必要的信息。
  - 缺点：因为观察者（Observer）需要向主题（Subject）查询更新的内容，所以主题（Subject）必须提供查询方式，这样一来，就容易造成主题（Subject）类的接口方法过多。

而在实现设计上，必须根据系统所需要的最佳情况来判断，是要使用“推信息”还是“拉信息”的方式。

21.3 使用观察者模式（Observer）实现成就系统

重构成就系统，可按照下面的步骤来进行：

1. 实现游戏事件系统（GameEventSystem）；
2. 完成各个游戏事件的主题及其观察者；
3. 实现成就系统（AchievementSystem）及订阅游戏事件；
4. 重构游戏事件触发点。

21.3.1 成就系统的新架构

对于解决《P 级阵地》成就系统（AchievementSystem）的需求，首先应该完成的是游戏事件系统（GameEventSystem）。在游戏事件系统（GameEventSystem）中，会将每个游戏事件当成主题（Subject），让其他系统可针对感兴趣的游戏事件进行“订阅（Subscribe）”。当游戏事件被触发（Publish）时，游戏事件系统（GameEventSystem）会去通知所有的系统，再让各个系统针对所需要的信息进行查询。

而成就系统（AchievementSystem）将是游戏事件系统（GameEventSystem）的一个订阅者/观察者。它将针对成就项目所需要的游戏事件进行订阅的操作，等到游戏事件系统（GameEventSystem）发布游戏事件时，成就系统（Achievement System）再去获取所需的信息来累积成就项目或判断成就项目是否达到。

图 21-6 显示了《P 级阵地》中的游戏事件系统（GameEventSystem）。

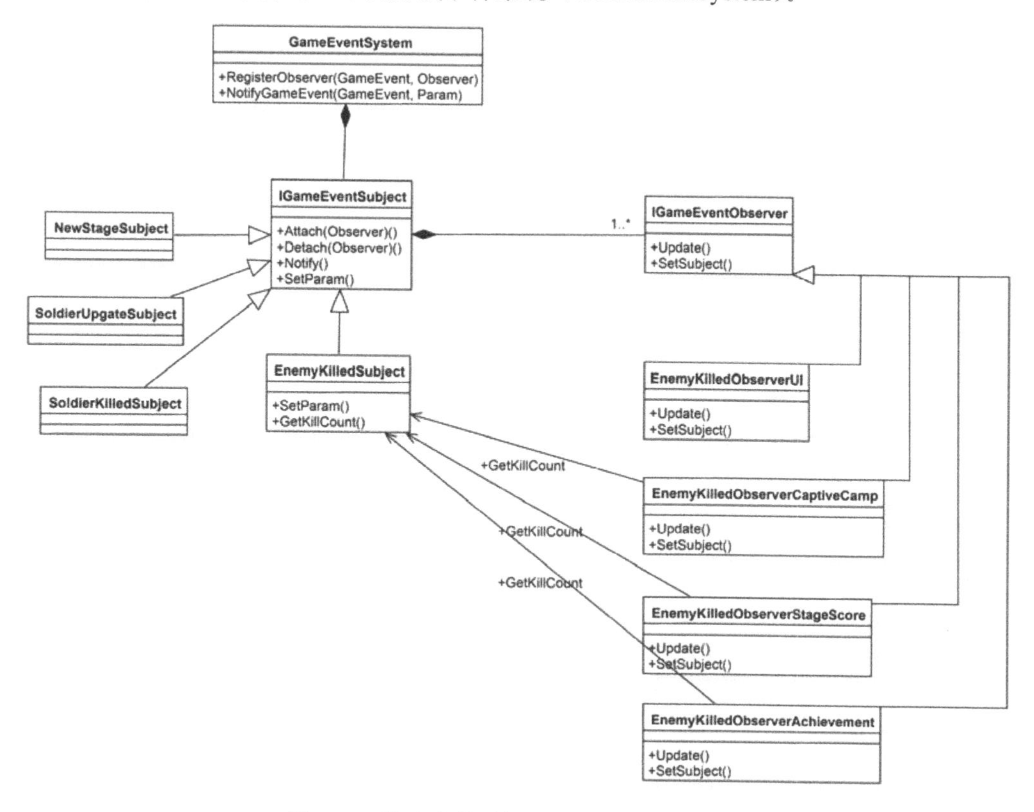

图 21-6　游戏事件系统（GameEventSystem）

参与者的说明如下：

- GameEventSystem：游戏事件系统，用来管理游戏中发生的事件。针对每一个游戏事件产生一个“游戏事件主题（Subject）”，并提供接口方法让其他系统能订阅指定的游戏事件。
- IGameEventSubject：游戏事件主题接口，负责定义《P 级阵地》中“游戏事件”内容的接口，并延伸出下列的游戏事件主题：
  - EnemyKilledSubject：敌方角色阵亡；
  - SoldierKilledSubject：玩家角色阵亡；
  - SoldierUpgateSubject：玩家角色升级；
  - NewStageSubject：新关卡。
- IGameEventObserver：游戏事件观察者接口，负责《P 级阵地》中游戏事件触发时被通知的操作接口。

- EnemyKilledObserver 观察者们：订阅“敌方角色阵亡”主题（EnemyKilledSubject）的观察者类，共有：
  - EnemyKilledObserverUI：将敌方角色阵亡信息显示在界面上。
  - EnemyKilledObserverStageScore：将敌方角色阵亡信息提供给关卡系统（StageSystem）。
  - EnemyKilledObserverAchievement：将敌方角色提供给成就系统（AchievementSystem）。

同一个游戏事件可以提供给不同的系统一起订阅，并能同时接收到更新信息。

21.3.2 实现说明

接下来，按结构图和实现流程来完成成就系统的重构：

实现游戏事件系统

游戏事件系统（GameEventSystem）用来管理游戏当中发生的事件，并针对每一个游戏事件，产生一个“游戏事件主题（Subject）”：

Listing 21-9 游戏事件系统的实现(GameEventSystem.cs)

```
// 游戏事件
public enum ENUM_GameEvent
{
    Null          = 0,
    EnemyKilled      = 1, // 敌方单位阵亡
    SoldierKilled    = 2, // 玩家单位阵亡
    SoldierUpgate    = 3, // 玩家单位升级
    NewStage      = 4, // 新关卡
}

// 游戏事件系统
public class GameEventSystem : IGameSystem
{
    private Dictionary< ENUM_GameEvent, IGameEventSubject> m_GameEvents
              = new Dictionary< ENUM_GameEvent, IGameEventSubject>();

    public GameEventSystem(PBaseDefenseGame PBDGame):base(PBDGame) {
        Initialize();
    }

    // 释放
    public override void Release() {
        m_GameEvents.Clear();
    }

    // 为某一主题注册一个观察者
    public void RegisterObserver(ENUM_GameEvent emGameEvnet,
                                IGameEventObserver Observer) {
        // 获取事件
        IGameEventSubject Subject = GetGameEventSubject( emGameEvnet );
```

```
        if( Subject!=null)
        {
            Subject.Attach( Observer );
            Observer.SetSubject( Subject );
        }
    }

    // 注册一个事件
    private IGameEventSubject GetGameEventSubject(
                                ENUM_GameEvent emGameEvnet ) {
        // 是否已经存在
        if( m_GameEvents.ContainsKey( emGameEvnet ))
            return m_GameEvents[emGameEvnet];

        // 产生对应的 GameEvent
        IGameEventSubject pSujbect= null;
        switch( emGameEvnet )
        {
            case ENUM_GameEvent.EnemyKilled:
                pSujbect = new EnemyKilledSubject();
                break;
            case ENUM_GameEvent.SoldierKilled:
                pSujbect = new SoldierKilledSubject();
                break;
            case ENUM_GameEvent.SoldierUpgate:
                pSujbect = new SoldierUpgateSubject();
                break;
            case ENUM_GameEvent.NewStage:
                pSujbect = new NewStageSubject();
                break;
            default:
                Debug.LogWarning("还没有针对["+ emGameEvnet +
                                "]指定要产生的 Subject 类");
                return null;
        }

        // 加入后并返回
        m_GameEvents.Add (emGameEvnet, pSujbect );
        return pSujbect;
    }
    // 通知一个 GameEvent 更新
    public void NotifySubject( ENUM_GameEvent emGameEvnet,
                        System.Object Param) {
        // 是否存在
        if( m_GameEvents.ContainsKey( emGameEvnet )==false)
            return ;
        //Debug.Log("SubjectAddCount["+emGameEvnet+"]");
        m_GameEvents[emGameEvnet].SetParam( Param );
    }
}
```

类中使用了 Dictionary 泛型容器来管理所有的游戏事件主题，私有方法 GetGameEventSubject 负责管理这个 Dictionary 泛型容器。新增时，针对每一个游戏事件产生对应的主题（Subject）后加入容器内，并且保证一个游戏事件只存在一个主题对象。

注册观察者（RegisterObserver）方法用于其他系统向游戏事件系统（GameEventSystem）订阅主题，调用时传入指定的游戏事件及观察者类对象。当某游戏事件触发时，通过通知主题更新（NotifySubject）方法，就能通知所有订阅该游戏事件主题的观察者类。

游戏事件主题（IGameEventSubject）负责定义《P 级阵地》中“游戏事件”内容的接口：

Listing 21-10　游戏事件主题(IGameEventSubject.cs)

```
public abstract class IGameEventSubject
{
    private List<IGameEventObserver> m_Observers =
                            new List<IGameEventObserver>(); // 观察者
    private System.Object m_Param = null;     // 发生事件时附加的参数

    // 加入
    public void Attach(IGameEventObserver theObserver) {
        m_Observers.Add( theObserver );
    }

    // 取消
    public void Detach(IGameEventObserver theObserver) {
        m_Observers.Remove( theObserver );
    }

    // 通知
    public void Notify() {
        foreach( IGameEventObserver theObserver  in m_Observers)
            theObserver.Update();
    }

    // 设置参数
    public virtual void SetParam( System.Object Param ) {
        m_Param = Param;
    }
}
```

类中定义了一个 List 泛型容器 m_Observers，用来管理订阅主题的观察者（Observer），类提供了基本的新增、取消及通知方法来管理订阅者，并提供设置参数（SetParam）方法来设置每一个游戏事件所需提供的内容。

完成各个游戏事件主题及其观察者

以下是 4 个《P 级阵地》定义的游戏事件主题。

① 敌人角色阵亡

敌人角色阵亡时会发出通知，并将阵亡的敌人角色 IEnemy 使用 SetParam 方法传入，传入后再增加内部的计数器，提供给观察者查询：

Listing 21-11 敌人单位阵亡(EnemyKilledSubject.cs)

```
public class EnemyKilledSubject : IGameEventSubject
{
    private int m_KilledCount = 0;
    private IEnemy m_Enemy = null;

    public EnemyKilledSubject()
    {}

    // 获取对象
    public IEnemy GetEnemy() {
        return m_Enemy;
    }

    // 当前敌人单位阵亡数
    public int GetKilledCount() {
        return m_KilledCount;
    }

    // 通知敌人单位阵亡
    public override void SetParam( System.Object Param ) {
        base.SetParam( Param);
        m_Enemy = Param as IEnemy;
        m_KilledCount ++;

        // 通知
        Notify();
    }
}
```

② 玩家角色阵亡

玩家角色阵亡时会发出通知，并将阵亡的玩家角色 ISoldier 使用 SetParam 方法传入，传入后再增加内部的计数器，提供给观察者查询：

Listing 21-12 Soldier 单位阵亡(SoldierKilledSubject.cs)

```
public class SoldierKilledSubject : IGameEventSubject
{
    private int m_KilledCount = 0;
    private ISoldier m_Soldier = null;

    public SoldierKilledSubject()
    {}

    // 获取对象
    public ISoldier GetSoldier() {
        return m_Soldier;
    }

    // 当前我方单位阵亡数
```

```
    public int GetKilledCount() {
        return m_KilledCount;
    }

    // 通知我方单位阵亡
    public override void SetParam( System.Object Param ) {
        base.SetParam( Param);
        m_Soldier = Param as ISoldier;
        m_KilledCount ++;

        // 通知
        Notify();
    }
}
```

③ 玩家角色升级

玩家角色升级时会发出通知，升级的玩家角色 ISoldier 会使用 SetParam 方法传入，传入后再增加内部的计数器，提供给观察者查询：

Listing 21-13　Soldier 升级(SoldierUpgateSubject.cs)

```
public class SoldierUpgateSubject : IGameEventSubject
{
    private int m_UpgateCount = 0;
    private ISoldier m_Soldier = null;

    public SoldierUpgateSubject()
    {}

    // 当前升级次数
    public int GetUpgateCount() {
        return m_UpgateCount;
    }

    // 通知 Soldier 单位升级
    public override void SetParam( System.Object Param ) {
        base.SetParam( Param);
        m_Soldier = Param as ISoldier;
        m_UpgateCount++;

        // 通知
        Notify();
    }

    public ISoldier GetSoldier()  {
        return m_Soldier;
    }
}
```

④ 进入新关卡

玩家完成一个新关卡往下一个关卡推进时会收到通知，当前的关卡编号会使用 SetParam 方法传入，传入后再存储至内部成员中，提供给观察者查询：

Listing 21-14　新的关卡(NewStageSubject.cs)

```
public class NewStageSubject : IGameEventSubject
{
    private int m_StageCount = 1;

    public NewStageSubject()
    {}

    // 当前关卡数
    public int GetStageCount() {
        return m_StageCount;
    }

    // 通知
    public override void SetParam( System.Object Param ) {
        base.SetParam( Param);
        m_StageCount = (int)Param;

        // 通知
        Notify();
    }
}
```

上面的 4 个主题分别都有对应的订阅者：

①“敌方角色阵亡”主题的观察者

“敌方角色阵亡”主题的观察者共有 3 个，而这些观察者最后都会将信息返回给注册它们的系统中，如图 21-7 所示。

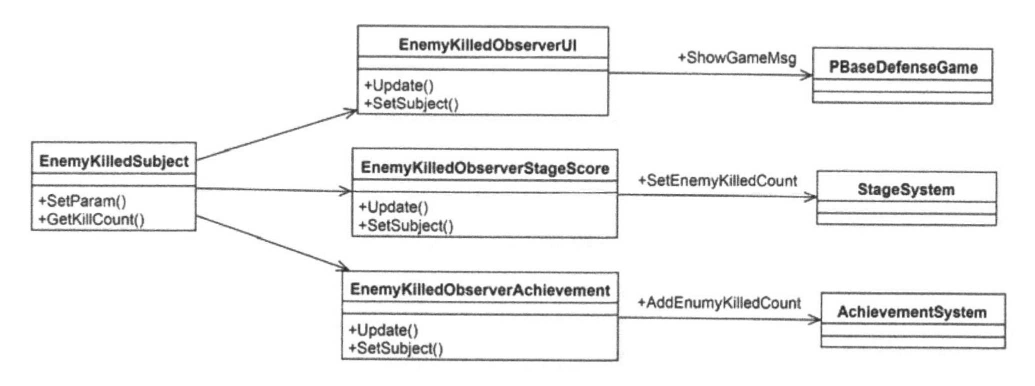

图 21-7　“敌方角色阵亡”主题的 3 个观察者

Listing 21-15　实现 Enemey 阵亡事件的观察者

```
// UI 观察 Enemey 阵亡事件(EnemyKilledObserverUI.cs)
```

```
public class EnemyKilledObserverUI : IGameEventObserver
{
    private EnemyKilledSubject m_Subject = null;
    private PBaseDefenseGame m_PBDGame = null;

    public EnemyKilledObserverUI(PBaseDefenseGame PBDGame ) {
        m_PBDGame = PBDGame;
    }

    // 设置观察的主题
    public override void SetSubject( IGameEventSubject Subject ) {
        m_Subject = Subject as EnemyKilledSubject;
    }

    // 通知 Subject 被更新
    public override void Update() {
        m_PBDGame.ShowGameMsg("敌方单位阵亡");
    }
}

// 成就观察 Enemey 阵亡事件(EnemyKilledObserverAchievement.cs)
public class EnemyKilledObserverAchievement : IGameEventObserver
{
    private EnemyKilledSubject m_Subject = null;
    private AchievementSystem m_AchievementSystem = null;

    public EnemyKilledObserverAchievement(
                        AchievementSystem theAchievementSystem) {
        m_AchievementSystem = theAchievementSystem;
    }

    // 设置观察的主题
    public override void SetSubject( IGameEventSubject Subject ) {
        m_Subject = Subject as EnemyKilledSubject;
    }

    // 通知 Subject 被更新
    public override void Update() {
        m_AchievementSystem.AddEnemyKilledCount();
    }
}

// 关卡分数观察 Enemey 阵亡事件(EnemyKilledObserverStageScore.cs)
public class EnemyKilledObserverStageScore : IGameEventObserver
{
    private EnemyKilledSubject m_Subject = null;
    private StageSystem  m_StageSystem = null;

    public EnemyKilledObserverStageScore(StageSystem theStageSystem) {
        m_StageSystem = theStageSystem;
```

```
    }

    // 设置观察的主题
    public override void SetSubject( IGameEventSubject Subject ) {
        m_Subject = Subject as EnemyKilledSubject;
    }

    // 通知 Subject 被更新
    public override void Update() {
        m_StageSystem.SetEnemyKilledCount(
                                    m_Subject.GetKilledCount());
    }
}
```

而原本关卡系统对于敌方阵亡次数的获取，也因为新增了游戏事件系统（GameEventSystem），而改由观察者 EnemyKilledObserverStageScore 进行设置。

②“玩家角色阵亡”主题的观察者

“玩家角色阵亡”主题的观察者，最后会将信息反馈给成就系统（Achievement System）和玩家角色信息接口，如图 21-8 所示。

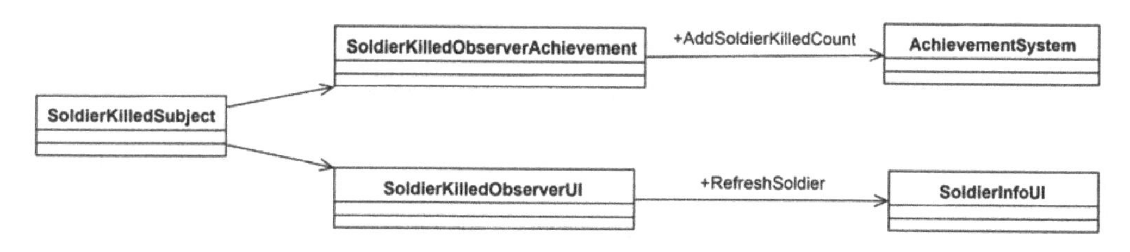

图 21-8　“玩家角色阵亡”主题的两个观察者

Listing 21-16　实现 Soldier 阵亡事件的观察者

```
// 成就观察 Soldier 阵亡事件(SoldierKilledObserverAchievement.cs)
public class SoldierKilledObserverAchievement : IGameEventObserver
{
    private SoldierKilledSubject m_Subject = null;
    private AchievementSystem m_AchievementSystem = null;

    public SoldierKilledObserverAchievement(
                        AchievementSystem theAchievementSystem) {
        m_AchievementSystem = theAchievementSystem;
    }

    // 设置观察的主题
    public override void SetSubject( IGameEventSubject Subject ) {
        m_Subject = Subject as SoldierKilledSubject;
    }

    // 通知 Subject 被更新
    public override void Update() {
        m_AchievementSystem.AddSoldierKilledCount();
```

```
    }
}

// UI 观察 Soldier 阵亡事件(SoldierKilledObserverUI.cs)
public class SoldierKilledObserverUI : IGameEventObserver
{
    private SoldierKilledSubject m_Subject = null; // 主题
    private SoldierInfoUI m_InfoUI = null;   //  要通知的界面

    public SoldierKilledObserverUI( SoldierInfoUI InfoUI  ) {
        m_InfoUI = InfoUI;
    }

    // 设置观察的主题
    public override void SetSubject( IGameEventSubject Subject ) {
        m_Subject = Subject as SoldierKilledSubject;
    }

    // 通知 Subject 被更新
    public override void Update() {
        // 通知界面更新
        m_InfoUI.RefreshSoldier( m_Subject.GetSoldier() );
    }
}
```

③“玩家角色升级”主题的观察者

“玩家角色升级”主题的观察者，也会通知玩家角色信息接口，如图 21-9 所示。

图 21-9 “玩家角色升级”主题的观察者

Listing 21-17 实现 UI 观察 Soldier 升级事件(SoldierUpgateObserverUI.cs)

```
public class SoldierUpgateObserverUI : IGameEventObserver
{
    private SoldierUpgateSubject m_Subject = null; // 主题
    private SoldierInfoUI m_InfoUI = null;   //  要通知的界面

    public SoldierUpgateObserverUI( SoldierInfoUI InfoUI  ) {
        m_InfoUI = InfoUI;
    }

    // 设置观察的主题
    public override void SetSubject( IGameEventSubject Subject ) {
        m_Subject = Subject as SoldierUpgateSubject;
    }

    // 通知 Subject 被更新
    public override void Update() {
```

```
        // 通知界面更新
        m_InfoUI.RefreshSoldier( m_Subject.GetSoldier() );
    }
}
```

④“进入新关卡”主题的观察者

“进入新关卡主题”的观察者，最后也是通知成就系统（AchievementSystem），如图 21-10 所示。

图 21-10　“进入新关卡主题”的 观察者

Listing 21-18　成就观察新关卡(NewStageObserverAchievement.cs)

```
public class NewStageObserverAchievement : IGameEventObserver
{
    private NewStageSubject m_Subject = null;
    private AchievementSystem m_AchievementSystem = null;

    public NewStageObserverAchievement(
                        AchievementSystem theAchievementSystem) {
        m_AchievementSystem = theAchievementSystem;
    }

    // 设置观察的主题
    public override void SetSubject( IGameEventSubject Subject ) {
        m_Subject = Subject as NewStageSubject;
    }

    // 通知 Subject 被更新
    public override void Update() {
        m_AchievementSystem.SetNowStageLevel(
                                    m_Subject.GetStageCount());
    }
}
```

到了这个阶段，游戏事件系统（GameEventSystem）算是构建完成，让我们再回到本章开始时讨论的成就系统（AchievementSystem）。配合游戏事件系统（GameEventSystem）的订阅机制，新的成就系统（AchievementSystem）被重构为：只记录相关的成就事项，并提供相关的接口方法，让与成就事项相关的观察者们（Observer）使用。其结构图如图 21-11 所示。

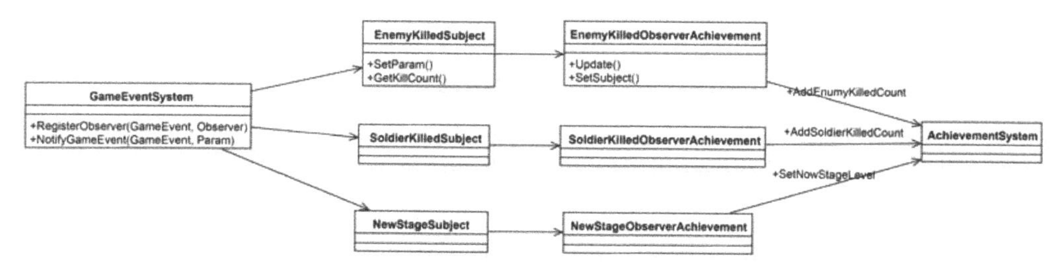

图 21-11　重构后的新成就系统（AchievementSystem）

实现成就系统及订阅游戏事件

上图中，有许多的观察者们（Observer），这些观察者们（Observer）在成就系统（AchievementSystem）初始化时就会被加入到游戏事件系统（GameEventSystem）中，而重构后的类也较为简单、清楚：

Listing 21-19　成就系统(AchievementSystem.cs)

```
public class AchievementSystem : IGameSystem
{
    // 记录的成就项目
    private int m_EnemyKilledCount = 0;
    private int m_SoldierKilledCount = 0;
    private int m_StageLv =  0;

    public AchievementSystem(PBaseDefenseGame PBDGame):base(PBDGame) {
        Initialize();
    }

    //
    public override void Initialize () {
        base.Initialize ();

        // 注册相关观察者
        m_PBDGame.RegisterGameEvent( ENUM_GameEvent.EnemyKilled,
                    new EnemyKilledObserverAchievement(this));
        m_PBDGame.RegisterGameEvent( ENUM_GameEvent.SoldierKilled,
                    new SoldierKilledObserverAchievement(this));
        m_PBDGame.RegisterGameEvent( ENUM_GameEvent.NewStage,
                    new NewStageObserverAchievement(this));
    }

    // 增加Enemy阵亡数
    public void AddEnemyKilledCount() {
        m_EnemyKilledCount++;
    }

    // 增加Soldier阵亡数
    public void AddSoldierKilledCount() {
        m_SoldierKilledCount++;
    }

    // 当前关卡
    public void SetNowStageLevel( int NowStageLevel ) {
        m_StageLv = NowStageLevel;
    }
}
```

重构游戏事件触发点

对于重构完的游戏事件系统（GameEventSystem）及成就系统（Achievement System）来说，

当游戏事件触发时，只要调用游戏事件系统（GameEventSystem）中的信息通知（NotifySubject）方法，就能通过其中的观察者模式（Observer）将信息广播给所有的相关系统：

Listing 21-20　管理产生出来的角色(CharacterSystem.cs)

```
public class CharacterSystem : IGameSystem
{
    // 删除角色
    public void RemoveCharacter() {
        // 删除可以删除的角色
        RemoveCharacter( m_Soldiers, m_Enemys,
                    ENUM_GameEvent.SoldierKilled );
        RemoveCharacter( m_Enemys, m_Soldiers,
                    ENUM_GameEvent.EnemyKilled);
    }

    // 删除角色
    public void RemoveCharacter( List<ICharacter> Characters,
                                 List<ICharacter> Opponents,
                                 ENUM_GameEvent emEvent) {
        // 分别获取可以删除及存活的角色
        List<ICharacter> CanRemoves = new List<ICharacter>();
        foreach( ICharacter Character in Characters)
        {
            // 是否阵亡
            if( Character.IsKilled() == false)
                continue;
            //  是否确认过阵亡事件
            if( Character.CheckKilledEvent()==false)
                m_PBDGame.NotifyGameEvent( emEvent,Character );
            // 是否可以删除
            if( Character.CanRemove())
                CanRemoves.Add (Character);
        }
        ...
    }
}
```

随着游戏事件系统（GameEventSystem）的完成，相关的游戏事件也从原有的调用点，重构到合适的地点进行调用。通过图 21-12 的流程图，就能了解类对象之间的互动情况。

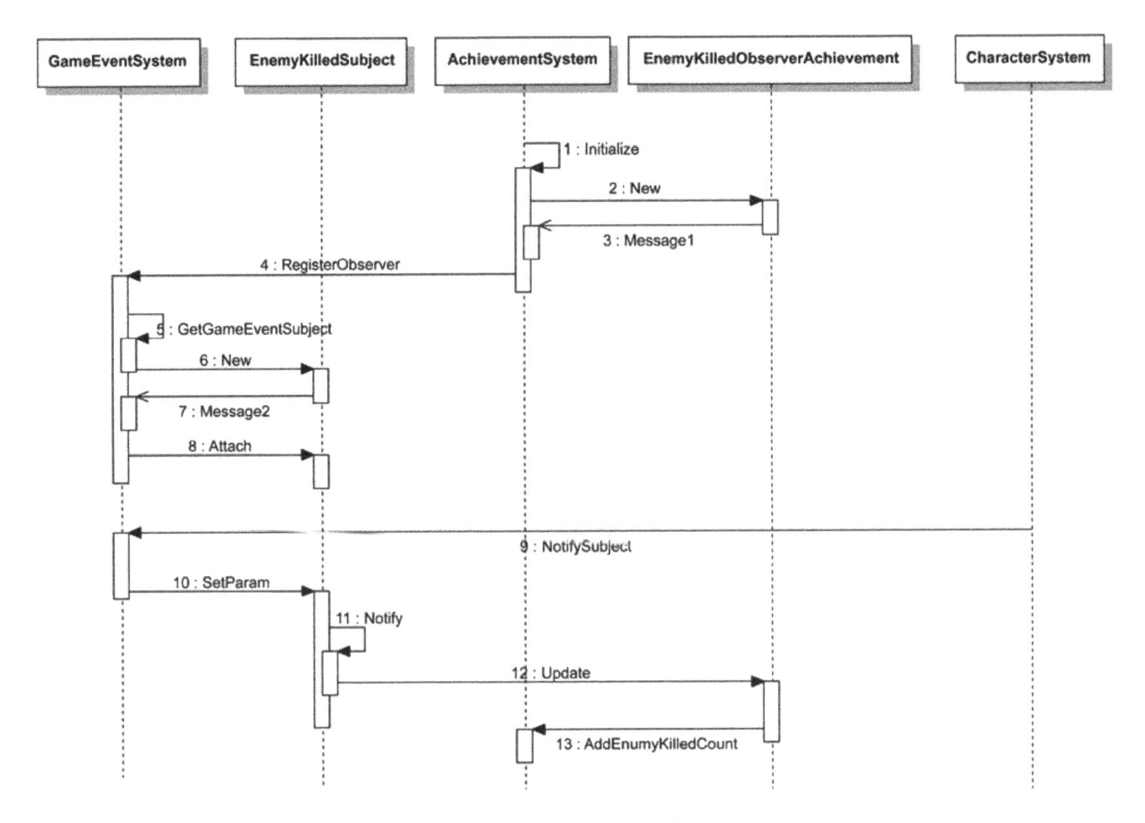

图 21-12　成就系统及其相关系统的流程图

21.3.3　使用观察者模式（Observer）的优点

成就系统（AchievementSystem）以“游戏事件”为基础，记录每个游戏事件发生的次数及时间点，作为成就项目的判断依据。但是当同一个游戏事件被触发后，可能不只是只有一个成就系统会被触发，系统中也可能存在着其他系统需要使用同一个游戏事件。因此，加入了以观察者模式（Observer）为基础的游戏事件系统（GameEvent System），就可以有效地解除“游戏事件的发生”与有关的“系统功能调用”之间的绑定。这样在游戏事件发生时，不必理会后续的处理工作，而是交给游戏事件主题（Subject）负责调用观察者/订阅者。此外，也能同时调用多个系统同时处理这个事件引发的后续操作。

21.3.4　实现观察者模式（Observer）时的注意事项

双向与单向信息通知

社交网页上的“粉丝团”比较像是观察者模式（Observer）：当粉丝团上发布了一则新的动态后，所有订阅的用户都可以看到新增的动态，而用户与用户之间则是同时扮演“主题（Subject）”与“观察者（Observer）”的角色，除了同时收到其他好友的动态信息，当自己有任何的动态消息时，也会同时广播给好友们（观察者）。

类过多的问题

“游戏事件”“游戏事件主题（IGameEventSubject）”会随着项目的开发不断地增加，与此同时，这些主题的观察者的数量也会随之上升。从当前的《P 级阵地》内容来看，已经产生了 7 个游戏事件观察者类（IGameEventObserver），所以不难想象，在大型项目可能会产生非常多的观察者类（IGameEventObserver）。当然，在某些情况下类过多，反而是个缺点。因此，如果想要减少类的产生，可以考虑向游戏的主题注册时，不要使用“类对象”而是使用“回调函数”，之后再将功能相似的“回调函数”以同一个类来管理，就能减少过多类的问题。这一部分的解决方式与“第 19 章兵营训练单位”解决大量请求命令时的想法是一样的，读者可以回顾相关的内容。

比较命令模式（Command）与观察者模式（Observer）

这两个模式都是着重在于将“发生”与“执行”这两个操作消除耦合（或减少依赖性）的模式。当观察者模式（Observer）中的主题只存在一个观察者时，就非常像是命令模式（Command）的基本架构，但还是有一些差异可以分辨出两个模式应用的时机：

- 命令模式（Command）：该模式的另一个重点是“命令的管理”，应用的系统对于发出的命令有新增、删除、记录、排序、撤销等等的需求。
- 观察者模式（Observer）：对于“观察者/订阅者”可进行管理，意思是观察者可以在系统运行时间决定订阅或退订等操作，让“执行者（观察者/订阅者）”可以被管理。

所以，两者在应用上还是有明确的目标。当然，如果有需要将两个模式整合应用并非不可能，像是让命令模式（Command）的执行者可以动态新增、删除；或是让观察者模式（Observer）的“每一次发布”都可以被管理等等。而这也是本书所要呈现的重点——模式之间的交互合作，会产生出更大的效果。

21.4 观察者模式（Observer）面对变化时

企划：“小程，我们想要在游戏过程中，增加兵营升级的诱因，让玩家认为高级单位有高生命值的好处，所以……”

小程：“所以想要加什么系统吗？”

企划：“可以记录当前连续成功击退敌人的数量吗？就是 Combo。”

小程：“可以再定义清楚一些吗？”

企划：“就是玩家角色在没有阵亡的情况下，连续击退敌方角色的数量，但如果有我方单位阵亡的话，那么就从头开始计数。”

小程：“嗯……复杂了点，我试试看。”

小程分析，这一项记录连续击退（Combo Count）的功能，需要同时接收“玩家角色阵亡事件”以及“敌方角色阵亡事件”，若是新增一个游戏事件观察者（IGameEvent Observer)，而这个观察者可以同时订阅两个游戏事件主题，内部再加上主题判断的话，应该是可行的：

Listing 21-21 我方连续击退事件

```
public class ComboObserver : IGameEventObserver
{
    private SoldierKilledSubject m_SoldierKilledSubject = null;
    private EnemyKilledSubject m_EnemyKilledSubject = null;
    private PBaseDefenseGame m_PBDGame = null;

    private int m_EnemyComboCount =0;
    private int m_SoldierKilledCount = 0;
    private int m_EnemyKilledCount = 0;

    public ComboObserver(PBaseDefenseGame  PBDGame) {
        m_PBDGame = PBDGame;
    }

    // 设置观察的主题
    public override void SetSubject( IGameEventSubject theSubject ) {
        if( theSubject is SoldierKilledSubject )
            m_SoldierKilledSubject=theSubject as SoldierKilledSubject;
        if( theSubject is EnemyKilledSubject)
            m_EnemyKilledSubject = theSubject as EnemyKilledSubject;
    }

    // 通知 Subject 被更新
    public override void Update() {
        int NowSoldierKilledCount=
                        m_SoldierKilledSubject.GetKilledCount();
        int NowEnemyKilledCount =
                        m_EnemyKilledSubject.GetKilledCount();

        // 玩家单位阵亡,重置计数器
        if( NowSoldierKilledCount > m_SoldierKilledCount)
            m_EnemyComboCount = 0;
        // 增加计数器
        if( NowEnemyKilledCount > m_EnemyKilledCount)
            m_EnemyComboCount ++;

        m_SoldierKilledCount = NowSoldierKilledCount;
        m_EnemyKilledCount = NowEnemyKilledCount;

        // 通知
        m_PBDGame.ShowGameMsg("连续击退敌人数:"
                            + m_EnemyComboCount.ToString());
    }
}
```

因为要订阅两个游戏事件主题，所以 SetSubject 方法会被调用两次，每次调用时都先判断是由哪个主题调用的，然后分别记录在类的成员之中。而这两个主题对象也会在更新（Update）方法中，作为后续判断连续击退时，获取计数的来源。

最后，再将 ComboObserver 于系统开始时订阅这两个主题：

```
public class PBaseDefenseGame
{
    ...
    // 注册游戏事件系统
    private void ResigerGameEvent() {
        // 事件注册
        m_GameEventSystem.RegisterObserver(
                        ENUM_GameEvent.EnemyKilled,
                        new EnemyKilledObserverUI(this));
        // Combo
        ComboObserver theComboObserver =new ComboObserver(this);
        m_GameEventSystem.RegisterObserver(
                  ENUM_GameEvent.EnemyKilled,theComboObserver);
        m_GameEventSystem.RegisterObserver(
                  ENUM_GameEvent.SoldierKilled,theComboObserver);
    }
    ...
}
```

这一次对于功能的增加，是利用现有游戏事件主题来实现的，所以只增加了一个 ComboObserver 类来完成功能。并且只修改了 PBaseDefenseGame.cs 来增加必要的订阅主题功能，对于系统的修改程度来说，并不算大。由此可以证明运用观察者模式（Observer）有助于系统的开发和维护。

21.5 结论

观察者模式（Observer）的设计原理是，先设置一个主题（Subject），让这个主题发布时可同时通知关心这个主题的观察者/订阅者，并且主题不必理会观察者/订阅者接下来会执行那些操作。观察者模式（Observer）的主要功能和优点，就是将“主题发生”与“功能执行”这两个操作解除绑定——即消除依赖性，而且对于“执行者（观察者/订阅者）”来说，还是可以动态决定是否要执行后续的功能。

观察者模式（Observer）的缺点是可能造成过多的观察者类。不过利用注册“回调函数”来取代“注册类对象”可有效减少类的产生。

其他应用方式

在游戏场景中，设计者通常会摆放一些所谓的“事件触发点”，这些事件触发点会在玩家角色进入时，触发对应的游戏功能，例如突然会出现一群怪物 NPC 来攻击玩家角色；或是进入剧情模式演出一段游戏故事剧情等等。而且游戏通常不会限制一个事件触发点只能执行一个操作，因此实现时可以将每一个事件触发点当成一个“主题”，而每一个要执行的功能，都成为“观察者”，当事件被触动发布时，所有的观察者都能立即反应。

C H A P T E R

第22章 存盘功能——备忘录模式（Memento）

22.1 存储成就记录

在上一章中，《P级阵地》增加了成就系统来强化玩家对游戏成绩的追求，但以当前项目成就的实现方式，除非不关掉游戏，否则这些成就分数就会在玩家关掉游戏的同时也一并消失。因此，现在需要的是一个“存储成就记录”的功能，让这些记录能够被保存下来，不会因为关闭游戏而消失，如图22-1所示。

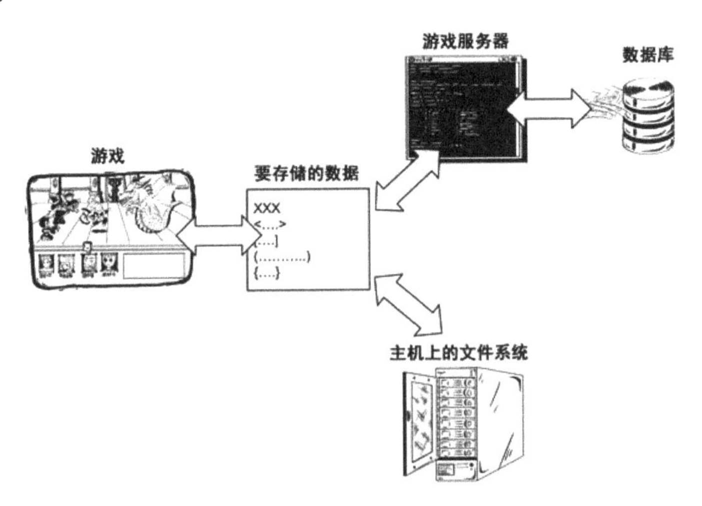

图22-1　将玩家游戏数据存盘的示意图

数据保存的方式有很多种，以单机游戏而言，大多是以文件的方式存储在玩家的计算机中。若是网络游戏，则玩家的数据大多是存储在游戏服务器（Game Server）的数据库系统（Database）中，不过有时也会将少数的设置信息利用文件系统存储在玩家的计算机上。

在 Unity3D 开发工具中，提供了多种的信息存储方式：

- PlayerPrefs 类：Unity3D 引擎提供的类，使用 Key-Value 的形式将信息存放在文件系统中，不需自行指定文件路径及名称，适合存储简单的数据。
- 自行存储文件：使用 C#中的 System.IO.File 类，自行打开文件以及存储数据到文件中，需自行定义存储数据的格式以及文件路径和名称，适合存储复杂的数据。
- 使用 XML 格式存盘：使用 C#中的 System.Xml 下的类，以 XML 格式存盘，原理同上一种方式，只是存档的内容会以 XML 格式来表现，适合存储复杂的数据。

《P 级阵地》中的成就项目并不复杂，全都可以使用 Key-Value 方式存储，所以《P 级阵地》将使用 PlayerPrefs 类实现保存记录的功能。

Unity3D 的 PlayerPrefs 类提供了众多的存储和读取方法：

- SetFloat：存储为浮点数。
- SetInt：存储为整数。
- SetString：存储为字符串。
- GetFloat：读取浮点数。
- GetInt：读取整数。
- GetString：读取字符串。

上列方法都为静态方法，而调用时只需要提供"Key"和 Value 值即可，存储方式如下：

```
PlayerPrefs.SetInt("Key1" ,IntValue);
```

读出方式如下：

```
int iValue= PlayerPrefs.GetInt("Key1" ,0);
```

GetInt 的第 2 个参数为默认值，当无法读取“以 Key 值存储的数据”时，会以默认值返回给调用者。

因为当前的成就项目全部都记录在成就系统（AchievementSystem）中，所以采取简单实现的方式，就是直接在成就系统（AchievementSystem）内实现成就记录的存储和读取：

```
// 成就系统
public class AchievementSystem : IGameSystem
{
    // 记录的成就项目
    private int m_EnemyKilledCount = 0;
    private int m_SoldierKilledCount = 0;
    private int m_StageLv = 0;

    ...
    // 存储记录
```

```
    public void SaveData(){
        PlayerPrefs.SetInt("EnemyKilledCount",
                                  m_EnemyKilledCount);
        PlayerPrefs.SetInt("SoldierKilledCount",
                                  m_SoldierKilledCount);
        PlayerPrefs.SetInt("StageLv", m_StageLv);
    }

    // 读取记录
    public void LoadData(){
        m_EnemyKilledCount = PlayerPrefs.GetInt(
                                  "EnemyKilledCount",0);
        m_SoldierKilledCount = PlayerPrefs.GetInt(
                                  "SoldierKilledCount",0);
        m_StageLv = PlayerPrefs.GetInt("StageLv",0);
    }
    ...
}
```

直接将数据存盘功能实现于游戏功能类中，一般来说是不太理想的方式，因为违反了单一职责原则（SRP）。也就是说，各个游戏功能类应该专心处理与游戏相关的功能，至于"记录保存"的功能，应该由其他的专职类来实现才是。因为每个平台上数据保存的方式迥异，也会因项目的需求而采取不同的方式，所以这一部分不该由游戏功能类自己去实现。

如果每个游戏功能类都有记录保存的需求，但又没有专职的记录保存类，那么，可想而知的是，每个游戏功能类都实现自己的记录保存功能，这样就会造成功能重复实现、记录单元格式不统一或是存盘名称重复的问题。

因此应该要有一个专职的类来"负责记录保存"，这个类会去获取各个系统想要存储的记录后，再一并执行数据保存的操作。虽然《P 级阵地》中只有成就系统（AchievementSystem）有记录保存的需求，但我们还是要实现另一个类来专门负责记录的保存：

```
// 成就系统
public class AchievementSystem
{
    // 记录的成就项目
    private int m_EnemyKilledCount = 0;
    private int m_SoldierKilledCount = 0;
    private int m_StageLv = 0;

    // 记录的成就项目
    public int GetEnemyKilledCount(){
        return m_EnemyKilledCount;
    }
    public int GetSoldierKilledCount(){
        return m_SoldierKilledCount;
    }
    public int GetStageLv(){
        return m_StageLv;
    }
```

```
    public void SetEnemyKilledCount(int iValue){
        m_EnemyKilledCount = iValue;
    }
    public void SetSoldierKilledCount(int iValue){
        m_SoldierKilledCount = iValue;
    }
    public void SetStageLv(int iValue){
        m_StageLv = iValue;
    }
    // 存储记录
    public void SaveData(){
        AchievementSaveData.SaveData(this);
    }

    // 读取记录
    public void LoadData(){
        AchievementSaveData.LoadData(this);
    }
}

// 成就记录存盘
public static class AchievementSaveData
{
    // 存盘
    public static void SaveData( AchievementSystem theSystem ){
        PlayerPrefs.SetInt("EnemyKilledCount",
                            theSystem.GetEnemyKilledCount());
        PlayerPrefs.SetInt("SoldierKilledCount",
                            theSystem.GetSoldierKilledCount());
        PlayerPrefs.SetInt("StageLv"     , theSystem.GetStageLv());
    }

    // 读取
    public static void LoadData( AchievementSystem theSystem ){
        int tempValue = 0;
        tempValue = PlayerPrefs.GetInt("EnemyKilledCount",0);
        theSystem.SetEnemyKilledCount(tempValue);

        tempValue = PlayerPrefs.GetInt("SoldierKilledCount",0);
        theSystem.SetSoldierKilledCount(tempValue);

        tempValue = PlayerPrefs.GetInt("StageLv",0);
        theSystem.SetStageLv(tempValue);
    }
}
```

新的做法实现了一个 AchievementSaveData 类，它是专门负责成就的记录保存。由于 AchievementSaveData 类存盘时还是必须获取和设置成就系统（Achievement System）的相关信息，所以成就系统就必须声明对应的信息获取方法。当然如果使用 C#实现的话，可以利用 getter 和 setter

的语句，这样可以少写一些程序代码，但无论是采用哪种方式，这种实现方式最主要的缺点是：成就系统（AchievementSystem）必须将“内部成员数据”全部对外公开。

对外公开成员数据是有风险的，如果从接口隔离原则（ISP）的角度来看，除非必要，否则类应该尽量减少对外显示内部的数据结构，以减少客户端有机会破坏内部成员的记录，而对外公布过多的操作方法，也容易增加与其他系统的耦合度（即依赖度）。

所以，对于这个版本的存盘功能而言，修改目标除了“将记录保存交由项目类去负责”之外，也必须同时“减少不必要的成员访问方法”。在 GoF 的设计模式中的备忘录模式（Memento）为我们提供了修改时的引用模板。

22.2 备忘录模式（Memento）

本章将使用备忘录模式（Memento）来保存游戏数据，因为要保存游戏的数据，所以需要重新设计游戏系统中的某些功能。备忘录模式（Memento）是用来记录对象状态的设计模式，如果将系统内某一时间内的对象状态全都保留下来，那么就等于实现了“系统快照”（Snapshot，即系统保存）的功能，为用户提供了可以返回某一个“快照”时点的系统状态。

22.2.1 备忘录模式（Memento）的定义

GoF 对备忘录模式（Memento）的定义是：

“在不违反封装的原则下，获取一个对象的内部状态并保留在外部，让该对象可以在日后恢复到原先保留时的状态。”

如果以“游戏存盘”的功能来解释备忘录模式（Memento）的定义，就能更明白一些，也就是：在不增加各个游戏系统类成员的“存取”方法的前提之下，存盘功能要能够获取各个游戏系统内部需要保存的信息，然后在游戏重新开始时，再将记录读取，并重新设置给各个游戏系统。游戏存盘示意图如图 22-2 所示。

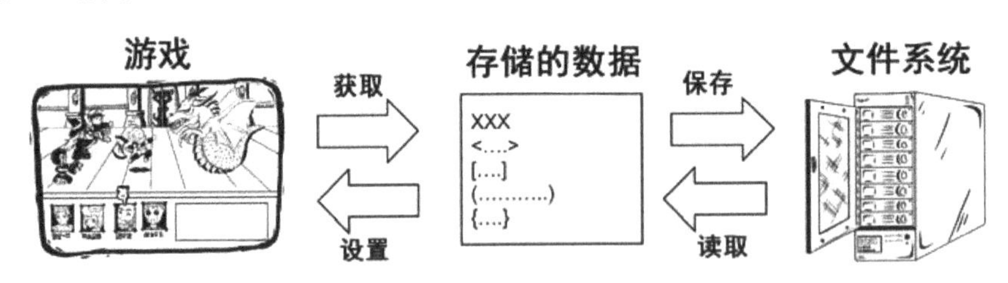

图 22-2　游戏存盘示意图

那么，怎么让现有的游戏系统“不违反封装的原则”，还能提供内部的详细信息呢？其实如果从另一个方向来思考，那么就是由游戏系统本身“主动提供内部信息”存盘功能，而且也“主动”向存盘功能提供与自己（系统）有关的信息。

这与原本由游戏本身提供一大堆“存取内部成员”的方法，有什么不同？最大的不同在于：游戏系统提供存取内部成员方法，是让游戏系统处于“被动”状态。游戏系统本身不能判断提供这些访问方法后，会不会有什么后遗症，而备忘录模式（Memento）则是将游戏系统由“被动”改为“主动提供”，意思是，由游戏系统自己决定要提供什么信息和记录存盘功能，也由游戏系统决定要从存盘功能中，读取什么样的数据及记录还原给内部成员。而这些信息记录的设置和获取的实现地点都在“游戏系统类内”，不会发生在游戏系统类以外的地方，如此就可确保类的“封装的原则”不被破坏。

22.2.2 备忘录模式（Memento）的说明

备忘录模式（Memento）的概念，是让有记录保存需求的类，自行产生要保存的数据，外界完全不用了解这些记录产生的过程及来源。另外，也让类自己从之前的保存数据中找回信息，自行重设类的状态。

基本的备忘录模式（Memento）结构如图 22-3 所示。

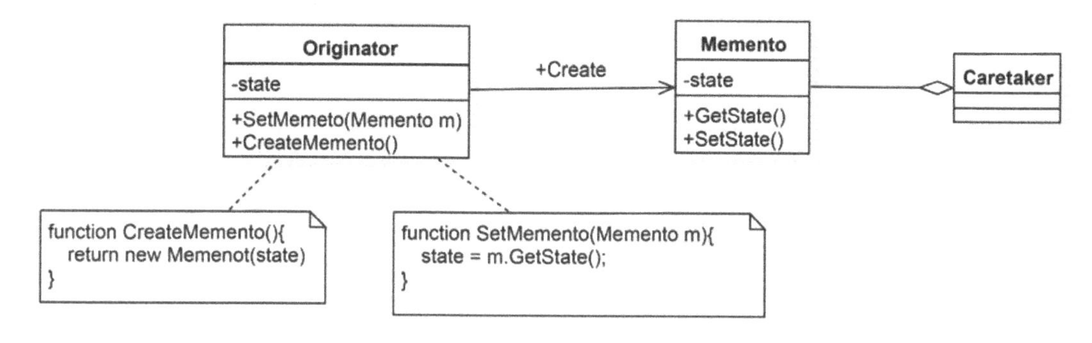

图 22-3　游戏存盘示意图

GoF 参与者的说明如下：

- Originator（记录拥有者）
  - 拥有记录的类，内部有成员或记录需要被存储。
  - 会自动将要保存的记录产生出来，不必提供存取内部状态的方法。
  - 会自动将数据从之前的保存记录中取回，并恢复到之前的状态。
- Memento（记录保存者）
  - 负责保存 Originator（记录拥有者）的内部信息。
  - 无法获取 Originator（记录拥有者）的信息，必须由 Originator（记录拥有者）主动设置和读取。
- Caretaker（管理记录保存者）
  - 管理 Originator（记录拥有者）产生出来的 Memento（记录保存者）。
  - 可以增加对象管理容器来保存多个 Memento（记录保存者）。

22.2.3 备忘录模式（Memento）的实现范例

Originator（记录拥有者）指的是系统中拥有需要保存信息的类：

Listing 22-1 需要存储内容信息(Memento.cs)

```
public class Originator
{
    string m_State; // 状态,需要被保存

    public void SetInfo(string State) {
        m_State = State;
    }

    public void ShowInfo() {
        Debug.Log("Originator State:"+m_State);
    }

    // 产生要存储的记录
    public Memento CreateMemento() {
        Memento newMemento = new Memento();
        newMemento.SetState( m_State );
        return newMemento;
    }

    // 设置要恢复的记录
    public void SetMemento( Memento m) {
        m_State = m.GetState();
    }
}
```

Originator（记录拥有者）类内拥有一个需要被保存的成员：m_State，而这个成员将由 Originator（记录拥有者）在 CreateMemento 方法中自行产生 Memento（记录保存者）对象，并将存储数据（m_State）设置给 Memento 对象，最后传出到客户端。客户端也可以将之前保留的 Memento（记录保存者）对象，通过 Originator（记录拥有者）的类方法：SetMemento 传入类中，让 Originator（记录拥有者）可以恢复到之前记录的状态。

Memento（记录保存者）类的定义并不复杂，原则上是定义需要被存储保留的成员，并针对这些成员设置访问方法：

Listing 22-2 存放 Originator 对象的内部状态(Memento.cs)

```
public class Memento
{
    string m_State;
    public string GetState() {
        return m_State;
    }

    public void SetState(string State) {
        m_State = State;
    }
}
```

如果只是单纯记录需要保存的数据，也可以直接使用 C#语句的 getter 和 setter 语句来实现，让

程序代码更简洁。

在测试程序代码中，先将 Originator（记录拥有者）的状态设置为"Step1"之后，利用 CreateMemento 方法将内部状态保留下来。随后设置为"Step2"，但假设此时设置发生错误，没有关系，只要将之前保留的状态，利用 SetMemento 方法再设置回去就可以了：

Listing 22-3　测试备忘录模式(MementoTest.cs)

```
void UnitTest () {
    Originator theOriginator = new Originator();
    // 设置信息
    theOriginator.SetInfo( "Step1" );
    theOriginator.ShowInfo();

    // 存储状态
    Memento theMemnto = theOriginator.CreateMemento();

    // 设置新的信息
    theOriginator.SetInfo( "Step2" );
    theOriginator.ShowInfo();

    // 恢复
    theOriginator.SetMemento( theMemnto );
    theOriginator.ShowInfo();
}
```

执行结果

```
Originator State:Info:Step1
Originator State:Info:Step2
Originator State:Info:Step1
```

除了测试程序保留下来的 Memento（记录保存者）对象，如果再搭配 Caretaker（管理记录保存者）类，就可以具备同时保留多个记录对象的功能，让系统可以决定 Originator（记录拥有者）要恢复到哪个版本：

Listing 22-4　保管所有的 Memento(Memento.cs)

```
public class Caretaker
{
    Dictionary<string, Memento> m_Memntos =
                                new Dictionary<string, Memento>();
    // 增加
    public void AddMemento(string Version , Memento theMemento) {
        if(m_Memntos.ContainsKey(Version)==false)
            m_Memntos.Add(Version, theMemento);
        else
            m_Memntos[Version]=theMemento;
    }
```

```
    // 读取
    public Memento GetMemento(string Version) {
        if(m_Memntos.ContainsKey(Version)==false)
            return null;
        return m_Memntos[Version];
    }
}
```

Caretaker（管理记录保存者）类使用 Dictionary 泛型容器来保存多个 Memento（记录保存者）对象，让测试程序可以决定要恢复到哪一个版本：

Listing 22-5 测试管理记录保存者(MementoTest.cs)

```
    void UnitTest2 () {
        Originator theOriginator = new Originator();
        Caretaker theCaretaker = new Caretaker();

        // 设置信息
        theOriginator.SetInfo( "Version1" );
        theOriginator.ShowInfo();
        // 保存
        theCaretaker.AddMemento("1",theOriginator.CreateMemento());

        // 设置信息
        theOriginator.SetInfo( "Version2" );
        theOriginator.ShowInfo();
        // 保存
        theCaretaker.AddMemento("2",theOriginator.CreateMemento());

        // 设置信息
        theOriginator.SetInfo( "Version3" );
        theOriginator.ShowInfo();
        // 保存
        theCaretaker.AddMemento("3",theOriginator.CreateMemento());

        // 退回到第 2 版,
        theOriginator.SetMemento( theCaretaker.GetMemento("2"));
        theOriginator.ShowInfo();

        // 退回到第 1 版,
        theOriginator.SetMemento( theCaretaker.GetMemento("1"));
        theOriginator.ShowInfo();
    }
```

```
Originator State:Version1
Originator State:Version2
Originator State:Version3
Originator State:Version2
Originator State:Version1
```

22.3 使用备忘录模式（Memento）实现成就记录的保存

如果游戏是实现在“存储成本”比较高或“存储空间”比较小的环境下，那么就会限制玩家可以存储信息的数量。例如，在网络在线游戏中，玩家的数据存储在服务器端的数据库系统中，因为“存储成本”比较高，所以网络在线游戏通常会限制每一个玩家可以设置多少个角色（所以为什么会有需要花钱才能多用一只角色的游戏设计）。如果是移动游戏机，一般内部使用的“存储空间”比较小，通常每款游戏只能存储三份记录。最没有限制的就是个人计算机主机上的单机游戏了，因其相关的限制比较不明显，所以通常不会限制可以存盘的数量。

22.3.1 成就记录保存的功能设计

对于《P 级阵地》的成就系统（AchievementSystem）而言，只需要保留每一项成就项目的最佳纪录，并不需要保留多个版本。因此，在运用备忘录模式（Memento）时，省去了 Caretaker（管理记录）保存者的实现，类结构如图 22-4 所示。

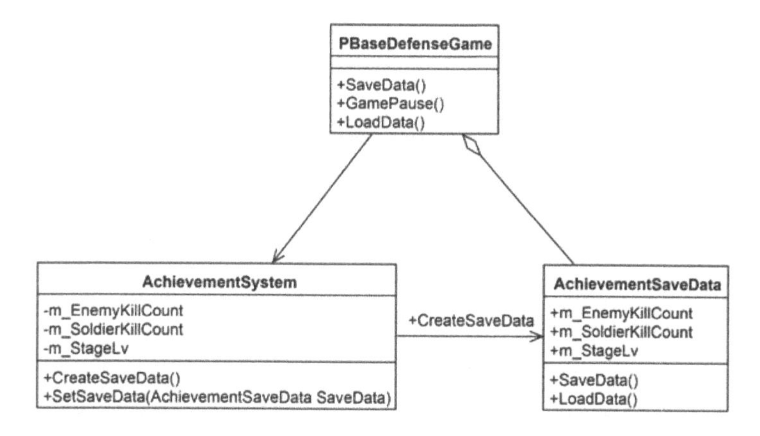

图 22-4　运用备忘录模式（Memento）保留游戏成就项目的结构图

参与者的说明如下：

- AchievementSystem：成就系统拥有多项成就记录需要被存储，所以提供 CreateSaveData 方法让外界获取“存盘记录”，并利用 SetSaveData 方法将“之前存储的成就记录”回存。
- AchievementSaveData：记录成就系统中需要被存盘的成就项目，并实现 Unity3D 中的数据保存功能。
- PBaseDefenseGame：配合游戏启动和关闭，适时地调用成就系统的 CreateSaveData、SetSaveData 方法，来实现成就记录的保存和读取。

22.3.2 实现说明

在运用备忘录模式（Memento）之后，将成就系统（AchievementSystem）要存储的项目，定义在成就存盘功能（AchievementSaveData）中，并增加对应的访问方法，让成就系统可以在产生存盘信息时进行设置：

Listing 22-6　成就记录存盘(AchievementSaveData.cs)

```
public class AchievementSaveData
{
    // 要存盘的成就信息
    public int EnemyKilledCount     {get;set;}
    public int SoldierKilledCount   {get;set;}
    public int StageLv              {get;set;}

    public AchievementSaveData()
    {}

    public void SaveData() {
        PlayerPrefs.SetInt("EnemyKilledCount",
                              EnemyKilledCount);
        PlayerPrefs.SetInt("SoldierKilledCount",SoldierKilledCount);
        PlayerPrefs.SetInt("StageLv", StageLv);
    }

    public void LoadData() {
        EnemyKilledCount = PlayerPrefs.GetInt("EnemyKilledCount",0);
        SoldierKilledCount =
                     PlayerPrefs.GetInt("SoldierKilledCount",0);
        StageLv = PlayerPrefs.GetInt("StageLv",0);
    }
}
```

类中也使用 Unity3D 的 PlayerPrefs 类来实现记录的存储和读取功能。

原本在成就系统（AchievementSystem）中增加的访问方法都被删除了，并增加产生成就记录存盘和恢复的方法：

Listing 22-7　成就系统(AchievementSystem.cs)

```
public class AchievementSystem : IGameSystem
{
    private AchievementSaveData m_LastSaveData=null; //最后一次的存盘信息

    // 记录的成就项目
    private int m_EnemyKilledCount = 0;
    private int m_SoldierKilledCount = 0;
    private int m_StageLv =  0;

    ...
    // 产生存盘数据
    public AchievementSaveData CreateSaveData() {
        AchievementSaveData SaveData = new AchievementSaveData();

        // 设置新的高分者
```

```
        SaveData.EnemyKilledCount = Mathf.Max (m_EnemyKilledCount,
                                m_LastSaveData.EnemyKilledCount);
        SaveData.SoldierKilledCount = Mathf.Max (m_SoldierKilledCount,
                              m_LastSaveData.SoldierKilledCount);
        SaveData.StageLv  = Mathf.Max (m_StageLv,
                                  m_LastSaveData.StageLv);
        return SaveData;
    }

    // 设置旧的存盘数据
    public void SetSaveData( AchievementSaveData SaveData) {
        m_LastSaveData = SaveData;
    }
}
```

因为不必实现保存多个存盘的版本，并且为了配合游戏系统的运行，所以将成就系统与成就记录存盘的一并实现并放在 PBaseDefenseGame 中：

Listing 22-8　成就记录串接（PBaseDefenseGame.cs）

```
public class PBaseDefenseGame
{
    ...
    // 存盘
    private void SaveData() {
        AchievementSaveData SaveData =
                          m_AchievementSystem.CreateSaveData();
        SaveData.SaveData();
    }

    // 读取存盘记录
    private AchievementSaveData LoadData() {
        AchievementSaveData OldData = new AchievementSaveData();
        OldData.LoadData();
        m_AchievementSystem.SetSaveData( OldData );
        return OldData;
    }
}
```

除了要保留成就记录外，也需要显示界面才能显示这些记录，而《P 级阵地》选择了在暂停界面（GamePauseUI）上显示这些信息，如图 22-5 所示。

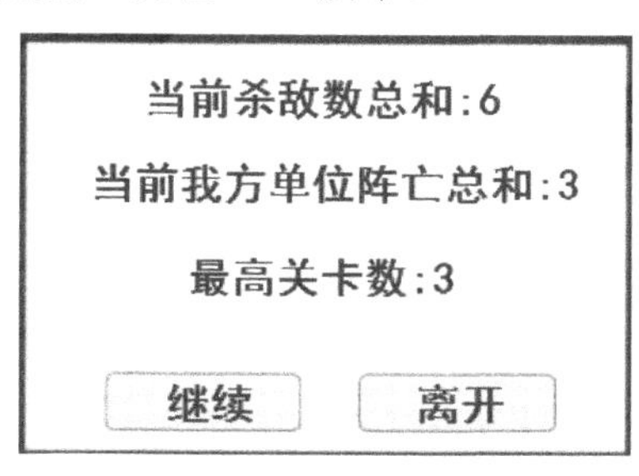

图 22-5　暂停界面

Listing 22-9 游戏暂停界面(GamePauseUI.cs)

```
public class GamePauseUI : IUserInterface
{
    private Text m_EnemyKilledCountText = null;
    private Text m_SoldierKilledCountText = null;
    private Text m_StageLvCountText = null;
    ...

    // 显示暂停
    public void ShowGamePause( AchievementSaveData SaveData ) {
        m_EnemyKilledCountText.text = string.Format(
                                    "当前杀敌数总和:{0}",
                                    SaveData.EnemyKilledCount);
        m_SoldierKilledCountText.text = string.Format(
                                    "当前我方单位阵亡总和:{0}",
                                    SaveData.SoldierKilledCount);
        m_StageLvCountText.text = string.Format("最高关卡数:{0}",
                                    SaveData.StageLv);

        Show();
    }
    ...
}
```

22.3.3 使用备忘录模式（Memento）的优点

在运用备忘录模式（Memento）之后，记录成就的功能就从成就系统（Achievement System）中独立出来，让专职的 AchievementSaveData 类负责存盘的工作，至于 AchievementSaveData 类该怎么实现存盘功能，成就系统也不必知道。并且成就系统本身也保留封装性，不必对外开放过多的存取函数来获取类内部的状态，信息的设置和恢复也都在成就系统内部完成。

22.3.4 实现备忘录模式（Memento）的注意事项

当每个游戏系统都有存盘的需求时，负责保存记录 AchievementSaveData 类就会过于庞大，此时可以让各个系统的存盘信息以结构化方式编排，或是内部再以子类的方式加以规划。另外也可以配合串行化工具，先将要存盘的信息转换成 XML 或 JSON 格式，然后再使用存盘工具来保存那些已转换好的格式数据，这样也能减少针对每一项存盘信息读写的实现。

22.4 备忘录模式（Memento）面对变化时

一般复杂的单机游戏都提供了存盘功能，而且可以存盘的数量可能不只一份，如果《P 级阵地》改变游戏方式，或者是想提供多人共同游玩时，那么就必须加入多份存盘的功能，此时系统可以增加 Caretaker（管理记录保存者）类，来维护多个版本的记录存盘（可以引用 22.2.3 的实现说明）。多人共玩一个游戏的存盘示意图如图 22-6 所示。

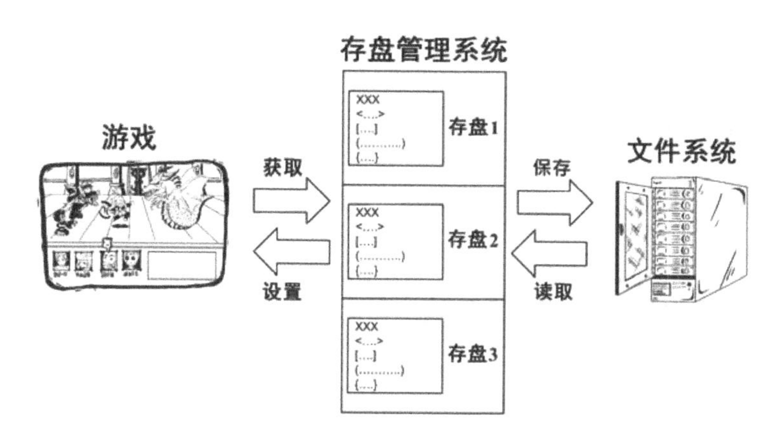

图 22-6　多人共玩一个游戏的存盘示意图

另外，如果后续《P 级阵地》中不止一个系统需要存盘功能时，那么可以增加一个“游戏存盘系统（GameDataSaver）”，将原有的 AchievementSaveData 类声明为该类的成员，再加入其他系统的存盘类，统一由游戏存盘（GameDataSaver）系统负责实现。而此时的游戏存盘系统（GameDataSaver）也可以扮演 Caretaker（管理记录保存者）的角色，维护多个版本的存盘功能。

22.5 结论

运用备忘录模式（Memento）提供了一个不破坏原有类封装性的“对象状态保存”方案，并让对象状态保存可以存在多个版本，并且还可选择要恢复到哪个版本。

与其他模式（Pattern）的合作

如果备忘录模式（Memento）搭配命令模式（Command）来作为命令执行前的系统状态保存，就能让命令在执行恢复操作时，能够恢复到命令执行前的状态。

其他应用方式

游戏服务器常需要针对执行性能进行分析及追踪，所以要定期地让各个系统产生日志（Log），汇报各个游戏系统当前的执行情况，如内存的使用、执行时占用的时间、数据存取的频率等。要让系统日志功能更有弹性的话，可以使用备忘录模式（Memento）让各个游戏系统产生要定期汇报的信息，并将信息内容的产生交给各个游戏系统，而日志系统只负责存储记录。

CHAPTER

第 23 章 角色信息查询——访问者模式（Visitor）

23.1 角色信息的提供

“角色”是游戏的重点，在《P 级阵地》中也同样如此。游戏内提供了 6 种角色，分别属于不同的阵营，各有不同的造型和特色，再加上“角色属性”的设计，让每种角色在战场中的能力都不一样。因此，游戏要提供一个用户界面，让玩家可以了解每一个角色的状态。

角色信息界面

《P 级阵地》游戏中的主角就是双方阵营的角色，玩家角色是通过玩家对兵营下达训练指令后，不断地产生新单位进入战场；而敌方角色则是由关卡系统（Stage System）产生。玩家一般是通过观察战场上各个角色的数量，来决定接下来要训练什么单位上场，所以如果能提供双方角色的信息作为引用，就能让玩家下达更正确的训练指令来防守玩家的阵地。

玩家阵营角色信息界面（SoldierInfoUI）是用来显示当前在战场上一个玩家阵营角色的信息，如图 23-1 所示。

玩家只要利用鼠标选中战场中的玩家角色，系统就会将该角色的信息显示在界面上，就和“第 19 章：兵营训练单位”的“利用增加鼠标单击判断脚本，在兵营对象上完成显示兵营信息”的运行原理是相同的。玩家角色在产生的过程中，有一个步骤会为角色加上鼠标单击判断的脚本组件（AddOnClicpScript）：

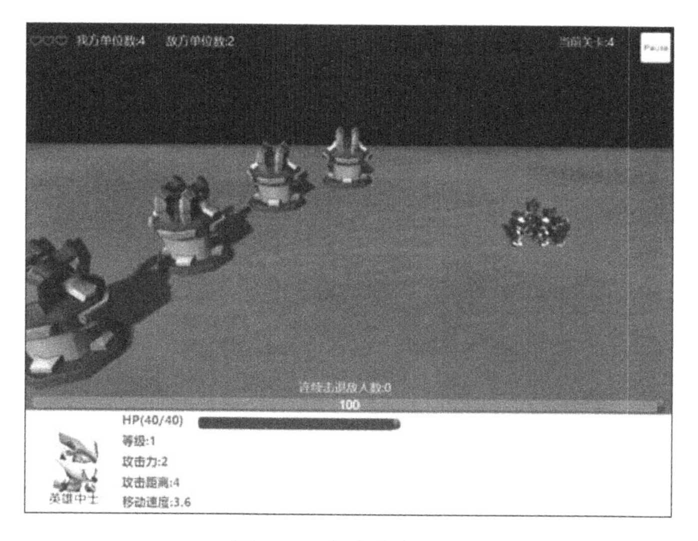

图 23-1　角色信息界面

Listing 23-1　利用 Builder 接口来构建对象(CharacterBuilderSystem.cs)

```
public class CharacterBuilderSystem : IGameSystem
{
    ...
    // 构建
    public void Construct(ICharacterBuilder theBuilder)
    {
        // 使用 Builder 产生各个部分加入 Product 中
        theBuilder.LoadAsset( ++m_GameObjectID );
        theBuilder.AddOnClickScript();
        theBuilder.AddWeapon();
        theBuilder.SetCharacterAttr();
        theBuilder.AddAI();

        // 加入管理器内
        theBuilder.AddCharacterSystem( m_PBDGame );
    }
    ...
}
```

在角色建造者系统（CharacterBuilderSyste）中插入了一个 AddOnClick Script 步骤，用来加入玩家单击判断的脚本组件。因为角色建造者系统（CharacterBuilderSyste）实现了建造者模式（Builder），所以只需要在建造流程中加入此步骤即可。但当前只有玩家角色需要判断是否被玩家单击，即只有玩家角色的建造者（SoldierBuilder）重新实现了这个方法：

Listing 23-2　Soldier 各部位的构建(SoldierBuilder.cs)

```
public class SoldierBuilder : ICharacterBuilder
{
    ...
    // 加入 OnClickScript
    public override void AddOnClickScript()
```

```
    {
        SoldierOnClick Script = m_BuildParam.NewCharacter.
                GetGameObject().AddComponent<SoldierOnClick>();
        Script.Solder = m_BuildParam.NewCharacter as ISoldier;
    }
    ...
}
```

被加入的脚本组件是 SoldierOnClick，用来负责判断玩家阵营的角色是否被单击：

Listing 23-3　角色是否被单击(SoldierOnClick.cs)

```
public class SoldierOnClick : MonoBehaviour
{
    public ISoldier Solder = null;

    // Use this for initialization
    void Start () {}

    // Update is called once per frame
    void Update () {}

    public void OnClick()
    {
        // 通知显示角色信息
        PBaseDefenseGame.Instance.ShowSoldierInfo( Solder );
    }
}
```

脚本组件中声明的 OnClick 方法，会在系统判断“单击到某一个角色”时被调用。而该鼠标单击判断与兵营的单击判断是一样的，也是实现在 PBaseDefenseGame 类中用来负责判断玩家输入行为的方法（InputProcess）：

Listing 23-4　实现角色单击判断(PBaseDefenseGame.cs)

```
public class PBaseDefenseGame
{
    ...
    // 玩家输入
    private void InputProcess()
    {
        //  Mouse 左键
        if(Input.GetMouseButtonUp( 0 ) ==false)
            return ;

        //由摄像机产生一条射线
        Ray ray = Camera.main.ScreenPointToRay(Input.mousePosition);
        RaycastHit[] hits = Physics.RaycastAll(ray);

        // 遍历每一个被 Hit 到的 GameObject
        foreach (RaycastHit hit in hits)
```

```
        {
            // 是否有兵营被鼠标单击
            CampOnClick CampClickScript = hit.transform.gameObject.
                                GetComponent<CampOnClick>();
            if( CampClickScript!=null )
            {
                CampClickScript.OnClick();
                return;
            }

            // 是否有角色被鼠标单击
            SoldierOnClick SoldierClickScript = hit.transform.
                    gameObject.GetComponent<SoldierOnClick>();
            if( SoldierClickScript!=null )
            {
                SoldierClickScript.OnClick();
                return ;
            }
        }
    }
    ...
}
```

如果判断被鼠标单击的 GameObject 包含的 SoldierOnClick 脚本组件是玩家阵营单位，就通过调用脚本组件中的 OnClick 方法，将玩家阵营角色的信息显示在玩家阵营角色信息界面（SoldierInfoUI）上：

Listing 23-5　Soldier 界面(SoldierInfoUI.cs)

```
public class SoldierInfoUI : IUserInterface
{
    private ISoldier m_Soldier = null; // 显示的 Soldier

    // 界面组件
    private Image  m_Icon = null;
    private Text   m_NameTxt = null;
    private Text   m_HPTxt = null;
    private Text   m_LvTxt = null;
    private Text   m_AtkTxt = null;
    private Text   m_AtkRangeTxt = null;
    private Text   m_SpeedTxt = null;
    private Slider m_HPSlider = null;

    public SoldierInfoUI( PBaseDefenseGame PBDGame ):base(PBDGame)
    {
        Initialize();
    }

    // 初始化
    public override void Initialize()
    {
```

```
        m_RootUI = UITool.FindUIGameObject( "SoldierInfoUI" );

        // 图像
        m_Icon = UITool.GetUIComponent<Image>(m_RootUI,
                                               "SoldierIcon");
        // 名称
        m_NameTxt = UITool.GetUIComponent<Text>(m_RootUI,
                                               "SoldierNameText");
        // HP
        m_HPTxt = UITool.GetUIComponent<Text>(m_RootUI,
                                               "SoldierHPText");
        // 等级
        m_LvTxt = UITool.GetUIComponent<Text>(m_RootUI,
                                               "SoldierLvText");
        // Atk
        m_AtkTxt = UITool.GetUIComponent<Text>(m_RootUI,
                                               "SoldierAtkText");
        // Atk 距离
        m_AtkRangeTxt = UITool.GetUIComponent<Text>(m_RootUI,
                                            "SoldierAtkRangeText");
        // Speed
        m_SpeedTxt = UITool.GetUIComponent<Text>(m_RootUI,
                                               "SoldierSpeedText");
        // HP 图示
        m_HPSlider = UITool.GetUIComponent<Slider>(m_RootUI,
                                                   "SoldierSlider");

        // 注册游戏事件
        m_PBDGame.RegisterGameEvent( ENUM_GameEvent.SoldierKilled,
                            new SoldierKilledObserverUI( this ));
        m_PBDGame.RegisterGameEvent( ENUM_GameEvent.SoldierUpgate,
                            new SoldierUpgateObserverUI( this ));

        Hide();
    }

    // Hide
    public override void Hide ()
    {
        base.Hide ();
        m_Soldier = null;
    }

    // 显示信息
    public void ShowInfo(ISoldier Soldier)
    {
        //Debug.Log("显示 Soldier 信息");
        m_Soldier = Soldier;
        if( m_Soldier == null || m_Soldier.IsKilled())
        {
```

```
            Hide ();
            return ;
        }
        Show ();

        // 显示 Soldier 信息
        // Icon
        IAssetFactory Factory = PBDFactory.GetAssetFactory();
        m_Icon.sprite = Factory.LoadSprite(
                                m_Soldier.GetIconSpriteName());
        // 名称
        m_NameTxt.text =  m_Soldier.GetName();
        // 等级
        m_LvTxt.text =string.Format("等级:{0}",
                    m_Soldier.GetSoldierValue().GetSoldierLv());
        // Atk
        m_AtkTxt.text = string.Format( "攻击力:{0}",
                          m_Soldier.GetWeapon().GetAtkValue());
        // Atk 距离
        m_AtkRangeTxt.text = string.Format("攻击距离:{0}",
                          m_Soldier.GetWeapon().GetAtkRange());
        // Speed
        m_SpeedTxt.text = string.Format("移动速度:{0}",
                    m_Soldier.GetSoldierValue().GetMoveSpeed());;

        // 更新 HP 信息
        RefreshHPInfo();
    }

    // 更新
    public void RefreshSoldier( ISoldier Soldier  )
    {
        if( Soldier==null)
        {
            m_Soldier=null;
            Hide ();
        }
        if( m_Soldier != Soldier)
            return ;
        ShowInfo( Soldier );
    }

    // 更新 HP 信息
    private void RefreshHPInfo()
    {
        int NowHP = m_Soldier.GetSoldierValue().GetNowHP();
        int MaxHP = m_Soldier.GetSoldierValue().GetMaxHP();

        m_HPTxt.text = string.Format("HP({0}/{1})", NowHP, MaxHP);
        // HP 图示
```

```
        m_HPSlider.maxValue = MaxHP;
        m_HPSlider.minValue = 0;
        m_HPSlider.value = NowHP;
    }

    // 更新
    public override void Update ()
    {
        base.Update ();
        if(m_Soldier==null)
            return ;
        // 是否死亡
        if(m_Soldier.IsKilled())
        {
            m_Soldier = null;
            Hide ();
            return ;
        }

        // 更新 HP 信息
        RefreshHPInfo();
    }
}
```

和实现其他界面相同，先获取界面上的显示组件后，通过 ShowInfo 方法将鼠标单击的角色信息显示出来。另外，类中也定义了几个提供给其他系统使用的方法。

角色数量的统计

当前双方角色在战场上的数量，是另一项玩家下决策时引用的依据，尤其对于攻防类型的游戏来说，当双方进入交战状态时，角色会交错站位、重叠显示，不容易看出当前双方角色的数量。因此，《P 级阵地》决定在界面上增加一个“显示敌我双方数量”的信息，并且在兵营界面（CampInfoUI）上也显示由该兵营产生的角色当前还有多少存活于战场上，如图 23-2 所示。

图 23-2　角色信息界面、兵营界面

在当前的《P 级阵地》角色系统（CharacterSystem）中，已经将双方角色分别使用不同的泛型容器进行管理：

Listing 23-6　管理产生出来的角色(CharacterSystem.cs)

```
public class CharacterSystem : IGameSystem
{
    private List<ICharacter> m_Soldiers = new List<ICharacter>();
    private List<ICharacter> m_Enemys = new List<ICharacter>();
    ...
}
```

如果要满足第一个需求：将双方阵营的角色数量显示出来，那么简单的实现方式就是，增加角色系统（CharacterSystem）的操作方法，让外界可以获取这两个容器的数量：

```
public class CharacterSystem : IGameSystem
{
    ...
    // 获取 Soldier 数量
    public int GetSoldierCount()
    {
        return m_Soldiers.Count;
    }

    // 获取 Enemy 数量
    public int GetEnemyCount()
    {
        return m_Enemys.Count;
    }
    ...
}
```

因为 PBaseDefenseGame 本身运用了多种设计模式，其中外观模式（Facade）和中介者模式（Mediator）分别作为各个游戏系统对外及对内的沟通接口，所以在 PBaseDefenseGame 类中，也必须增加对应的方法，让有需要的客户端或其他游戏系统来存取：

```
public class PBaseDefenseGame
{
    ...
    // 当前 Soldier 数量
    public int GetSoldierCount()
    {
        if( m_CharacterSystem !=null)
            return m_CharacterSystem.GetSoldierCount();
        return 0;
    }

    // 当前敌人数量
    public int GetEnemyCount()
    {
        if( m_CharacterSystem !=null)
```

```
            return m_CharacterSystem.GetEnemyCount();
        return 0;
    }
    ...
}
```

这样就完成了第一项需求：获取双方阵营的角色数量。那么对于第二项需求：兵营产生的角色当前还有多少存活在战场上，也可使用相同的步骤来完成。首先在角色系统（CharacterSystem）中增加方法：

```
public class CharacterSystem : IGameSystem
{
    ...
    // 获取各 Soldier 单位的数量
    public int GetSoldierCount(ENUM_Soldier emSolider)
    {
        int Count =0;
        foreach(ISoldier pSoldier in m_Soldiers)
        {
            if(pSoldier == null)
                continue;

            if( pSoldier.GetSoldierType() == emSolider)
                Count++;
        }
        return Count;
    }
    ...
}
然后在 PBaseDefenseGame 增加对应的方法：
public class PBaseDefenseGame
{
    ...
    // 当前 Soldier 数量
    public int GetSoldierCount( ENUM_Soldier emSoldier)
    {
        if( m_CharacterSystem !=null)
            return m_CharacterSystem.GetSoldierCount(emSoldier);
        return 0;
    }
    ...
}
```

如此，接口就可以通过这些方法来获取所需要的信息。但是，在完成这两项需求的同时，读者应该会发现，每加入一个与角色相关的功能需求时，就必须增加角色系统（CharacterSystem）的方法，也必须一并修改 PBaseDefenseGame 的接口。

然而，随着系统功能的增加，必须让两个类修改接口的实现方式就有缺点了。除了必须更改原本类的接口设计外，还增加了两个类的接口复杂度，使得后续的维护更为困难。假如现在系统又增加了第三个需求，要求统计当前场上敌方阵营不同角色的数量时，就势必得追加角色系统

（CharacterSystem）的方法并修改 PBaseDefenseGame 类接口。

所以，针对角色系统中“管理双方的角色对象”，应该要提出一套更好的解决方式，将这种“针对每一个角色进行遍历或判断”的功能一致化，使其不随不同需求的增加而修改接口。

GoF 的访问者模式（Visitor）提供了解决方案，让针对一群对象遍历或判断的功能，都能运用“同一组接口”方法来完成，过程中只会新增该功能本身的实现文件，对于原有的接口并不会产生任何更改。

23.2 访问者模式（Visitor）

笔者当初在学会访问者模式（Visitor）之后，第一个联想到的是 C++ *STL* 当中的 Function Object 应用：

Listing 23-7　计算某类型对象的数量并加总(C++程序代码)

```
template <typename T>
class Accumulater
{
  private:
    int * m_Count;
    T   * m_Total;
  public:
    Accumulater(int *count,T * total)
    {
        m_Count=count;
        m_Total=total;
    }

    void operator()(T i)
    {
         (*m_Count)++;
         (*m_Total)+=i;
    }
};

// 测试程序代码
void main()
{
    // 产生数据
    vector<int> Data;
    for(int i=0;i<10;++i)
        Data.push_back(i+1);

    // 利用 function object 计算加总及个数
    int Total=0;
    int Count=0;
    Accumulater<int> Sum(&Count,&Total);
```

```
    // 遍历并加总
    for_each(Data.begin(),Data.end(),Sum);

    //显示
    cout << "Count:" << Count << " Total:" << Total <<endl;
}
```

重新定义了一个具有计算功能（Accumulater<T>）类的 function operator，然后利用 for_each 遍历整个 vector<int>容器，STL 会自动调用 Accumulater<int>类的 function operator，并对容器内的每一个对象进行操作。上面的应用方式符合访问者模式（Visitor）的定义。虽然上面的范例要求 T 类还需要定义其他的 operator 才能正确通过编译（compile），但是就范例来看，访问者模式（Visitor）也已经“内化到”程序设计语言（包含函数库）中。因此，接下来，我们将呈现在 C#中实现访问者模式（Visitor）的方式。

23.2.1 访问者模式（Visitor）的定义

GoF 对于访问者模式（Visitor）的定义是：

“定义一个能够在一个对象结构中对于所有元素执行的操作。访问者让你可以定义一个新的操作，而不必更改到被操作元素的类接口。”

笔者认为上述定义的重点在于：定义一个新的操作，而不必更改到被操作元素的类接口，这完全符合“开—闭原则”（OCP）的要求，利用新增的方法来增加功能，而不是修改现有的程序代码来完成。下面通过实际例子来说明：

首先，我们回顾一下“第 9 章角色与武器的实现”介绍桥接模式（Bridge）时所提到的范例，一个绘图引擎所使用到的 IShape 类群组，但此处我们另外再增加一些方法，类结构如图 23-3 所示。

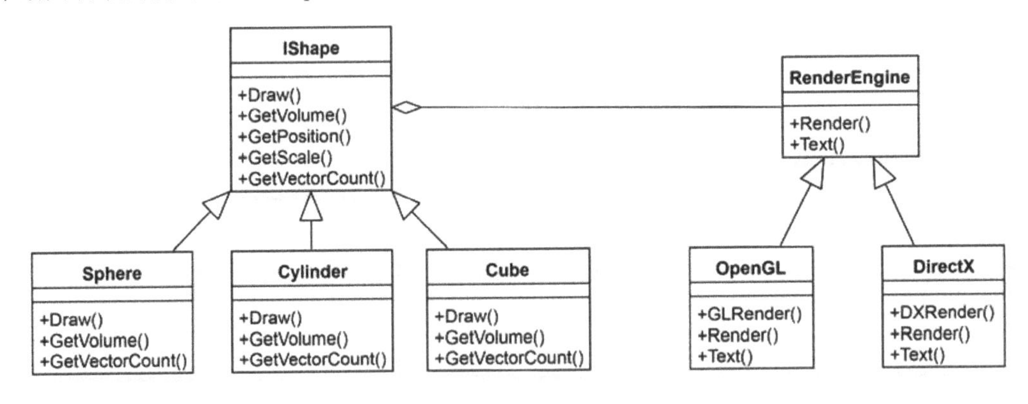

图 23-3 IShape 类群组增加一些方法后的类结构图

Listing 23-8 绘图引擎的实现

```
public abstract class RenderEngine
{
    public abstract void Render(string ObjName);
    public abstract void Text(string Text);
}
```

```
// DirectX 引擎
public class DirectX : RenderEngine
{
    public override void Render(string ObjName)    {
        DXRender(ObjName);
    }

    public override void Text(string Text)    {
        DXRender(Text);
    }

    public void DXRender(string ObjName)    {
        Debug.Log ("DXRender:"+ObjName);
    }
}

// OpenGL 引擎
public class OpenGL : RenderEngine
{
    public override void Render(string ObjName) {
        GLRender(ObjName);
    }

    public override void Text(string Text) {
        GLRender(Text);
    }

    public void GLRender(string ObjName) {
        Debug.Log ("OpenGL:"+ObjName);
    }
}

// 形状
public abstract class Ishape
{
    protected RenderEngine m_RenderEngine = null;      // 使用的绘图引擎
    protected Vector3 m_Position = Vector3.zero;    // 显示位置
    protected Vector3 m_Scale = Vector3.zero;     // 大小(缩放)

    public void SetRenderEngine( RenderEngine theRenderEngine ) {
        m_RenderEngine = theRenderEngine;
    }

    public Vector3 GetPosition() {
        return m_Position;
    }

    public Vector3 GetScale() {
        return m_Scale;
    }
```

```
    public abstract void Draw();          // 绘出
    public abstract float GetVolume();     // 获取体积
    public abstract int GetVectorCount();  // 获取顶点数
}

// 球体
public class Sphere : IShape
{
    ...
    public Sphere(RenderEngine theRenderEngine) {
        base.SetRenderEngine( theRenderEngine );
    }

    public override void Draw() {
        m_RenderEngine.Render("Sphere");
    }

    public override float GetVolume() {
        return ...;
    }

    public override int GetVectorCount() {
        return ...;
    }
}
// 立方体
public class Cube : IShape
{
    ...
    public Cube(RenderEngine theRenderEngine) {
        base.SetRenderEngine( theRenderEngine );
    }

    public override void Draw() {
        m_RenderEngine.Render("Cube");
    }

    public override float GetVolume() {
        return ...;
    }

    public override int GetVectorCount() {
        return ...;
    }
}

// 圆柱体
public class Cylinder : IShape
{
```

```
    ...
    public Cylinder(RenderEngine theRenderEngine) {
        base.SetRenderEngine( theRenderEngine );
    }

    public override void Draw() {
        m_RenderEngine.Render("Cylinder");
    }

    public override float GetVolume() {
        return ...;
    }

    public override int GetVectorCount() {
        return ...;
    }
}
```

与 9.2.3 节使用的 IShape 类一样，此处的 IShape 类也拥有一个 RenderEngine 的对象，用来在特定 3D 引擎下绘出形状。另外还增加了一些 Shape 类的方法，作为本章范例使用，同样也存在 3 个子类，所以基本上可以使用一个管理器类来管理所有产生的形状：

```
// 形状容器
public class ShapeContainer
{
    List<IShape> m_Shapes = new List<IShape>();

    public ShapeContainer(){}

    // 新增
    public void AddShape(IShape theShape) {
        m_Shapes.Add ( theShape );
    }
}
```

有了管理器之后，就可以将所有产生的形状都加入管理器中：

```
    public void CreateShape(){
        DirectX theDirectX = new DirectX();
        // 加入形状
        ShapeContainer theShapeContainer = new ShapeContainer();
        theShapeContainer.AddShape( new Cube(theDirectX) );
        theShapeContainer.AddShape( new Cylinder(theDirectX) );
        theShapeContainer.AddShape( new Sphere(theDirectX) );
    }
```

接下来，如果想要将容器内所有的形状都绘制出来，就要增加形状容器类的方法：

```
// 形状容器
public class ShapeContainer
{
    ...
```

```
    // 绘出
    public void DrawAllShape() {
        foreach(IShape theShape in m_Shapes)
            theShape.Draw();
    }
}
```

到当前为止，形状容器类新增的方法 DrawAllShape 符合定义中的前半段："定义一个能够在一个对象结构中对于所有元素执行的操作"，DrawAllShape 方法遍历了所有容器内的元素：IShape 类对象，并执行了 Draw 方法。

但是，这个方法并不符合后半段的定义："不必更改到被操作元素的类接口"，虽然定义指的是不更改 IShape 的接口，但我们要将其扩大引申为"同时也不能更改到管理容器类"。因为如果按当前的实现方式，那么所有新增在 IShape 类中的方法，一定会连带更改 ShapeContainer 形状容器类，或者要存取 IShape 方法就一定得通过 ShapeContainer 形状容器类。例如，现在要追加实现计算所有形状使用的顶点数：

```
// 形状容器
public class ShapeContainer
{
    ...
    // 获取所有顶点数
    public int GetAllVectorCount() {
        int Count = 0;
        foreach(IShape theShape in m_Shapes)
            Count += theShape.GetVectorCount();
        return Count;
    }
}
```

这样一来，又更改了 ShapeContainer 形状容器类的接口。而随着后续项目的更新或功能强化，将会不断增加 ShapeContainer 类的方法，这并不是很好的方式。运用访问者模式（Visitor）是比较好的选择，修正的步骤大致如下：

1. 在 ShapeContainer 形状容器类中增加一个共享方法，这个方法专门用来遍历所有容器内的形状。

2. 调用这个共享方法时，要带入一个继承自 Visitor 访问者接口的对象，而 Visitor 访问者接口内会提供不同的方法，这些方法会被不同的元素调用。

3. 在 IShape 中新增一个 RunVisitor 抽象方法，让子类实现。而调用这个方法时，会将一个 Visitor 访问者接口对象传入，让 IShape 的子类，可以按情况调用 Visitor 类中特定的方法。

4. ShapeContainer 新增的共享方法中，会遍历每一个 IShape 对象，并调用 IShape 新增的 RunVisitor 方法，并将 Visitor 访问者当成参数传入。

23.2.2 访问者模式（Visitor）的说明

在经过上述 4 个步骤的修改后，类结构会如图 23-4 所示。

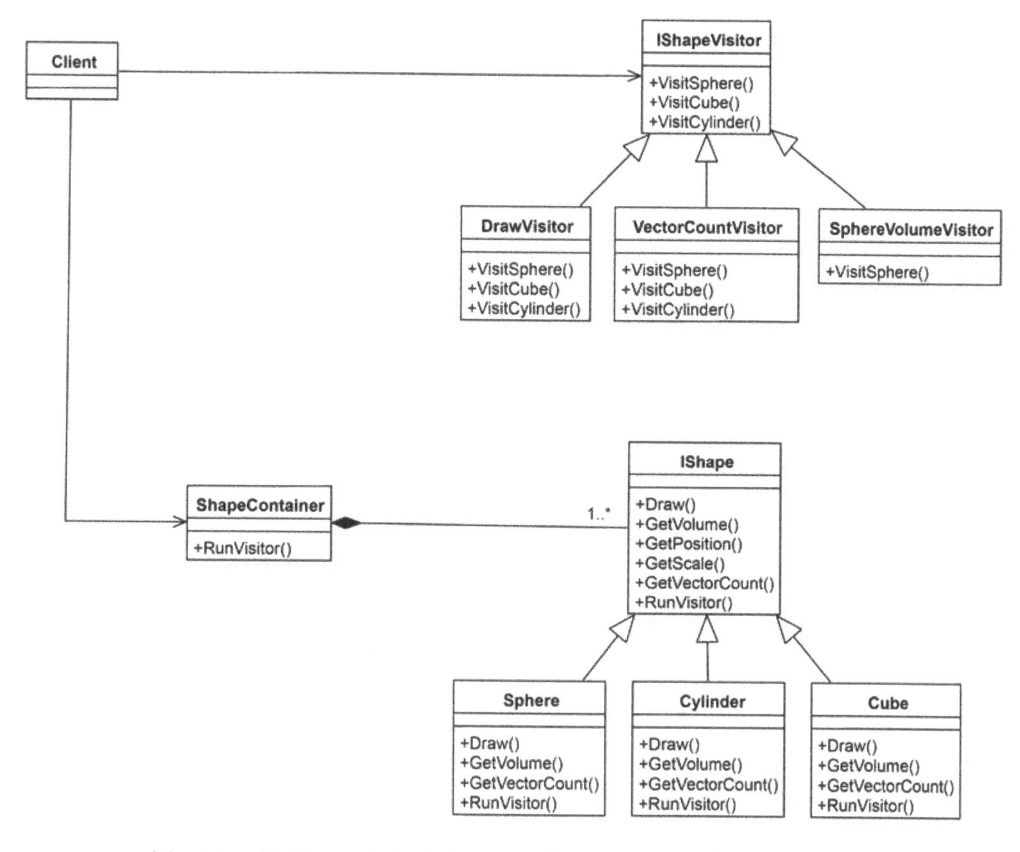

图 23-4　绘制形状类在运用访问者模式（Visitor）修改后的类结构图

参与者的说明如下：

- IShape（形状接口）
  - 定义形状的接口操作。
  - 包含了 RunVisitor 方法，来执行 IShapeVisitor 访问者中的方法。
- Sphere、Cylinder、Cube（各种形状）
  - 3 个实现形状接口的子类
  - 重新实现 RunVisitor 的方法，并根据不同的子类来调用 IShapeVisitor 访问者中的特定方法。
- ShapeContainer（形状容器）
  - 包含所有产生的 IShape 对象。
- IShapeVisitor（形状访问者）
  - 定义形状访问者的操作接口。
  - 定义让每个不同形状可调用的方法。
- DrawVisitor、VectorCountVisitor、SphereVolumeVisitor（多个访问者）
  - 实现 IShapeVisitor 形状访问者接口的子类。
  - 实现与形状类功能有关的地方。
  - 可以只重新实现特定的方法，建立只针对某个形状子类的操作功能。

23.2.3 访问者模式（Visitor）的实现范例

首先，定义形状访问者（IShapeVisitor）接口：

Listing 23-9 定义访问者接口(ShapeVisitor.cs)

```
public abstract class IShapeVisitor
{
    // 由 Sphere 类来调用
    public virtual void VisitSphere(Sphere theSphere)
    {}
    // 由 Cube 类来调用
    public virtual void VisitCube(Cube theCube)
    {}
    // 由 Cylinder 类来调用
    public virtual void VisitCylinder(Cylinder theCylinder)
    {}
}
```

接口中针对现有的 3 个形状子类，定义了对应调用的方法。但比较特别的是，在这里都定义为虚拟函数（virtual funciton）而不是抽象函数（abstract function），原因在于，这样可以让每一个子类决定要重新实现的方法，让每一个子类可以更精确地实现该类所负责的功能。

将原本在形状容器（ShapeContainer）类定义的操作删除，然后增加一个可接受形状访问者（IShapeVisitor）对象的方法：

Listing 23-10 形状容器(ShapeVisitor.cs)

```
public class ShapeContainer
{
    List<IShape> m_Shapes = new List<IShape>();

    public ShapeContainer(){}
    // 新增
    public void AddShape(IShape theShape) {
        m_Shapes.Add ( theShape );
    }

    // 共享的访问者接口
    public void RunVisitor(IShapeVisitor theVisitor) {
        foreach(IShape theShape in m_Shapes)
            theShape.RunVisitor( theVisitor );
    }
}
```

在 RunVisitor 方法中，遍历了每一个 List 容器内的 IShape 对象，并调用每一个对象的 RunVisitor 方法，该方法定义在 IShape 类接口中：

Listing 23-11 形状的定义(ShapeVisitor.cs)

```
public abstract class IShape
```

```
{
    protected RenderEngine m_RenderEngine = null;      // 使用的绘图引擎
    protected Vector3 m_Position = Vector3.zero;  // 显示位置
    protected Vector3 m_Scale = Vector3.zero;      // 大小(缩放)

    public void SetRenderEngine( RenderEngine theRenderEngine ) {
        m_RenderEngine = theRenderEngine;
    }

    public Vector3 GetPosition() {
        return m_Position;
    }

    public Vector3 GetScale() {
        return m_Scale;
    }

    public abstract void Draw();          // 绘出
    public abstract float GetVolume();  // 获取体积
    public abstract int  GetVectorCount();  // 获取顶点数
    public abstract void RunVisitor(IShapeVisitor theVisitor);
}
```

IShape 类接口中的 RunVisitor 是个抽象函数（abstract function），必须由各个子类重新实现：

Listing 23-12　各形状的重新实现(ShapeVisitor.cs)

```
// 球体
public class Sphere : IShape
{
    ...
    public override void RunVisitor(IShapeVisitor theVisitor) {
        theVisitor.VisitSphere(this);
    }
}

// 立方体
public class Cube : IShape
{
    ...
    public override void RunVisitor(IShapeVisitor theVisitor) {
        theVisitor.VisitCube(this);
    }
}

// 圆柱体
public class Cylinder : IShape
{
    ...
    public override void RunVisitor(IShapeVisitor theVisitor) {
        theVisitor.VisitCylinder(this);
```

```
        }
    }
```

每一个形状子类在重新实现的 RunVisitor 方法中，直接调用由参数传入的 IShapeVisitor（形状访问者）对象的方法，调用的方法分别对应了自己所属的子类，并将自己对象（this）的引用传入调用的方法中。

经过上列的修改后，形状容器（ShapeContainer）类算是完成了访问者模式（Visitor）。而定义中的前半段："定义一个能够在一个对象结构中对于所有元素执行的操作"，是由 ShapeContainer 类的 RunVistor 方法和 IShape 类中的方法来实现的，而定义的后半段："访问者让你可以定义一个新的操作，而不必更改到被操作元素的类接口"，则可以通过接下来的范例来进行说明。

同样是利用修改好的 ShapeContainer 类，如果想要让容器内所有的 IShape 对象执行绘图功能，只要定义一个继承 IShapeVisitor 的子类 DrawVisitor，并且重新实现所有的方法，在这些方法中调用每一个传入对象的 Draw 函数就可以实现：

Listing 23-13　绘图功能的 Visitor(ShapeVisitor.cs)

```
public class DrawVisitor : IShapeVisitor
{
    // 由 Sphere 类来调用
    public override void VisitSphere(Sphere theSphere) {
        theSphere.Draw();
    }

    // 由 Cube 类来调用
    public override void VisitCube(Cube theCube) {
        theCube.Draw();
    }

    // 由 Cylinder 类来调用
    public override void VisitCylinder(Cylinder theCylinder) {
        theCylinder.Draw();
    }
}
```

只增加一个类来负责实现调用每一个传入对象的 Draw 方法就可以实现目标，完全不必再更改到其他的类接口。通过下面的测试范例，可以完整地看到使用的流程：

Listing 23-14　测试绘图功能的 Visitor(ShapeVisitorTest.cs)

```
void UnitTest ()
{
    DirectX theDirectX = new DirectX();

    // 加入形状
    ShapeContainer theShapeContainer = new ShapeContainer();
    theShapeContainer.AddShape( new Cube(theDirectX) );
    theShapeContainer.AddShape( new Cylinder(theDirectX) );
    theShapeContainer.AddShape( new Sphere(theDirectX) );
```

```
        // 绘图
        theShapeContainer.RunVisitor(new DrawVisitor());
    }
```

再继续实现原来范例中要求的“计算顶点数”功能，这项功能由新的 IShapeVisitor 子类 VectorCountVisitor 来完成：

Listing 23-15　计数顶点数的 Visitor(ShapeVisitor.cs)

```
public class VectorCountVisitor : IShapeVisitor
{
    public int Count = 0;

    // 由 Sphere 类来调用
    public override void VisitSphere(Sphere theSphere) {
        Count += theSphere.GetVectorCount();
    }

    // 由 Cube 类来调用
    public override void VisitCube(Cube theCube) {
        Count += theCube.GetVectorCount();
    }

    // 由 Cylinder 类来调用
    public override void VisitCylinder(Cylinder theCylinder) {
        Count += theCylinder.GetVectorCount();
    }
}
```

类中定义了一个成员，用来计算当前累计的顶点数，执行时与绘图功能的范例一样，不需要改动到其他的类接口就可以完成要求的功能：

Listing 23-16　测试计算顶点数的 Visitor(ShapeVisitorTest.cs)

```
    void UnitTest ()
    {
        DirectX theDirectX = new DirectX();

        // 加入形状
        ShapeContainer theShapeContainer = new ShapeContainer();
        theShapeContainer.AddShape( new Cube(theDirectX) );
        theShapeContainer.AddShape( new Cylinder(theDirectX) );
        theShapeContainer.AddShape( new Sphere(theDirectX) );

        // 绘图
        theShapeContainer.RunVisitor(new DrawVisitor());

        // 顶点数
        VectorCountVisitor theVectorCount = new VectorCountVisitor();
        theShapeContainer.RunVisitor( theVectorCount );
        Debug.Log("顶点数:"+ theVectorCount.Count );
```

```
    }
```

最后，实现一个只针对球体（Sphere）计算的体积并加总的功能：

Listing 23-17　计算球体体积的 Visitor(ShapeVisitor.cs)

```
public class SphereVolumeVisitor : IShapeVisitor
{
    public float Volume;

    // 由 Sphere 类来调用
    public override void VisitSphere(Sphere theSphere) {
        Volume += theSphere.GetVolume();
    }
}
```

因为只针对球体（Sphere），所以类中只重新实现了 VisitSphere 方法来进行加总操作：

Listing 23-18　测试计算球体体积的 Visitor(ShapeVisitorTest.cs)

```
    void UnitTest ()
    {
        DirectX theDirectX = new DirectX();

        // 加入形状
        ShapeContainer theShapeContainer = new ShapeContainer();
        theShapeContainer.AddShape( new Cube(theDirectX) );
        theShapeContainer.AddShape( new Cylinder(theDirectX) );
        theShapeContainer.AddShape( new Sphere(theDirectX) );
        ...
        // 球体体积
        SphereVolumeVisitor theSphereVolume =
                                new SphereVolumeVisitor();
        theShapeContainer.RunVisitor( theSphereVolume );
        Debug.Log("球体体积:"+ theSphereVolume.Volume );
    }
```

与执行计算顶点的访问者一样，先产生 SphereVolumeVisitor 对象，再调用形状容器（ShapeContainer）的 RunVisitor 访问者方法，最后输出计算结果。

上面三项功能实现时，只新增了负责实现的类，并未更改到原有的类接口，符合了访问者模式（Visitor）定义后半段的要求："访问者让你可以定义一个新的操作，而不必更改到被操作元素的类接口"。

执行绘图访问者的流程图

执行绘图访问者时的流程图如图 23-5 所示，每一个形状子类都先通过调用访问者中的对应方法，再来执行每一个类中被重新实现后的方法。

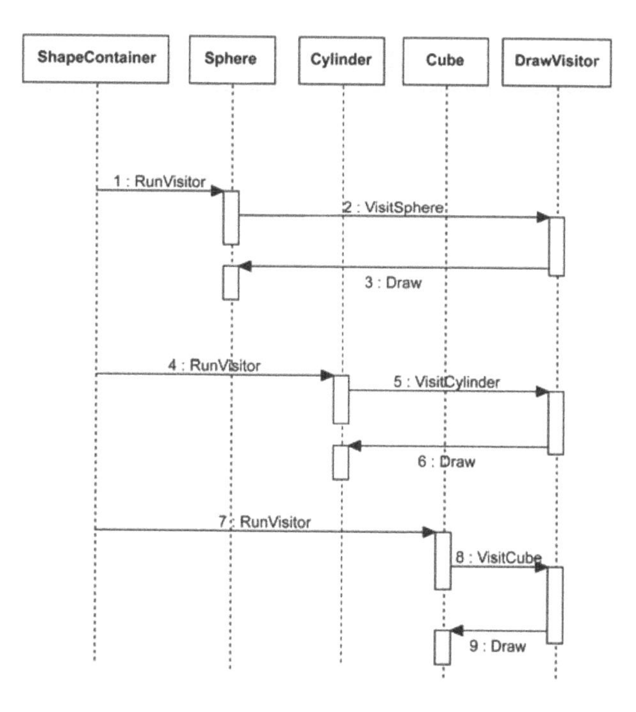

图 23-5　执行绘图访问者时的流程图

23.3 使用访问者模式（Visitor）实现角色信息查询

笔者在每一款游戏的实现中，都会出现管理某一类对象的需求，除了基本的新增、删除、读取等操作之外，遍历容器并执行功能是另一个经常要做的事。也就是因为常常需要遍历管理容器，所以程序代码中常常看到 for_each 遍历某个管理容器的程序代码，而在每个功能的实现上，差别仅在于会影响到多少的现有类而已。

所以，在还没使用访问者模式（Visitor）之前，项目就会很像本章最前面的范例那样，必须连续更改好几个类才能获取新增的功能，或者是在管理容器类中加入单例模式（Singleton），让客户端能快速获取，并立即使用新增的功能。但若善用访问者模式（Visitor）则可以让项目更具有稳定性，尤其是在新增功能且不想影响现有功能实现的情况时，特别方便。

23.3.1　角色信息查询的实现设计

回到《P 级阵地》中，分析“双方角色数量的统计”这个需求。如果只考虑单项功能的实现，那么原来的方式就已经完成了。但为了后续开发过程可能会增加的查询需求，我们将《P 级阵地》运用访问者模式（Visitor），让后续针对遍历所有角色并执行特定功能的需求，都能通过同一个接口方法来完成。

按照前一节提示的修改步骤，《P 级阵地》的角色系统（Character System）在运用访问者模式（Visitor）后，其结构如图 23-6 所示。

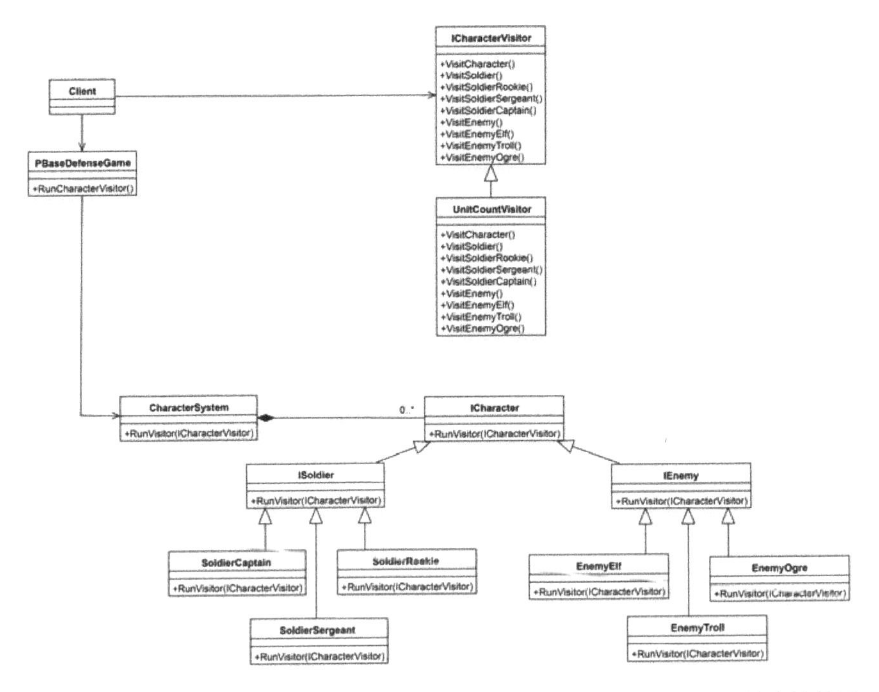

图 23-6　角色系统（Character System）在运用访问者模式（Visitor）后的类结构图

参与者的说明如下：

- ICharacterVisitor：角色访问者接口，针对《P 级阵地》的双方阵营角色类，声明了对应的调用方法。
- UnitCountVisitor：统计双方阵营角色数量的访问者。
- CharacterSystem：角色系统，定义了一个共享的方法 RunVisitor 来执行角色访问者。
- ICharacter：角色类，增加了一个让角色访问者（ICharacterVisitor）可以执行的方法：RunVisitor。该方法是抽象函数（abstruct function），必须由子类重新实现。
- ISoldier、SoldierCaption、……、IEnemy、EnemyElf、……：双方阵营的角色类，其中都会重新实现 RunVisitor 方法，并按照类本身的特色，调用角色访问者（ICharacterVisitor）中对应的方法。
- PBaseDefenseGame：因为角色系统（CharacterSystem）是游戏的子系统，需通过 PBaseDefenseGame 的方法 RunCharacterVisitor 来传递信息。
- Client：《P 级阵地》中，所有需要执行角色遍历功能的地方。

23.3.2　实现说明

先定义角色访问者的接口：

Listing 23-19　定义角色 Visitor 接口(ICharacterVisitor.cs)

```
public abstract class ICharacterVisitor
```

```
{
    public virtual void VisitCharacter(ICharacter Character)
    {}

    public virtual void VisitSoldier(ISoldier Soldier) {
        VisitCharacter( Soldier );
    }

    public virtual void VisitSoldierRookie(SoldierRookie Rookie) {
        VisitSoldier( Rookie );
    }

    public virtual void VisitSoldierSergeant(SoldierSergeant Sergeant){
        VisitSoldier( Sergeant );
    }

    public virtual void VisitSoldierCaptain(SoldierCaptain Captain) {
        VisitSoldier( Captain );
    }

    public virtual void VisitSoldierCaptive(SoldierCaptive Captive) {
        VisitSoldier( Captive );
    }

    public virtual void VisitEnemy(IEnemy Enemy) {
        VisitCharacter( Enemy );
    }

    public virtual void VisitEnemyElf(EnemyElf Elf) {
        VisitEnemy( Elf );
    }

    public virtual void VisitEnemyTroll(EnemyTroll Troll) {
        VisitEnemy( Troll );
    }

    public virtual void VisitEnemyOgre(EnemyOgre Ogre) {
        VisitEnemy( Ogre );
    }
}
```

类中针对《P 级阵地》的每一个角色类（ICharacter）都定义了一个对应的虚拟函数（Virtual Function），比较特别的是，在每一个方法之中，都会调用父类的方法，会这样实现的原因是：可以让每一个最底层的子类角色对象被遍历时，也都可以一并执行到父类的访问方法，让每一层的类都可以被遍历到。

在角色接口（ICharacter）增加让角色访问者（ICharacterVisitor）可以执行的方法：

Listing 23-20　角色接口(ICharacter.cs)

```
public abstract class ICharacter
```

```
{
    ...
    // 执行 Visitor
    public virtual void RunVisitor(ICharacterVisitor Visitor) {
        Visitor.VisitCharacter(this);
    }
}
```

在角色系统（CharacterSystem）中，删除原有角色数量统计的方法，然后加上一个能让所有战场上的角色来执行的角色访问者（ICharacterVisitor）方法：

Listing 23-21　管理产生出来的角色(CharacterSystem.cs)

```
public class CharacterSystem : IGameSystem
{
    private List<ICharacter> m_Soldiers = new List<ICharacter>();
    private List<ICharacter> m_Enemys = new List<ICharacter>();
    ...
    // 执行 Visitor
    public void RunVisitor(ICharacterVisitor Visitor) {
        foreach( ICharacter Character in m_Soldiers)
            Character.RunVisitor( Visitor);
        foreach( ICharacter Character in m_Enemys)
            Character.RunVisitor( Visitor);
    }
}
```

因为角色系统（CharacterSystem）属于游戏子系统（IGameSystem），所以必须通过PBaseDefenseGame作为沟通的渠道。因此，在PBaseDefenseGame类中也增加执行角色系统访问者的方法，并一并删除之前角色数量统计所使用的方法：

```
public class PBaseDefenseGame
{
    ...
    // 游戏系统
    private CharacterSystem m_CharacterSystem = null; // 角色管理系统
    ...

    // 执行角色系统的 Visitor
    public void RunCharacterVisitor(ICharacterVisitor Visitor) {
        m_CharacterSystem.RunVisitor( Visitor );
    }
}
```

新增了相关角色访问者（ICharacterVisitor）所需执行的方法后，就可以开始实现角色计数功能的访问者了：

Listing 23-22　各单位计数访问者(UnitCountVisitor.cs)

```
public class UnitCountVisitor : ICharacterVisitor
{
```

```
// 所有单位的计数器
public int CharacterCount = 0;
public int SoldierCount = 0;
public int SoldierRookieCount = 0;
public int SoldierSergeantCount = 0;
public int SoldierCaptainCount = 0;
public int SoldierCaptiveCount = 0;
public int EnemyCount = 0;
public int EnemyElfCount = 0;
public int EnemyTrollCount = 0;
public int EnemyOgreCount = 0;

public override void VisitCharacter(ICharacter Character) {
   base.VisitCharacter(Character);
   CharacterCount++;
}

public override void VisitSoldier(ISoldier Soldier) {
   base.VisitSoldier(Soldier);
   SoldierCount++;
}

public override void VisitSoldierRookie(SoldierRookie Rookie) {
   base.VisitSoldierRookie(Rookie);
   SoldierRookieCount++;
}

public override void VisitSoldierSergeant(SoldierSergeant Sergeant)
{
   base.VisitSoldierSergeant(Sergeant);
   SoldierSergeantCount++;
}

public override void VisitSoldierCaptain(SoldierCaptain Captain) {
   base.VisitSoldierCaptain(Captain);
   SoldierCaptainCount++;
}

public override void VisitSoldierCaptive(SoldierCaptive Captive)  {
   base.VisitSoldierCaptive(Captive);
   SoldierCaptiveCount++;
}

public override void VisitEnemy(IEnemy Enemy) {
   base.VisitEnemy(Enemy);
   EnemyCount++;
}

public override void VisitEnemyElf(EnemyElf Elf) {
   base.VisitEnemyElf(Elf);
```

```
        EnemyElfCount++;
    }

    public override void VisitEnemyTroll(EnemyTroll Troll) {
        base.VisitEnemyTroll(Troll);
        EnemyTrollCount++;
    }

    public override void VisitEnemyOgre(EnemyOgre Ogre) {
        base.VisitEnemyOgre(Ogre);
        EnemyOgreCount++;
    }

    public void Reset() {
        CharacterCount = 0;
        SoldierCount = 0;
        SoldierRookieCount = 0;
        SoldierSergeantCount = 0;
        SoldierCaptainCount = 0;
        SoldierCaptiveCount = 0;
        EnemyCount = 0;
        EnemyElfCount = 0;
        EnemyTrollCount = 0;
        EnemyOgreCount = 0;
    }

    // 获取 Solder 兵种的数量
    public int GetUnitCount( ENUM_Soldier emSoldier) {
        switch( emSoldier)
        {
            case ENUM_Soldier.Null:
                return SoldierCount;
            case ENUM_Soldier.Rookie:
                return SoldierRookieCount;
            case ENUM_Soldier.Sergeant:
                return SoldierSergeantCount;
            case ENUM_Soldier.Captain:
                return SoldierCaptainCount;
            case ENUM_Soldier.Captive:
                return SoldierCaptiveCount;
            default:
                Debug.LogWarning("GetUnitCount:没有[" + emSoldier
                                        + "]可以对应的计算方式");
                break;
        }
        return 0;
    }

    // 获取 Enemy 兵种的数量
    public int GetUnitCount( ENUM_Enemy emEnemy) {
```

```
        switch( emEnemy)
        {
            case ENUM_Enemy.Null:
                return EnemyCount;
            case ENUM_Enemy.Elf:
                return EnemyElfCount;
            case ENUM_Enemy.Troll:
                return EnemyTrollCount;
            case ENUM_Enemy.Ogre:
                return EnemyOgreCount;
            default:
                Debug.LogWarning("GetUnitCount:没有[" + emEnemy
                                        + "]可以对应的计算方式");
                break;
        }
        return 0;
    }
}
```

角色单位计数访问者（UnitCountVisitor）重新实现了每一个虚拟函数，每一个函数在被调用时，都会增加该单位的计数器。因为之前的设计会调用父类的方法，所以包含父类层级的 ICharacter、ISoldier、IEnemy 也都可以借助对应的成员，来获取当前场地内所有类角色的数量以及双方阵营单位的存活数量。最后，提供了方便的访问方法 GetUnitCount，使得可按参数返回指定类的计属性。

在游戏状态信息界面（GameStateInfoUI）中显示出双方阵营角色的数量：

Listing 23-23　游戏状态信息(GameStateInfoUI.cs)

```
public class GameStateInfoUI : IUserInterface
{
    ...
    // 双方角色计数
    private UnitCountVisitor m_UnitCountVisitor =
                                        new UnitCountVisitor();

    //
    public override void Update () {
        base.Update ();

        // 执行角色计算 Visitor
        m_UnitCountVisitor.Reset();
        m_PBDGame.RunCharacterVisitor(m_UnitCountVisitor);


        // 双方数量
        m_SoldierCountText.text = string.Format("我方单位数:{0}",
                m_UnitCountVisitor.GetUnitCount( ENUM_Soldier.Null ));
        m_EnemyCountText.text = string.Format("敌方单位数:{0}",
                m_UnitCountVisitor.GetUnitCount( ENUM_Enemy.Null ));
        ...
    }
```

```
}
```

实现上，只需要产生角色访问者的对象，然后通过 PBaseDefenseGame 定义的接口，就能让角色系统（CharacterSystem）所管理的所有角色对象都能够被传送到角色计数访问者（UnitCountVisitor）中，进行角色数量的加总计数。

另外，还有一个要使用到计数功能的则是兵营界面（CampInfoUI）：

Listing 23-24　兵营界面(CampInfoUI.cs)

```
public class CampInfoUI : IUserInterface
{
    ...
    private UnitCountVisitor m_UnitCountVisitor =
                            new UnitCountVisitor(); // 存活单位计数
    ...

    // 训练中的信息
    private void ShowOnTrainInfo() {
        ...
        // 存活单位
        m_UnitCountVisitor.Reset();
        m_PBDGame.RunCharacterVisitor( m_UnitCountVisitor );
        int UnitCount = m_UnitCountVisitor.GetUnitCount(
                                    m_Camp.GetSoldierType());
        m_AliveCountTxt.text = string.Format("存活单位:{0}",UnitCount );
    }
}
```

同样地，我们可以利用如图 23-7 所示的流程图来了解各个对象之间互动的情形。

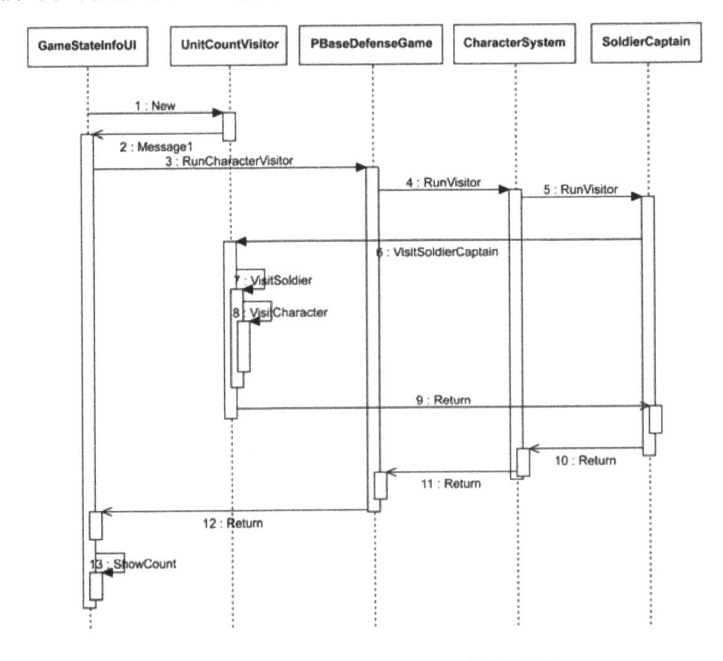

图 23-7　各个对象之间互动的流程图

23.3.3　使用访问者模式（Visitor）的优点

使用的角色访问者（ICharacterVisitor）让遍历每一个角色对象并执行特定功能变得容易了许多。在不必更改任何类接口的情况下，新增的功能只需要实现新的角色访问者（ICharacterVisitor）子类即可，大幅增加了系统的稳定性，也减少了对类接口不必要的修改。

23.3.4　实现访问者模式（Visitor）时的注意事项

访问者模式（Visitor）的优点正如上面所讲的，但在实现访问者模式（Visitor）时，还有一些需要注意的地方。

当增加了新的角色类时

访问者模式（Visitor）的缺点之一是，当角色类（ICharacter）群组增加子类时，那么角色访问者（ICharacterVisitor）必须新增一个对应调用的方法，而这个新增的操作会引起所有子类进行相同的改动，并且需要对每一个子类进行检查，以确定是否需要重新实现新增的方法。

被访问类的封装性变差

在《P 级阵地》中，被访问的类就是角色类（ICharacter）群组。在运用访问者模式（Visitor）的情况下，被访问的类必须尽可能提供所有可能的操作和信息，这样才能在实现新的访问者（Visitor）时，不会因为缺少需要的方法，而连带修改角色类（ICharacter）接口。但是过度地开放角色类（ICharacter）的方法和信息，不仅会破坏类的封装性，也会增加其他系统与角色类（ICharacter）的依赖度（或耦合度）。

23.4　访问者模式（Visitor）面对变化时

在《P 级阵地》的某次项目会议上，有人提议到……

测试：“大家有没有觉得，如果在玩家每次过关时，系统能给予奖励的话，是不是能成为玩家想过关的诱因。”

企划：“你是说什么样的奖励？”

测试：“类似以前街机的射击游戏，过了一关，就会补满大炸弹，我们可以考虑要不要增加类似的过关奖励，或是给予存活单位增加什么功能，作为过关时的奖励，既可强化守护优势，又可增加玩家游戏时的策略选择。”

企划：“嗯……是个不错的构想，可以试试给予存活角色增加一个勋章的方式，就像获得特殊荣誉那样，存活的越多次累计越多，而勋章累计数可以对应到一个角色的加成属性，用来强化攻守能力。至于属性的设置，就交给我们企划来烦恼，不过是否能实现出来，以及所需要的时间，还是请小程评估一下。”

小程：“应该不难实现……”

小程脑子里转了一下，想了想当前项目的架构：

- 第一：应该是更改一下 ISoldier 的接口，让它增加一些与勋章有关的方法。
- 第二：增加勋章的触发点可以加在新关卡产生的时刻，可利用已经运用观察者模式（Observer）的游戏事件系统（GameEventSystem），新增一个过关主题（NewStageSubject）的观察者，就可以办到。
- 第三：至于怎么让存活在战场上的 ISoldier 都可以增加勋章，应该是让角色系统（CharacterSystem）遍历所有在战场上的 ISoldier 对象，通知他们都可以增加一个勋章数，这恰好可以利用最近完成的访问者模式（Visitor）来实现。

小程：“以当前的项目构架要实现没有太大问题，可以很容易串联相关功能。不过，玩家角色获得勋章可对应到一个角色加成属性，然后用来强化攻守能力，这一部分，我们系统还没有加入这样的机制，这一部分是不是……”

企划：“是的是的，这一部分我们企划还在规划中，等完成后，会再加入游戏需求中。可以先将流程都串接好，等属性加成的功能都设计好了，再加上去，好吗？”

程序：“好的”

于是小程在之后的实现中，先完成了 ISoldier 接口的修正，增加与勋章有关的成员和方法：

```
// Soldier 角色接口
public abstract class ISoldier : ICharacter
{
    protected int m_MedalCount = 0;                  // 勋章数量
    protected const int MAX_MEDAL = 3;         // 最多勋章数量

    ...
    // 增加勋章
    public virtual void AddMedal() {
        if( m_MedalCount >= MAX_MEDAL)
            return ;

        // 增加勋章
        m_MedalCount++;

        // 获取对应的勋章加成值
        // TODO: 等待企划完成规划
    }
    ...
} // ISoldier.cs

然后，增加了一个 ISoldier 角色勋章的访问者：
// 增加 Solder 勋章访问者
public class SoldierAddMedalVisitor : ICharacterVisitor
{
    PBaseDefenseGame m_PBDGame = null;

    public SoldierAddMedalVisitor( PBaseDefenseGame PBDGame) {
        m_PBDGame = PBDGame;
    }
```

```
    public override void VisitSoldier(ISoldier Soldier) {
        base.VisitSoldier( Soldier);
        Soldier.AddMedal();

        // 游戏事件
        m_PBDGame.NotifyGameEvent( ENUM_GameEvent.SoldierUpgate,
                                   Soldier);
    }
} // SoldierAddMedalVisitor.cs
```

新增的访问者类只重新实现了 VisitSoldier 方法，这是因为只有 ISoldier 类的对象才会进行增加勋章的操作，最后也通知了游戏事件系统（GameEventSystem），有玩家阵营单位要升级。

之后再新增一个过关主题（NewStageSubject）的观察者，用来串接“过关事件”与“ISoldier 角色增加勋章”的关联：

```
// 订阅新关卡-增加 Solder 勋章
public class NewStageObserverSoldierAddMedal : IGameEventObserver
{
    private NewStageSubject m_Subject = null;
    private PBaseDefenseGame m_PBDGame = null;

    public NewStageObserverSoldierAddMedal(
                                    PBaseDefenseGame PBDGame) {
        m_PBDGame = PBDGame;
    }

    // 设置观察的主题
    public override void SetSubject( IGameEventSubject Subject ) {
        m_Subject = Subject as NewStageSubject;
    }

    // 通知 Subject 被更新
    public override void Update() {
        // 增加勋章
        SoldierAddMedalVisitor theAddMedalVisitor =
                         new SoldierAddMedalVisitor(m_PBDGame);
        m_PBDGame.RunCharacterVisitor( theAddMedalVisitor );
    }
} // NewStageObserverSoldierAddMedal.cs
```

当收到过关通知（Update）时，产生 ISoldier 角色勋章访问者的对象，然后通过 PBaseDefenseGame 的方法，让角色系统（CharacterSystem）访问者遍历所有的角色对象。

最后，在角色系统（CharacterSystem）中，向游戏事件系统注册新的观察者，完成串接：

```
// 管理产生出来的角色
public class CharacterSystem : IGameSystem
{
    ...
    public CharacterSystem(PBaseDefenseGame PBDGame):base(PBDGame) {
        Initialize();
```

```
            // 注册事件
            m_PBDGame.RegisterGameEvent( ENUM_GameEvent.NewStage ,
                    new NewStageObserverSoldierAddMedal(m_PBDGame));
        }
        ...
} // CharacterSystem.cs
```

通过小程这次对新增需求的实现过程，我们可以了解到，除了因为原本需求没有勋章功能所做的更改外，后续针对新增功能的部分，都是使用新增类的方式来完成的：

- 配合第 21 章已运用观察者模式（Observer）来实现的游戏事件系统（GameEvent System），利用新增观察者类的方式，就可以让特定游戏事件发生后串接新功能。
- 加上本章所说明的访问者模式（Visitor），利用新增访问者类的方式，就可以完成遍历所有角色对象并执行特定功能的实现需求。

至于应对“注册游戏事件”而更改的角色系统（CharacterSystem）则是必须更改的，但并不会影响系统的稳定性，必要时，更可独立出一个静态类，专门用来集中处理所有的注册事件。

23.5 结论

运用访问者模式（Visitor）后的系统，可以利用新增访问者类的方式，来遍历所有对象并执行特定功能的操作，过程中不需要更改任何其他的类。但是新增被访问者类时，会造成系统大量的修改，这是必须注意的，而被访问者对象需要开放足够的操作方法和信息则是访问者模式（Visitor）的另一个缺点。

其他应用方式

在一般的游戏中，除了角色系统之外，其他系统也常需要使用“遍历所有对象”的功能，如角色的道具包、当前已收集的卡片、可以使用的宠物等，针对装载这些对象的“管理容器”类，经常会需要更改类接口来满足游戏新增的需求，此时就可以选择使用访问者模式（Visitor）来减少“管理容器”类的更改。

第 7 篇
调整与优化

在本篇的 3 个章节中，我们将介绍 3 个可用于“不同类整合”的模式。这 3 个设计模式都属于结构模式（Structural Patterns），此外会将它们放在一起介绍，是因为笔者认为它们都是如何将“一个具有新功能的类，加入到现在类群组结构中，且不会破坏原有架构和接口”的解决模式。这 3 个模式分别为：

- n Decorator 装饰模式；
- Adapter 适配器模式；
- Proxy 代理模式。

由于这 3 个模式要解决的问题非常类似，因此初学者在第一次分别接触这些模式时，常会出现“这个问题好像也可以用另一个模式来解决？”或“这样解决跟另一个模式有什么不一样吗？”之类的疑问。因此，笔者建议读者利用图解的方式来分辨这 3 个模式，这样就能够清楚了解到这 3 个模式在使用上的差异。

图解的分辨说明如下：在现有的系统中存在 A 和 B 两个类，并存在 B 继承 A 的关系。现在有一个新增功能要加入到这个系统中，而这个新功能以 C 类来实现，那么这个 C 类要如何加入到原有的系统之中（参考右图）：

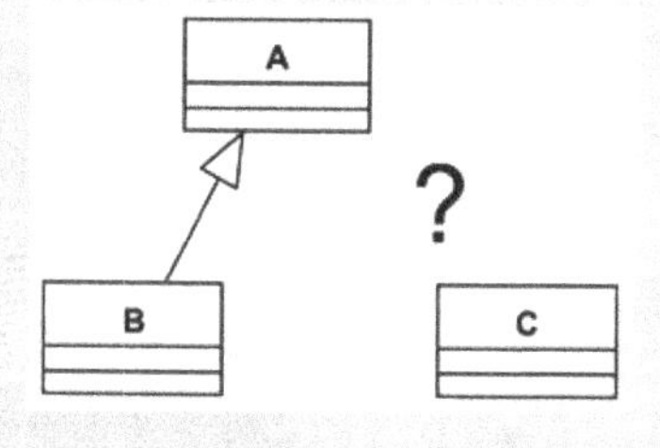

而本篇介绍的 3 个模式都是用来说明：如何将类 C 加入到原有的类架构中，但加入的方式有些不同，如下图分解：

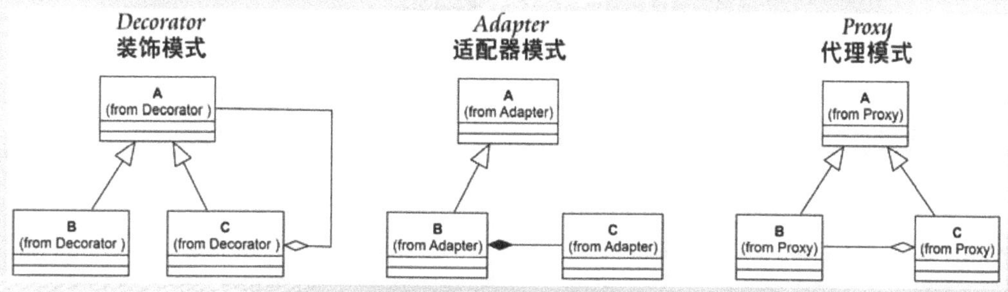

读者可以先将上图的结构大略思考一下，或者记下本页所在，当后面章节的解说遇到有任何疑问时，都可以回到本页来进行比较，只要能分辨出类 C 要如何与类 A、B 之间建立关联，就可以了解 3 种模式之间的差异。

CHAPTER

第 24 章 前缀字尾——装饰模式（Decorator）

24.1 前缀后缀系统

在上一章中提到，在某一次的项目会议上，提出要以“增加 ISoldier 角色勋章”作为过关奖励，而勋章数量又会对应到某一个角色属性（CharacterAttr），并将这个属性加成到角色原有的属性上，来强化角色的能力，增加防守优势。

对于其中提到的“角色属性加成”规则，现在有了更明确的功能需求：

- 能动态增加玩家角色的角色属性（CharacterAttr）。
- 增加的属性分为两部分：
  - 前缀：当兵营训练完一个角色进入战场时，会出现给这个新角色一个角色属性加成的机会，而新增的角色属性名称，需置于现有属性名称的前方。
  - 后缀：当玩家通过一个关卡之后，让所有仍在场上存活的 ISoldier 角色，增加一个勋章数，最多累计三个，而每个勋章数都会对应到一个角色属性作为加成值，而新增的勋章属性名称，需置于现有属性名称的后方。
- 完成的属性名称，需显示在角色信息界面上，让玩家能立即了解当前角色的能力值。

需求中提及的前缀、后缀的概念，很早就出现在电玩游戏中（读者也可以对比两张游戏截图图 24-1 和图 24-12 来了解），如暗黑破坏神（Diablo）、魔兽世界（World of Warcraft）等，都大量使用了前缀、后缀系统来多样化它们的游戏道具系统。除了系统性的分配属性系统外，游戏企划人员可利用交叉汇编的方式，自动产生大量的道具，而这些加成属性也会反应在道具的名称上，让玩家可以分辨，例如：游戏的装备道具中有两双鞋：勇士鞋（速度+5）和战士靴（速度+7），两双鞋本身就带有增加“移动速度”的角色属性。今天如果希望再额外多设置三、四双道具鞋，而之间的差异可能只是想要多增加“闪避”的效果，那么可以先设计一系列有闪避属性的前缀，例如：轻巧（+1%）、灵活（+2%）、迅捷（+3%）、闪耀（+4%），当产生道具鞋时，就随机加上这些前缀及其所代表的闪避属性，而产生下列这些可能的组合：

- 轻巧勇士鞋（闪避+1%，速度+5）；
- 灵活勇士鞋（闪避+2%，速度+5）；
- ……
- 闪耀战士靴（闪避+4%，速度+7）。

如此就能组合出 8 种变化，再加上原本没有属性的两双，道具系统一共可动态产生的鞋种类就达 10 双。而之后无论是增加鞋子道具或前缀，在交叉组合之后，都能获得倍数以上的道具种类。所以对于游戏设计而言，“前缀后缀系统”是一种很常使用的设计工具。

在《P 级阵地》中，前缀后缀功能只使用于玩家角色，用意在于：

- 通过前缀的加成属性，玩家得以利用训练新作战单位的方式，产生属性较好的角色，另一方面也给玩家有一种“抽奖”的惊喜感；
- 后缀则作为奖励玩家过关之用，也连带增加了玩家在游戏策略上的选择。

以上简单说明了在游戏设计层面为什么要增加这两项功能。回头来看看该如何以程序实现出这些功能呢？我们要思考的是如何让“角色属性（CharacterAttr）”做出“加成”的效果，而且还要能表现出“前缀”与“后缀”的文字呈现效果。

在现有的角色信息界面（SoldierInfoUI）中，角色下方显示的角色名称是如何设置的呢？在原本的设计中，是通过角色类 ICharacter 的获取名称方法 GetName 返回类成员 m_Name 的字符串，来代表要显示的角色名称，如图 24-1 所示。

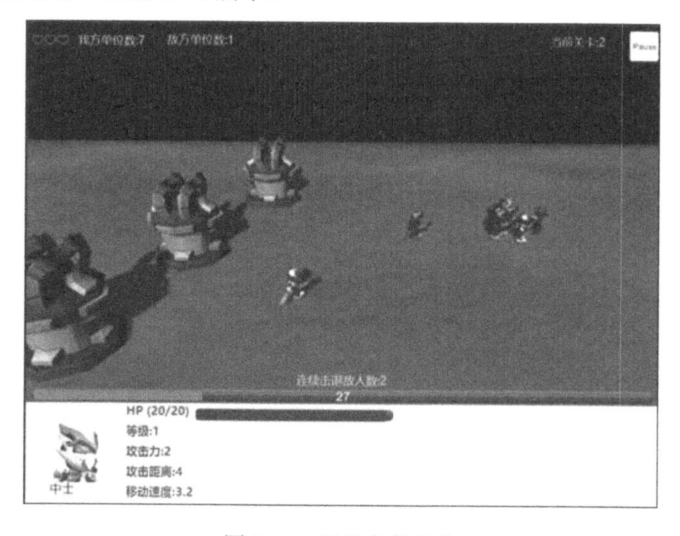

图 24-1　显示角色名称

角色类（ICharacter）内部，对于 m_Name 的设置则是发生在 ICharacter 设置角色属性（SetCharacterAttr）时，同时获取并设置的：

Listing 24-1　角色接口(ICharacter.cs)

```
public abstract class ICharacter
{
    ...
    protected string m_Name = "";        // 名称
    protected ICharacterAttr m_Attribute = null;// 属性
    ...
    // 设置角色属性
    public virtual void SetCharacterAttr( ICharacterAttr CharacterAttr){
        // 设置
        m_Attribute = CharacterAttr;
        m_Attribute.InitAttr ();

        // 设置移动速度
        m_NavAgent.speed = m_Attribute.GetMoveSpeed();
        //Debug.Log ("设置移动速度:"+m_NavAgent.speed);

        // 名称
        m_Name = m_Attribute.GetAttrName();
    }

    // 获取角色名称
    public string GetCharacterName(){
        return m_Name;
    }
    ...
}
```

而在现有的角色属性类（ICharacterAttr）中，获取属性名称（GetAttrName）方法是如何返回属性名称的呢？是向基本属性类（BaseAttr）获取的：

Listing 24-2　角色属性接口(ICharacterAttr.cs)

```
public abstract class ICharacterAttr
{
    protected BaseAttr m_BaseAttr= null;     // 基本角色属性
    ...
    // 获取属性名称
    public virtual string GetAttrName() {
        return m_BaseAttr.GetAttrName();
    }
    ...
}
```

基本属性类（BaseAttr）是在“第 16 章游戏属性管理功能”说明享元模式（Flyweight）时新增的一个类，该类用来代表《P 级阵地》中可以被企划设置的角色属性，成员包含了游戏角色所使用的属性：

Listing 24-3　可以被共享的基本角色属性接口(BaseAttr.cs)

```
public class BaseAttr
{
    private int          m_MaxHP;   // 最高 HP 值
    private float     m_MoveSpeed;   // 当前移动速度
    private string    m_AttrName;    // 属性的名称

    public BaseAttr(int MaxHP,float MoveSpeed, string AttrName) {
        m_MaxHP = MaxHP;
        m_MoveSpeed = MoveSpeed;
        m_AttrName = AttrName;
    }

    public int GetMaxHP() {
        return m_MaxHP;
    }

    public float GetMoveSpeed() {
        return m_MoveSpeed;
    }

    public string GetAttrName() {
        return m_AttrName;
    }
}
```

就当前的系统架构来看，如果要增加前缀、后缀功能的话，可以先增加几组基本属性（BaseAttr）对象来代表前缀和后缀加成值，然后在角色属性系统中，加入两个固定的字段来代表前缀和后缀加成值：

```
// 角色属性接口
public abstract class ICharacterAttr
{
    protected BaseAttr m_BaseAttr= null;          // 基本角色属性
    protected BaseAttr m_PrefixAttr = null; // 前缀
    protected BaseAttr m_SuffixAttr = null; // 后缀

    ...
    // 设置前缀
    public void SetPrefixAttr(BaseAttr PrefixAttr) {
        m_PrefixAttr = PrefixAttr;
    }

    // 设置后缀
    public void SetSuffixAttr(BaseAttr SuffixAttr) {
        m_SuffixAttr = SuffixAttr;
    }
```

```
    // 最大 HP
    public int GetMaxHP() {
        // 前缀
        int MaxHP = 0;
        if( m_PrefixAttr != null)
            MaxHP += m_PrefixAttr.GetMaxHP();

        MaxHP += m_BaseAttr.GetMaxHP();

        // 后缀
        if( m_SuffixAttr != null)
            MaxHP += m_SuffixAttr.GetMaxHP();

        return MaxHP;
    }

    // 移动速度
    public float GetMoveSpeed() {
        // 前缀
        float MoveSpeed = 0;
        if( m_PrefixAttr != null)
            MoveSpeed += m_PrefixAttr.GetMoveSpeed();

        MoveSpeed += m_BaseAttr.GetMoveSpeed();

        // 后缀
        if( m_SuffixAttr != null)
            MoveSpeed += m_SuffixAttr.GetMoveSpeed();

        return MoveSpeed;
    }

    // 获取属性名称
    public string GetAttrName() {
        // 前缀
        string AttrName = "";
        if( m_PrefixAttr != null)
            AttrName += m_PrefixAttr.GetAttrName();

        AttrName += m_BaseAttr.GetAttrName();

        // 后缀
        if( m_SuffixAttr != null)
            AttrName += m_SuffixAttr.GetAttrName();

        return AttrName;
    }
    ...
}
```

虽然上面的修改方式，只会更改角色属性接口（ICharacterAttr），增加两个各自代表前缀（m_PrefixAttr）和后缀（m_SuffixAttr）的基本属性类（BaseAttr）成员，并且在获取各个属性数值时，先后判断前缀或后缀是否被设置，如果已被设置的话，则加上从对象中获取的角色属性，而且也能完成“前缀+原本属性+后缀”的组合要求。这看似简单，却是一种缺乏灵活度的解决方案。

如果后续还想调整组合的方式，变为“前缀+后缀+原本属性”，或者想要再增加其他如质量、附魔、镶嵌等额外的加成功能时，就变得很麻烦，因为每次的增加或修改都会改动角色属性接口（ICharacterAttr），让类的成员变得更多。此外，因为不是每个角色都会使用到所有的加成效果，所以声明的变量成员可能从来都没有被这个对象使用过，这会造成内存的浪费。而每一个相关的计算公式，也会由于增加的附加属性越多而越加复杂。

因此，实现时可能要思考是，是否有比较灵活的方式来呈现这种属性累加，让这些角色属性对象之间，建立某种关联，当加成效果存在时，就让代表它们的属性对象相互连接，之后再从这个连接之间获取所需的属性，如图 24-2 所示。

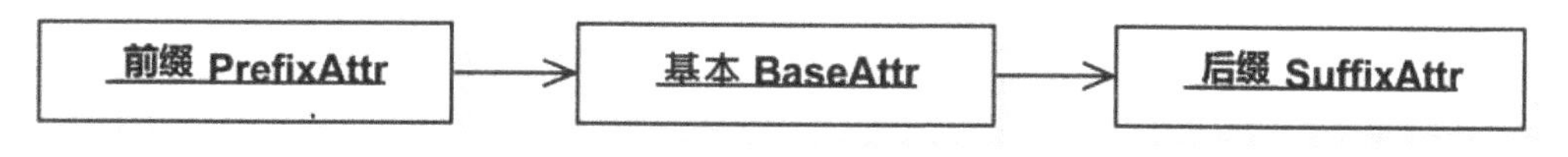

图 24-2　显示角色名称

查阅 GoF 的设计模式，寻找其中哪个模式可以让对象之间建立连接并且可以产生额外的加成效果，装饰模式（Decorator）可以符合上述的要求。

24.2　装饰模式（Decorator）

首先，让我们先来理解 GoF 的装饰模式（Decorator）及其实现方式。

24.2.1　装饰模式（Decorator）的定义

GoF 对于装饰模式（Decorator）的定义是：

“动态地附加额外的责任给一个对象。装饰模式提供了一个灵活的选择，让子类可以用来扩展功能”。

我们同样以第 9 章介绍的“3D 绘画工具”作为范例来说明。新版本的 3D 绘画工具需要增加一个新功能，就是能够在某个形状外围增加一个“外框”作为标示或编辑提示之用，如图 24-3 所示。

因此，我们在系统中增加了一个称为“额外功能”（IAdditional）的类群组，作为后续类似功能的群组。因为这个外框（Border）也会使用成像系统，所以实现时与原有的形状（IShape）群组相似，同样也使用到 RenderEnger，如图 24-4 所示。

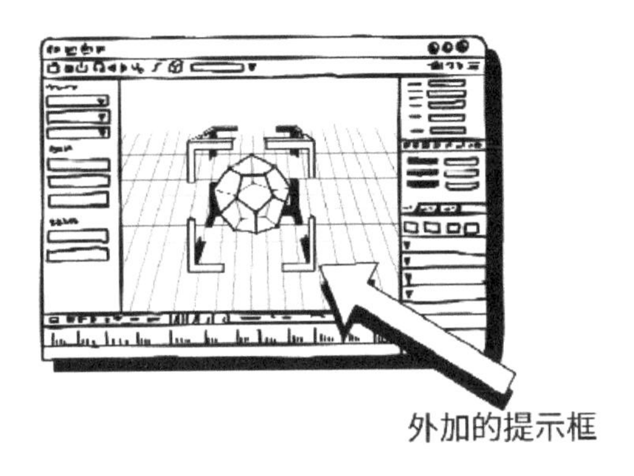

图 24-3 绘图工具中，针对某个形状加外框作为提示

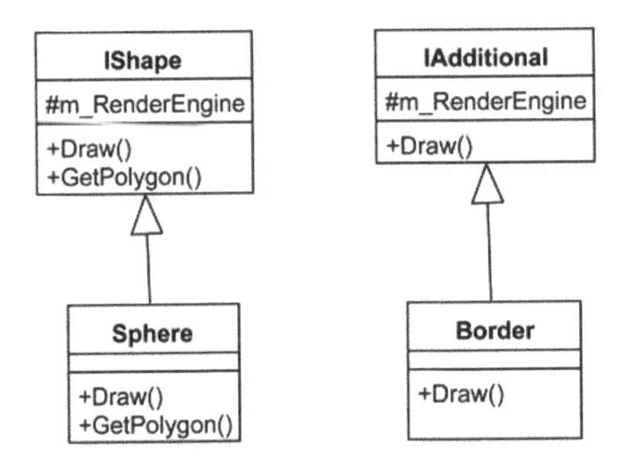

图 24-4 增加额外功能的类群组，与之前的 IShape 群组类似

有几种方式可以让球体（Sphere）加上外框功能，其中一种是，在支持多重继承的程序设计语言中，除了让球体（Sphere）继承形状（IShape）之外，同时也让球体（Sphere）继承外框（Border）功能，如图 24-5 所示。

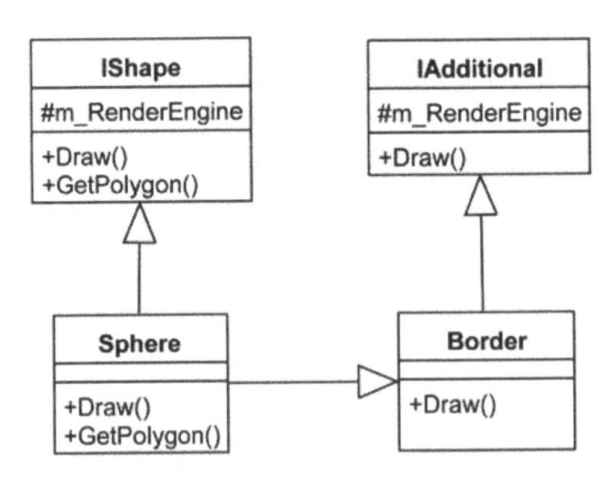

图 24-5 球体（Sphere）继承外框（Border）功能

但这种解决方案并不好，第一个原因是因为 C#没有多重继承的功能；第二个原因则是，如果一定想要靠继承方式来实现目标，那么就只能靠着改变继承顺序，让形状（IShape）类先去继承外框（Border）类来获取想要的外框功能，但这样一来，由于继承时会将父类的功能全都一并包含进

来，因此这样做会增加复杂度。在第 1 章中，我们针对了“少用继承多用组合”的设计做过说明，读者可以回顾一下，就能了解继承与组合的差异所在。

改用组合的方式看起来似乎会好一些，也就是在球体（Sphere）或形状（IShape）中加入一个外框成员，如图 24-6 所示。

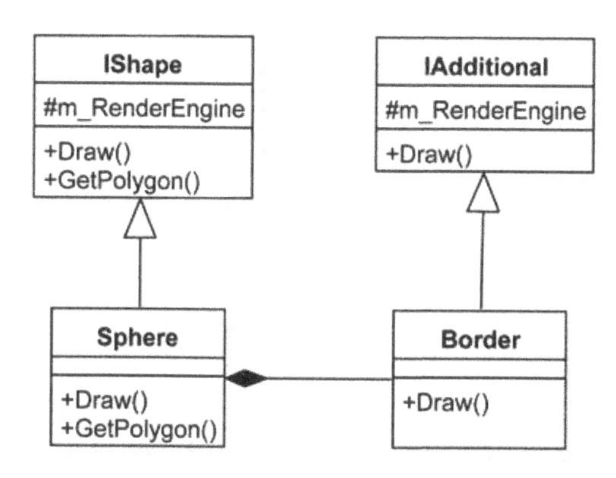

图 24-6　在球体（Sphere）或形状（IShape）中加入一个外框成员

这种方式虽然相对于使用继承的方式要好得多，但是缺少灵活性。由于增加的成员是固定在类中，而且随着功能的增加就势必要再增加成员，而增加成员的同时也代表了必须增加类的接口方法。若新增的功能是项目开发后期才出现的需求，那么，贸然地更改接口就很容易造成系统的不稳定。

如果想要在“项目开发后期”为形状类加上额外功能，在不更改现有类的前提下，可以采用新增一个“形状子类”的方式来完成，只不过，这个新的形状子类（IShapeDecorator）本身并不是真的代表任何一种“形状”，但它是专门用来负责“将其他功能加入现有的形状之上”，如图 24-7 所示。

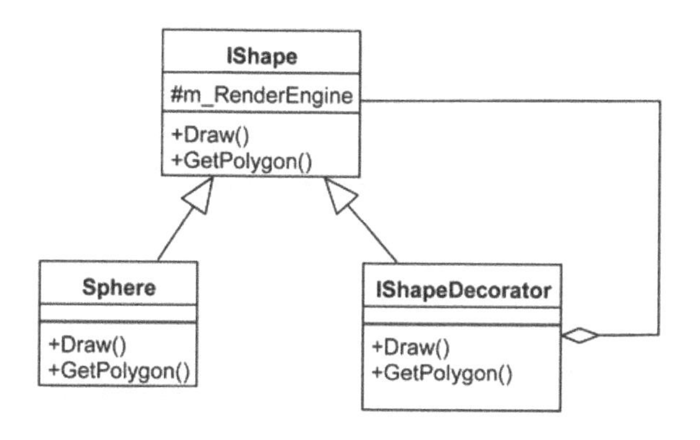

图 24-7　新增一个“形状子类”（IShapeDecorator）

新增的子类（IShapeDecorator）中，会有一个引用成员用来记录其他形状类（IShape），也就是通过这个引用，新增的子类（IShapeDecorator）就能够将额外增加的功能加到指向的对象上。而新增的子类（IShapeDecorator），就被称为“形状装饰者”，被记录下来的对象被称为“被装饰者”。

形状装饰者（IShapeDecorator）只负责执行“将额外功能加上的操作”，真正包含额外功能的类，其实是形状装饰者（IShapeDecorator）的子类，如图 24-8 所示。

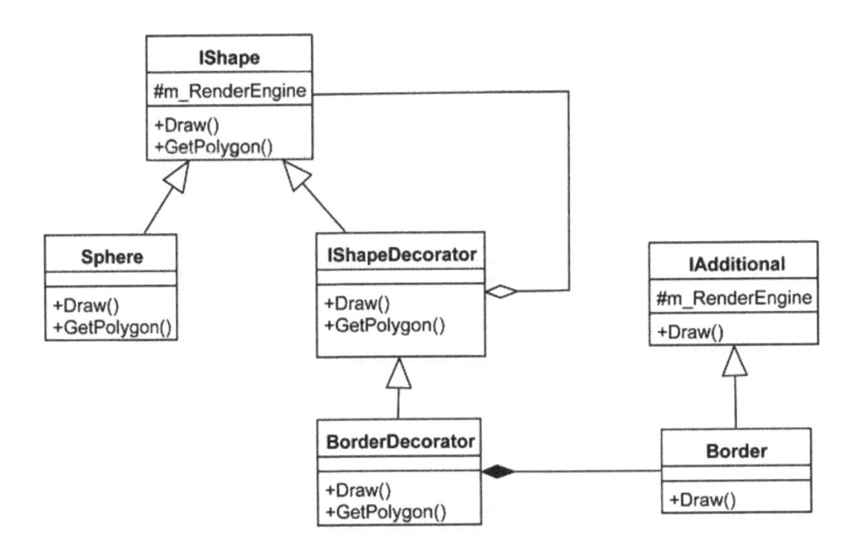

图 24-8　形状装饰者（IShapeDecorator）及其子类

外框装饰者（BorderDecoator）是形状装饰者（IShapeDecorator）的子类，它将负责执行增加外框的绘制操作。一样使用组合的方式，将外框（Border）功能加入到类（BorderDecoator）中，当外框装饰者（BorderDecoator）被调用时，它可以利用父类（IShapeDecorator）中的被装饰者引用，要求被装饰者引用先被绘制出来，然后再调用外框（Border）功能让形状能显示外框。

这也是定义中提到的"提供了一个灵活的选择，让子类可以用来扩展功能"。也就是说，当有新的子类加入类群组时，新增加的类不一定要完全符合"类封装时的抽象定义"（即形状装饰者及其子类不是"形状"），而是可以更灵活地选择成为"另一种功能"，这个功能可以用来协助原有类的功能扩展（在形状上增加外框）。

24.2.2　装饰模式（Decorator）的说明

对于参与装饰模式（Decorator）的 4 大成员（如图 24-9 所示），我们可以就上一小节提到的形状装饰者（IShapeDecorator）来加以说明。

参与者的说明如下：

- IShape（形状接口）
  定义形状的接口及方法。
- Sphere（形状的实现：球体）
  实现系统中所需要的形状。
- IShapeDecorator（形状装饰者接口）
  - 定义可用来装饰形态的接口。
  - 增加一个指向被装饰对象的引用成员。
  - 需要调用被装饰对象的方法时，可通过引用成员来完成。
- BorderDecorator（形状装饰者的实现：外框装饰者）
  - 实现形状装饰者。

➢ 在调用"被装饰者的方法"之后或之前，都可以执行本身提供的附加装饰功能，来达到装饰的效果。

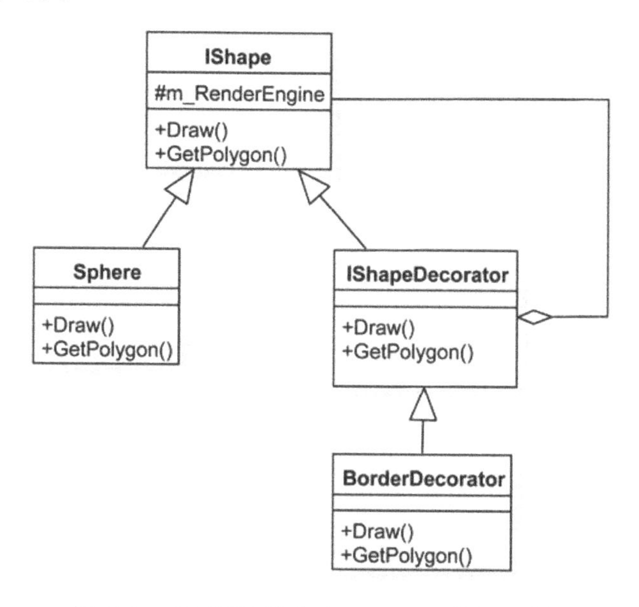

图 24-9　参与装饰模式（Decorator）的四大成员

虽然在此我们使用"3D 绘图工具"来说明装饰模式（Decorator），但与 GoF 使用的结构图（如图 24-10）差异不大，读者可以自行替换思考。

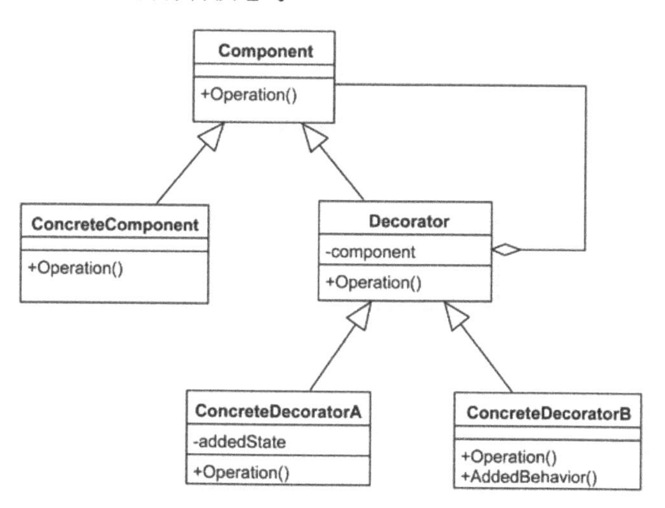

图 24-10　GoF 使用的结构图

24.2.3　装饰模式（Decorator）的实现范例

形状接口（IShape）及球体（Sphere）的实现与第 9 章的实现并无太大差异：

Listing 24-4 实现形状接口与图形类(ShapeDecorator.cs)

```
//形状
public abstract class IShape
{
    protected RenderEngine m_RenderEngine = null;

    public void SetRenderEngine( RenderEngine theRenderEngine ) {
        m_RenderEngine = theRenderEngine;
    }

    public abstract void Draw();
    public abstract string GetPolygon();
}

// 球体
public class Sphere : IShape
{
    public override void Draw() {
        m_RenderEngine.Render("Sphere");
    }

    public override string GetPolygon() {
        return "Sphere多边形";
    }
}
```

利用新增形状（IShape）子类的方式来扩展功能，但这个新增的子类是一个装饰者，用来为形状（IShape）组件增加额外的功能，并且装饰者本身并不一定符合“形状”所封装的抽象定义：

Listing 24-5 形状装饰者接口(ShapeDecorator.cs)

```
public abstract class IShapeDecorator : IShape
{
    IShape m_Component;
    public IShapeDecorator(IShape theComponent) {
        m_Component = theComponent;
    }

    public override void Draw() {
        m_Component.Draw();
    }
    public override string GetPolygon() {
        return m_Component.GetPolygon();
    }
}
```

类中多了一个指向形状（IShape）的对象引用（m_Component），而所有必须重新定义的抽象方法，都是直接调用这个引用（m_Component）指向对象（也就是被装饰者）的方法。因为形状装饰者（IShapeDecorator）本身并不执行任何绘制形状的功能，所以可以解释为：这个类并不一定满足“形状”所封装的抽象定义。

接下来，定义能为形状增加功能的额外功能类（IAdditional）：

Listing 24-6　实现能附加额外功能的类(ShapeDecorator.cs)

```
public abstract class IAdditional
{
    protected RenderEngine m_RenderEngine = null;

    public void SetRenderEngine( RenderEngine theRenderEngine ) {
        m_RenderEngine = theRenderEngine;
    }

    public abstract void DrawOnShape(IShape theShpe);
}

// 外框
public class Border : IAdditional
{
    public override void DrawOnShape(IShape theShpe) {
        m_RenderEngine.Render("Draw Border On "+ theShpe.GetPolygon());
    }
}
```

额外功能（IAdditional）基本上也需要有绘图的功能，所以同样必须在类中包含了一个绘图引擎的引用（m_RenderEngine）。而接口方法 DrawOnShape 可以让额外功能以形状（IShape）为目标进行绘制，之后再实现一个在形状（IShape）上绘出一个外框的子类：Border。

有了可以在形状（IShape）上绘制外框的类（Border）后，就可以利用形状装饰者（IShapeDecorator）的子类外框装饰者（BorderDecorator）来进行整合：

Listing 24-7　外框装饰者(ShapeDecorator.cs)

```
public class BorderDecorator : IShapeDecorator
{
    // 外框功能
    Border m_Border = new Border();

    public BorderDecorator(IShape theComponent):base(theComponent)
    {}

    public virtual void SetRenderEngine( RenderEngine theRenderEngine ){
        base.SetRenderEngine(theRenderEngine);
        m_Border.SetRenderEngine(theRenderEngine);
    }

    public override void Draw() {
        // 被装饰者的功能
        base.Draw();
        // 外框功能
        m_Border.DrawOnShape( this );
```

```
        }
    }
```

外框装饰者（BorderDecorator）使用组合的方式，将外框（Border）功能加入其中作为额外增加的功能。因此，在重新定义的绘制（Draw）方法中，先调用了被装饰者的原本功能（即在画面上绘制形状），之后将增加的外框绘制在形状上。

从测试程序代码就能看出它们之间的组装方式：

Listing 24-8　测试形状装饰者(DecoratorTest.cs)

```
    void UnitTest_Shape() {
        OpenGL theOpenGL = new OpenGL();

        // 球体
        Sphere theSphere = new Sphere();
        theSphere.SetRenderEngine( theOpenGL );

        //在图形加外框
        BorderDecorator theSphereWithBorder =
                            new BorderDecorator( theSphere );
        theSphereWithBorder.SetRenderEngine( theOpenGL );
        theSphereWithBorder.Draw();
    }
```

执行后的信息正确地反映出，外框装饰者（BorderDecorator）除了将原本的球体绘制出来之外，也在其上增加了外框：

```
OpenGL:Sphere
OpenGL:Draw Border On Sphere 多边形
```

请注意，由于装饰模式（Decorator）具有透明性（Transparency），因此可以一直不断地包覆下去。例如还可以实现出更多的额外功能：显示顶点、显示向量、显示多边形等。一个包覆一个的最终结果就是，可以绘制出一个有外框且在其顶点上会显示向量，又能同时显示多边形的形状。

此外，由于在实现的过程中并没有因为增加功能的关系，而去更改形状（IShape）类的接口，所以对于现有单纯只使用形状（IShape）类对象的客户端影响不大。对于处于开发后期或维护时期的项目来说，想要在现有的类上追加新功能，装饰模式（Decorator）是一个不错的选项。

24.3 使用装饰模式（Decorator）实现前缀后缀的功能

正如前文所提到的，对于处于开发后期或维护时期的项目来说，更改原有设计或实现是不太好的修改方式，除非更改或新增的部分会造成系统的改头换面，例如新增的部分可能成为一个基础系统，否则通常不应该对项目进行大幅度调整。但有时候又因为不能进行大幅度修正，所以新功能就只能东加一些、西 6 加一些，最后同样也会让整个项目变得很“杂乱”。GoF 中的几种设计模式很适合在这种场合下运用，装饰模式（Decorator）就是其中之一。以下我们使用它来完成《P 级阵地》新增的前缀后缀功能。

24.3.1　前缀后缀功能的架构设计

了解《P 级阵地》对于前缀后缀功能的需求后，可以运用装饰模式（Decorator）的“动态地附加额外的责任/功能给一个对象”原理，把前缀后缀当作是“一层层包覆在原有角色基本属性（BaseAttr）的额外功能”来解释。那么，我们就可以设计出结构来满足前缀/后缀功能的要求，如图 24-11 所示。

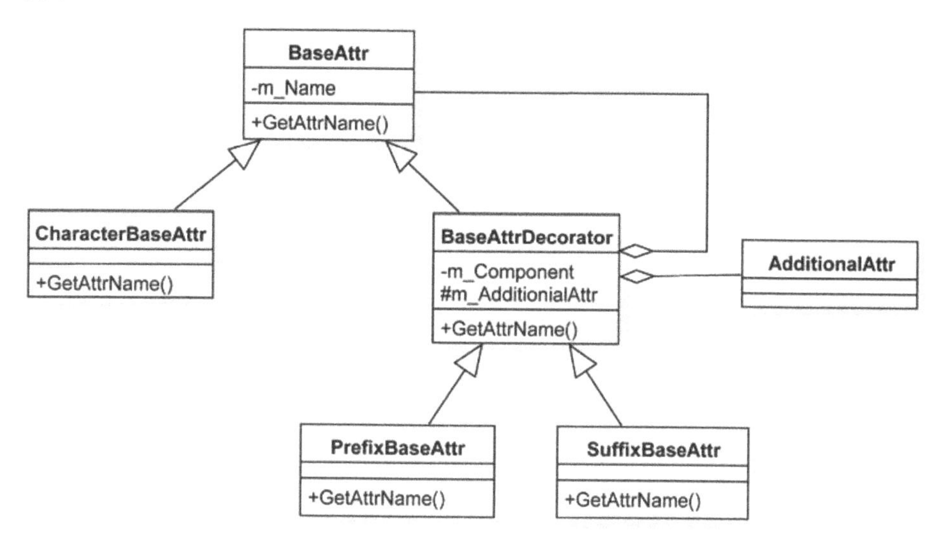

图 24-11　前缀后缀功能的架构设计示意图

参与者的说明如下：

- BaseAttr：定义基本属性接口。
- CharacterBaseAttr：实现角色基本属性。
- BaseAttrDecorator：定义基本属性装饰者接口，类中有一个引用成员，用来指向被装饰的基本属性对象。
- AdditionalAttr：加成用的属性，且有别于角色基本属性的设置及用途。
- PrefixBaseAttr：前缀装饰者，会将本身的属性增加在被装饰的基本属性之前，可以实现属性名称显示在前的效果。
- SuffixBaseAttr：后缀装饰者，会将本身的属性增加在被装饰的基本属性之后，可以实现属性名称显示在后的效果。

24.3.2　实现说明

基本属性类（BaseAttr）是在第 16 章说明享元模式（Flyweight）时新增的一个类，其定义如下：

```
// 可以被共享的基本角色属性接口
public class BaseAttr
{
    private int      m_MaxHP;       // 最高 HP 值
    private float    m_MoveSpeed;   // 当前移动速度
    private string   m_AttrName;    // 属性的名称

    public BaseAttr(int MaxHP,float MoveSpeed, string AttrName) {
        m_MaxHP = MaxHP;
        m_MoveSpeed = MoveSpeed;
        m_AttrName = AttrName;
    }

    public int GetMaxHP() {
        return m_MaxHP;
    }

    public float GetMoveSpeed() {
        return m_MoveSpeed;
    }

    public string GetAttrName() {
        return m_AttrName;
    }
}
```

应对装饰模式（Decorator）的实现，我们将之提升为抽象类：

Listing 24-9　可以被共享的基本角色属性接口(BaseAttr.cs)

```
public abstract class BaseAttr
{
    public abstract int    GetMaxHP();
    public abstract float  GetMoveSpeed();
    public abstract string GetAttrName();
}
```

将原有的实现部分移到一个新的子类，也就是角色基本属性类（Character BaseAttr）中：

Listing 24-10　实现可以被共享的基本角色属性(BaseAttr.cs)

```
public class CharacterBaseAttr : BaseAttr
{
    private int          m_MaxHP;     // 最高 HP 值
    private float    m_MoveSpeed;    // 当前移动速度
    private string   m_AttrName;     // 属性的名称

    public CharacterBaseAttr(int MaxHP, float MoveSpeed,
                                        string AttrName) {
        m_MaxHP = MaxHP;
        m_MoveSpeed = MoveSpeed;
        m_AttrName = AttrName;
```

```
    }

    public override int GetMaxHP() {
        return m_MaxHP;
    }

    public override float GetMoveSpeed() {
        return m_MoveSpeed;
    }

    public override string GetAttrName() {
        return m_AttrName;
    }
}
```

随着前面的类分割，所以连带也必须更改“敌方角色基本属性类（Enemy BaseAttr）”，使其改为继承自角色基本属性类（CharacterBaseAttr）：

Listing 24-11　敌方角色的基本属性(BaseAttr.cs)

```
public class EnemyBaseAttr : CharacterBaseAttr
{
    public int  m_InitCritRate;     // 爆击率
    public EnemyBaseAttr(int MaxHP,float MoveSpeed, string AttrName,
                     int CritRate):base(MaxHP,MoveSpeed,AttrName){
        m_InitCritRate =CritRate;
    }

    public virtual int GetInitCritRate() {
        return m_InitCritRate;
    }
}
```

这样更改的结果并未造成其他游戏系统（IGameSystem）有太多需要修正的地方，只有属性工厂（AttrFactory）在产生角色基本属性对象时必须更改：

Listing 24-12　实现产生游戏使用的属性(AttrFactory.cs)

```
public class AttrFactory : IAttrFactory
{
    private Dictionary<int,BaseAttr>  m_SoldierAttrDB = null;
    ...

    // 产生所有 Soldier 的属性
    private void InitSoldierAttr() {
        m_SoldierAttrDB = new Dictionary<int,BaseAttr>();  // 基本属性
        // 生命力,移动速度,属性名称
        m_SoldierAttrDB.Add(1,new CharacterBaseAttr(10, 3.0f, "新兵"));
        m_SoldierAttrDB.Add(2,new CharacterBaseAttr(20, 3.2f, "中士"));
        m_SoldierAttrDB.Add(3,new CharacterBaseAttr(30, 3.4f, "上尉"));
    }
```

```
    ...
}
```

完成了原有类，在运用装饰模式（Decorator）进行调整后，我们可以实现基本属性装饰者（BaseAttrDecorator），它应该继承自基本属性（BaseAttr）类，并在其中加入一个引用，用来指向将来要被装饰的对象：

Listing 24-13　基本角色属性装饰者(BaseAttrDecorator.cs)

```
public abstract class BaseAttrDecorator : BaseAttr
{
    protected BaseAttr          m_Component;         // 被装饰对象
    protected AdditionalAttr  m_AdditionialAttr; // 代表额外加成的属性

    // 设置装饰的目标
    public void SetComponent(BaseAttr theComponent) {
        m_Component = theComponent;
    }

    // 设置额外使用的属性
    public void SetAdditionalAttr (AdditionalAttr theAdditionalAttr) {
        m_AdditionialAttr = theAdditionalAttr;
    }

    public override int GetMaxHP() {
        return m_Component.GetMaxHP();
    }

    public override float GetMoveSpeed() {
        return m_Component.GetMoveSpeed();
    }

    public override string GetAttrName() {
        return m_Component.GetAttrName();
    }
}
```

我们新增了一个用来设置装饰目标的方法：SetComponent，指定被装饰的目标。另外，成员中也增加了一个加成属性类（AdditionalAttr）类型的对象引用 m_AdditionialAttr，这个成员将作为后续前缀和后缀加成角色属性的依据。至于加成属性类（AdditionalAttr）则是另一组有别于基本属性（BaseAttr）的属性类：

Listing 24-14　用于加成用的属性(BaseAttrDecorator.cs)

```
public class AdditionalAttr
{
    private int      m_Strength;    // 力量
    private int      m_Agility;     // 敏捷
    private string m_Name;     // 属性的名称
```

```
    public AdditionalAttr(int Strength,int Agility, string Name) {
        m_Strength = Strength;
        m_Agility = Agility;
        m_Name = Name;
    }

    public int GetStrength() {
        return m_Strength;
    }

    public int GetAgility() {
        return m_Agility;
    }

    public string GetName() {
        return m_Name;
    }
}
```

在加成属性类中，包含的是力量（Strength）及敏捷（Agility）等属性。

一般来说，如果游戏设置了多种职业想让玩家体验的话，多会采用“转换计算”的属性系统，这样能够让装备系统设计起来相对方便，因为这样做可以让同一装备在不同职业身上有不同的效果。假设某个游戏设计的装备系统的属性是使用力量、敏捷等属性，而角色使用的是生命力、移动速度、攻击力、闪避率等。所谓的“转换计算属性系统”就是，当角色穿上装备之后，会将装备上的力量属性经公式计算后转换成生命力、攻击力，然后加成给角色；敏捷经过计算会转换成移动速度和闪避率加成给角色。同时又会因为职业的不同，而使得转换公式的参数有些不同，这样一来同一件装备在不同职业上就有不同的效果了。

在《P 级阵地》中，前缀和后缀的加成采用的是简单的“转换计算属性”方式，而这一部分的计算公式都放在前缀装饰者（PrefixBaseAttr）与后缀装饰者（Suffix BaseAttr）类的实现中：

Listing 24-15　前缀与后缀装饰者的实现(BaseAttrDecorator.cs)

```
// 前缀
public class PrefixBaseAttr : BaseAttrDecorator
{
    public PrefixBaseAttr()
    {}

    public override int GetMaxHP() {
        return m_AdditionialAttr.GetStrength() +
                                            m_Component.GetMaxHP();
    }

    public override float GetMoveSpeed() {
        return m_AdditionialAttr.GetAgility()*0.2f +
                                            m_Component.GetMoveSpeed();
    }
```

```
    public override string GetAttrName() {
        return m_AdditionialAttr.GetName() +
                        m_Component.GetAttrName(); // 后加上属性名称
    }
}

// 后缀
public class SuffixBaseAttr : BaseAttrDecorator
{
    public SuffixBaseAttr()
    {}

    public override int GetMaxHP() {
        return m_Component.GetMaxHP() +
                                m_AdditionialAttr.GetStrength();
    }

    public override float GetMoveSpeed() {
        return m_Component.GetMoveSpeed() +
                            m_AdditionialAttr.GetAgility()*0.2f;
    }

    public override string GetAttrName() {
        return m_Component.GetAttrName() +  // 先加上属性名称
                                m_AdditionialAttr.GetName();
    }
}
```

最大生命力（MaxHP）的加成会直接加上加成属性中的力量（Strength），而移动速度（MoveSpeed）则是加上敏捷（Agility）乘积之后的值。另外，这两个类也顺应前缀和后缀的特性，在获取名称的先后上有些差异，尤其是在获取名称 GetAttrName 的方法中，前后位置的不同会造成属性名称出现的位置也会不同，进而达到“前缀”“后缀”想要表现的显示效果。

因为加成属性（AdditionalAttr）是一个新定义的属性类，所以必须将其加入到属性工厂（IAttrFactory）中，也使用享元模式（Flyweight）的方式来管理，使其成为属性系统的一环：

Listing 24-16　属性工厂内加入新的前缀后缀属性

```
// 产生游戏用的属性之接口
public abstract class IAttrFactory
{
    ...
    // 获取加成用的属性
    public abstract AdditionalAttr GetAdditionalAttr( int AttrID );
    ...
} // IAttrFactory.cs

// 实现产生游戏用的属性
public class AttrFactory : IAttrFactory
{
    ...
```

```
    private Dictionary<int,AdditionalAttr>  m_AdditionalAttrDB=null;
    ...
    public AttrFactory() {
        ...
        InitAdditionalAttr();
    }
    ...
    // 产生加成用的属性
    private void InitAdditionalAttr() {
        m_AdditionalAttrDB = new Dictionary<int,AdditionalAttr>();

        // 前缀随机产生
        m_AdditionalAttrDB.Add(11, new AdditionalAttr( 3, 0, "勇士"));
        m_AdditionalAttrDB.Add(12, new AdditionalAttr( 5, 0, "猛将"));
        m_AdditionalAttrDB.Add(13, new AdditionalAttr(10, 0, "英雄"));

        // 后缀存活下来即增加
        m_AdditionalAttrDB.Add(21, new AdditionalAttr( 5, 1, "◇ "));
        m_AdditionalAttrDB.Add(22, new AdditionalAttr( 5, 1, "☆ "));
        m_AdditionalAttrDB.Add(23, new AdditionalAttr( 5, 1, "★ "));
    }
    ...
    // 获取加成用的属性
    public override AdditionalAttr GetAdditionalAttr( int AttrID ) {
        if( m_AdditionalAttrDB.ContainsKey( AttrID )==false)
        {
            Debug.LogWarning("GetAdditionalAttr:AttrID[" + AttrID +
                                                  "]属性不存在");
            return null;
        }

        // 直接返回加成用的属性
        return m_AdditionalAttrDB[AttrID];
    }
} // AttrFactory.cs
```

有了加成属性对象及前缀后缀的功能后，准备运用装饰模式（Decorator）的所有类都已就位，剩下的工作就是将这些部分加以组装。因为这一部分基本上还是与角色属性有关，并且也具备属性的概念，所以《P 级阵地》将属性组装的实现放在“属性工厂（IAttrFactory）”中。

首先，将要产生的类以枚举的方式加以定义，之后再增加一个可获取前缀后缀的 Soldier 属性（SoldierAttr）的方法：

Listing 24-17　产生前缀后缀对象(IAttrFactory.cs)

```
// 装饰类型
public enum ENUM_AttrDecorator
{
    Prefix,
    Suffix,
}
```

```
// 产生游戏用的属性之接口
public abstract class IAttrFactory
{
    ...
    // 获取Soldier的属性:有前缀后缀的加成
    public abstract SoldierAttr GetEliteSoldierAttr(
                                    ENUM_AttrDecorator emType,
                                    int AttrID,
                                    SoldierAttr theSoldierAttr);

    ...
}
```

最后，在属性工厂的实现类中重新实现新增加的方法：

Listing 24-18　实现产生游戏用的属性(AttrFactory.cs)

```
public class AttrFactory : IAttrFactory
{
    ...
    // 获取加成过的Soldier角色属性
    public override SoldierAttr GetEliteSoldierAttr(
                                    ENUM_AttrDecorator emType,
                                    int AttrID,
                                    SoldierAttr theSoldierAttr) {
        // 1.获取加成效果的属性
        AdditionalAttr theAdditionalAttr =
                                    GetAdditionalAttr( AttrID );
        if( theAdditionalAttr == null)
        {
            Debug.LogWarning("GetEliteSoldierAttr:加成属性[" + AttrID +
                                                "]不存在");
            return theSoldierAttr;
        }

        // 2.产生装饰者
        BaseAttrDecorator theAttrDecorator = null;
        switch( emType)
        {
            case ENUM_AttrDecorator.Prefix:
                theAttrDecorator = new PrefixBaseAttr();
                break;
            case ENUM_AttrDecorator.Suffix:
                theAttrDecorator = new SuffixBaseAttr();
                break;
        }
        if(theAttrDecorator==null)
        {
            Debug.LogWarning("GetEliteSoldierAttr:无法针对[" + emType +
                                            "]产生装饰者");
            return theSoldierAttr;
```

```
        }

        // 3.设置装饰对象及加成属性
        theAttrDecorator.SetComponent( theSoldierAttr.GetBaseAttr());
        theAttrDecorator.SetAdditionalAttr( theAdditionalAttr );

        // 4.设置新的属性后返回
        theSoldierAttr.SetBaseAttr( theAttrDecorator );

        // 5.返回
        return theSoldierAttr;
    }
    ...
}
```

实现时包含五项先后的操作：先获取加成用的属性对象；按照客户端的指示，产生所需要的前缀或后缀属性装饰对象；将装饰对象及加成属性设置给新产生的对象；将新的对象来替代 Soldier 属性对象中的角色属性对象；返回给客户端。

最后，按照之前所提的游戏功能需求，将功能实现完成。首先是前缀的功能需求：当兵营训练完一个角色进入战场时，会出现给这个新角色一个角色属性加成的机会。这一部分将实现在训练 Soldier 的命令中，也就是把实现的程序代码加入在当兵营训练时间完成，通知执行训练命令（TrainSoldierCommand）实际产生 Soldier 对象之后：

Listing 24-19　训练 Soldier 命令(TrainSoldierCommand.cs)

```
public class TrainSoldierCommand : ITrainCommand
{
    ENUM_Soldier     m_emSoldier;   // 兵种
    ENUM_Weapon m_emWeapon;     // 使用的武器
    int         m_Lv;      // 等级
    Vector3     m_Position;     // 出现位置

    // 训练
    public TrainSoldierCommand( ENUM_Soldier emSoldier,
                        ENUM_Weapon emWeapon,
                        int Lv, Vector3 Position) {
        m_emSoldier = emSoldier;
        m_emWeapon = emWeapon;
        m_Lv = Lv;
        m_Position = Position;
    }

    //  执行
    public override void Execute() {
        // 产生 Soldier
        ICharacterFactory Factory = PBDFactory.GetCharacterFactory();
        ISoldier Soldier = Factory.CreateSoldier( m_emSoldier,
                                        m_emWeapon, m_Lv,
                                        m_Position);
```

```
        // 按概率产生前缀能力
        int Rate = UnityEngine.Random.Range(0,100);
        int AttrID = 0;
        if( Rate > 90)
           AttrID = 13;
        else if( Rate > 80)
           AttrID = 12;
        else if( Rate > 60)
           AttrID = 11;
        else
           return ;

        // 加上前缀能力
        IAttrFactory AttrFactory = PBDFactory.GetAttrFactory();
        SoldierAttr PreAttr = AttrFactory.GetEliteSoldierAttr(
                              ENUM_AttrDecorator.Prefix, AttrID,
                                    Soldier.GetSoldierValue());
        Soldier.SetCharacterAttr(PreAttr);
    }
}
```

先按照简单的概率判断，来决定要给新产生的 Soldier 对象哪一个前缀加成，之后向角色属性工厂（AttrFactory）获取加成用的前缀属性，并设置给新产生的角色。

至于后缀的功能需求：“当玩家通过一个关卡之后，让所有仍在场上存活的 ISoldier 角色增加一个勋章数”，这一部分的实现则是放在上一章未完成的“增加 Solder 勋章方法”中：

Listing 24-20　Soldier 角色接口(ISoldier.cs)

```
public abstract class ISoldier : ICharacter
{
   protected int    m_MedalCount = 0;              // 勋章数量
   protected const int MAX_MEDAL = 3;              // 最多勋章数量
 protected const int  MEDAL_VALUE_ID = 20;      // 勋章属性起始值
   ...

   // 增加勋章
   public virtual void AddMedal() {
      if( m_MedalCount >= MAX_MEDAL)
         return ;

      // 增加勋章
      m_MedalCount++;

      // 获取对应的勋章加成值
      int AttrID =  m_MedalCount + MEDAL_VALUE_ID;
      IAttrFactory theAttrFactory = PBDFactory.GetAttrFactory();

      // 加上后缀能力
      SoldierAttr SufAttr =  theAttrFactory.GetEliteSoldierAttr(
                             ENUM_AttrDecorator.Suffix, AttrID,
```

```
                                    m_Attribute as SoldierAttr);
            SetCharacterAttr(SufAttr);
        }
        ...
    }
```

同样地，将勋章等级换算成加成能力属性，之后向角色属性工厂（AttrFactory）获取加成用的后缀属性，再重新设置给角色。

完成相关的实现后，玩家在游戏过程中就有机会看到包含前缀和后缀的作战单位出现在战场上，如图 24-12 所示。

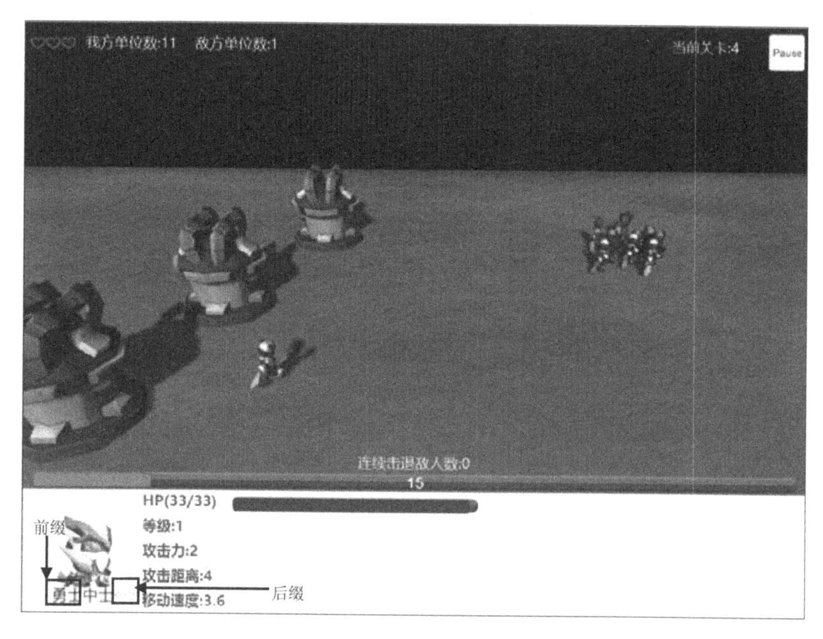

图 24-12　有前缀后缀的角色名称

24.3.3　使用装饰模式（Decorator）的优点

使用装饰模式（Decorator）的方式来新增功能，可避免更改已经实现的程序代码，增加系统的稳定性，也变得更灵活。善用装饰模式（Decorator）的透明性（Transparency），可以方便组装及加入想要的加成效果。

24.3.4　实现装饰模式（Decorator）时的注意事项

装饰模式（Decorator）就如同它的命名，其是用来装饰的，所以适用于已经有个装饰的目标。所以这些装饰应该是出现在“目标早已存在，而装饰需求之后才出现”的场合中，不该被滥用。过多的装饰堆砌在一起，难免也会眼花缭乱。

装饰模式（Decorator）适合项目后期增加系统功能时使用

对于项目进入后期或项目已上市的维护周期来说，使用装饰模式（Decorator）来增加现有系统的附加功能确实是较稳定的方式。但若是项目在早期就已规划要实现前缀后缀功能，那么可以将这种“附加于对象上的功能”列于早期的开发设计中，否则过度套叠附加功能，会造成调试上的困难，也会让后续维护者不容易看懂原始设计者最初的组装顺序。

早期规划时可以将附加功能加入设计之中

如果系统已预期某项功能会以大量的附加组件来扩展功能的话，那么或许可以采用 Unity3D 引擎中的“游戏对象（GameObject）”和“组件（Component）”的设计方式：游戏对象（GameObject）只是一个能在三维空间表示位置的类，但这个类可以利用不断地往上增加组件（Component）的方式来强化其功能。除了具备动态新增、删除组件的灵活性外，通过 Unity3D 界面查看组件（Component）列表中的类，也能轻易看出这个游戏对象（GameObject）具备了什么样的功能，提高了系统的维护性同时减少了调试的难度。

> **提示**
> Unity3D 引擎采用的是 ECS（Entity Component System）设计模式，这是一种被大量使用在游戏引擎开发上的一种模式。利用在主体（Entity）附加许多组件（Component）的方式来增加主体（Entity）的功能，而组件（Component）在执行模式或编辑模式下，都能被轻易地增加和删除。

24.4 装饰模式（Decorator）面对变化时

《P 级阵地》应用了装饰模式（Decorator）来增加角色属性系统的可变性。当有任何属性加成功能想应用时，都可以利用产生一个基本属性装饰者（BaseAttr Decorator）的子类来完成。例如，后续的游戏需求中，又想设计一个“直接强化系统”，让玩家可以直接强化战场中的某一个角色，也就是玩家可以先选择三个强化属性，然后下达“强化”指令，将这三个强化属性加到某个单位上。这样的新需求，实现时可以先完成下面这个 StrengthenBaseAttr 类：

Listing 24-21　直接强化(BaseAttrDecorator.cs)

```
public class StrengthenBaseAttr : BaseAttrDecorator
{
    protected List<AdditionalAttr> m_AdditionialAttrs; // 多个强化的属性

    public StrengthenBaseAttr()
    {}

    public override int GetMaxHP() {
        int MaxHP = m_Component.GetMaxHP();
        foreach(AdditionalAttr theAttr in m_AdditionialAttrs)
            MaxHP += theAttr.GetStrength();
        return MaxHP;
    }

    public override float GetMoveSpeed() {
        float MoveSpeed = m_Component.GetMoveSpeed();
```

```
        foreach(AdditionalAttr theAttr in m_AdditionialAttrs)
            MoveSpeed += theAttr.GetAgility()*0.2f;
        return MoveSpeed;
    }

    public override string GetAttrName() {
        return "直接强化" + m_Component.GetAttrName();
    }
} //
```

完成之后，只要再配合玩家界面设计与命令模式（Command），就能将强化功能加到单击鼠标而选中的玩家角色上。

24.5 结论

对于项目后期的系统功能强化，使用装饰模式（Decorator）的优点在于，可以不必更改太多现有的实现类就能完成功能强化。另外，“灵活度”和“透明性”是该模式的另一项优点，适合应用在系统功能是采用叠加不同小功能来完成实现的开发方式。但过多的装饰类容易造成系统维护的难度，而功能之间的交互堆砌，也会让程序人员在调试时增加不少困扰。

其他应用方式

- 网络在线游戏中数据封包的加密解密，也是许多介绍设计模式书中会提到的范例。通过额外附加的“信息加密装饰者”，就可以让原本传递的信息增加安全性，而且可以实现不同的加密方式来层层包覆，而修改的过程中，都不会影响到原有的数据封包的传送架构。
- 界面特效，有时候游戏界面中会特别提示玩家，某个事件发生了或是提醒玩家有个奖励可以领取，对于这类需求，可以在原有的界面组件上增加一个“接口特效装饰者”，而这样的实现方式会比较灵活，修改也较为方便。

CHAPTER

第 25 章 俘兵——适配器模式（Adapter）

25.1 游戏的宠物系统

“宠物系统”一直是吸引玩家进入游戏的重点系统，想象在打怪冲关的过程中，旁边伴随着一只宠物协同一起作战和探险，除了跟随着玩家的简单行为外，有些游戏也会设计一些辅助功能给宠物，如捡宝、补血、提示信息等之类的操作。

就笔者参与过的项目来说，宠物系统的需求多半会在游戏开发的中后时期才出现，因为这通常是顺应市场变化而增加的新需求。当然，近几年开发的游戏只要内容合适，就会提早在游戏企划的初期就决定加入宠物系统。因此，对于一早就有计划要实现宠物系统的游戏来说，会在一开始就在设计内加入与宠物相关的系统架构及类，例如：

- 负责控制宠物的角色类。
- 战斗时要使用的 AI 状态类。
- 工厂类提供对应的宠物工厂方法。
- 宠物专用的角色属性。
- 3D 成像规则等等。

若在项目中后期才决定要加入宠物系统，系统新增及修改的相关工作同样也是避免不了的，至于是否要大量更改原设计，就要看原有架构是否设计得够灵活。

当然，上述要求不管是初始时期或中后期才加入，都是专门设计一个宠物系统所要满足的，即美术部门需要产生项目的 3D 模型，编程部门需要编写新的宠物相关功能的类。还有另一种比较复杂的情况是，宠物系统也能将敌人（或所谓的怪物）收为己用，简单地说，就是被玩家打败过的敌人会被收录/记录下来（“招于麾下”），之后玩家在通关打怪时，就可以将之召唤出来成为宠物，一起帮助玩家通关。会有这样的设计想法不外乎是因为：

- 提供玩家收集的乐趣，但不只是收集，收集之后还能够被使用。
- 当打败的对手可以被重新召唤成为自己的手下时，玩家会有另一种成就感。其实在大型多人在线角色扮演游戏（MMORPG）的设计中，让其他玩家看到自己身边带一只非常难以打倒的 Boss，会有一种炫耀的满足感。因此这样的宠物系统设计，在大型多人在线角色扮演游戏（MMORPG）中，多半都会列为重点系统之一。
- 当发现原本的宠物设置不足或上市后发现宠物系统为主要收入来源时，为了快速增加宠物数量以确保持续的营收收入，直接选择将“敌人”设置成为宠物，是最直觉的想法。

综合上述的情况，会发现功能需求多半是想将已经设计好的“敌人/怪物”转换成“宠物”或“玩家可操控的单位”，但同时也希望保留敌人/怪物的原始设置，而不是重新设计一组新的设置数据，这些设置数据包括角色属性、攻击方式、攻击能力等。简单来说，就是宠物在原本的“敌人”状态下，所呈现的外形或使用的招式，当它被玩家收服后，玩家也会希望成为宠物的它，也同样能做出相同的攻击方式以及发出同样绚丽的招式，如图 25-1 所示。

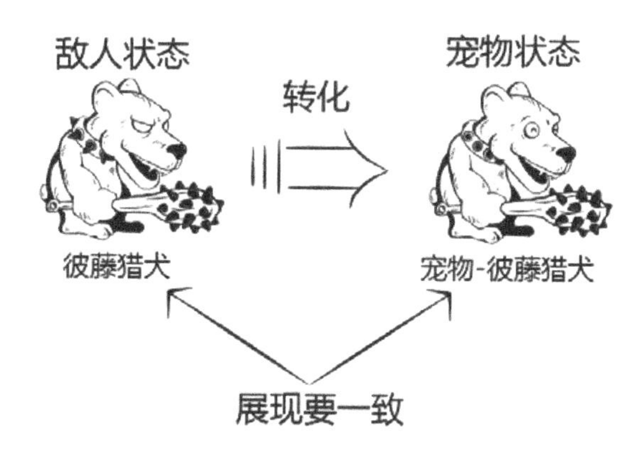

图 25-1　宠物系统图解

俘兵系统

当前《P 级阵地》项目算是进入了开发的后期，所有的系统和接口大多已经设计完成，系统架构也都实现完成了，但此时项目增加了下列需求，主要是要想让游戏更具趣味性：

- 当玩家击倒对手达到一定数量时，地图上会出现一个特殊兵营——“俘兵兵营”，这个兵营可以训练出敌方的角色。
- 俘兵的角色属性和攻击方式不改变。
- 由“俘兵兵营”训练出的单位会为玩家效力，一同守护玩家阵营。
- “俘兵兵营”不提供升级功能，所以只能训练同一等级且使用同种武器的作战单位。

由上述的说明可知，新的需求是希望玩家能够训练出原本应该是敌方阵营的作战单位，而且训练出来的敌方作战单位要能保留原本的设置属性和攻击力，训练完成后进入到战场上时，也要能帮忙防护玩家阵营。类似这样的需求，就像章节一开始所提到的，《P 级阵地》想要敌方角色直接改为玩家单位来使用。

《P 级阵地》面对这样的需求时，应该如何进行调整才能满足这一项需求呢？就《P 级阵地》当前的系统架构来看，或许可以增加一个“俘兵角色”类，且这个类必须具备两边阵营的部分行为。例如：俘兵角色产生时，必须运用敌方阵营的属性（EnemyAttr），所以不会有等级上的优势，也不能升级；AI 行为则必须采用玩家阵营的 AI 行为——防护阵营而非攻击阵营；显示上则是使用敌方阵营的角色模型，如图 25-2 所示。

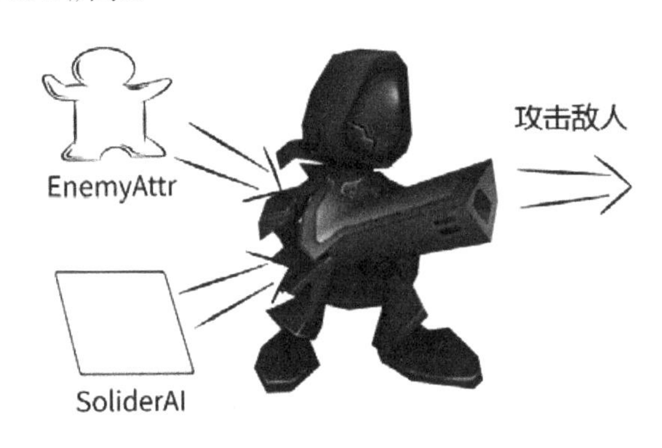

图 25-2　游戏范例俘兵示意图

之后还需要新增一个“俘兵角色建造者（SoldierCaptiveBuilder）”，让已经运用建造者模式（Builder）的角色建造者系统（CharacterBuilderSystem），可产生“俘兵角色”对象。这个新增的“俘兵角色建造者（SoldierCaptive Builder）”内部，就会按照需求从当前双方阵营的功能中拼装出来：

Listing 25-1　俘兵功能的实现

```
// 产生俘兵时所需的参数
public class SoldierCaptiveBuildParam : ICharacterBuildParam
{
    public SoldierCaptiveBuildParam()
    {}
}

// 俘兵各个部位的构建
public class SoldierCaptiveBuilder : ICharacterBuilder
{
    private SoldierCaptiveBuildParam m_BuildParam = null;

    public override void SetBuildParam( ICharacterBuildParam theParam ){
        m_BuildParam = theParam as SoldierCaptiveBuildParam;
    }

    // 加载 Asset 中的角色模型(Enemy)
```

```
public override void LoadAsset( int GameObjectID ) {
    IAssetFactory AssetFactory = PBDFactory.GetAssetFactory();
    GameObject EnemyGameObject = AssetFactory.LoadEnemy(
                m_BuildParam.NewCharacter.GetAssetName() );
    EnemyGameObject.transform.position =
                            m_BuildParam.SpawnPosition;
    EnemyGameObject.gameObject.name = string.Format("Enemy[{0}]",
                                GameObjectID);
    m_BuildParam.NewCharacter.SetGameObject( EnemyGameObject );
}

// 加入 OnClickScript(Soldier)
public override void AddOnClickScript() {
    SoldierOnClick Script = m_BuildParam.NewCharacter.
            GetGameObject().AddComponent<SoldierOnClick>();
    Script.Solder = m_BuildParam.NewCharacter as ISoldier;
}

// 加入武器
public override void AddWeapon() {
    IWeaponFactory  WeaponFactory = PBDFactory.GetWeaponFactory();
    IWeapon Weapon = WeaponFactory.CreateWeapon(
                            m_BuildParam.emWeapon );

    // 设置给角色
    m_BuildParam.NewCharacter.SetWeapon( Weapon );
}

// 设置角色能力(Enemy)
public override void SetCharacterAttr() {
    // 获取 Enemy 的属性
    IAttrFactory theAttrFactory = PBDFactory.GetAttrFactory();
    int AttrID = m_BuildParam.NewCharacter.GetAttrID();
    EnemyAttr theEnemyAttr = theAttrFactory.GetEnemyAttr( AttrID );

    // 设置属性的计算策略
    theEnemyAttr.SetAttStrategy( new EnemyAttrStrategy() );

    // 设置给角色
    m_BuildParam.NewCharacter.SetCharacterAttr( theEnemyAttr );
}

// 加入 AI(Soldier)
public override void AddAI() {
    SoldierAI theAI = new SoldierAI( m_BuildParam.NewCharacter );
    m_BuildParam.NewCharacter.SetAI( theAI );
}

// 加入管理器(Soldier)
public override void AddCharacterSystem( PBaseDefenseGame PBDGame ){
```

```
        PBDGame.AddSoldier( m_BuildParam.NewCharacter as ISoldier );
    }
}
```

但是，这样的设计方式并不好，因为就像俘兵角色建造者（SoldierCaptiveB uilder）的程序代码所显示的，功能都来自双方阵营中不同的部分所拼装出来的，不像是个完整封装的类，而且大部分的功能可能还使用了“复制+粘贴”的方式来处理。如果不想产生过多重复的程序代码，那么针对现有的建造者（SoldierBuilder、EnemyBuilder）就必须再进行重构，让程序代码通过共享来解决“复制+粘贴”的问题，但这样一来又必须更改两个原有的类。

如果想要实现具有“完整性”概念的封装类，那么连带属性系统和 AI 系统，也都必须新增与“俘兵”相关的对应类，修改的工程就更为庞大了。

所以，应该思考的是，有没有更简单的方式让敌方类直接就能“假装”成玩家类，然后加入玩家类群组中。

在 GoF 的设计模式中，是否有合适的模式可以让《P 级阵地》进行这样的修改呢？是否有某种模式，能够将一个类（敌方阵营）通过一个转换，就可直接被当成是另外一个类（玩家阵营）来使用呢？答案是有的，适配器模式（Adapter）正是用来解决这种情况，其功能也正如其名，适合用来进行“转接”两个类。

25.2 适配器模式（Adapter）

适配器模式（Adapter）如同字面上的意思，能将“接口”完全不符合的东西转换成符合的状态。换句话说，被转换的类一定与原有类的“接口不合”，这一点可以用来分辨与另外两个相似模式之间的差异。

25.2.1 适配器模式（Adapter）的定义

GoF 对于适配器模式（Adapter）的定义是：

“将一个类的接口转换成为客户端期待的类接口。适配器模式让原本接口不兼容的类能一起合作。”

解释适配器模式（Adapter），最常举的例子就是一般生活中很容易遇到的“插头适配器”，如图 25-3 所示。

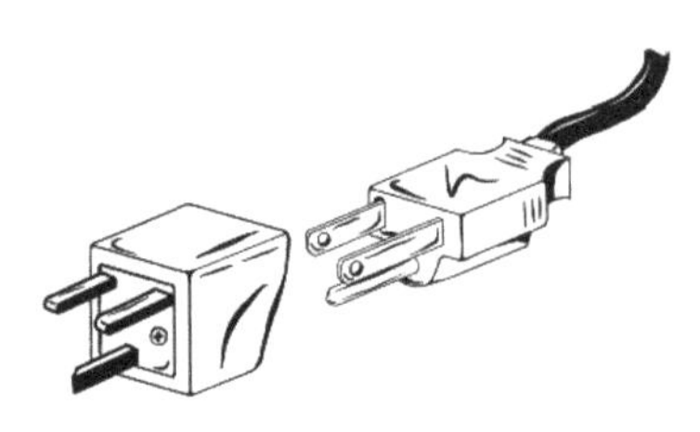

图 25-3 插头适配器

出国旅游，尤其是到欧美国家，想到携带的 3C 产品需要充电时，就必须考虑充电插头是否能插入当地国家的插座中。如果不行，最简单的方式就是买一个能够转接到当地插座的“适配器”。一般家中也会常遇到这样的情况，买的电器用品附带的插头是三头的，但是墙上的插座却是两孔的，如果不想折断三头插头上的接地线，那么同样也必须到电器行买一个“适配器”来进行转换。

运用相同的概念，软件设计上的“适配器”做的也是同样的转换工作，当出现一个不符合客户端接口的情况时，在不想破坏接口的前提下（例如不想折断三头插头上的接地线），就必须设计一个适配器来进行转换，将原本不符合的接口，转换到客户端预期的接口上，所以概念上是非常简单的。

25.2.2　适配器模式（Adapter）的说明

适配器模式（Adapter）的类结构如图 25-4 所示。

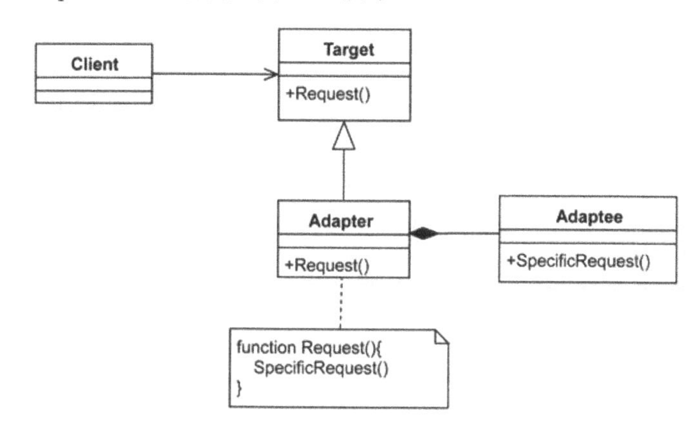

图 25-4　适配器模式（Adapter）的类结构

GoF 参与者的说明如下：

- Client（客户端）：客户端预期使用的是 Target 目标接口的对象。
- Target（目标接口）：定义提供给客户端使用的接口。
- Adaptee（被转换类）：与客户端预期接口不同的类。
- Adapter（适配器）
  - 继承自 Target 目标接口，让客户端可以操作；
  - 包含 Adaptee 被转换类，可以设为引用或组合；
  - 实现 Target 的接口方法 Request 时，应调用适当的 Adaptee 方法来完成实现。

25.2.3　适配器模式（Adapter）的实现范例

适配器模式（Adapter）的实现不难理解，首先要定义一个 Client 预期使用的类接口：

Listing 25-2　应用领域(Client)所需的接口(AdapterTest.cs)

```
public abstract class Target
{
    public abstract void Request();
```

```
    }
```

另外，就是一个已经实现完整的类，它可能是第三方函数库或项目内的一个已经设计完整的功能类，且当前可能无法更改或修改这个已经实现完成的类，这个类就是需要被转换的类：

Listing 25-3　不同于应用领域(Client)的实现,需要被转换(AdapterTest.cs)

```
public class Adaptee
{
    public Adaptee()
    {}

    public void SpecificRequest() {
        Debug.Log("调用 Adaptee.SpecificRequest");
    }
}
```

所以，在无法修改 Adaptee 的情况下，可以另外声明一个类，这个类继承自 Target 目标接口，其中包含一个 Adaptee 类对象：

Listing 25-4　将 Adaptee 转换成 Target 接口(AdapterTest）

```
public class Adapter : Target
{
    private Adaptee m_Adaptee = new Adaptee();

    public Adapter()
    {}

    public override void Request() {
        m_Adaptee.SpecificRequest();
    }
}
```

Adapter 在实现 Target 的接口方法 Request 时，则是调用 Adaptee 类中合适的方法来完成“转接”的工作。

对于 Client 端（测试程序）而言，面对的对象一样是 Target 接口，但内部已经被转换为由另一个类来执行：

Listing 25-5　测试适配器模式

```
    void UnitTest () {
        Target theTarget = new Adapter();
        theTarget.Request();
    } // AdapterTest.cs
```

从执行信息上可以看出，真正的功能是由 Adaptee 类执行的：

```
调用 Adaptee.SpecificRequest
```

25.3 使用适配器模式（Adapter）实现俘兵系统

因为游戏实现已进入了后期，所以在当前的实现情况下使用适配器模式（Adapter），将“敌人角色接口”转接成“玩家角色接口”会比较方便。如果是在游戏开发初期，笔者就建议将这个开发需求一并列入角色的设计中，这样才是比较好的开发规划。

25.3.1 俘兵系统的架构设计

适配器模式（Adapter）在应用上非常简单：当有一个类与预期使用的接口不同时，就实现一个适配器类，使用这个适配器类将接口不合的类转换成预期的类接口。在《P 级阵地》新增的需求中，希望将敌方角色的类对象“转换/转接”成为玩家角色来使用，那么就可以直接实现一个“角色适配器”，来将敌方角色类转接为玩家角色类（的子类），因此《P 级阵地》针对新增的需求，运用适配器模式（Adapter）后类结构如图 25-5 所示。

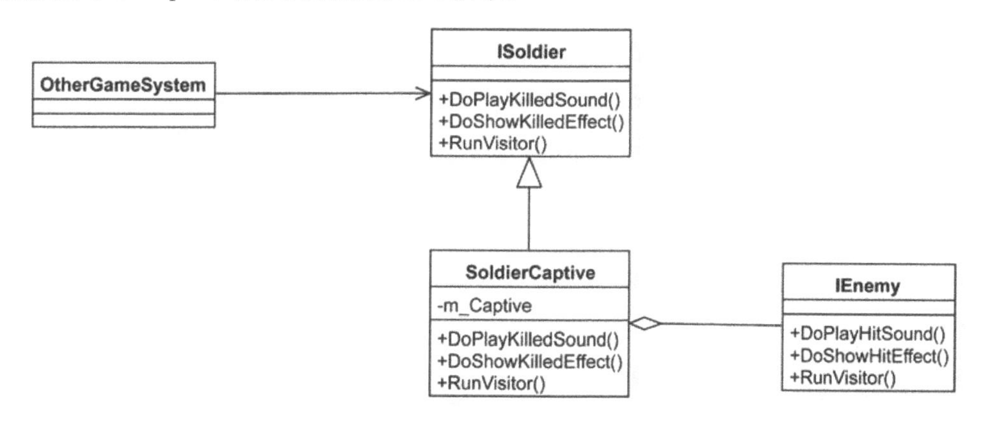

图 25-5　《P 级阵地》针对新增的需求，运用适配器模式（Adapter）后的类结构

参与者的说明如下：

- OtherGameSystem：《P 级阵地》中其他的游戏系统，这些系统预期使用“俘兵”单位时，要和玩家阵营单位有一样的接口。
- ISoldier：玩家阵营角色的接口，新的需求是“俘兵”的概念，敌方角色单位要被转换成玩家阵营来使用。
- IEnemy：敌方阵营角色类会被当作俘兵使用，但在适配器模式（Adapter）之下，接口不需要做任何调整。
- SoldierCaptive：俘兵类作为适配器类，负责将敌方角色类转换为玩家角色类来使用。

25.3.2 实现说明

《P 级阵地》在运用适配器模式（Adapter）实现时，先取消之前使用俘兵角色建造者

（BuilderSoldierCaptiveBuilder）的写法，改为只新增一个俘兵角色类（SoldierCaptive）作为类转接之用：

Listing 25-6 实现俘兵类(SoldierCaptive.cs)

```
public class SoldierCaptive : ISoldier
{
    private IEnemy m_Captive = null;

    public SoldierCaptive( IEnemy theEnemy) {
        m_emSoldier = ENUM_Soldier.Captive;
        m_Captive = theEnemy;

        // 设置成像
        SetGameObject( theEnemy.GetGameObject() );

        // 将 Enemy 属性转成 Soldier 用的属性
        SoldierAttr tempAttr = new SoldierAttr();

        tempAttr.SetSoldierAttr( theEnemy.GetCharacterAttr().
                                          GetBaseAttr());
        tempAttr.SetAttStrategy( theEnemy.GetCharacterAttr().
                                        GetAttStrategy());
        tempAttr.SetSoldierLv( 1 ); // 设置为 1 级
        SetCharacterAttr( tempAttr );

        // 设置武器
        SetWeapon( theEnemy.GetWeapon() );

        // 更改为 SoldierAI
        m_AI = new SoldierAI( this );
        m_AI.ChangeAIState( new IdleAIState() );
    }

    // 播放音效
    public override void DoPlayKilledSound() {
        m_Captive.DoPlayHitSound();
    }

    // 显示特效
    public override void DoShowKilledEffect() {
        m_Captive.DoShowHitEffect();
    }

    // 执行 Visitor
    public override void RunVisitor(ICharacterVisitor Visitor) {
        Visitor.VisitSoldierCaptive(this);
    }
}
```

在实现的内部转换过程中，无论是角色设置值的更换，还是播放音效、显示特效时的转换，都比旧方式更明确，也未破坏原有类的接口和设计概念。所以就这次新增的需求来看，“单纯的转换”比起重新设计组装一个新的类要好得多。

25.3.3　与俘兵相关的新增部分

当俘兵角色类（SoldierCaptive）被实现之后，无论采用的是哪一种方式（转接方式或是组装方式），《P 级阵地》中，还有其他需要配合的部分。而修改的部分大多以“增加”类的方式来完成，较少更改到现有的类接口。首先是新增一个可以训练俘兵角色单位的俘兵兵营（CaptiveCamp）：

Listing 25-7　新增俘兵兵营(SoldierCaptive.cs)

```
public class CaptiveCamp : ICamp
{
    private GameObject m_GameObject = null;
    private ENUM_Enemy m_emEnemy = ENUM_Enemy.Null;
    private Vector3 m_Position;

    // 设置兵营产生的单位及冷却值
    public CaptiveCamp( GameObject theGameObject,
                        ENUM_Enemy emEnemy,
                        string CampName,
                        string IconSprite ,
                        float TrainCoolDown,
                        Vector3 Position):base( theGameObject,
                                                TrainCoolDown,
                                                CampName,
                                                IconSprite) {
        m_emSoldier = ENUM_Soldier.Captive;
        m_emEnemy = emEnemy;
        m_Position = Position;
    }

    // 获取训练金额
    public override int GetTrainCost() {
        return 10;
    }

    // 训练 Soldier
    public override void Train() {
        // 产生一个训练命令
        TrainCaptiveCommand NewCommand = new TrainCaptiveCommand(
                                  m_emEnemy,m_Position,m_PBDGame);
        AddTrainCommand( NewCommand );
    }
}
```

与玩家阵营中的其他兵营一样，继承自 ICamp 类后，再重新定义需要的方法。而在关键的训练方法 Train 中，则是产生一个新的训练俘兵（TrainCaptiveCommand）的命令：

Listing 25-8　新增训练俘兵命令(TrainCaptiveCommand.cs)

```
public class TrainCaptiveCommand : ITrainCommand
{
    private PbaseDefenseGame m_PBDGame = null;
    private ENUM_Enemy m_emEnemy;        // 兵种
    private Vector3 m_Position;              // 出现位置

    public TrainCaptiveCommand(    ENUM_Enemy emEnemy, Vector3 Position,
                                    PBaseDefenseGame PBDGame){
        m_PBDGame = PBDGame;
        m_emEnemy = emEnemy;
        m_Position = Position;
    }

public override void Execute() {
        // 先产生 Enemy
        ICharacterFactory Factory = PBDFactory.GetCharacterFactory();
        IEnemy theEnemy = Factory.CreateEnemy ( m_emEnemy,
                                             ENUM_Weapon.Gun ,
                                             m_Position,
                                             Vector3.zero);

        // 再产生俘兵(适配器)
        SoldierCaptive NewSoldier = new SoldierCaptive( theEnemy );

        // 删除 Enemy
        m_PBDGame.RemoveEnemy( theEnemy );

        // 加入 Soldier
        m_PBDGame.AddSoldier( NewSoldier );
    }
}
```

因为兵营类使用命令模式（Command）来对训练作战单位的命令进行管理，因此新的“训练俘兵命令”必须继承自ITrainCommand，才能配合原有的设计模式。而在训练命令执行方法Execute中，可以看到实现上是先将原有的敌方角色对象产生后，再利用转接概念产生俘兵角色，之后顺应角色管理系统（CharacterSystem）的要求，将新产生的俘兵角色加入到玩家角色管理器中。

接下来，要修改的是兵营系统（CampSystem）。因为现有的三座玩家兵营是由该系统来管理和初始化的，所以新增的俘兵兵营（CaptiveCamp）一样要放在兵营系统中来管理：

Listing 25-9　兵营系统(CampSystem.cs)

```
public class CampSystem : IGameSystem
{
    private Dictionary<ENUM_Soldier, ICamp> m_SoldierCamps =
                            new Dictionary<ENUM_Soldier,ICamp>();
    private Dictionary<ENUM_Enemy , ICamp> m_CaptiveCamps =
                            new Dictionary<ENUM_Enemy,ICamp>();
```

```
// 初始化兵营系统
public override void Initialize() {
    // 加入三个兵营
    m_SoldierCamps.Add (ENUM_Soldier.Rookie,
                SoldierCampFactory( ENUM_Soldier.Rookie ));
    m_SoldierCamps.Add (ENUM_Soldier.Sergeant,
    SoldierCampFactory( ENUM_Soldier.Sergeant ));
    m_SoldierCamps.Add (ENUM_Soldier.Captain,
                SoldierCampFactory( ENUM_Soldier.Captain ));

    // 加入一个俘兵营
    m_CaptiveCamps.Add ( ENUM_Enemy.Elf,
                    CaptiveCampFactory( ENUM_Enemy.Elf ));
    // 注册游戏事件观察者
    m_PBDGame.RegisterGameEvent( ENUM_GameEvent.EnemyKilled,
                new EnemyKilledObserverCaptiveCamp(this));
}
...

// 获取场景中的俘兵营
private CaptiveCamp CaptiveCampFactory( ENUM_Enemy emEnemy ) {
    string GameObjectName = "CaptiveCamp_";
    float CoolDown = 0;
    string CampName = "";
    string IconSprite = "";
    switch( emEnemy )
    {
        case ENUM_Enemy.Elf :
            GameObjectName += "Elf";
            CoolDown = 3;
            CampName = "精灵俘兵营";
            IconSprite = "CaptiveCamp";
            break;
        default:
            Debug.Log("没有指定["+emEnemy+"]要获取的场景对象名称");
            break;
    }

    // 获取对象
    GameObject theGameObject =  UnityTool.FindGameObject(
                                    GameObjectName );
    // 获取集合点
    Vector3 TrainPoint = GetTrainPoint( GameObjectName );

    // 产生兵营
    CaptiveCamp NewCamp = new CaptiveCamp( theGameObject,
                                emEnemy,
                                CampName, IconSprite,
                                CoolDown, TrainPoint);
    NewCamp.SetPBaseDefenseGame( m_PBDGame );
```

```
        // 设置兵营使用的 Script
        AddCampScript( theGameObject, NewCamp);
        // 先隐藏
        NewCamp.SetVisible(false);

        // 返回
        return NewCamp;
    }
}
```

与玩家兵营的初始化过程类似，先搜索场景内由场景设计人员安排好的俘兵兵营对象，之后再新增一个俘兵兵营（CaptiveCamp）对象来和游戏对象对应，接着将兵营先隐藏并加入到管理器中。先隐藏的原因是，让俘兵兵营（CaptiveCamp）的出现由是否符合某项条件来决定。

而当前的规划是将条件设置为“当玩家击退敌方角色达到一定数量以上”时，而为了得知当前敌方角色的阵亡情况，所以针对“敌人角色阵亡主题（EnemyKilled Subject）”注册了一个观察者 EnemyKilledObserverCaptiveCamp：

Listing 25-10　兵营观察 Enemey 阵亡事件(EnemyKilledObserverCaptiveCamp.cs)

```
public class EnemyKilledObserverCaptiveCamp : IGameEventObserver
{
    private EnemyKilledSubject m_Subject = null;
    private CampSystem m_CampSystem = null;

    public EnemyKilledObserverCaptiveCamp(CampSystem  theCampSystem) {
        m_CampSystem = theCampSystem;
    }

    // 设置观察的主题
    public override void SetSubject( IGameEventSubject Subject ) {
        m_Subject = Subject as EnemyKilledSubject;
    }

    // 通知 Subject 被更新
    public override void Update() {
        // 累计阵亡 10 以上时即出现俘兵营
        if( m_Subject.GetKilledCount() > 10 )
            m_CampSystem.ShowCaptiveCamp();
    }
}
```

这个观察者会累计当前敌人单位阵亡的计数，当发现已达设置的上限时，就会将场景内的俘兵兵营（CaptiveCamp）显示出来。之后玩家就能够通过俘兵兵营（CaptiveCamp）下达训练指令，来产生俘兵角色（SoldierCaptive）。

针对这次需求的修改，兵营系统（CampSystem）增加了类成员及方法，但并未更改到其他实现，所以不会影响其他的客户端。这次的修改全都是由“新增类”的方式来完成的，类结构图如图25-6 所示，其中标有底色的类，就是为这次的需求而新增的类。

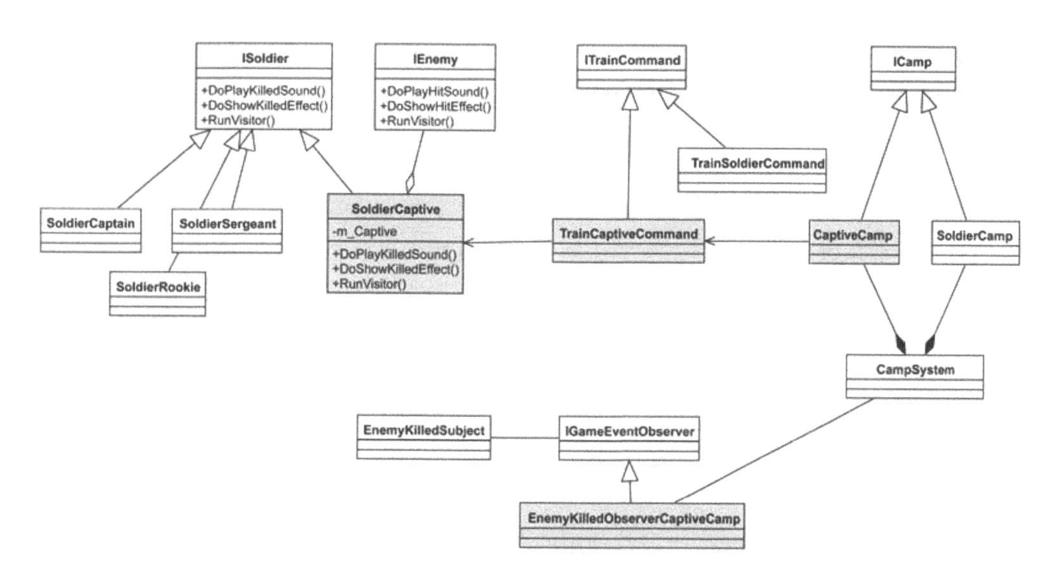

图 25-6　新增了俘兵相关的类成员及方法后的类结构图

对于系统的修改都能以“新增类”的方式来实现，这代表着符合“开—闭原则（OCP）”，也就是，在不更改现有接口的前提下，完成功能的新增。

角色访问者（CharacterVisitor）也因为这次修改，新增了一个成员方法 VisitSoldierCaptive。所以在修正上，还必须去查看所有的访问者子类，判断是否都需要重新实现这个方法。而这个缺点在“第 23 章角色信息查询”中已经提过，这是访问者模式（Visitor）在提供遍历对象功能时，所必须面对的取舍。

在完成上述的实现之后，当玩家在成功击退一定数量的敌方角色时，阵地中就会出现一座“俘兵兵营”，让玩家可以训练敌方角色，如图 25-7 所示。

图 25-7　可以训练俘兵的兵营

25.3.4 使用适配器模式（Adapter）的优点

虽然适配器模式（Adapter）看似只不过是将同项目下的不同类进行转换，但适配器模式（Adapter）其实也具有减少项目依赖于第三方函数库的好处。游戏项目在开发时常常会引入第三方工具/函数库来强化游戏功能，但一经引用就代表项目被绑定在第三方工具/函数库了。此时若没有适当的方式，将项目与第三方工具/函数库进行隔离，那么当第三方工具/函数库进行大规模改动时，或是想要替换成另一套有相同功能的工具/函数库时，都可能引发项目的大规模修改。

在这个时候，适配器模式（Adapter）可以适时扮演分离项目与第三方工具/函数库的角色。在项目内先自行定义功能使用接口，再利用适配器模式（Adapter），将真正执行的第三方工具运用在子类的实现之中，以此来形成隔离。若有多个第三方函数库可以选择时，对于项目而言，就不会造成太多转换上的困扰。

以项目常用的XML工具来说，当前常使用的有.Net Framework中的System.Xml工具以及Mono版的 XML 工具。如果不想让项目依赖于任何一个实现的话，那么可以先定义一个 XMLInterface作为客户端使用的接口，之后再针对使用不同的工具库进行子类的实现，类结构图如图25-8所示。

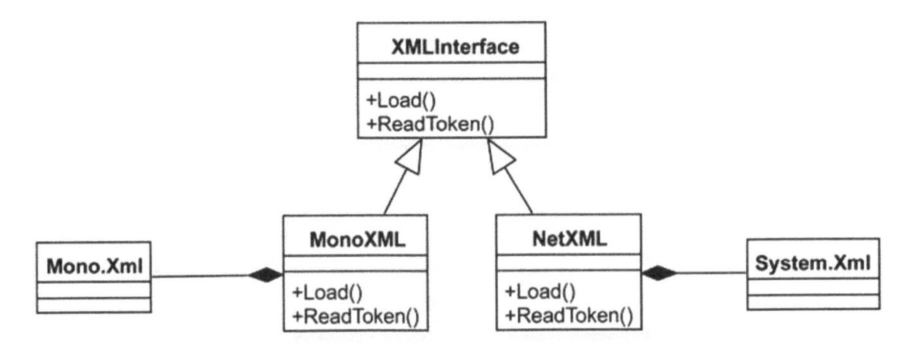

图 25-8　定义一个XMLInterface作为客户端使用的接口，即为“适配器”

25.4 适配器模式（Adapter）面对变化时

《P级阵地》中的敌方角色可成为俘兵被玩家训练使用，那么反过来，玩家单位其实也可以被敌方阵营所用。虽然《P级阵地》的游戏设计上，并不容易设计出一个合理的情况，让玩家单位转而成为敌方阵营。但随着游戏持续开发和维护，这也不是不可能发生的需求（例如某一天，敌方阵营改为在线由另一个玩家来操作，而非计算机自动操作时）。所以，同样可以使用适配器类，来将玩家角色类转换成敌方角色类使用：

Listing 25-11　玩家俘兵

```
public class EnemyCaptive : IEnemy
{
    private ISoldier m_Captive = null;

    //
```

```
    public EnemyCaptive( ISoldier theSoldier, Vector3 AttackPos) {
        m_emEnemyType = ENUM_Enemy.Catpive;
        m_Captive = theSoldier;

        // 设置成像
        SetGameObject( theSoldier.GetGameObject() );

        // 将 Soldier 属性转成 Enemy 用的属性
        EnemyAttr tempAttr = new EnemyAttr();
        ...
        SetCharacterAttr( tempAttr );

        // 设置武器
        SetWeapon( theSoldier.GetWeapon() );

        // 更改为 SoldierAI
        m_AI = new EnemyAI( this, AttackPos );
        m_AI.ChangeAIState( new IdleAIState() );
    }

    // 播放音效
    public override void DoPlayHitSound() {
        m_Captive.DoPlayKilledSound();
    }

    // 显示特效
    public override void DoShowHitEffect() {
        m_Captive.DoShowKilledEffect();
    }

    // 执行 Visitor
    public override void RunVisitor(ICharacterVisitor Visitor) {
        ...
    }
}
```

25.5 结论

适配器模式（Adapter）的优点是不必使用复杂的方法，就能将两个不同接口的类对象交换使用。此外，它也可以作为隔离项目与第三方工具/函数库的一个方式。

其他应用方式

早期 Unity（4.6 版本之前）官方的 2D 界面效果不容易转为使用其他接口工具，如 NGUI、iGUI 等。因此，在游戏界面开发上，可以使用适配器模式（Adapter）作为转换，让界面上的组件都能先定义一个专用的 UI 类，与这些第三方套装软件隔离。笔者就亲身遭遇过，因为使用了适配器，所以将 NGUI 从 2.6 版转换到 3.8 版时，只调整了几个 UI 类与 NGUI 3.8 版对应，就将项目的 UI

系统顺利地升级到 NGUI 3.8 版。

载具的驾驶系统会因为载具类型的不同而有所差异。早期设计时若是没有通盘考虑，很可能设计出让角色很难驾驭的驾驶系统。同样地，如果是在游戏开发后期才发现这个问题，游戏企划可能会希望某角色能去操控原本没有规划在内的载具，那么此时也可以利用适配器模式（Adapter）来作为两个驾驶系统之间的转接。

CHAPTER

第 26 章 加载速度的优化——代理模式（Proxy）

26.1 最后的系统优化

当游戏项目完成到某一个阶段，准备进入大量测试之前，程序人员会进行所谓的“优化”工作。而最优化工作通常指的是，在当前的项目基础上，专心致力于找出游戏执行时的瓶颈点，针对现有的功能或执行时的效果加以调整或找出问题点，包含：

- 整体每秒画面更新频率（FPS，即每秒帧数）是否可以再往上增加；
- 游戏执行过程是否会突然停顿；
- 游戏使用的系统资源是否过多，例如使用的内存是否过多、网络传送的信息是否过多……；
- 游戏加载时间是否过长；
- 其他等等。

当然，以笔者过往的开发经验来说，多半不会建议在游戏的最后阶段才开始进行游戏的最优化工作。因为如果在最后阶段才发现，先前的某项美术规格设置错误或程序实现的架构有问题，而且又非修改不可的话，就得花费非常多的成本和时间去做修正，例如：

- 调整 3D 角色模型面数；
- 减少 2D 角色动作数、每个动作的张数；
- 减少界面贴图的大小；
- 减少企划设计的数据笔数，或者使用共享数据的方式；

- 调整音效采样频率、压缩方式、压缩比；
- 重新规划游戏的资源分配方式，或者延后加载游戏资源；
- 其他等等。

我们虽然不希望这些问题是在开发的最后阶段才被发现，但问题是，这些问题在开发过程中也不太容易被发觉，主要的原因是游戏资源通常不会一次到位。它们是会随着开发进度慢慢增加的。一开始时可能同时要加载的模块、接口没那么多，所以不会有使用过多内存的问题；或是企划设计的数据笔数没那么大，所以也不会有加载速度的问题；程序开发人员还没编写那么多的游戏功能一起运行，所以也看不出设计架构有什么问题。

但是，当游戏项目进入后期，届时美术资源已全部完成、企划信息设置完成、音效全部录制完毕、游戏功能全部上线了，这个时候项目才会将问题呈现出来。所以常常是最后一次将所有资源全部集结完成的时刻，就是游戏产生瓶颈的时候，接着就会导致性能上的问题：

- 系统无法承载所有资源的加载或加载时间过长；
- 画面更新的频率过慢，每秒帧数（FPS）低于 30 帧以下，甚至是更差的 10 帧以下；
- 与游戏服务器交换的信息过多，使得网络连线质量太差而无法实时响应；
- 最严重的情况是游戏无法执行，或者进行到一半时游戏就失效而宕机。

上述的情况，都会让玩家留下很不好的游戏体验。

当然也有些人认为问题未能及早发现，是因为：随着项目日渐增大，效率慢慢变差，而开发人员也被“同化”了，就像温水中的青蛙一样渐渐地无感觉，非等到最后系统崩溃时，才会察觉问题的严重性。

在面对这种几乎难以避免的问题时，“经验”还是最好的解答。我们可以从几个方面来努力避免问题的产生：针对每种平台上的软硬件特效进行了解，引用其他项目的游戏资源规格设计，或是自己从其他平台上学习到的知识。事前做好游戏资源的规格设置，或提前设计较容易修改的程序架构，让后续的性能优化上能有较佳的调校环境。

话虽如此，即便我们有了足够的经验，问题仍旧可能发生。当真的遇到非修改不可的情况时，对于美术、企划、音效人员来说，都有手边的开发工具可以协助进行调整，有了工具至少问题的解法就有了依据，只不过需要再多花点工夫就是了。而对于程序设计师来说呢？程序设计师遇到这种情况，可能需要做的是：调整软件系统架构、修改类接口、调整系统执行流程等的工作。而这些工作牵一发动全身，对于没有做好准备的程序人员来说，是最不愿意遇到的工作。

不过，对于已经准备好的程序人员或项目来说，情况将有所不同。如果程序人员在项目实现时，都已经编写了“测试单元”而且“测试覆盖率”还不算低的话，那么肯定对于系统执行的稳定度具有一定的信心，因此，对于这样的项目，程序人员会比较敢于修改和调整。此外，如果软件系统在开始设计的初期，就已经考虑到后续的修改和变化，而采用了较好的设计方式（例如运用设计模式），那么对于游戏项目后期因为需要而修改的问题，也不会过于烦恼。

载入资源的优化

当然，有些设计模式是可以作为软件系统调整时的解决办法。就以《P 级阵地》在优化阶段遇到的问题为例：需要优化的功能发生在“资源加载工厂（IAssetFactory）”中，以《P 级阵地》当前的实现来说，资源加载工厂（IAssetFactory）共有 3 个子类，分别用来代表存放在不同地点的 Unity Asset 资源（请回顾“第 14 章游戏角色的产生”的介绍）：

- ResourceAssetFactor：从项目的 Resource 中将 Unity Asset 实例化成 GameObject 的工厂类；
- LocalAssetFactory：从本地（存储设备）中，将 Unity Asset 实例化成 GameObject 的工厂类；
- RemoteAssetFactory：从远程（网络 WebServer）中，将 Unity Asset 实例化成 GameObject 的工厂类。

以 ResourceAssetFactor 的实现为例，从 Unity3D 的资源目录中加载时，需要经过以下两个步骤：

步骤01 从 Resource 中载入 Unity Asset 资源：这个步骤在 LoadGameObjectFrom ResourcePath 方法中实现。

步骤02 将加载的 Unity Asset 资源实例化成游戏对象：这个步骤在 Instantiate GameObject 方法中实现。

Listing 26-1　从项目的 Resource 中，将 Unity Asset 实例化成 GameObject 的工厂类 (ResourceAssetFactory.cs)

```
public class ResourceAssetFactory : IAssetFactory
{
    // 产生 Soldier
    public override GameObject LoadSoldier( string AssetName ) {
        return InstantiateGameObject( SoldierPath + AssetName );
    }

    // 产生 GameObject
    private GameObject InstantiateGameObject( string AssetName ) {
        // 从 Resource 中加载
        UnityEngine.Object res = LoadGameObjectFromResourcePath(
                                        AssetName );
        if(res==null)
            return null;
        return  UnityEngine.Object.Instantiate(res) as GameObject;
    }

    // 从 Resource 中加载
    public UnityEngine.Object LoadGameObjectFromResourcePath(
                                        string AssetPath) {
        UnityEngine.Object res = Resources.Load(AssetPath);
        if( res == null)
        {
            Debug.LogWarning("无法加载路径["+AssetPath+"]上的 Asset");
            return null;
        }
        return res;
    }
}
```

上述程序代码中，需要优化的点在于：每当角色训练完成后出现在战场时，资源加载工厂

（IAssetFactory）就必须从资源目录加载一次，而从资源目录加载包含了向操作系统加载文件的操作，一般认为这个操作是比较消耗系统性能的操作，所以应该避免不必要的调用。

所以，资源加载工厂（IAssetFactory）优化的方向是：让已经加载过的 Unity Asset 资源存放在一个资源管理容器中，如果下次需要再取用时，就先查看资源管理容器内是否已经有相同的 Unity Asset 资源，如果有，则直接使用这个资源产生游戏对象（GameObject），不必再重新加载一次。资源加载工厂的优化示意图如图 26-1 所示。

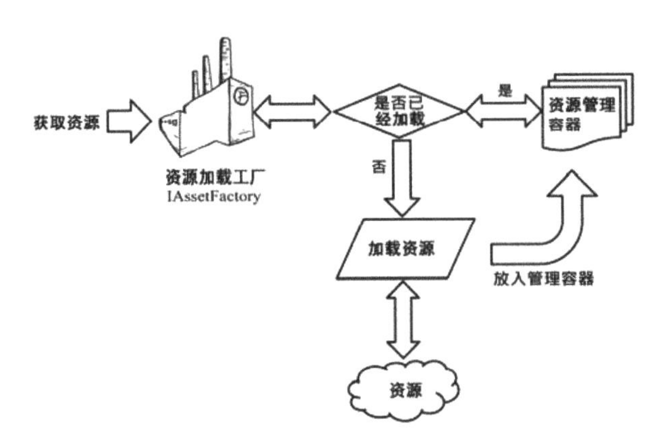

图 26-1　资源加载工厂的优化示意图

一般会将这个资源管理称为“高速缓存（Cache）”功能，用来暂存之后可能会使用到的对象，不必每次都必须从目录系统中读取。

如果只是单纯想在资源加载工厂（IAssetFactory）中加入高速缓存功能，其实很简单：

Listing 26-2　从项目的 Resource 中，将 Unity Asset 实例化成 GameObject 的工厂类

```
public class ResourceAssetFactory : IAssetFactory
{
    public const string SoldierPath = "Characters/Soldier/";
    Dictionary<string,UnityEngine.Object> m_Cache =
                new Dictionary<string,UnityEngine.Object>();

    // 产生 Soldier
    public override GameObject LoadSoldier( string AssetName ) {
        return InstantiateGameObject( SoldierPath + AssetName );
    }

    // 产生 GameObject
    private GameObject InstantiateGameObject( string AssetName ) {
        // 从 Resource 中
        UnityEngine.Object res = LoadGameObjectFromResourcePath(
                                            AssetName );
        if(res==null)
            return null;
        return UnityEngine.Object.Instantiate(res) as GameObject;
    }
```

```
    // 从Resource中加载
    public UnityEngine.Object LoadGameObjectFromResourcePath(
                                             string AssetPath) {
        // 是否在高速缓存中
        if(m_Cache.ContainsKey(AssetPath))
            return m_Cache[AssetPath];

        UnityEngine.Object res = Resources.Load(AssetPath);
        if( res == null)
        {
            Debug.LogWarning("无法加载路径["+AssetPath+"]上的Asset");
            return null;
        }

        // 加入高速缓存
        m_Cache.Add( AssetPath,res);
        return res;
    }
}
```

上面的修改方式，并没有更改到接口，只是增加了内部成员及修改方法就达到了目的。这种修改方式虽然简单，但当我们考虑的再深一点时，似乎就不太管用：

- 虽然只是调整了方法内的实现，但是如果是处于项目完成阶段，除非是程序错误（Bug）需要修正，否则对于功能的调整都必须更加谨慎。
- 因为可能只是猜测会有性能上的瓶颈，所以会想要“先测试看看”，或者比较修改前后的性能差异，但如果将要修改的功能直接实现在原有的功能上，会让“测试”工作变得不好进行，可能需要提供额外的方法来进行功能的关闭。
- 如果测试结果发现并无影响，所以最终决定不加入高速缓存功能，也可能会有以下的决定：恢复成修改前的类，那么下次要再测试时，又要将程序代码加回来，这中间会增加许多产生错误的机会；利用开关将功能关闭，那么这个功能也可能后续都不会再使用，而这些新加入的程序代码就会变成“无用”的程序代码，因此增加了维护的难度。
- 破坏了原有类封装时的概念，因为当初设计时，就没有考虑到“高速缓存”功能，因此额外加上的功能会破坏原有系统对于ResourceAssetFactory类的抽象定义。

因此，在考虑上述延伸问题的情况下，想要增加高速缓存功能，就要采用不改变原有类的接口及实现的方式。也就是将高速缓存功能实现在另外一个类中，当要获取资源时，必须先通过这个类判断后，才决定资源的加载方式，但是这个新增的类又不能更改原有客户端的实现。

在这些修改条件的限制之下，GoF 的代理模式（Proxy）符合我们对于修改的需求。

26.2 代理模式（Proxy）

笔者在学习代理模式（Proxy）时，最大的疑问是它和装饰模式（Decorator）的差异是什么？好像都是在原有的功能上增加某个功能。如同之前提到的优化范例，感觉像是在资源加载功能中“加上”一个高速缓存功能。其实，有一个地方很容易就可以将两者区分开来，对代理模式（Proxy）来说，它可以“选择”新功能是否要执行，而装饰模式（Decorator）则是除了原有功能之外，也“一定要执行”新功能。

26.2.1 代理模式（Proxy）的定义

代理模式（Proxy）在 GoF 中的说明为：

“提供一个代理者位置给一个对象，好让代理者可以控制存取这个对象。”

定义中说明了两个角色之间的关系，“原始对象”及一个“代理者”，如果假设用总经理和秘书当作是这两个角色来解释定义，就很容易理解：

“提供一个秘书位置给总经理，好让秘书可以先过滤要转接给总经理的电话。”

因为秘书有“控制来电是否要转接给总经理”的职责，所以在秘书的职责上就会定义“什么样的来电内容需要转接”。而由于有秘书代理者这个职务负责过滤，所以总经理接到的电话一定是重要且不会浪费时间的。

像秘书这种为总经理先行过滤电话再进行转换的代理行为，在 GoF 的定义中属于“保护代理（Protection Proxy）”，GoF 一共列举了 4 种代理模式经常使用到的场景：

- 远程代理（Remote Proxy）：常见于网页浏览器中代理服务器（Proxy Server）的设置。代理服务器（Proxy Server）是用来暂存其他不同地址上的网页服务器内容。
- 虚拟代理（Virtual Proxy）：可以作为“延后加载”功能的实现，让资源可以在真正要使用时，才进行加载操作，在其他情况下都只是虚拟代理（Virtual Proxy）所呈现的一个“假象”。
- 保护代理（Protection Proxy）：代理者有职权可以控制是否要真正取用原始对象的资源。
- 智能引用（Smart Reference）：主要用于强化 C/C++语言对于指针控制的功能，减少内存遗失（Memory Leak）和空指针（Null Pointer)等问题。

26.2.2 代理模式（Proxy）的说明

代理模式（Proxy）让原始对象及代理者能同时运行，并让客户端使用相同的接口进行沟通，客户端无法分辨两者，类结构图如图 26-2 所示。

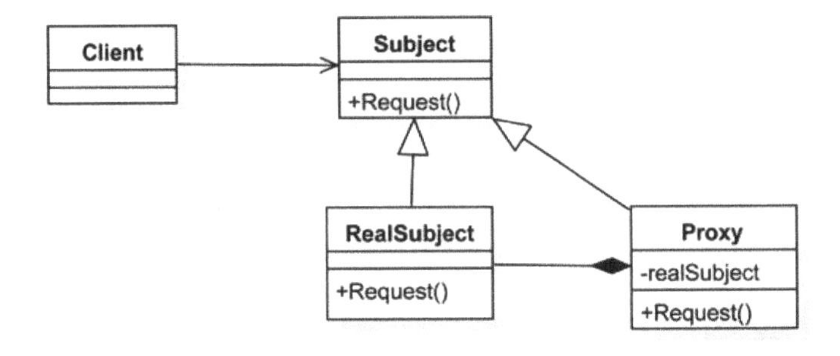

图 26-2 代理模式（Proxy）实现时的类结构图

GoF 参与者的说明如下：

- Subject（操作接口）：定义让客户端可以操作的接口。
- RealSubject（功能执行）：真正执行客户端预期功能的类。
- Proxy（代理者）
  - 拥有一个 RealSubject（功能执行）对象。
  - 实现 Subject 定义的接口，所以可以用来取代 RealSubject 出现的地方，让原客户端来操作。
  - 实现 Subject 所定义的接口，但不重复实现 RealSubject 内的功能，仅就 Proxy 当时所代表的功能，做前置判断的工作，必要时才转为调用 RealSubject 的方法。
  - Proxy 所做的前置工作，会按上一小节所说的四种应用方式，而有不同的判断和操作。

26.2.3　代理模式（Proxy）的实现范例

按照最原始的定义来实现代理模式（Proxy）并不会太复杂，首先定义 Subject 接口：

Listing 26-3　制订 RealSubject 和 Proxy 共同遵循的接口(Proxy.cs)

```
public abstract class Subject
{
    public abstract void Request();
}
```

再实现真正执行功能的类：

Listing 26-4　定义 Proxy 所代表的真正对象(Proxy.cs)

```
public class RealSubject : Subject
{
    public RealSubject(){}

    public override void Request() {
        Debug.Log("RealSubject.Request");
    }
}
```

最后是代理者类的实现：

Listing 26-5　持有指向 RealSubject 对象的引用以便存取真正的对象(Proxy.cs)

```
public class Proxy : Subject
{
    RealSubject m_RealSubject = new RealSubject();

    // 权限控制
    public bool ConnectRemote{get; set;}

    public Proxy() {
        ConnectRemote = false;
    }

    public override void Request() {
```

```
        // 按当前状态决定是否存取 RealSubject
        if( ConnectRemote )
            m_RealSubject.Request();
        else
            Debug.Log ("Proxy.Request");
    }
}
```

在代理者类中包含了一个 RealSubject 对象，并增加了一个模拟权限控管的开关成员（ConnectRemote）。只有当权限被设置为开启时，Proxy 类才会将请求转给 RealSuject 对象，在其他情况下，就直接由 Proxy 类接手处理。

测试程序代码扮演客户端的行为，测试开启权限后 Proxy 是否正确转移信息给 RealSubject 执行：

Listing 26-6 测试代理模式(ProxyTest.cs)

```
void UnitTest () {
    // 产生 Proxy
    Proxy theProxy = new Proxy();

    // 通过 Proxy 存取
    theProxy.Request();
    theProxy.ConnectRemote = true;
    theProxy.Request();
}
```

```
Proxy.Request
RealSubject.Request
```

虽然范例中 Proxy 类的判断非常简单，但真正实现时，Proxy 类会是关键所在。为了应对四种常见情况，每个 Proxy 的判断方式也会根据各种不同的需求而有所差异，而《P 级阵地》仅就保护代理（Protection Proxy）来进行实现。

26.3 使用代理模式（Proxy）测试和优化加载速度

回到《P 级阵地》对于优化资源加载工厂（IAssetFactory）的需求上。因为将高速缓存功能直接实现在原有的 ResourceAssetFactory 会延伸出其他的问题，所以新的修正方式，改为将高速缓存功能实现在一个代理者类上。

26.3.1 优化加载速度的架构设计

实现一个代理者类来将加载速度进行优化时，可以从问题点来着手。我们认为调用原类

ResourceAssetFactory 直接获取目录中的 Unity Asset 资源是比较“昂贵”的，所以代理者的工作就是要分辨出：哪些请求是真正需要使用 Resource AssetFactory 类从目录中获取资源，而哪些请求则不用。

所以，这个代理者执行的是“保护代理”（Protection Proxy）的工作，它判断权限的依据在于：这次要求加载的 Unity Asset 资源是否曾经被加载过？如果是没有被加载过的 Unity Asset 资源，它才会放行给 ResourceAssetFactory 类去执行，否则，就直接把这个代理者高速缓存容器中的资源返回。按照这个想法修改后的资源加载工厂（IAssetFactory）如图 26-3 所示。

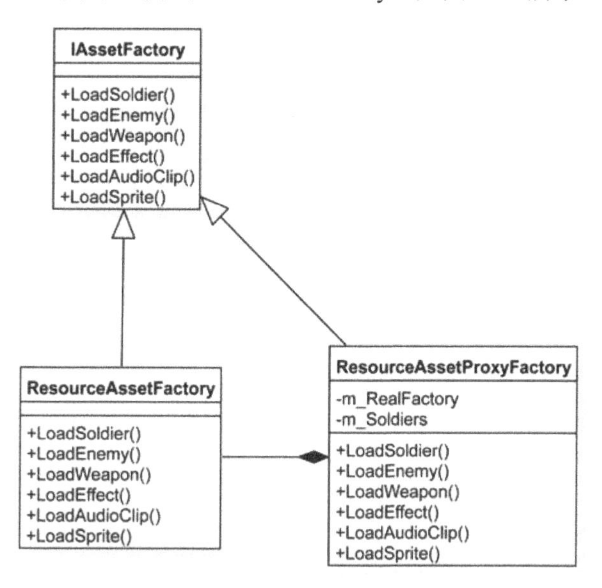

图 26-3　按代理模式（Proxy）修改后的资源加载工厂（IAssetFactory）

参与者的说明如下：

- IAssetFactory：资源加载工厂。
- ResourceAssetFactory：从项目的 Resource 中，将 Unity Asset 实例化成 GameObject 的工厂类。
- ResourceAssetProxyFactory：ResourceAssetFactory 的代理者内部包含了一个 ResourceAsset Factory 对象及 Unity Asset 资源容器。代理者必须判断资源加载需求是否要通过原始类 ResourceAssetFactory 来执行，只有未被加载过的 Unity Asset 资源，才会放行 ResourceAssetFactory 类去执行。

26.3.2　实现说明

使用代理模式（Proxy）进行优化实现时，只需要增加一个代理者类，并且修改客户端获取资源加载工厂（IAssetFactory）对象的程序代码即可。而代理者类 ResourceAssetProxyFactory 的实现如下：

Listing 26-7　作为 ResourceAssetFactory 的 Proxy 代理者(ResourceAssetProxyFactory.cs)

```
// ResourceAssetFactory 会记录已经加载过的资源
public class ResourceAssetProxyFactory : IAssetFactory
```

```
{
    // 实际负责加载的AssetFactory
    private ResourceAssetFactory m_RealFactory = null;
    private Dictionary<string,UnityEngine.Object> m_Soldiers = null;
    private Dictionary<string,UnityEngine.Object> m_Enemys = null;
    private Dictionary<string,UnityEngine.Object> m_Weapons = null;
    private Dictionary<string,UnityEngine.Object> m_Effects = null;
    private Dictionary<string,AudioClip>  m_Audios = null;
    private Dictionary<string,Sprite>  m_Sprites = null;

    public ResourceAssetProxyFactory()
    {
        m_RealFactory =  new ResourceAssetFactory();
        m_Soldiers = new Dictionary<string,UnityEngine.Object>();
        m_Enemys = new Dictionary<string,UnityEngine.Object>();
        m_Weapons = new Dictionary<string,UnityEngine.Object>();
        m_Effects = new Dictionary<string,UnityEngine.Object>();
        m_Audios = new Dictionary<string,AudioClip>();
        m_Sprites = new Dictionary<string,Sprite>();
    }

    // 产生Soldier
    public override GameObject LoadSoldier( string AssetName )
    {
        // 还没加载时
        if( m_Soldiers.ContainsKey( AssetName )==false)
        {
            UnityEngine.Object res =
                    m_RealFactory.LoadGameObjectFromResourcePath(
                    ResourceAssetFactory.SoldierPath + AssetName );
            m_Soldiers.Add ( AssetName, res);
        }
        return  UnityEngine.Object.Instantiate(
                            m_Soldiers[AssetName] ) as GameObject;
    }

    // 产生Enemy
    public override GameObject LoadEnemy( string AssetName )
    {
        if( m_Enemys.ContainsKey( AssetName )==false)
        {
            UnityEngine.Object res =
                    m_RealFactory.LoadGameObjectFromResourcePath(
                    ResourceAssetFactory.EnemyPath + AssetName );
            m_Enemys.Add ( AssetName, res);
        }
        return  UnityEngine.Object.Instantiate(
                            m_Enemys[AssetName] ) as GameObject;
    }
```

```
// 产生 Weapon
public override GameObject LoadWeapon( string AssetName )
{
    if( m_Weapons.ContainsKey( AssetName )==false)
    {
        UnityEngine.Object res =
                m_RealFactory.LoadGameObjectFromResourcePath(
                ResourceAssetFactory.WeaponPath + AssetName );
        m_Weapons.Add ( AssetName, res);
    }
    return  UnityEngine.Object.Instantiate(
                    m_Weapons[AssetName] ) as GameObject;
}

// 产生特效
public override GameObject LoadEffect( string AssetName )
{
    if( m_Effects.ContainsKey( AssetName )==false)
    {
        UnityEngine.Object res =
                m_RealFactory.LoadGameObjectFromResourcePath(
                ResourceAssetFactory.EffectPath + AssetName );
        m_Effects.Add ( AssetName, res);
    }
    return  UnityEngine.Object.Instantiate(
                    m_Effects[AssetName] ) as GameObject;
}

// 产生 AudioClip
public override AudioClip  LoadAudioClip(string ClipName )
{
    if( m_Audios.ContainsKey( ClipName )==false)
    {
        UnityEngine.Object res =
                m_RealFactory.LoadGameObjectFromResourcePath
                ResourceAssetFactory.AudioPath + ClipName );
        m_Audios.Add ( ClipName, res as AudioClip);
    }
    return m_Audios[ClipName];
}

// 产生 Sprite
public override Sprite LoadSprite(string SpriteName)
{
    if( m_Sprites.ContainsKey( SpriteName )==false)
    {
        Sprite res = m_RealFactory.LoadSprite( SpriteName );
        m_Sprites.Add ( SpriteName, res );
    }
    return m_Sprites[SpriteName];
```

```
    }
}
```

要求加载每一种 Unity Asset 资源时，代理类都会先判断之前是否已经加载过了（是否存在于管理容器内）。对于没有加载过的 Unity Asset 资源，会先调用原始类 Resource AssetFactory 中的方法，实际从目录系统中加载 Unity Asset 资源，然后先放入管理容器中，最后才返回给客户端。ResourceAssetProxyFactory 作为一个保护代理（Protection Proxy），是利用管理容器的记录作为控制外界向原始类获取资源的依据。

对原本的客户端来说，因为《P 级阵地》只有一个地方想要获取 IAssetFactory 对象，也就是 PBDFactory 中。因此，后续的修改非常简单，只要改为获取代理者 ResourceAssetProxyFactory 的对象就可以了：

Listing 26-8　获取 P-BaseDefenseGame 中所使用的工厂(PBDFactory.cs)

```
public static class PBDFactory
{
    // 获取将 Unity Asset 实例化的工厂
    public static IAssetFactory GetAssetFactory()
    {
        if( m_AssetFactory == null)
        {
            if( m_bLoadFromResource)
                //m_AssetFactory = new ResourceAssetFactory();
                m_AssetFactory = new ResourceAssetProxyFactory();
            else
                m_AssetFactory = new RemoteAssetFactory();
        }
        return m_AssetFactory;
    }
    ...
}
```

26.3.3　使用代理模式（Proxy）的优点

使用代理模式（Proxy）可以避免原有实现版本的缺点，好处在于：

- 使用新增类的方式来强化原有功能，对原本的实现不进行更改。
- 对于只是想“测试”可能产生性能瓶颈的地方，如果测试后发现并无差异，或是想要采用旧方法的话，在恢复成旧有实现方式时非常方便。
- 若将功能开启与否，改为使用配置文件来设置，也可以让代理者的实现不需要改动到任何原有的类接口。
- 将高速缓存功能由代理者实现，不会破坏原有类封装时的概念。

26.3.4　实现代理模式（Proxy）时的注意事项

代理模式（Proxy）虽不难理解，但实现时也有些细节要注意。并且代理模式（Proxy）和装饰模式（Decorator）以及适配器模式（Adapter）是不一样的，在使用上，应该先想清楚要运用的是哪一种模式。

资源 Cache 与享元模式（Flyweight）

ResourceAssetProxyFactory 内部使用了一个 Dictionary 泛型容器，来管理已经加载过的 Unity Asset 资源。而 Unity Asset 资源在加入游戏场景时，会因为资源类型的不同而可能有不同的处理方式。

以 3D 模式的 Unity Asset 资源来说，在获取存放在管理容器内的资源时，必须再经过实例化（GameObject.Instance）的操作，才能将 Unity Asset 资源转换成游戏对象（GameObject）放入场景中，这与第 16 章实现属性工厂（IAttrFactory）时所应用的享元模式（Flyweight）很类似。不同的是由享元模式（Flyweight）管理的属性对象会被很多角色同时引用，但 ResourceAssetProxyFactory 类中管理的 Unity Asset 资源，经过实例化（GameObject.Instance）后，就会产生一个新的游戏对象（GameObject），因此在管理容器内的 Unity Asset 资源不会被其他角色对象引用。但是，AudioClip 和 Sprite 类型的资源却可以不经实例化（GameObject.Instance）的操作就可以被加入到游戏中播放或显示。针对这两种类型的资源采用的就是享元模式（Flyweight）管理的方式，这样存放的 Unity Asset 资源就会被许多对象引用。

装饰模式（Decorator）与代理模式（Proxy）的差别

Proxy 会知道代理的对象是哪个子类，并拥有该子类的对象，而 Decorator 则是拥有父类对象（被装饰对象）的引用。Proxy 会按“职权”来决定是不是需要将需求转给原始类，所以 Proxy 有“选择”要不要执行原有功能的权利。但 Decorator 是一个“增加”的操作，必须在原始类被调用的之前或之后，再按照自己的职权“增加”原始类没有的功能。Decorator 与 Proxy 的差异如图 26-4 所示。

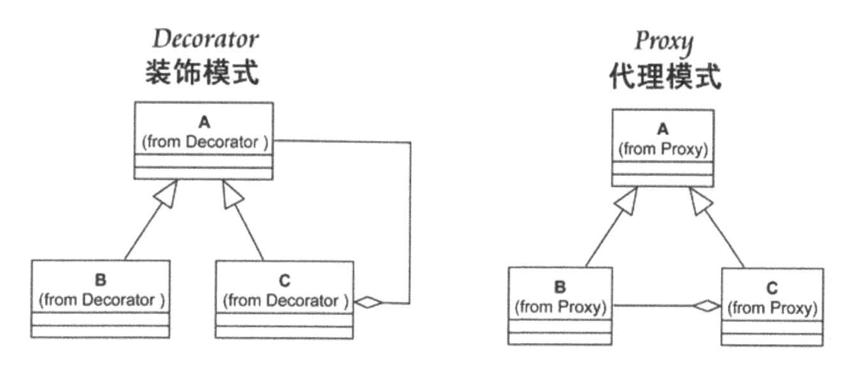

图 26-4　Decorator 与 Proxy 的差异

适配器模式（Adapter）与代理模式（Proxy）的差异

Proxy 类（图中的 C）与原始类（图中的 B）同属一个父类，所以客户端不需要做任何变动，只需决定是否要采用代理者。而 Adapter 中的 Adaptee 类（图中的 B）及 Target 类（图中的 C）则分属不同的类群组，着重在于“不同实现的转换”。Adapter 与 Proxy 的差异如图 26-5 所示。

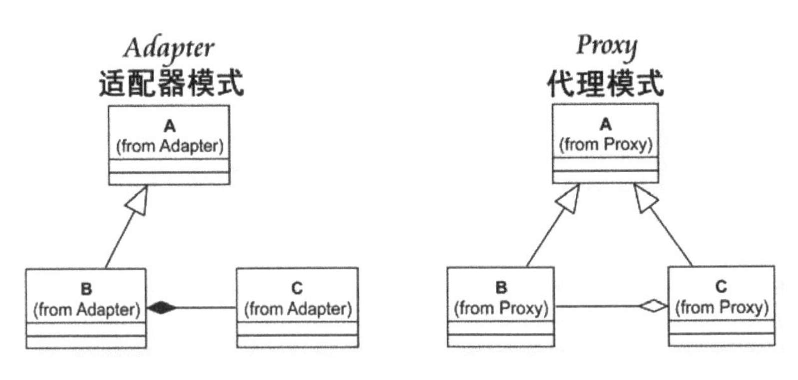

图 26-5 Adapter 与 Proxy 的差异

26.4 代理模式（Prory）面对变化时

游戏上市前的优化阶段，重点在于找出系统性能的瓶颈点，因此会采取多种不同的测试方案来实现。应用代理模式（Proxy）的概念，可以将优化测试功能都增加在 Proxy 类中，既不影响原有系统的实现类，也可以了解各个优化功能的实现原理（因为都实现在 Proxy 类中）。而优化的项目有时会因为各项目的属性不同而有所差异，可能在 A 项目发生的性能瓶颈不会发生在 B 项目中，所以保有原始类的实现，将优化功能独立出来，以便于不同项目之间转移应用。

笔者认为代理模式（Proxy）是非常好用的模式，主要是模式中的代理者可以担任多项任务，《P 级阵地》因为系统架构相对简单，所以无法展现代理模式（Proxy）的强大功能，这是比较可惜的地方，但笔者在会最后一章中，介绍它还可以应用在游戏设计的哪些地方。

26.5 结论

代理模式（Proxy）的优点是：可判断是否要将原始类的工作交由代理者类来执行，如此则可以免去修改原始类的接口及实现。

其他应用方式

近年来，大型多人在线角色扮演游戏（MMORPG）在客户端（Client）多使用无接缝地图的实现，用以提升玩家对游戏的体验感。但在游戏服务器（Game Server）的实现上，还是会将整个游戏世界切分为数个区块，而每一个区块必须交由一个“地图服务器”来管理。当玩家在跨越两个地图服务器之间移动或进行打怪战斗时，就必须在邻近的地图服务器上建立一个“代理人”。地图服务器就利用这个“代理人”来同步与其他地图服务器之间的信息传送。

在网页游戏（Web Game）的应用上，由于网络资源下载的速度不一致，为了要让玩家体验更好的游戏顺畅感，对于画面上还没有被下载成功的“游戏资源”，如场景建筑物、NPC 角色、角色装备道具……，大多会使用一个“资源代理人”先呈现在画面上，让玩家知道当前有个游戏资源还在下载。如果游戏资源是个 3D 角色的话，那么多半会使用一个通用的角色模式来代表一个 3D 角色正在加载中。待游戏资源可以重新呈现时，就会直接使用原本的游戏资源类来显示。

第 8 篇
未明确使用的模式

在 GoF 的设计模式[1]中提到了 23 种设计模式。笔者希望能够在《P 级阵地》的实现中，将所有模式都应用上去。在前面章节中，我们已经完成《P 级阵地》的全部实现，其中明确列出了应用的 19 种设计模式（第 3 章与第 12 章都使用 State 状态模式），剩余未被明确列出的模式如下：

- 迭代器模式（Iterator）;
- 原型模式（Prototype）;
- 解释器模式（Interpreter）;
- 抽象工厂模式（Abstract Factory）。

这些未被明确列出的设计模式中，迭代器模式（Iterator）早已被 C#等的现代程序设计语言直接支持了，也就是 foreach 语句，所以我们早就采用了。至于原型模式（Prototype）与解释器模式（Interpreter），则被包含在 Unity3D 开发环境中，而《P 级阵地》采用 Unity3D 来开发，因此也算是被动地应用了这两种模式。严格来说，《P 级阵地》到目前为止已经应用了 22 种模式。

至于最后的抽象工厂模式（Abstract Factory），则是工厂方法模式（Factory Method）的高级版，可以作为产生不同类群组对象时使用。

C H A P T E R

第 27 章 迭代器模式(Iterator)、原型模式(Prototype)和解释器模式(Interpreter)

27.1 迭代器模式（Iterator）

迭代器模式（Iterator）由于经常使用，因此被现代程序设计语言纳为标准语句或收录到标准函数库当中。

关于迭代器模式（Iterator），GoF 的定义是：

“在不知道集合内部细节的情况下，提供一个按序方法存取一个对象集合体的每一个单元。”

在使用 C#的开发过程中，经常使用“泛型容器”来作为存储对象的地点。而通常想要按序存取这些泛型容器时，都会使用 C#中的 foreach 语句。而 foreach 语句就是一个能顺序访问一个集合体（泛型容器）的方法。对开发者而言，不管容器是 List、Dictionary 还是数组（Array），一经使用 foreach 语句时，程序设计语言保证会让容器内的每一个成员都被存取到，也因为 foreach 语句（迭代器模式 Iterator）非常好用，在很多现代化的程序设计语言中都提供了类似的语句。所以迭代器模式（Iterator）可以算是“内化”到程序设计语言的层次了。

在《P 级阵地》中，到处都充斥着迭代器模式（Iterator）的 foreach 语句，举例如下：

Listing 27-1 管理产生出来的角色(CharacterSystem.cs)

```
public class CharacterSystem : IGameSystem
{
    ...
    // 执行 Visitor
```

```
	public void RunVisitor(ICharacterVisitor Visitor) {
		foreach( ICharacter Character in m_Soldiers)
			Character.RunVisitor( Visitor);
		foreach( ICharacter Character in m_Enemys)
			Character.RunVisitor( Visitor);
	}
	...
}
```

27.2 原型模式（Prototype）

原型模式（Prototype）和复制有关，一些面向对象的程序设计语言也都将之纳为对象的方法或收录到标准函数库当中。多数的图形化开发环境也都利用原型模式（Prototype）的概念提供了对象的复制功能，包含 Unity3D 的开发环境。

关于原型模式（Prototype），GoF 的定义是 ：

“使用原型对象来产生指定类的对象，所以产生对象时，是使用复制原型对象来完成。”

在 Unity3D 的开发环境中，开发者可以在编辑模式下组装要放入场景中的游戏对象（GameObject），这些游戏对象可以包含复杂的组件，如模型（Mesh）、材质（Material）、程序脚本等。游戏对象组装好了之后，就可以将其存储为 Prefab 类型的 Unity Asset 资源，存放在资源目录（Resource）目录下，如图 27-1 所示。

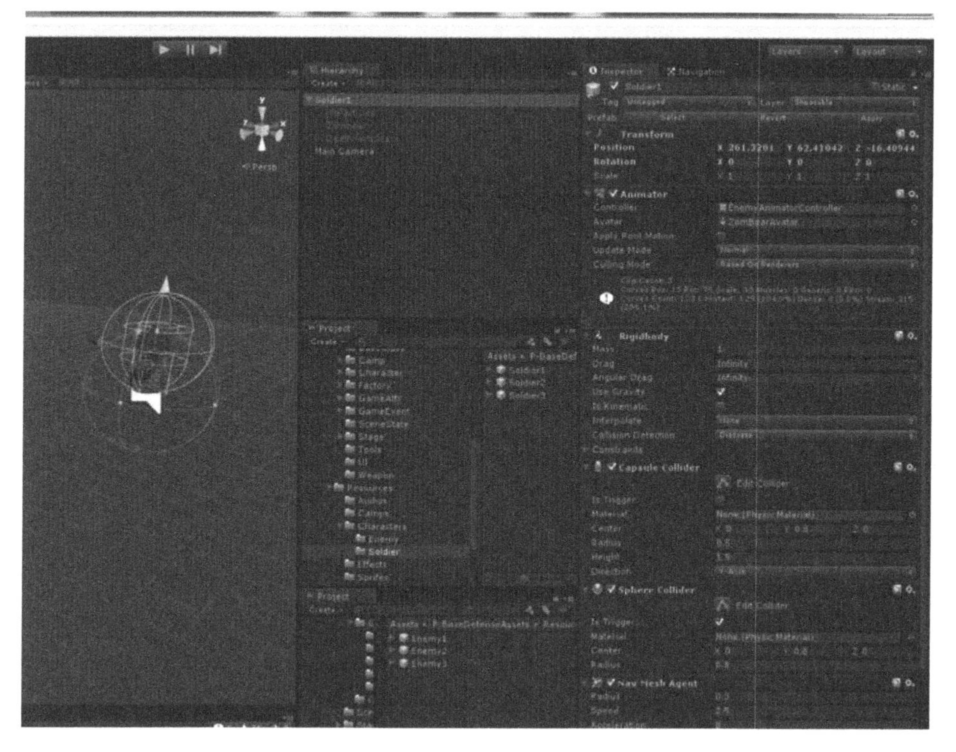

图 27-1　Unity 使用 Prefab 来管理游戏对象

在上一章讲解《P 级阵地》的代理者模式时，我们就曾使用过原型模式（Prototype），也就是当游戏运行时，系统可以根据需要将资源加载并经过“实例化（GameObject.Instance）”的操作之后放入场景中：

Listing 27-2　从项目的 Resource 中，将 Unity Asset 实例化成 GameObject 的工厂类(ResourceAssetFactory.cs)

```
public class ResourceAssetFactory : IAssetFactory
{
    // 产生Soldier
    public override GameObject LoadSoldier( string AssetName ) {
        return InstantiateGameObject( SoldierPath + AssetName );
    }

    // 产生GameObject
    private GameObject InstantiateGameObject( string AssetName ) {
        // 从Resource中加载
        UnityEngine.Object res = LoadGameObjectFromResourcePath(
                                                AssetName );
        if(res==null)
            return null;
        return  UnityEngine.Object.Instantiate(res) as GameObject;
    }

    // 从Resource中加载
    public UnityEngine.Object LoadGameObjectFromResourcePath(
                                            string AssetPath) {
        UnityEngine.Object res = Resources.Load(AssetPath);
        if( res == null)
        {
            Debug.LogWarning("无法加载路径["+AssetPath+"]上的Asset");
            return null;
        }
        return res;
    }
}
```

程序代码中使用的实例化方法（GameObject.Instance），就是一种原型模式（Prototype）的应用。它将原本存储在资源目录下的 Unity Asset 资源“复制了一份”放入场景中，而放入场景的复制体会与原本在编辑模式下所组装的游戏对象（GameObject）相同。

这也是原型模式（Prototype）想要表达的解决方案：将一个复杂对象的组合方式先行设置好，后续使用时就不必再经过相同的组装流程，只需要从做好的“原型（Prototype）”完整地复制出来就可以了，如图 27-2 所示。

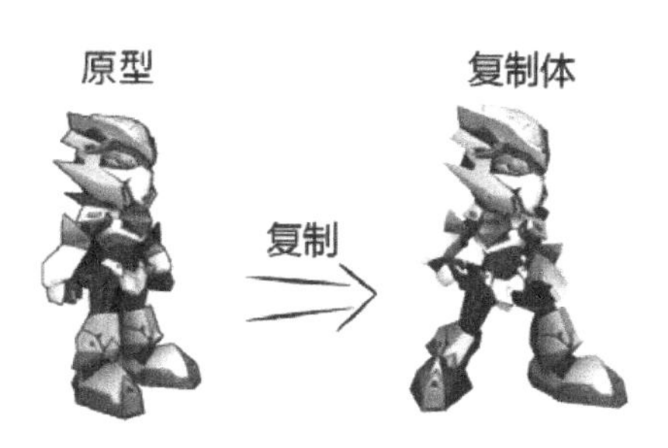

图 27-2　原型模式的示意图

在程序设计语言的层次上，大多数的程序设计语言也提供了相关的方法或函数来实现，例如，C++的复制构造函数（Copy Constructor），而 C#中也提供能复制对象内容的接口。但在实现上，还是要先理解“浅层复制”与“深层复制”之间的差异，否则很容易会发生内存遗失、程序宕机等问题，一般不建议入门设计师去实现这部分。

27.3 解释器模式（Interpreter）

关于解释器模式（Interpreter），GoF 的定义是：

“定义一个程序设计语言所需要的语句，并提供解释来解析（执行）该语言。”

传统上，执行程序代码通常通过两种方式：第一种采用的是编译程序；第二种采用的是解释器。前者会将源代码经过“编译程序（Compiler）”转化为目标码或中间码，然后汇编翻译为机器码，最终执行的是机器码。编译的过程只需一次，之后在执行时就不必重新编译了（除非修改了源代码）。后者则是使用一个解释器直接读入源代码，然后执行其语句。

由于两者各有优缺点，因此后来有些程序设计语言采用的方式是混合的，例如，Java 会先经过编译程序把源代码编译为 Byte Code，再通过 JVM（解释器）来执行 Byte Code。

最常见的使用解释器的程序设计语言，包含流行于网页设计领域中的脚本语言，如 JavaScript、PHP、Ruby 等，或者是 Microsoft Office 中的 VBA。这些程序代码经过一般文本编辑器编写完成后放入指定的位置，就可以由应用程序中的解释器直接执行，过程中应用程序本身完全不需要做任何的变动。这些应用程序可以是：执行 JavaScript 的网页浏览器、放在 WebServer 中的 PHP、Ruby 的 Plugin，或者是 Excel、Word 应用软件。而游戏开发上也有使用这类的例子，如因《魔兽世界》而名声大躁的脚本语言 Lua。

在使用 Unity3D 引擎设计游戏时，可以选择 C#或 JavaScript 来开发，但严格上来说，编写好的脚本程序，在执行之前都还是会被 UnityEngine 编译过，所以不算是解释器模式。但如果与十几年开发游戏时的工具来比较，现代使用 C#来开发游戏，就会符合解释器模式（Interpreter）的定义，因为开发过程中，我们不必去重新“编译”Unity Engine，就可以得到想要的游戏功能。

CHAPTER

第 28 章 抽象工厂模式（Abstract Factory）

28.1 抽象工厂模式（Abstract Factory）的定义

抽象工厂模式（Abstract Factory）是工厂方法模式（Factory Method）的高级版，在介绍抽象工厂模式（Abstract Factory）之前，让我们先来回顾工厂方法模式（Factory Method）的定义与结构图。

工厂方法模式（Factory Method）的定义

工厂方法模式（Factory Method）在 GoF 中的定义是：

“定义一个可以产生对象的接口，但是让子类决定要产生哪一个类的对象。工厂方法模式让类的实例化程序延迟到子类中实行”。也就是，定义一个可以产生对象的接口，让子类决定要产生哪一个类的对象，其结构图如图 28-1 所示。

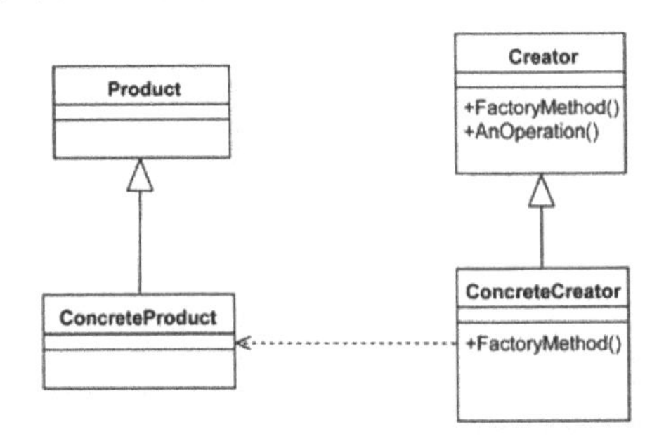

图 28-1　工厂方法模式（Factory Method）的结构图

抽象工厂模式（Abstract Factory）的定义

抽象工厂模式（Abstract Factory）在 GoF 中的定义是：

“提供一个能够建立整个类群组或有关联的对象，而不必指明它们的具体类。”

抽象工厂模式（Abstract Factory）的结构图如图 28-2 所示。

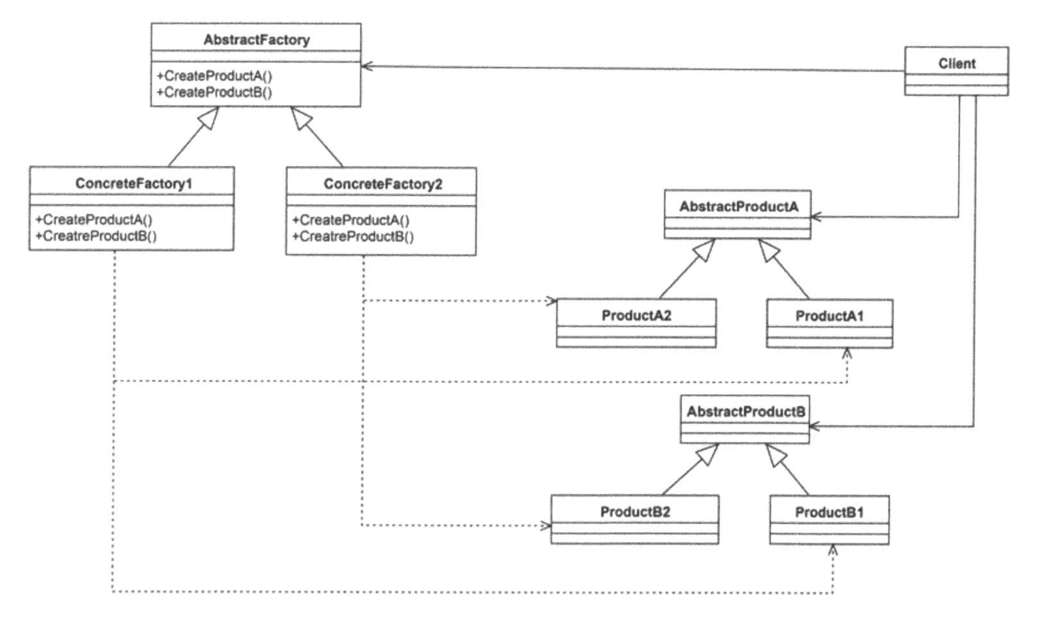

图 28-2　抽象工厂模式（Abstract Factory）的结构图

抽象工厂模式（Abstract Factory）的应用方式是：系统中先定义一组抽象类（AbstractProductA、AbstractProductB），而这些抽象类的子类，是根据不同的执行环境去产生的，所以：

- ProductA1 和 ProductB1 是给执行环境 1 时使用的。
- ProductA2 和 ProductB2 是给执行环境 2 时使用的。

现在，系统如果要能根据当前的执行环境，自动决定要产生哪一组子类时，抽象工厂模式（Abstract Factory）就可以派上用场。抽象工厂（AbstractFactory）接口定义了产生不同类对象的方法（CreateProductA、CreateProductB），而继承的工厂子类，则是实现产生不同产品的类：

- ConcreteFactory1 是给执行环境 1 时使用的，可以产生 ProductA1 和 ProductB1。
- ConcreteFactory2 是给执行环境 2 时使用的，可以产生 ProductA2 和 ProductB2。

28.2 抽象工厂模式（Abstract Factory）的实现

就上述结构图来说，以下是抽象工厂模式（Abstract Factory）的范例程序：

Listing 28-1　实现抽象工厂(AbstractFactory.cs)

```
// 可生成各抽象成品对象的操作
public abstract class AbstractFactory
```

```
{
    public abstract AbstractProductA CreateProductA();
    public abstract AbstractProductB CreateProductB();
}

// 实现可构建具体成品对象的操作 1
public class ConcreteFactory1 : AbstractFactory
{
    public ConcreteFactory1(){}

    public override AbstractProductA CreateProductA()
    {
        return new ProductA1();
    }
    public override AbstractProductB CreateProductB()
    {
        return new ProductB1();
    }
}

// 实现可构建具体成品对象的操作 2
public class ConcreteFactory2 : AbstractFactory
{
    public ConcreteFactory2(){}

    public override AbstractProductA CreateProductA()
    {
        return new ProductA2();
    }
    public override AbstractProductB CreateProductB()
    {
        return new ProductB2();
    }
}

// 成品对象类型 A 接口
public abstract class AbstractProductA
{
}

// 成品对象类型 A1
public class ProductA1 : AbstractProductA
{
    public ProductA1()
    {
        Debug.Log("生成对象类型 A1");
    }
}

// 成品对象类型 A2
```

```
public class ProductA2 : AbstractProductA
{
    public ProductA2()
    {
        Debug.Log("生成对象类型 A2");
    }
}

// 成品对象类型 B 接口
public abstract class AbstractProductB
{
}

// 成品对象类型 B1
public class ProductB1 : AbstractProductB
{
    public ProductB1()
    {
        Debug.Log("生成对象类型 B1");
    }
}

// 成品对象类型 B2
public class ProductB2 : AbstractProductB
{
    public ProductB2()
    {
        Debug.Log("生成对象类型 B2");
    }
}
```

测试程序如下：

Listing 28-2　测试抽象工厂(AbstractFactoryTest.cs)

```
void UnitTest()
{
    AbstractFactory Factory= null;

    // 工厂 1
    Factory = new ConcreteFactory1();
    // 产生两个产品
    Factory.CreateProductA();
    Factory.CreateProductB();

    // 工厂 2
    Factory = new ConcreteFactory2();
    // 产生两个产品
    Factory.CreateProductA();
    Factory.CreateProductB();
}
```

使用不同的子工厂类就可以产生对应的 ProductA 和 ProductB：

```
生成对象类型 A1
生成对象类型 B1
生成对象类型 A2
生成对象类型 B2
```

28.3 可应用抽象工厂模式的场合

在“第 17 章 Unity3D 的界面设计”中，我们使用 Unity3D 内置的 UI 系统——UGUI 用于开发玩家界面。而早在 Unity3D 发布 UGUI 系统之前，坊间就有不少 Unity3D 插件让游戏开发者使用，如 NGUI、iGUI、EZGUI 等。在面对这么多样的工具可以选择之下，开发者最好能提供一个方便的架构让这些工具能快速转换使用。

设计上，我们可以先将每一个界面组件都设计为一个抽象类，如显示文字的 ILabel、显示图片的 IImage、提供选项的 ICheckBox……，并在每个抽象类中定义共同的操作方法；然后针对每一个界面工具继承对应的子类，如针对 NGUI 工具的 NGUILable、NGUIImage…，针对 iGUI 定义的 iGUILabel、iGUIImage 等；最后，再针对不同群组的界面组件也实现出能产生它们的工厂，如能产生 NGUI 组件的 NGUIFactory，能产生 iGUI 的 iGUIFactory。

在这样的设计架构下，游戏开发者就能根据不同的需求来选择要使用的界面工具。虽然界面组件的设计摆放上需要使用对应工具，但是在程序设计上，只需要提供不同的界面工厂，就能将界面组件整个转换到不同的工具上。

当然，随着开发工具的演进，会有更多更新的界面开发工具出现。那时只要针对新的开发工具，继承实现新的界面组件及工厂类，就能马上让游戏快速转换到新的开发工具中。而这也是抽象工厂模式（Abstract Factory）的优点：能将产生的对象“整组”转换到不同的类群组上。

参考文献

[1] *Design Patterns: Elements of Reusable Object-Oriented Software*, Erich Gamma, Richard Helm, Ralph Johnson, John Vlissides, Addison-Wesley 1994, ISBN-13: 978-0201633610

[2] *Refactoring to Patterns*, Joshua Kerievsky, Addison-Wesley 2004, ISBN-13: 978-0321213358

[3] *Head First Design Patterns*, Elisabeth Freeman, Eric Freeman, Bert Bates, Kathy Sierra ,O'Reilly 2004, ISBN-13: 978-0596007126

[4] *Game Programming Patterns*, Robert Nystrom, Genever Benning 2014, ISBN-13: 9780990582908

[5] *Game Coding Complete, 4/e*, Mike McShaffry, David Graham, Course Technology 2012, ISBN-13: 9781133776574

[6] *Pattern Hatching: Design Patterns Applied*,John Vlissides, Addison-Wesley 1998, ISBN-13: 978-0201432930

[7] *Refactoring: Improving the Design of Existing Code*, Martin Fowler, Kent Beck, John Brant, William Opdyke, don Roberts, Addison-Wesley 1999, ISBN-13: 9780201485677

[8] *A Pattern Language: Towns, Buildings, Construction* (*Center for Environmental Structure*), Christopher Alexander, Sara Ishikawa, Murray Silverstein, Max Jacobson, Ingrid Fiksdahl-King, Shlomo Angel, Oxford University Press (1977) , ISBN-13: 978-0195019193

[9] *Agile Software Development: Principles, Patterns, and Practices*, Robert C. Martin , Pearson 2002, ISBN-13: 978-0135974445

[10] *Large-Scale C++ Software Design*, John Lakos, Addison-Wesley 1996, ISBN-13: 978-0201633627

[11] *Design Patterns Explained: A New Perspective on Object-Oriented Design, 2/e*, Alan Shalloway, James Trott, Addison-Wesley 2004, ISBN-13:9780321247148

后　记

本书我既是审校者，也是责任编辑。当然，封面部分是得力于博硕文化同仁们以及作者邀请的美术设计的帮忙，才得以完成。

在审校过程中，除了帮作者找出一些疏漏之处，同时我也再一次复习了 GoF 的 23 种设计模式，而本书的范例相对于 GoF 的《设计模式》一书，显得更浅显易懂，即便是对于我这个没写过商业游戏的人来说，也不曾被书中的游戏设计程序代码给困扰过。由此可见，作者是精心安排过学习历程的，由浅入深，逐步搭建起游戏的骨架与肌肉，甚至最后还穿上了装饰用的外衣，就是这本书的特色，我敢大胆地说，这着实是一本规划良好的书籍。

由于作者的程序功力与经验超越我许多，因此，本书大多数的修改都是以初学者的角度提出疑问（对作者而言，我应该算是初学者），然后由作者亲自斟酌修改。唯一由我直接修改的部分只有一个，那就是“{”与“}”。

作者的程序编写习惯，是将“{”与“}”分别独立为一行来对齐的，然而在最后关头，我将函数主体开头的“{”放到了定义行的后面而非下一行，以节省篇幅。为了不让读者在 Github 下载的程序代码与书中程序代码有太多的出入，我们将其余部分（例如 if 语句）都维持原状。

最后，由于书籍宽度的限制，较为复杂的 UML 图形，在书中很难呈现，因此我建议作者，在本书面世时，将这些图片放到网站上，借助计算机屏幕无宽度限制的特色，辅助读者阅读本书，读者还请记得翻阅本书折封口的作者简介，浏览一下本书网站。

本书责任编辑　　*Simon Chen*